让插画动起来

零基础学 Live2D 从建模到动画

日本sideranch 股份有限公司（株式会社サイドランチ）
日本Crico 股份有限公司（Crico株式会社）[日]癸nozumi（癸のずみ） 著
日本 Live2D 股份有限公司（株式会社 Live2D） 主编
卡米雷特 译

◀ Live2Dの教科書

静止画イラストからつくる本格アニメーション
改訂版

電子工業出版社
Publishing House of Electronics Industry
北京•BEIJING

内容简介

本书由专业动画公司撰写，并由Live2D官方主编出版，涵盖Live2D软件从基础到实践的所有内容，即使是初学者，也可以在了解Live2D软件的同时逐步学会2D建模和动画制作的基础操作。本书共10章，不仅介绍了Live2D软件的主要功能，还详细讲解了“Live2D Cubism的制作流程”、“如何用Live2D制作插画”及“如何用Live2D制作动画”等各种项目的完整制作流程。同时，补充介绍了Live2D Cubism Editor 4.2的新功能，如图形路径、连序图片轨道、图形动画和跳帧等。

此外，本书还附赠了所有案例的图片源文件、模型及动态文件，读者可以根据本书封底的“读者服务”提示获取。

本书可以作为立绘动画爱好者、游戏开发人员、虚拟主播等从业者学习动画模型设计与创作的参考用书；也可以作为相关院校的游戏设计、数字艺术等专业的教材。

版权贸易合同登记号　图字：01-2023-6031

图书在版编目（CIP）数据

让插画动起来：零基础学Live2D从建模到动画 / 日本sideranch股份有限公司，日本Crico股份有限公司，（日）癸nozumi著；卡米雷特译. —北京：电子工业出版社，2024.1
ISBN 978-7-121-47139-1

Ⅰ. ①让… Ⅱ. ①日… ②日… ③癸… ④卡… Ⅲ. ①动画制作软件 Ⅳ. ① TP391.414

中国国家版本馆CIP数据核字（2023）第255114号

责任编辑：张慧敏
印　　刷：固安县铭成印刷有限公司
装　　订：固安县铭成印刷有限公司
出版发行：电子工业出版社
　　　　　北京市海淀区万寿路173信箱　　邮编：100036
开　　本：720×1000　1/16　印张：22　字数：492.8千字
版　　次：2024年1月第1版
印　　次：2024年12月第3次印刷
定　　价：129.00元

凡所购买电子工业出版社图书有缺损问题，请向购买书店调换。若书店售缺，请与本社发行部联系，联系及邮购电话：（010）88254888，88258888。

质量投诉请发邮件至zlts@phei.com.cn，盗版侵权举报请发邮件至dbqq@phei.com.cn。

本书咨询联系方式：faq@phei.com.cn。

译者序

Live2D Cubism是一款容易上手且功能强大的2D动画制作软件。它不仅是制作动画和游戏素材的极佳选择，而且在制作虚拟主播的2D模型方面有着垄断性的地位。Live2D是一个用于制作2D角色动画的技术和工具的总称。

近年来，Live2D的知名度迅速提升，在许多人眼里甚至成了“可动插画”或“2D虚拟形象”的代名词。许多画师、模型师靠Live2D获得了额外的收入，国内也开始涌现与Live2D相关的岗位。

因此，不论你是缘于兴趣还是工作需要，学习Live2D都会是一次愉快且有价值的旅程。

作为由专业动画公司撰写、由Live2D公司监制的，具有官方性质的教科书，本书无疑十分出色：内容严谨、充实，案例介绍由浅入深。本书全面讲解了Live2D Cubism软件的界面、工具、概念和操作流程，每个环节都附有截图和源文件，方便读者跟着操作。即便是我这样比较有经验的模型师，也能从本书中学到许多新知识。

我能成为本书的译者，首先要感谢Live2D官方的邀请和推荐，其次要感谢电子工业出版社的编辑对我的支持和信任。

在翻译原书内容的基础上，我对许多内容做了本土化处理，添加了必要的注释，并修正了一些错误。对于书中的软件操作截图，我均用中文版软件重新截取，附赠资源中超过1万条图层、物体、参数、物理组的名称也均翻译完毕，目的是使正文、截图与附赠资源中的文件保持一致。

本书选用了Live2D Cubism 4.2.03官方中文版进行对照翻译，如果你使用的软件版本与本书的软件版本不同，软件UI（用户界面）的翻译则可能稍有出入，但不影响你的学习和使用。另外，Live2D Cubism软件UI的翻译有些不合理的部分，只要你能找到对应的功能即可，并不影响学习和使用。

希望我对本书所做的工作能帮助你更好地学习本书的内容。

很荣幸能与你一起学习Live2D，愿我们共同成长。

卡米雷特

前言

“你也想让自己画的角色动起来吗？”

最简单的方式之一，便是让Live2D帮你实现这个愿望。

通常来说，制作动画必须绘制大量的内容，或者必须先用3D动画软件制作素体和3D模型。

然而，有了Live2D，只需要准备一份按部件分好图层的插画，就可以让它动起来。你只需要“Live2D Cubism”这一款软件，就可以完成从建模到动画的制作。

由此制作完成的作品，不仅可以用来制作动画，还可以被导出并嵌入到软件或游戏中。使用本软件，可以让你越来越深刻地体会到何谓事半功倍。

Live2D Cubism软件经过了多轮更新，现在可以让你以非常轻松的方式制作出各种效果。本书将从基础到实践，对Live2D进行全面讲解，包括在最新版本中你可以进行的操作，以及如何利用最新功能制作动画。

近10年来，接受和使用数字绘画的人在不断增加，越来越多的人得以在社交平台上轻松发表作品。在将来，相信大家也能像享受数字绘画一样，享受制作、发布动画的乐趣。而Live2D绝对是可以推动我们共同实现这一目标的完美选择。

感谢你拿起本书。希望你能通过本书学到Live2D的最新用法，了解到Live2D的强大魅力。

全体作者

目录

第0章 Live2D能做什么

什么是Live2D

Live2D能用来做什么

什么是Live2D

Live2D是能让一系列插画动起来的软件的总称。

使用Live2D，可以在不借助3D软件的情况下，让一幅插画像动画那样动起来；也可以使2D图像呈现有立体感的运动效果（图1、图2）。

由于该软件可以直接利用原插画，所以不会损失原图的笔触和魅力，可以在保留原图细腻效果的情况下，让角色动起来（图3）。

图1　可以让2D插画动起来

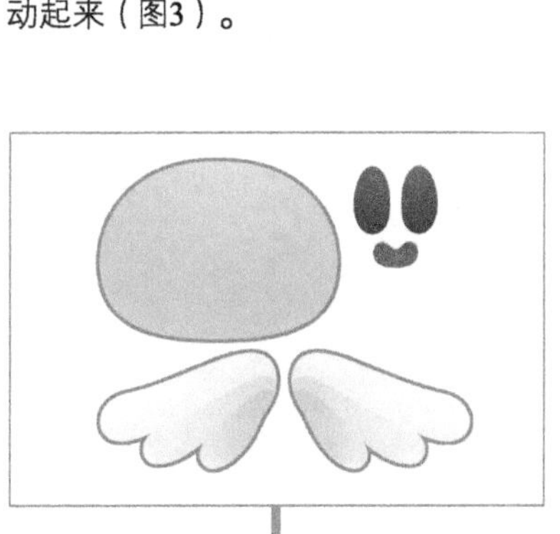

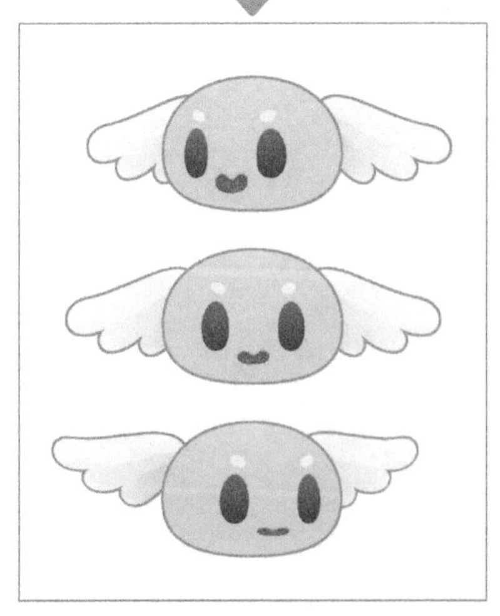

图2　将一幅插画拆分成多个部件，并对部件进行移动和变形，以呈现有立体感的运动效果

图3　即便是厚涂的插画，也可以在保留笔触的情况下动起来

Live2D能用来做什么

嵌入到游戏中

Live2D支持多种游戏开发环境，因此制作的内容可以被用在游戏中，比如视觉小说、动作游戏等，让制作者拥有无限的可能性。

使用Live2D制作视觉小说中的角色，可以呈现活灵活现的动态

制作角色的动作

利用Live2D制作动态动画，可以让角色动起来；也可以作为素材嵌入到After Effects等视频编辑软件中。

用于虚拟主播形象

利用Live2D制作的模型可以作为虚拟主播的形象（即代表主播的虚拟形象）。

用于现场活动和直播

利用Live2D制作的角色可以实时反馈动作，从而应用于现场活动、直播等场景。

■ 制作流程概览

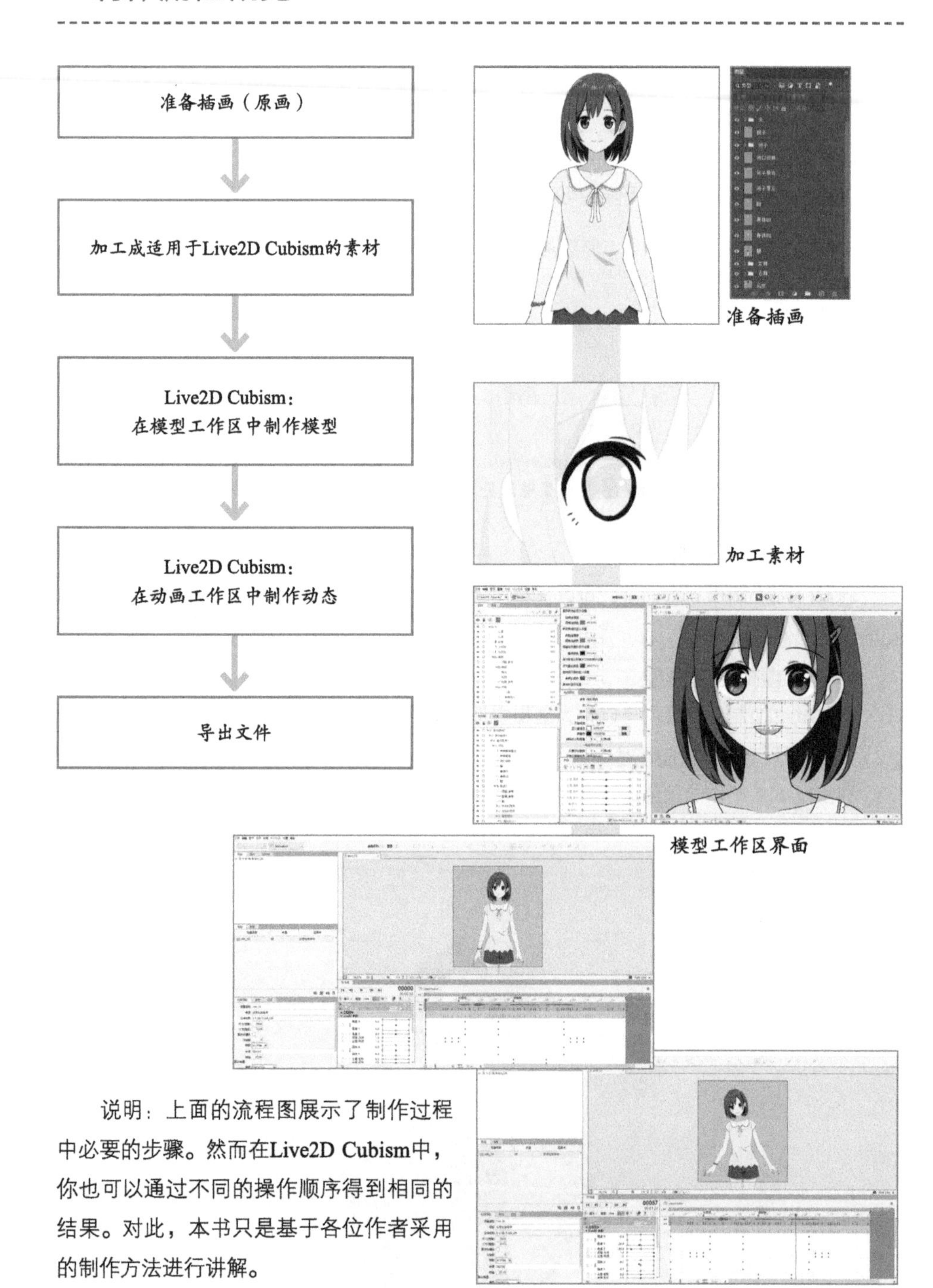

准备插画

加工素材

模型工作区界面

动画工作区界面

说明：上面的流程图展示了制作过程中必要的步骤。然而在Live2D Cubism中，你也可以通过不同的操作顺序得到相同的结果。对此，本书只是基于各位作者采用的制作方法进行讲解。

■ Live2D的安装方法

▶ 下载方法

访问Live2D官方网站（其网址见本书附赠资源）的下载页面，即可下载对应操作系统的“Live2D Cubism”软件。

译注：如果官方网站显示的不是简体中文，单击网站右上角的按钮则可切换语言。

▶ 安装方法

Windows版

macOS版

首先双击下载好的安装包，打开安装程序，然后根据各页面的提示完成安装即可。

※语言设置

Windows版：在安装时可以选择语言。

macOS版：会根据操作系统的设置改变语言。

※macOS下的注意事项

在macOS下安装时可能会弹出警告（详情见本书附赠资源）。

▶ 关于Live2D Cubism的版本

Live2D Cubism有FREE版和PRO版两种版本。PRO版可以免费试用42天，到期后自动转换为FREE版。

PRO版中的部分功能在FREE版中会受到限制。本书将使用PRO版进行讲解。

▶ 关于图像编辑的软件

经确认，以下两款图像编辑软件生成的PSD文件能正常导入Live2D Cubism中。

- Adobe Photoshop
- Celsys CLIP STUDIO PAINT

请注意，上述软件之外的其他软件生成的PSD文件可能无法被正常导入。

附赠资源下载指引

本书配套的学习资源可以根据封底的“读者服务”提示领取。

初级篇

在初级篇中，我们将制作一个只有头部的简单角色，尝试让它动起来。请以此记住使用Live2D Cubism时的基本制作流程吧。

第1章 Live2D Cubism的制作流程

1.1 准备建模用的插画文件

使用由简单部件构成的角色，来学习Live2D Cubism需要什么样的素材文件。你可以用Photoshop、CLIP STUDIO PAINT等图像编辑软件※将插画文件保存为PSD格式，以备使用。

※只能确保用Photoshop和CLIP STUDIO PAINT导出的PSD文件（包括全程用CLIP STUDIO PAINT制作的PSD文件）在导入Live2D Cubism时不会出现问题。

步骤

PSD的制作

用Photoshop制作可导入Live2D Cubism中的PSD格式文件。

01 准备插画（原画）

请准备好要在Live2D Cubism中使用的插画文件。这次，我们选择容易编辑的、面向正面的姿势作为基础姿势。

角色“长翅膀的史莱姆”的基础姿势

插画师：BOON

02 准备分镜

试着画一些简单的分镜来展示角色将如何运动。当你无法确定构思的角色该如何运动时，尝试在Photoshop中移动各部位，或使用“编辑”→“自由变换”工具进行旋转/变形，以此帮助你更好地构思动作。

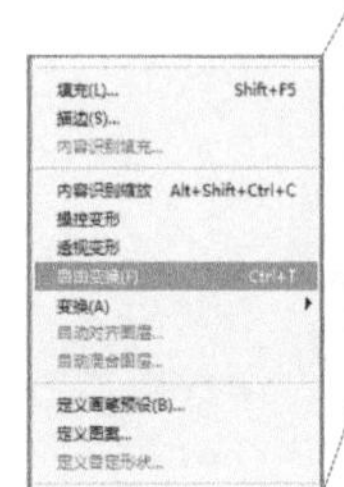

自由变换工具

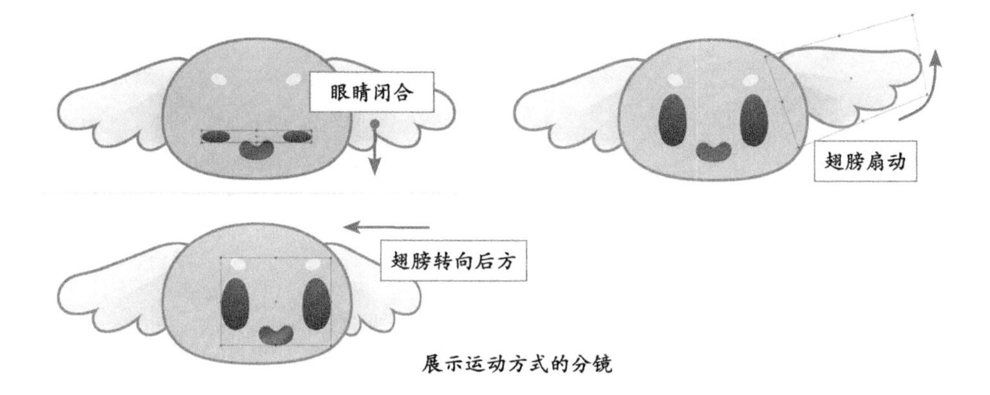

展示运动方式的分镜

03 画出被遮挡的部分

把插画中被遮挡的部分也画出来。如果未画出看不见的部分，那么插画在运动时各部位不完整的部分就会被暴露出来。

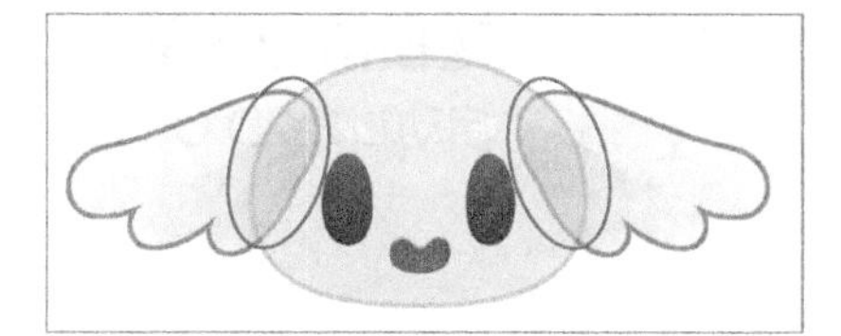
要把翅膀运动时会显露出的部分绘制完整

04 按照部位拆分图层

用PSD格式保存插画，保存时不要合并图层，要确保将每个部位分别保存在独立的图层上。

如果图层已经被合并了，或者你希望使用（导入）PNG格式的插画，就必须先拆分各部位到独立的图层中。眼睛、翅膀等左右对称的部件也请务必分为左右两个图层。

■ 源文件：1-1-01_CN.psd

1.2 简单的角色建模

我们让在1.1节中制作的角色动起来，以此熟悉Live2D Cubism的制作原理。

步骤1 建模前的准备工作

启动Live2D Cubism，为建模做准备。

01 启动并导入文件

将在1.1节中制作的插画文件（1-1-01_CN.psd）拖曳到视图区域，即可完成导入操作。

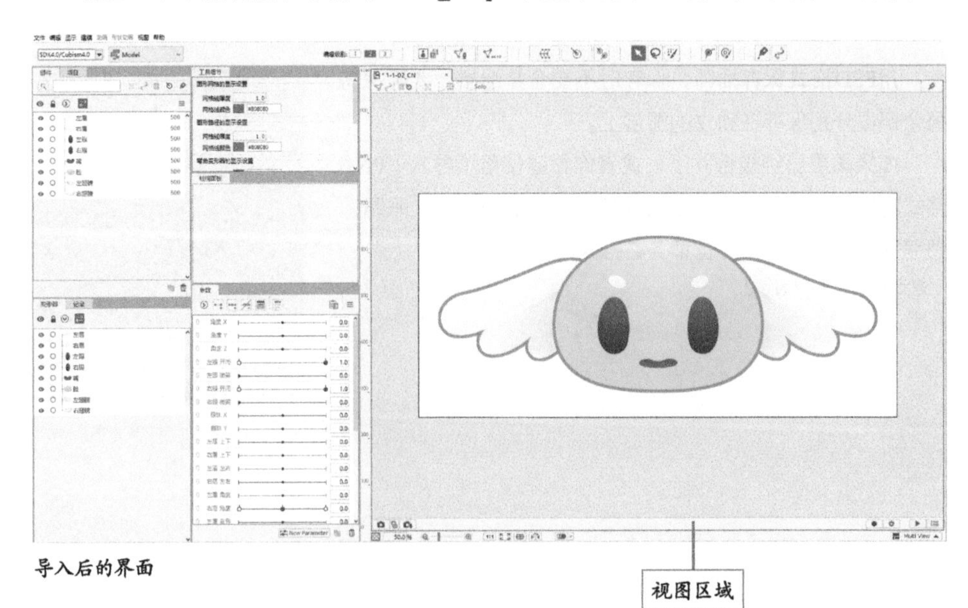

导入后的界面

02 查看部件

现在可在“部件”面板中查看各个部位，它们和PSD图层的顺序、名称均相同。

“部件”面板

03 选择物体

在“部件”面板中可选择希望运动的物体。当物体周围出现矩形边框（边界框）时，即为选中状态。直接单击视图区域中插画的各个部位，也可以选中对应的物体。这样我们就做好了让它动起来的准备工作。

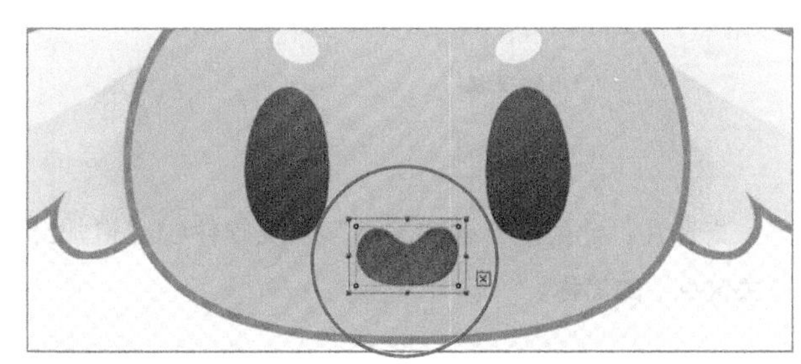

选择物体

提示 “部件”和“物体”

在Live2D Cubism中，“部件”指插画中按构成要素（眼睛、鼻子等）拆分出的集合中的一个单位。在Live2D Cubism中读取PSD文件后，它们会在“部件”面板中以文件夹的形式出现。

“物体”则指画布上的任意独立要素，主要分为“图形网格”和“变形器”两种类型。而变形器又可以分为“弯曲变形器”和“旋转变形器”。后续我们会详细讲解。

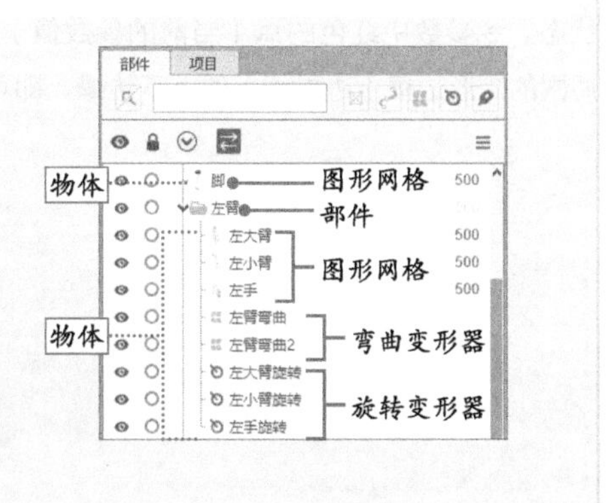

步骤 2 制作嘴和眼睛的“开闭”动作

借助“参数”面板制作嘴和眼睛的动作。

01 在物体“嘴”的参数上插入点※

在选中（❶）物体“嘴”的状态下，首先选中“参数”面板中的“嘴 开闭”（❷）。接下来，单击左上角的“追加2点”图标（❸），即可在参数两端插入两个关键点（❹）。这样即可让形状在“0~1”之间变化。

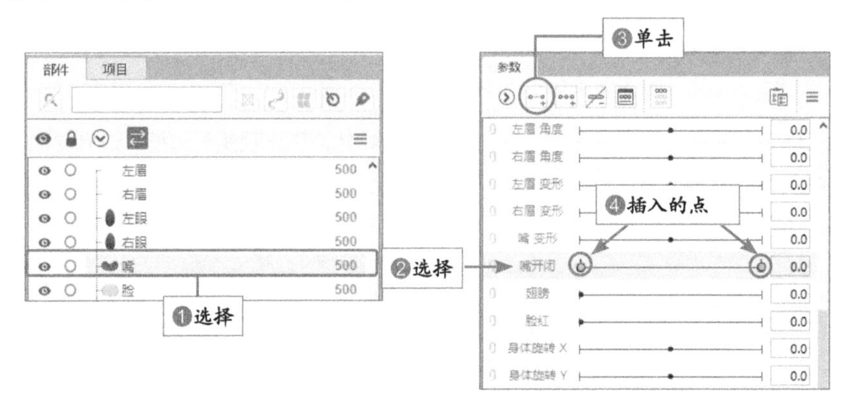

※译注：此处的标题中“点”以及软件UI“追加2点”中的“点”等，都是参数的“关键点”的简称。

02 使物体“嘴”变形

我们让参数数值“0”对应嘴缩小的状态，让参数数值“1”对应基础姿势下嘴张大的状态。令参数中红色的点（当前的参数值）处于“0”的位置（❶），拖曳选中的“嘴”周围的矩形边框（边界框）的上下边缘，即可缩小嘴（❷）。

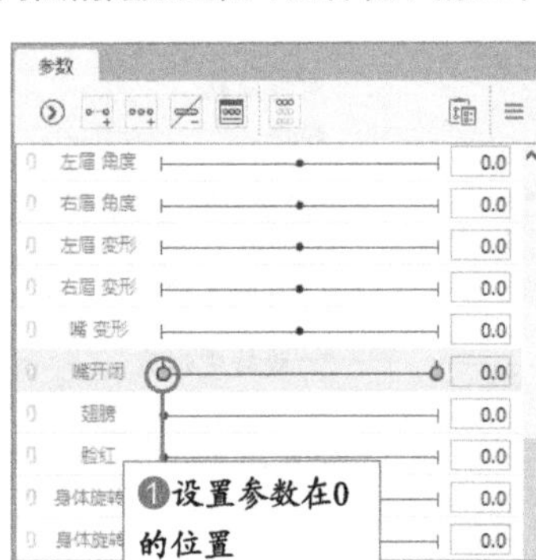

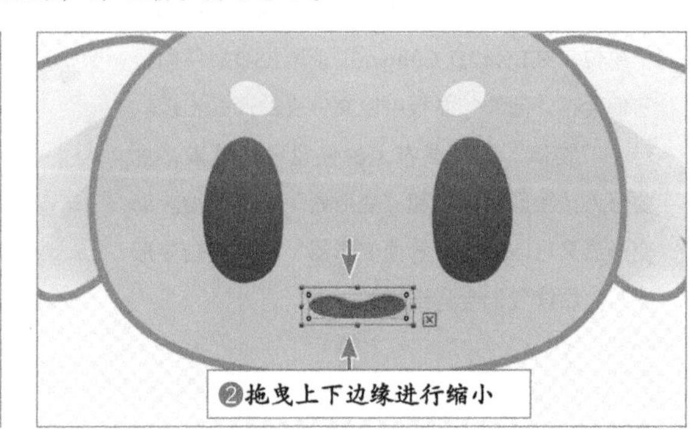

03 改变参数

在02中为参数绑定形状后，嘴就会随着参数的变化发生形变。Live2D Cubism会自动建立关键点之间的形状插值，实现顺滑的变形。

在02中绑定的形状（参数“0”）

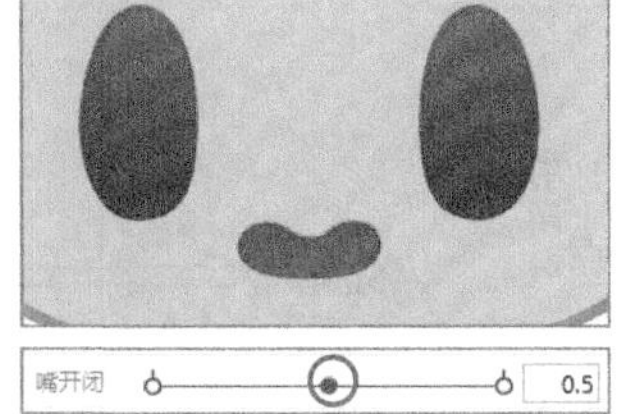

形状的插值（参数“0.5”）

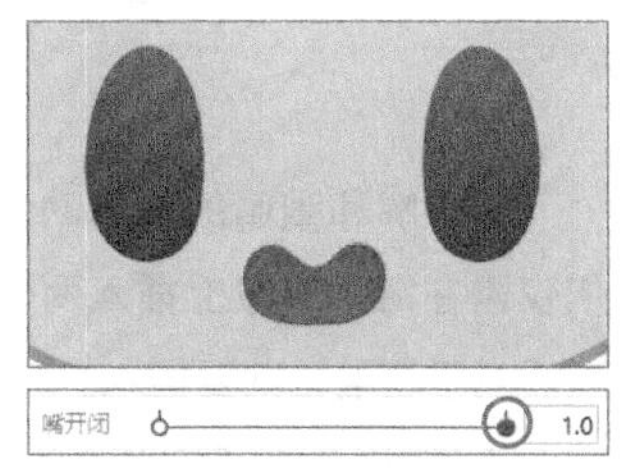

基础姿势（参数“1”）

04 使左眼、右眼闭合

因为左眼和右眼的形状很简单，所以我们可以仅通过缩小眼睛上下眼皮的距离来制作闭眼动作。

与对物体“嘴”进行变形的原理相同，我们按照“选择物体→选择参数→插入点→使物体变形”的顺序操作，即可制作出单侧眼睛的动作。

若左右眼睛使用不同的参数，就可以做出单眼眨眼等左右眼不同步的动作。

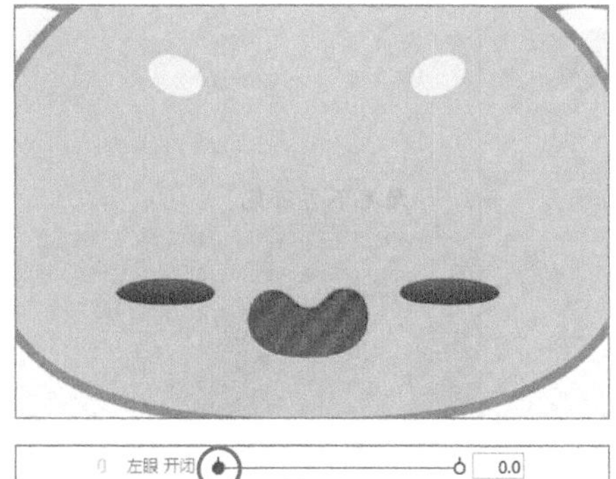

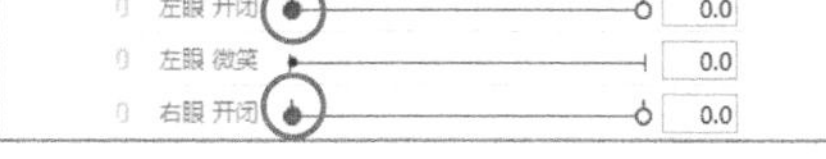

绑定在参数“0”上的形状

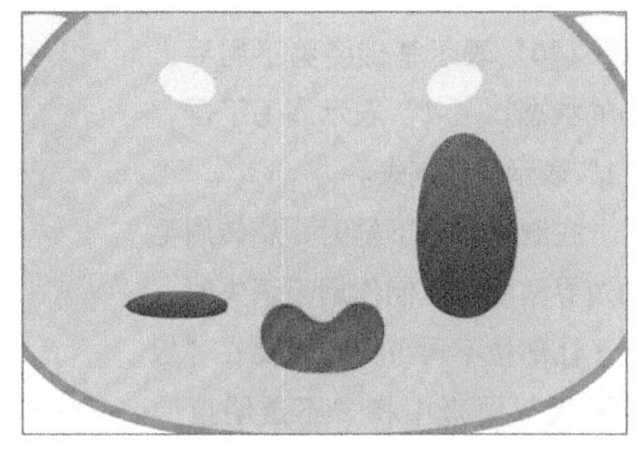

步骤3 制作眉毛的“旋转”和“隐藏”动作

添加改变角度和从显示到隐藏的动作。

01 在物体“右眉”的参数上插入点

对于嘴和眼睛的开闭动作，我们仅需在每个参数上插入两个点。然而对于眉毛，则要插入3个点。

在选中物体“右眉”（❶）的状态下，首先选择“右眉 角度”参数（❷），然后单击“参数”面板左上角的“追加3点”图标（❸），即可在参数上插入3个点（❹）。这样即可让形状在“-1~1”之间变化。

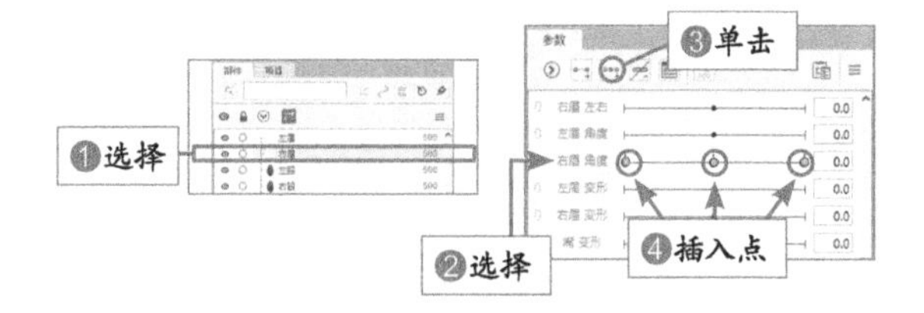

在“右眉 角度”参数上插入3个点

02 让物体“右眉”旋转和隐藏

我们像这样设置眉毛的关键点：“0”表示基础姿势下眉毛上扬的状态，“-1”表示眉毛下垂，“1”表示眉毛消失。

在制作眉毛下垂时，旋转眉毛的边界框即可。制作眉毛消失时，为了让部位不再可见，需要在“检视面板”面板中将“不透明度”从“100%”变为“0%”。此时，Live2D Cubism会自动建立关键点间的透明度插值。

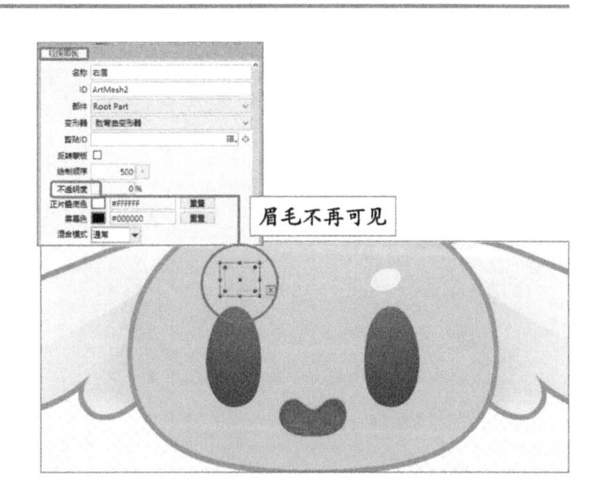

03 让物体“左眉”旋转和隐藏

当希望呈现复杂的表情时，可为左右两侧的内容分别设置参数。但这次我们只想做一些简单的表情，因此可以把物体“左眉”也设置在“右眉 角度”参数上。在“部件”面板中选中物体“左眉”，并在“参数”面板中选中“右眉 角度”参数。单击“追加3点”图标后，和右眉相同，让“-1”表示眉毛下垂，“1”表示眉毛消失。因为设置在了同一个参数上，此时改变一个参数就可以让左右两侧的眉毛同时运动。

绑定的“眉毛下垂”（参数“-1”）

基础姿势（参数“0”）

绑定的“眉毛消失”（参数“1”）

步骤4 使翅膀“变形”以做出扇动动作

通过添加上下左右方向的变形动作，来呈现翅膀简单的扇动动作。

01 创建翅膀运动的参数

在Live2D Cubism中预置了一些使用频率较高的参数。如果存在特殊部件（如翅膀和角等）需要非预置参数，也可以轻松追加。这里我们就创建一个用来让翅膀运动的参数。

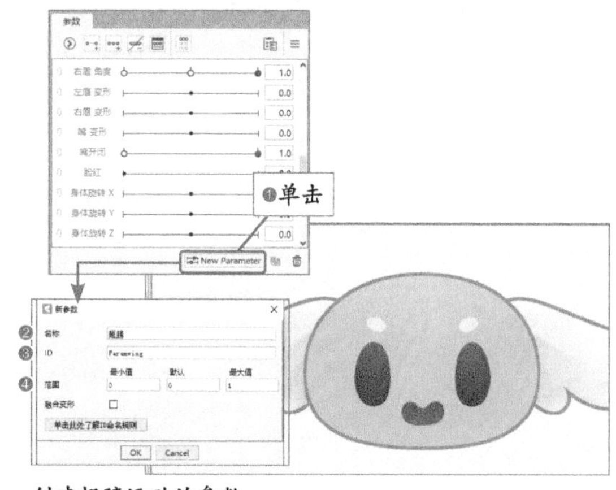

创建翅膀运动的参数

单击“参数”面板右下角的“New Parameter”（创建新参数）按钮（❶）后，会弹出“新参数”对话框，在这里填写方便自己辨识的“名称”（❷）和“ID”（❸）即可。这次我们用“翅膀”作为参数名称。虽然这次只需要制作很简单的运动表情，不必在意“范围”处的数值（❹），但这里还是设置最小值为“0”、最大值为“1”。

02 插入点并使物体变形

对于“左翅膀”和“右翅膀”，也和其他物体一样，要先插入点，再绑定动作。在选中物体“左翅膀”（❶）的状态下，首先在“参数”面板中选择“翅膀”（❷），然后单击左上角的“追加2点”图标（❸）。单击参数上的“1”（❹），拖曳物体4个角上的点进行变形，得到左侧翅膀扇动时的形状。

因为我们想让两侧的翅膀同时扇动，所以要对右侧进行同样的变形。

在“部件”面板中选择物体“右翅膀”，在“参数”面板中选择“翅膀”参数。单击“追加2点”，并在参数“1”处制作物体“右翅膀”的变形动作。

这样翅膀就可以扇动起来了。

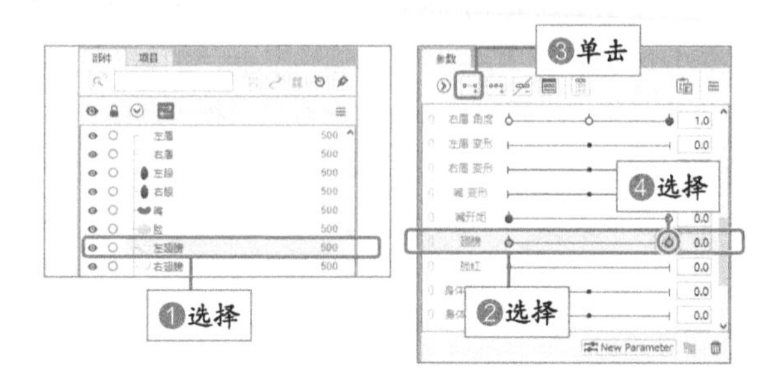

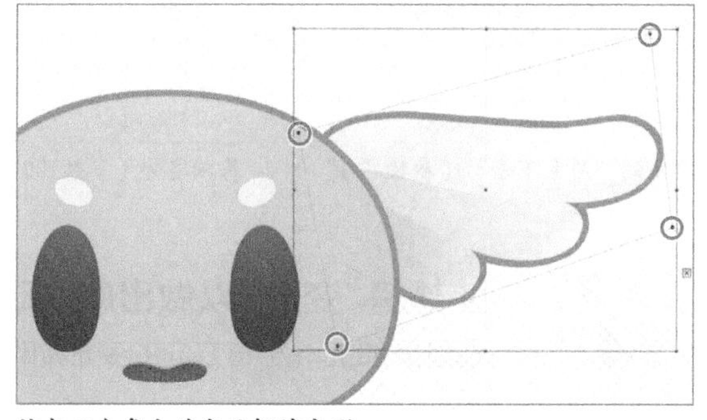
拖曳四个角上的点让翅膀变形

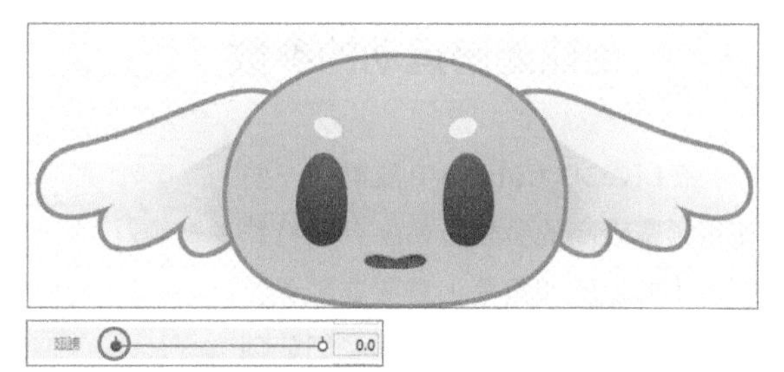

基础姿势（参数“0”）

绑定的“扇动翅膀”（参数“1”）

步骤 5 制作脸转向左右两侧的动作

当希望让多个物体同时运动时，可以使用“弯曲变形器”。

01 为物体“脸”建立弯曲变形器

选择作为基础的物体“脸”（❶），并单击屏幕上方的“创建弯曲变形器”图标（❷），此时会弹出“创建弯曲变形器”对话框，按照右侧建议的内容填写完毕后，单击“创建”按钮即可（❸）。当看到以物体“脸”为中心的绿色矩形网格时，即代表创建成功，此时“脸弯曲变形器”为“父”，物体“脸”为“子”，我们称它们构成了父子关系。

部位插入位置：Root Part
名称：脸弯曲变形器（方便自己辨识的名字）
追加：设定为选定物体的父物体
贝塞尔分区的数量：4×1
转换的分裂数量：5×5

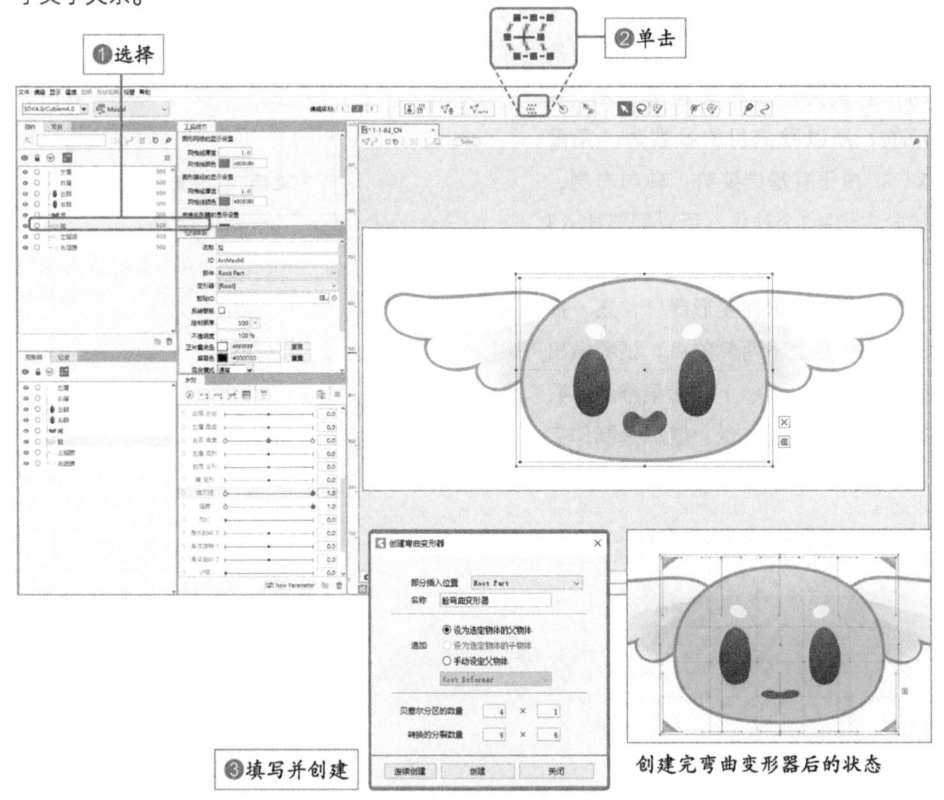

创建完弯曲变形器后的状态

02 将物体“眼睛”“眉毛”“嘴”追加到“脸弯曲变形器”中

我们在01中创建的“脸弯曲变形器”当前仅包含物体“脸”。按住Shift键，在“部件”面板中首先选中需要一起运动的物体“右眼”“左眼”“右眉”“左眉”“嘴”（❶），然后在“检视面板”面板的“变形器”标签处选择“脸弯曲变形器”（❷）。

这样我们就把物体眼睛、眉毛、嘴都作为子级添加到“脸弯曲变形器”中了。

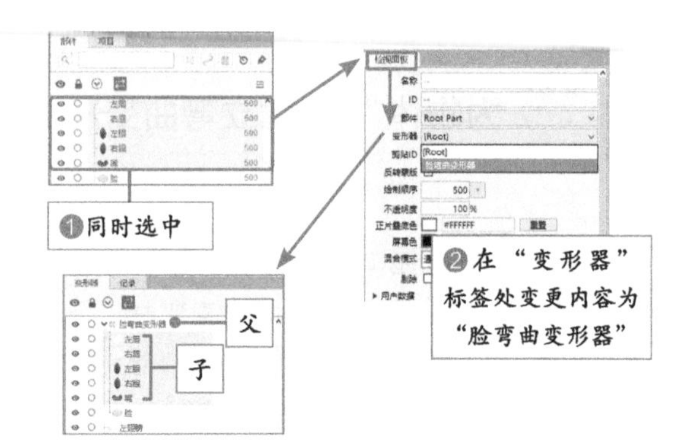

03 让脸转向左右两侧

接下来制作脸转向左右两侧的动作。因为左右转动是用“X”表示的，所以我们用的参数为“角度X”。由于有基础姿势、转向左侧、转向右侧共3个动作，所以需要插入3个点（❶~❹）。

选中“脸弯曲变形器”，逐一挪动绿色矩形上下两侧的点，试着做出脸的转向效果（❺）。如果移动参数时没有不协调的感觉，就算是制作完成了。

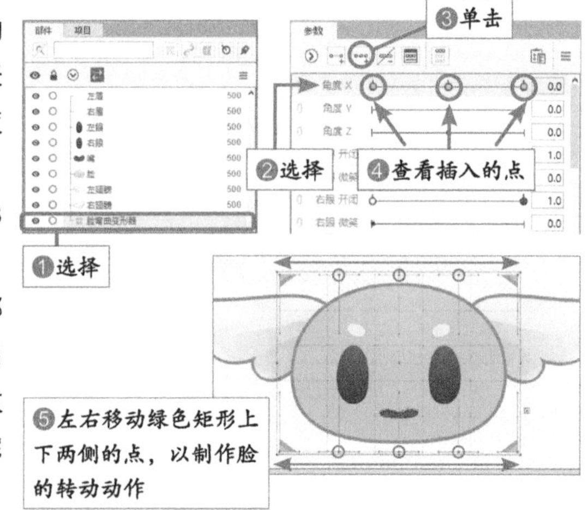

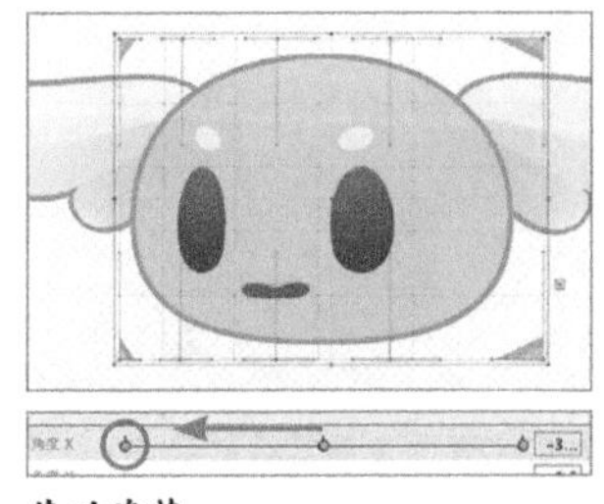
基础姿势

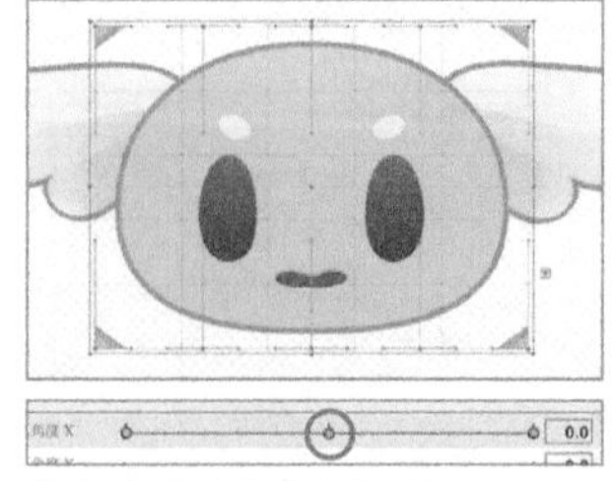
绑定的“转向右侧”的形状

绑定的“转向左侧”的形状

04 制作翅膀转向左右两侧的动作

为了配合脸的动作，翅膀在转向左右两侧时需要略微改变它的角度。在设置完用于扇动翅膀的“翅膀”参数后，同时选中物体“左翅膀”和“右翅膀”（❶），创建一个“翅膀弯曲变形器”（❷❸）。输入方便辨识的名字后，我们就设置好了它和翅膀间的父子关系。

和“脸弯曲变形器”一样，我们也在“角度X”参数上为“翅膀弯曲变形器”绑定动作。即便只添加一点偏移效果，也能体现出纵深感，让脸有旋转的感觉。

■ 源文件：1-1-02_CN.cmo3

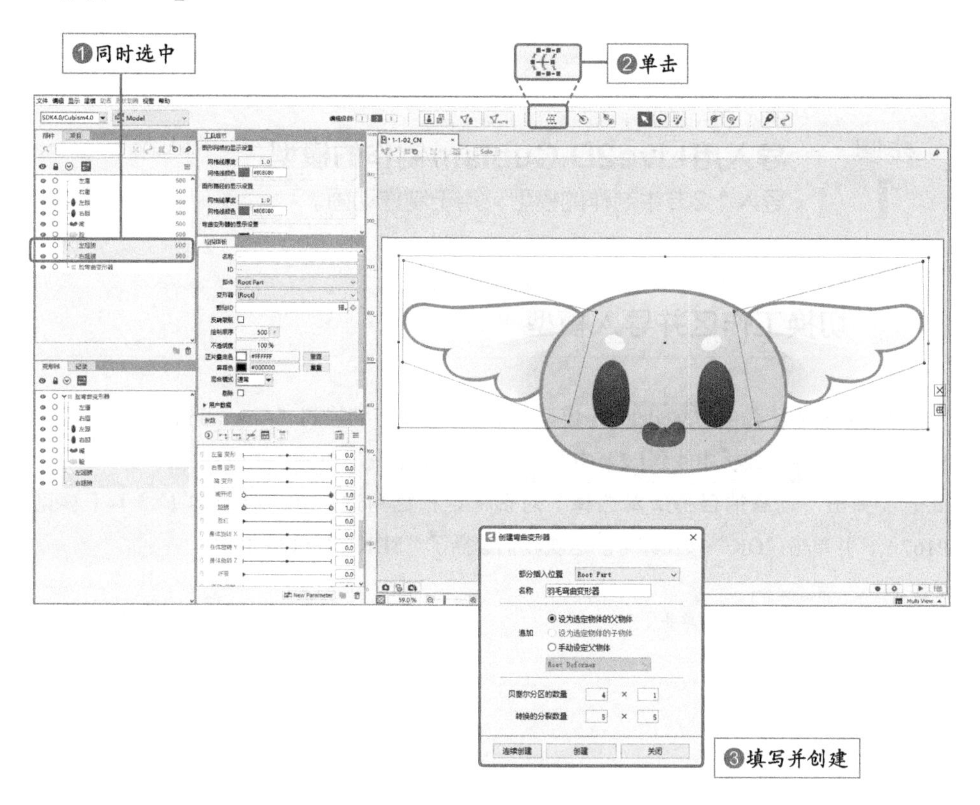

绑定的“转向右侧”的形状

基本姿势

绑定的“转向左侧”的形状

1.3 简单的角色动画

导入用Live2D Cubism制作的模型来制作动画。在初级篇中，我们将通过一些简单的操作了解制作动画的流程。

步骤1 导入用Live2D Cubism制作的模型

导入1.2节中制作的模型，用于制作动画。

01 切换工作区并导入模型

单击屏幕左上角的“Model”（模型）图标（❶），切换到“Animation”（动画）工作区。在“项目”面板中找到1.2节中制作的模型文件，把它拖放到时间线上即可（❷）。此时会弹出“动画的目标版本选择”对话框，根据用途选择目标版本（❸）（参见P167），并单击“OK”按钮即可。这次我们选择了“SDK（Unity）”。

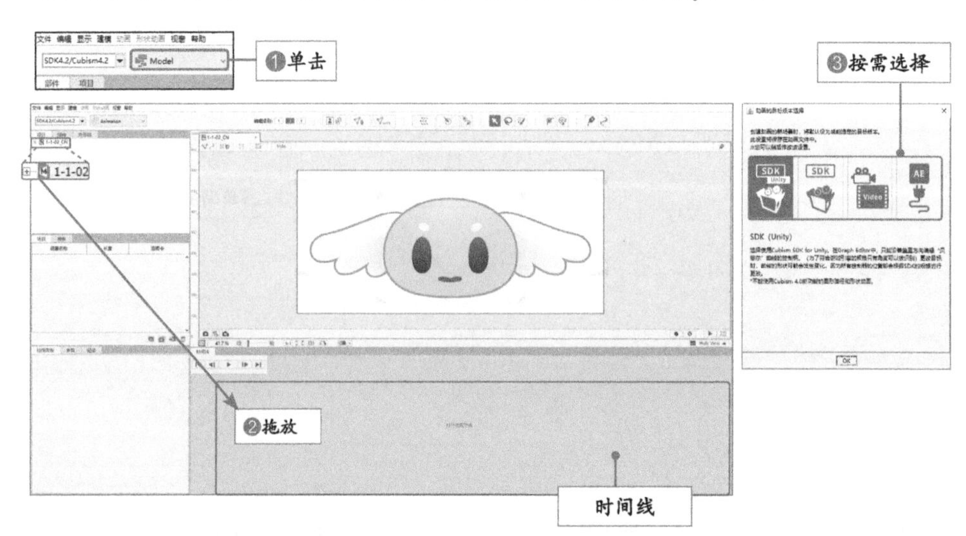

02 设置场景

完成01的操作后，我们就创建了一个新场景。把“场景名称”修改成方便辨识的名字（❶）。其他选项也可以根据需求设置，但在初级篇中我们用默认的设置制作动画即可。首先，把时间线上的紫色条延长到和橙色条相同的长度（❷）。

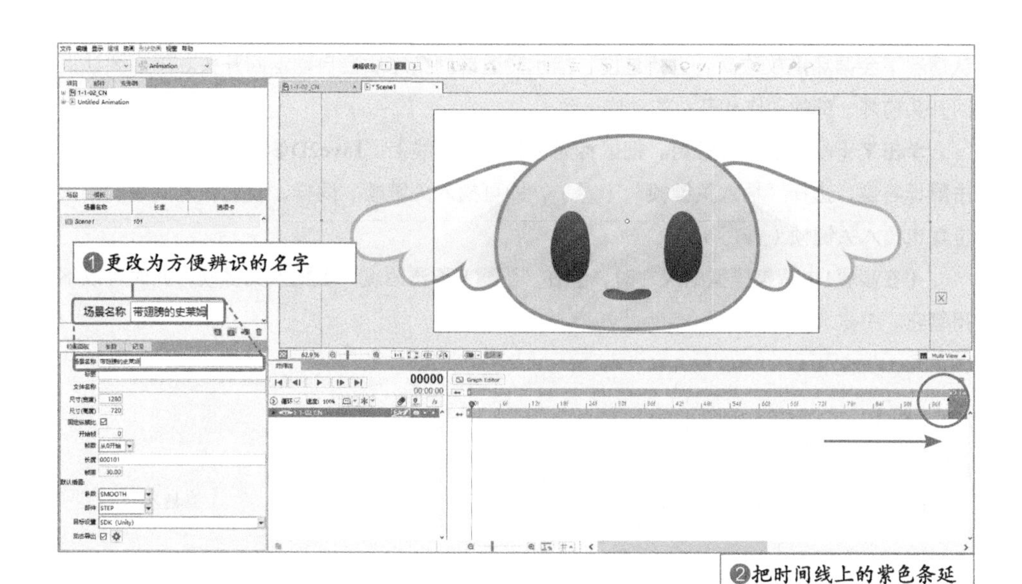

❷把时间线上的紫色条延长到和橙色条相同的长度

03 调整模型的尺寸

现在模型超出了画布范围，需要调整大小，让它位于画布内。

按住Shift键并拖曳模型的矩形边框（边界框），即可在保持长宽比不变的情况下缩放模型。这样就完成了制作动画的准备工作。

调整模型的尺寸

步骤 2 让插画动起来

在时间线上插入关键帧以制作动画。

01 插入关键帧

单击“时间线”面板中的播放按钮（①），红色的竖线（指示器）就会开始运动，默认情况下会循环播放动画。也就是说，指示器运动到结尾后会自动返回开头。下面要让返回开头前那一刻的动作和开头的动作一致。

单击▼（②）展开属性组。把鼠标光标放在时间线上“Live2D参数”的起始位置，单击鼠标右键，选择“插入关键帧”（③），即可插入关键帧。同样，我们在时间线的结束位置也插入关键帧（④⑤）。

（在步骤1中调整模型的尺寸时，会在“配置&不透明度”上插入关键帧，此时可以不用管它。）

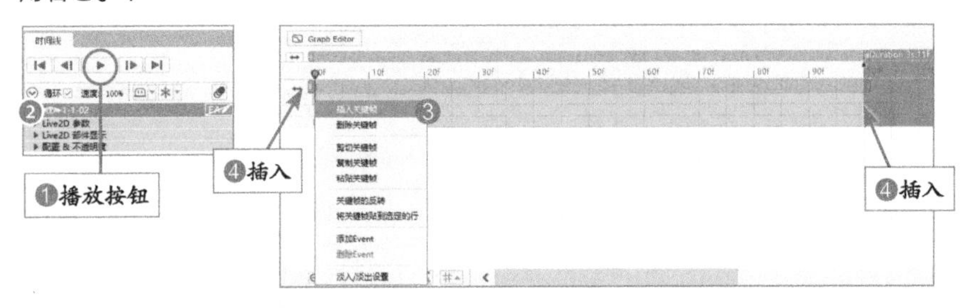

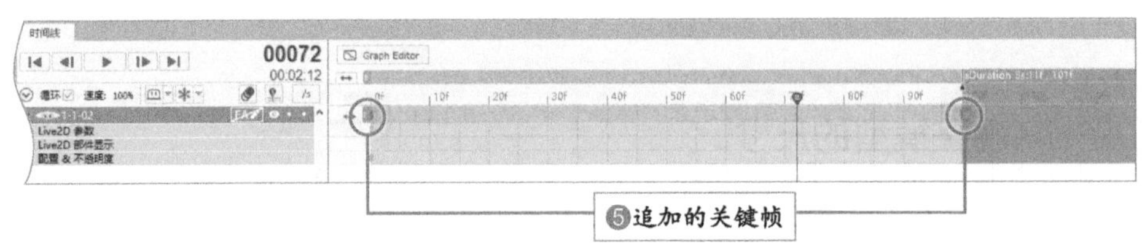

02 使用参数

我们可以使用在1.2节中创建的参数制作动画。参数均被收纳在“Live2D参数”内。

首先将时间线上的红色竖线（指示器）移动到适当的位置，然后为控制脸左右转动的“角度X”插入关键帧（①~③）。我们既可以先通过右键菜单插入关键帧，再改变参数，也可以通过改变参数的方式插入关键帧。因为关键帧之间的动作会被自动补全，因此仅在需要动作发生变化的地方打上关键帧标记即可。

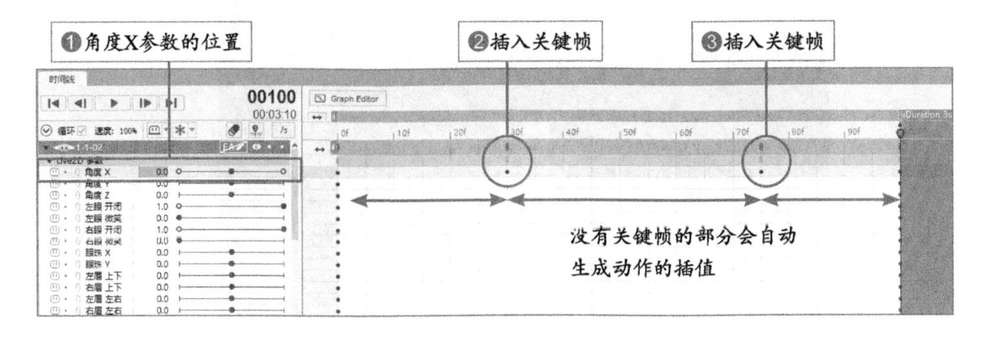

03 查看动画

插入关键帧后，单击播放按钮即可查看动画。如果没有问题，就再用其他参数制作动作。

你可以在保留参数数值不变的情况下，对关键帧进行复制和粘贴，也可以在选中多个关键帧的状态下移动关键帧等。通过反复播放并调整关键帧，就能很方便地尝试各种动作。

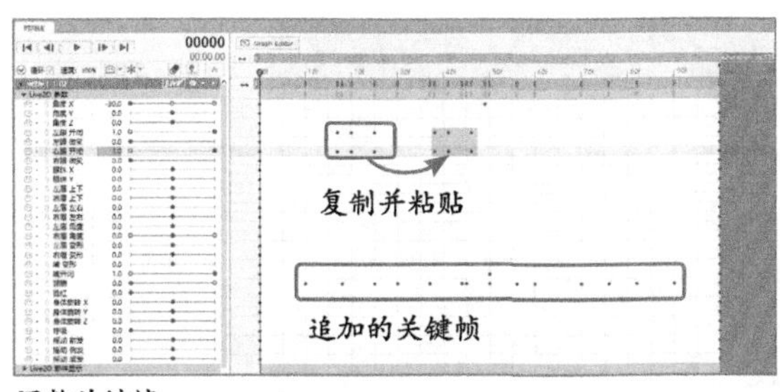

调整关键帧

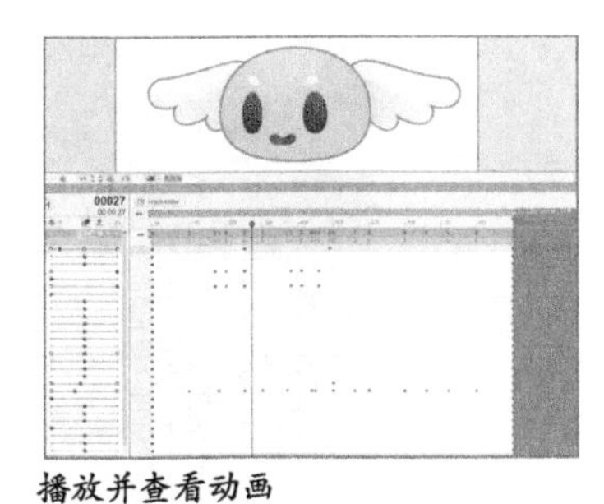
播放并查看动画

04 制作各种场景

如果在一个场景中制作完所有参数的动作很困难，就分别制作不同的场景并使用不同的参数。比如，一边单眼眨眼，一边扇动翅膀的场景；一边开闭嘴巴，一边左右转脸的场景等。尽管这些动作都很简单，但通过将它们组合使用，就可以制作出栩栩如生的动画。

■ 源文件：1-1-03-finish_CN.can3

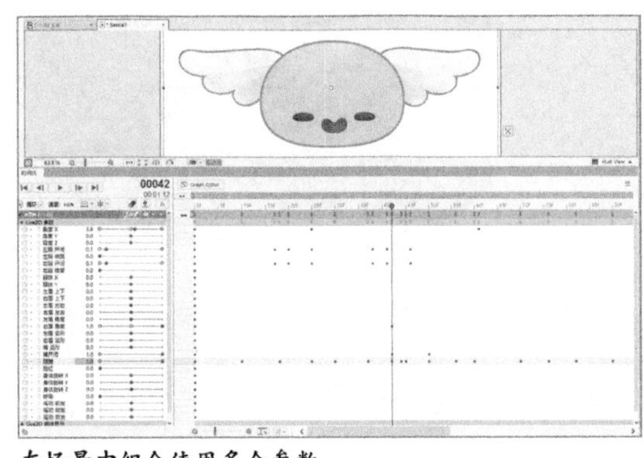
在场景中组合使用多个参数

基础篇

在基础篇中，我们将讲解使用Live2D Cubism制作作品的基本方法。

第2章

素材的制作

制作Live2D Cubism用的插画文件

制作Live2D Cubism用的插画文件

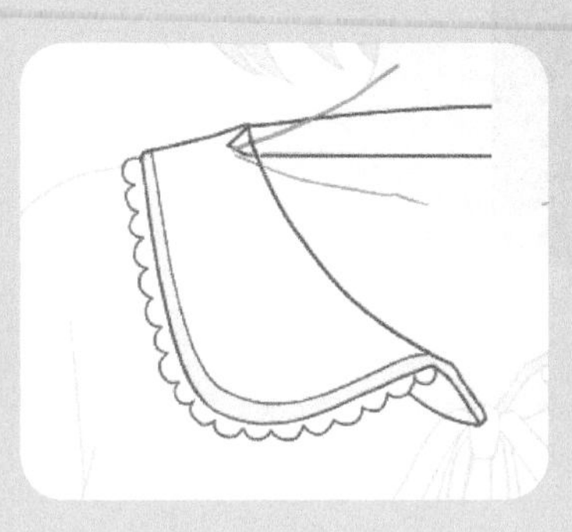

为了能在Live2D Cubism中制作运动的动作，我们必须先制作按部位拆分好图层的插画素材。构思如何让插画动起来，并以此划分图层。

步骤1 绘制角色的草稿

构思角色的运动方式并绘制相应的草稿。

绘制动作的草稿

虽然绘制草稿并不是必需的，但在最开始，为了让大家理解哪部分需要划分图层，我们准备了一份草稿。

我们将配合语音来为角色制作动作。首先制作基础姿势，为了更容易兼容其他动作，最好选择常规的姿势。这里推荐选择面向正面、放松地伸展手臂、自然站立的姿势。

接下来构思动作。虽然也可以只在脑子里进行构思，但为了方便理解，我们把所构思的动作画了出来。

■ 源文件：2-1-01.jpg、2-1-02.jpg

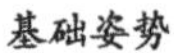
基础姿势

运动后的姿势

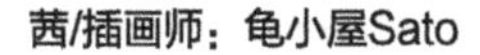
茜/插画师：龟小屋Sato

步骤 2 绘制角色的线稿

下面基于基础姿势的草稿来绘制线稿。

01 确认图层的划分方式

明确了各部分动作后，我们按照部位分图层作画。作画时，推荐使用Photoshop或CLIP STUDIO PAINT（参见P8），这里用Photoshop。

这次，除了头部、身体、手臂等，角色的头发和领口缎带也会摇摆，因此，我们选用了下方所示的图层结构。划分图层时，要注意各部位的前后关系，并把“基础姿势下被隐藏，但运动时可见的部分”画出来。比如，当头发摇摆时，耳朵就会显露出来。在绘画时，我们必须要注意这些部分。

通常来说，图层拆分得越详细，制作出的动作就越细腻。但现在我们先选择最简单的图层划分方式。

图层结构

- 头：前发/侧发/后发/脸的轮廓/表情
- 手臂（左/右）：大臂/小臂/手
- 身体：胸/领子/领口缎带/衣服下摆
- 腿：不划分图层

（这次只制作上半身的部分，腿不运动）

※在讲解之前，先查看一下划分图层后的素材，会更方便我们理解拆分过程。在继续学习之前，请务必先看一下源文件。

■ 源文件：2-1-05-import_CN.psd

虽然在基础姿势下右耳朵是被隐藏起来的，但考虑到头发摇动时它是可见的，因此我们需要先画出来

> **提示 脚本模板**
>
> 我们在制作插画素材时，借助脚本能节省很多时间。这里推荐先用“Live2D_Preprocess”脚本整理图层，再用“Live2D_Cleaning”脚本清理污点。
>
> - Live2D_Preprocess（预处理脚本）
>
> 通过以下方式处理Photoshop的图层结构，适用于导入Live2D Cubism：“合并图层组”“应用图层蒙版”“合并剪切蒙版”“删除路径信息”。
>
> - Live2D_Cleaning（清理脚本）
>
> 此脚本可以擦除残留的小污点。如果导入Live2D Cubism的插画文件有污点，模型图像和PSD图层的对应关系则可能会出现错误。
>
> ※译注：在Live2D官方网站的顶部菜单选择“产品”→“辅助工具”，即可下载这两个脚本。

02 绘制头部的线稿

分图层绘制头部的线稿。

● 头发：前发/侧发（左右）/后发/被发卡夹住不会摇摆的头发

这次我们按照上述方式划分图层。

在基础姿势下被前发遮挡的区域，在头发摇摆时也会显露出来，因此需要画出来

被发卡夹住不会摇摆的头发

● 脸的轮廓

为了更好地呈现头的形状，要把头顶等被头发遮住的部分也画完整。鼻子和耳朵要在不同的图层上分别绘制。

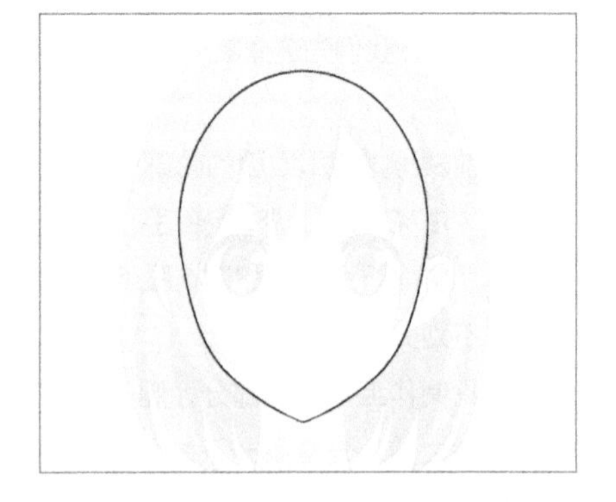

提示 头发的图层要拆分到什么程度？

头发的图层应该拆分到多细致呢？

可以根据这一点来考虑：对这个角色来说，头发的运动有多么重要。

举例来说，如果你的作品属于比较简洁的画风，头发的运动也比较简单，那么就不需要拆分出太多图层。然而，对于比较写实的角色，让头发有细腻的动作表现会使角色更有魅力。

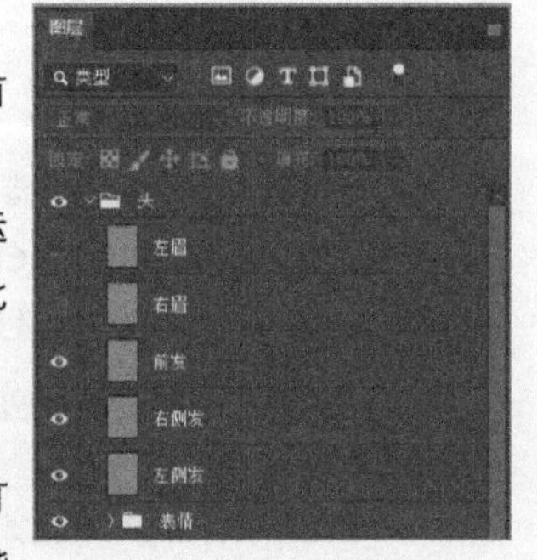

图层拆分得越细，制作出的动作就越细腻。重点在于，要和作品的整体观感保持一致。即便你精心制作了头发，也可能因为和其他部分的精细程度差异太大，导致作品出现不和谐感。通常情况下，我们按照基础的“前发/侧发（左右）/后发/发卡等装饰品及周围的头发”的标准进行拆分即可。

03 绘制表情的线稿

为了制作各种各样的表情，我们需要更细致地拆分脸上的器官为不同的图层，并分别绘制它们。

● 眉毛

左右两侧分别使用不同的图层。角色的眉间有皱纹时，要和眉毛使用不同的图层。

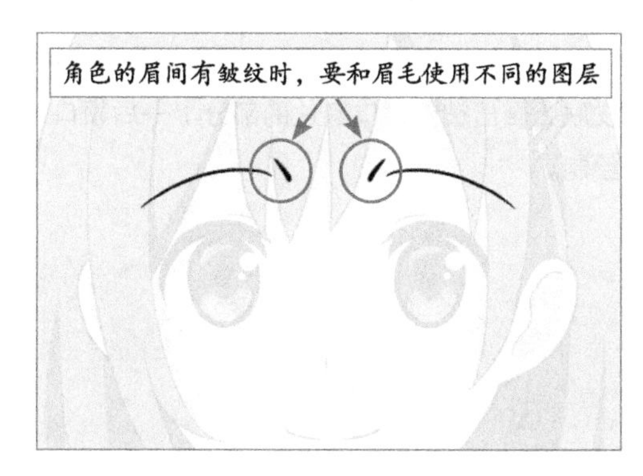

● 眼睛

为了能让眼睛产生开闭动作，我们必须将其拆分为多个图层。

双眼皮（❶）/上睫毛（❷）/眼角的睫毛（❸）/下睫毛（❹）/眼黑（即眼球）（❺）

对于眼黑，要画出睫毛遮住的部分。

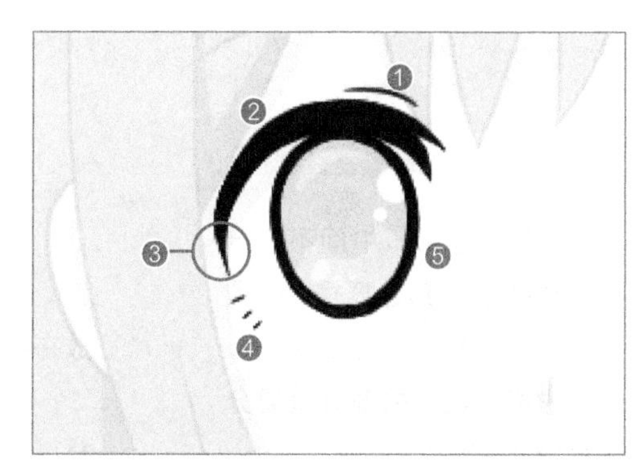

● 嘴

在闭嘴状态下绘制基础线稿。在有唇下线的情况下，唇下线要和嘴使用不同的图层。

提示 上睫毛的拆分方式

只有拆分出“上睫毛”和“眼角的睫毛”，我们才能方便地制作眼睛的开闭动作。

划分图层的要点是，把“Ⓐ睫毛整体的线条”和“Ⓑ其他方向的线条”拆分开来。

对睫毛有分叉的角色也一样，和睫毛整体线条方向不同的分叉部分，要拆分到单独的图层中。

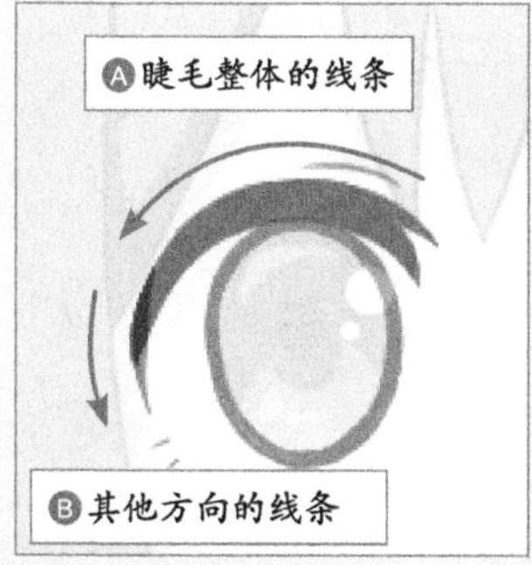

04 绘制身体的线稿

接下来绘制身体的线稿。

● 领子：前领口（❶）/皮肤（锁骨周围）（❷）/后领口（❸）

关于分层作画时的顺序，推荐先从前方可见的图层开始绘制。这里我们按照前领口→皮肤（画出被前领口遮住的部分）→后领口（画出被前领口和皮肤遮住的部分）的顺序绘制。

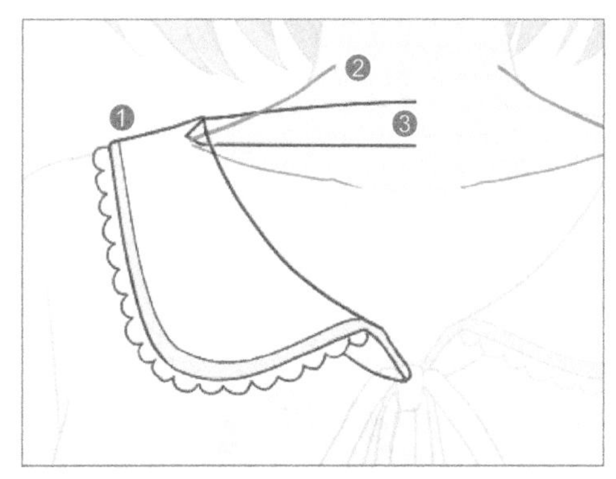

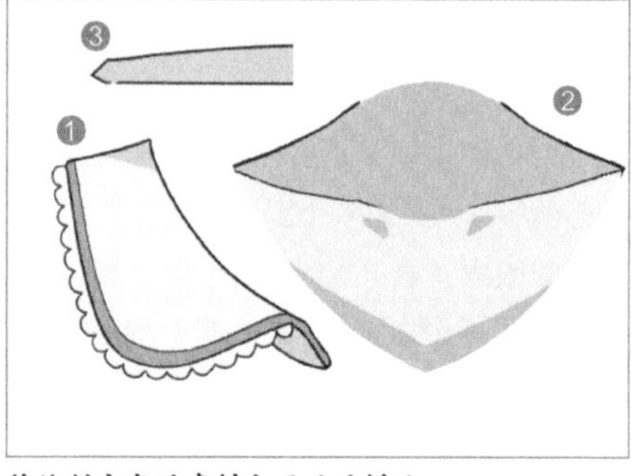

将绘制完成的素材分开后的样子

● 领口缎带：中间不会摇摆的绳结（❹）/会摇摆的绳圈和绳尾（❺）

被绳结挡住的部分也要分图层绘制完整。

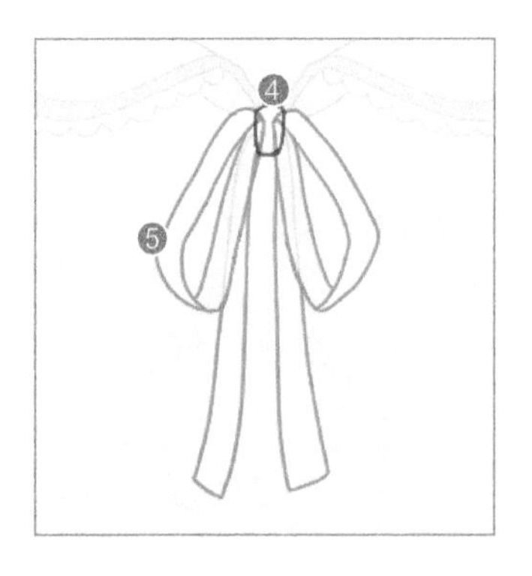

● 手臂：大臂（❻）/小臂（❼）/手（❽）

我们想让手臂转到背部，因此要把手臂图层放在身体和脚图层的下方。

在手臂进行弯曲运动的过程中，被遮挡的部分可能会显露出来。因此要构思下方的图层（小臂）和上方的图层（大臂）会露出多少，并在图层衔接处画出被遮挡的部分。

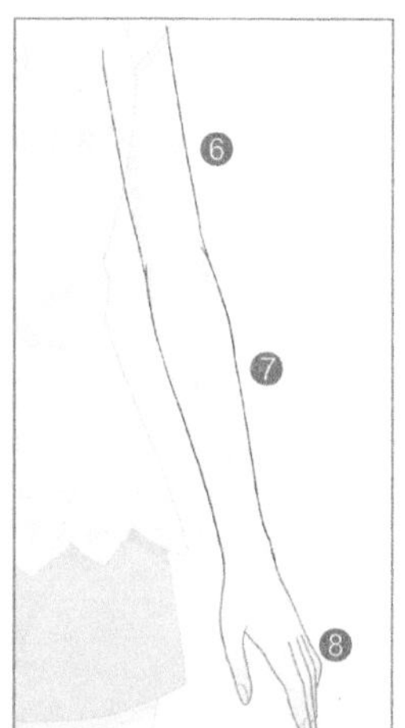

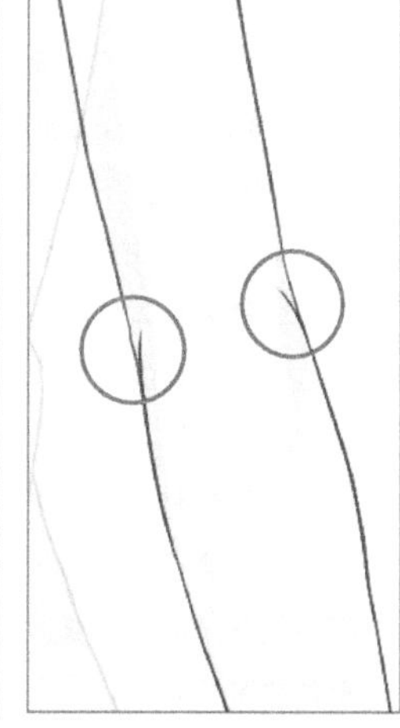

● 下半身

在本节中，我们只让上半身运动，所以不拆分下半身。如果下半身需要运动，那么可以按照右侧所述的结构额外拆分出一些图层。

■ 源文件：2-1-03_CN.psd

图层结构

● 腰

● 腿（左/右）：大腿/小腿/脚

步骤 3 为角色上色

为角色不同的图层上色，完成插画。

01 为头和身体上色

一边检查图层之间的覆盖顺序，一边为其上色。和之前绘制线稿时一样，不要忘记给“基础姿势下被隐藏，但运动时可见的部分”上色。

另外，按照部位分别建立图层组可以提升后续工作的效率。用各个部位名称为图层组命名。

■ 源文件：2-1-04_CN.psd

图层组

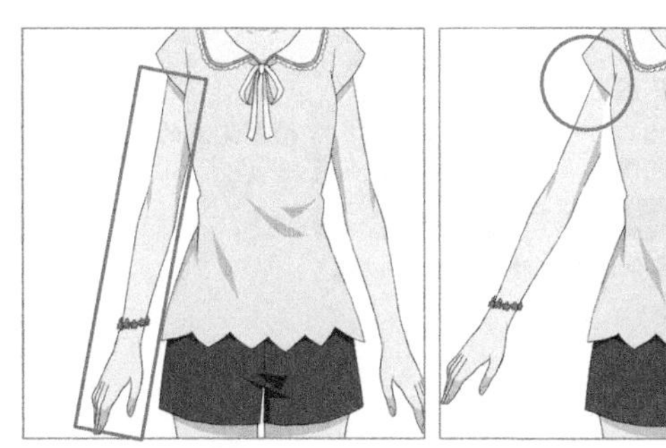

如果只给可见部分上色，运动时就会露出破绽

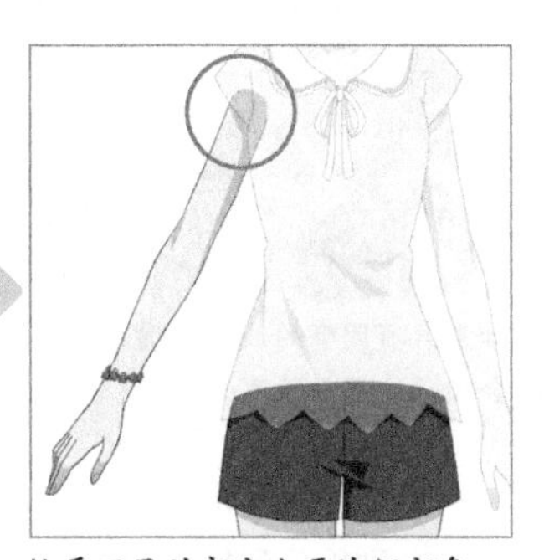

给看不见的部分也要涂好颜色

02 为表情上色

将表情细致地拆分为多个图层，就能制作出更灵活多变的表情。

● 眼睛：眼白（①）/眼睛高光部分（简称高光）（②）/眼黑

建议把眼睛的高光拆分到独立的图层上。

● 嘴：嘴内、上唇（③）、下唇（④）、嘴高光

首先绘制出“嘴内”，然后绘制上唇和下唇覆盖它。

想象嘴张到最大的样子

绘制出比它还大一圈的嘴内部分

绘制完成的嘴内部分

接下来，把上唇和下唇单独拆分出来。在闭嘴的线稿下涂上肤色，让它们在嘴闭合的状态下能遮住刚才绘制的嘴内部分。上唇的皮肤应在嘴角处稍微向下多画一些（⑤）。另外，要把嘴唇的高光拆分到和嘴唇其他部位不同的图层上。

如果只有闭嘴的线稿，嘴内则会错误地显示为可见

上唇和下唇分别涂上肤色，就可以隐藏嘴内部分

绘制完成的上唇③和下唇④

● 脸颊红晕和高光

分别拆分到独立的图层上。

步骤 4

准备用于导入的素材

合并线稿和颜色，制作用于导入Live2D Cubism的插画素材。

01 按照部位合并图层

目前完成的图层划分得比较细碎。但为了导入Live2D Cubism，我们还需要对图层做一些合并操作。当然，如果后续需要修改插画，分图层的文件修改起来就会更方便。因此，我们先把它另外保存一份。

按照“1个部位=1个图层”的方式合并图层。在上色步骤中，我们已经按部位划分好了图层组，所以直接将各个图层组合并，即可完成工作。

在Live2D Cubism中也有类似Photoshop中图层组的功能。因此，可以按照“头”“身体”等容易被辨识的方式创建一些图层组。

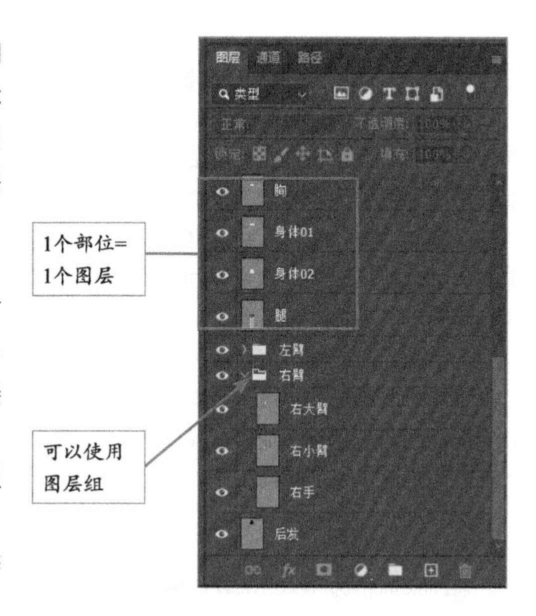

02 检查文件，保存为PSD格式

如果使用了绘画软件中的某些设置和功能，在将素材导入Live2D Cubism时就可能产生错误。我们要注意检查下一页中总结的注意事项。如果没有问题，就把插画保存为PSD格式。

■ 源文件：2-1-05-import_CN.psd

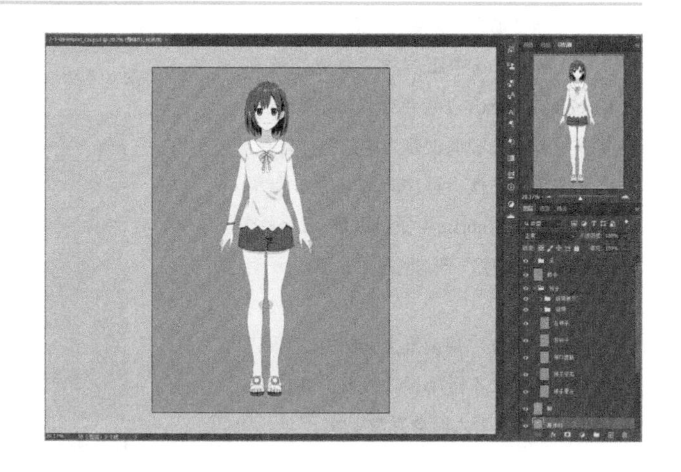

提示 制作导入Live2D Cubism所用素材的注意事项

不要使用相同的图层名称

当有多个名称相同的部件时，虽然不影响导入，但容易在后续步骤中引发问题。请为所有的部件设置唯一的图层名称。

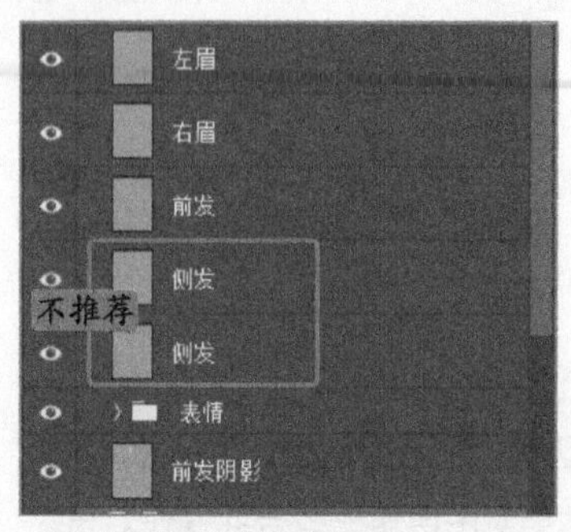

不要使用相同的图层名称

图层混合模式应设置为“正常”

在Live2D Cubism中，只有“通常”“变亮”“正片叠底”3种混合模式，“线性减淡”等特殊混合模式不会生效。另外，制作完的文件被导入Unity等时，“变亮”和“正片叠底”的效果可能和预期的不同。

为了防止出现这类问题，将所有部位的混合模式都设为“正常”是最保险的。另外，Photoshop中的图层样式也不会生效，请执行栅格化操作。

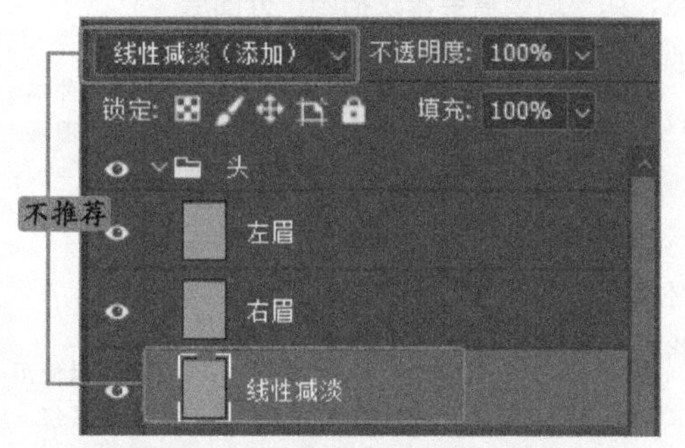

图层混合模式应设置为“正常”

不要使用蒙版

将Photoshop素材导入Live2D Cubism时，图层蒙版会被直接应用，剪贴蒙版功能则不会生效。为避免出现问题，请提前应用或取消掉所有的蒙版。

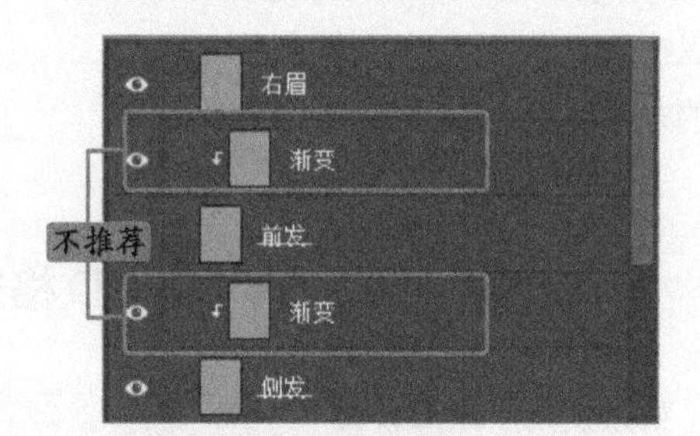

蒙版不会生效，所以不用

将“填充”设置为100%

Photoshop中图层的“填充”值在Live2D Cubism中不会生效，非100%的数值在导入时会被动调整为100%。如果导入了“填充”值不是100%的图层，就需要在Live2D Cubism中重新设置（Live2D Cubism中只有“不透明度”选项，没有“填充”）。

把“填充”都设置为100%。顺便说一下，如果“不透明度”设置为非100%的数值，则在导入时会正常生效。

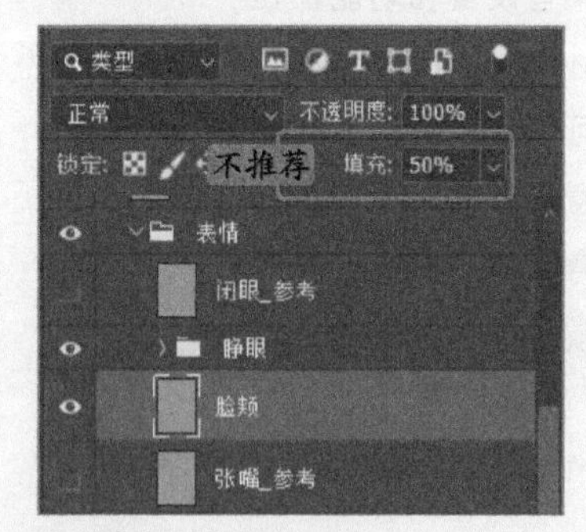

将“填充”设置为100%

第3章

建模第1步：制作图形网格

3.1 导入素材前的准备工作

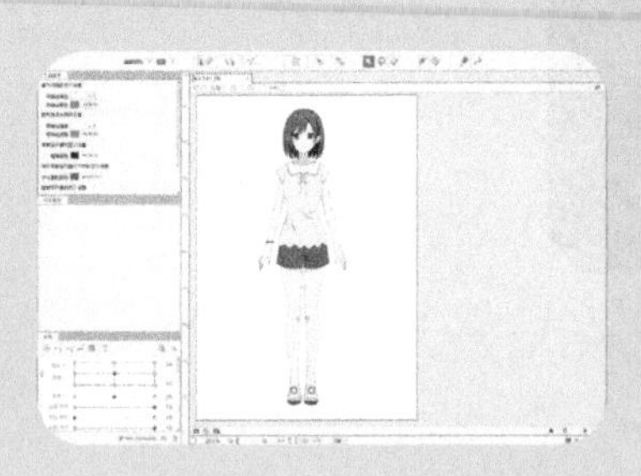

完成素材的制作后，我们就可以使用Live2D Cubism编辑素材。本节来学习一下软件的界面和各处的名称。

步骤1 确认工作区和编辑级别

导入素材前，我们先来看一下软件的界面。

01 切换工作区

针对“模型”“动画”“形状动画”的制作，Live2D Cubism都有专门的工作区。

- Model ● “Model”（模型）工作区：进行建模时使用的工作区
- Animation ● “Animation”（动画）工作区：制作动画时使用的工作区
- Form Animation ● “Form Animation”（形状动画）工作区：制作形状动画时使用的工作区

在制作过程中，我们首先要在模型工作区内对各物体进行变形，给各部件制作动作（即建模）。若工具栏左上角的图标（❶）显示为“Model”，就是正确状态。如果显示为“Animation”或“Form Animation”，则单击这个图标将其切换为“Model”即可。

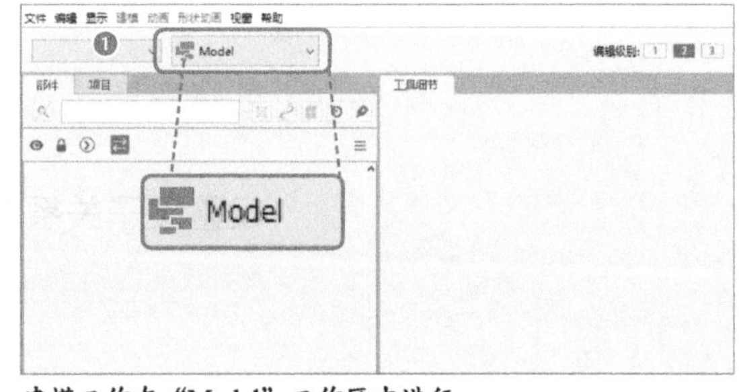

建模工作在“Model”工作区中进行

02 切换编辑级别

在Live2D Cubism中，可以在3个级别的编辑模式间切换。

- 编辑级别1：细节编辑模式
- 编辑级别2：常规编辑模式
- 编辑级别3：粗略编辑模式

系统默认的是编辑级别2，即常规编辑模式。可以在工具栏中央的“编辑级别”图标（❶）处检查目前是否选择了“2”。接下来，我们会先在“2”级别下制作，如果目前选择的不是“2”，请通过单击图标切换。

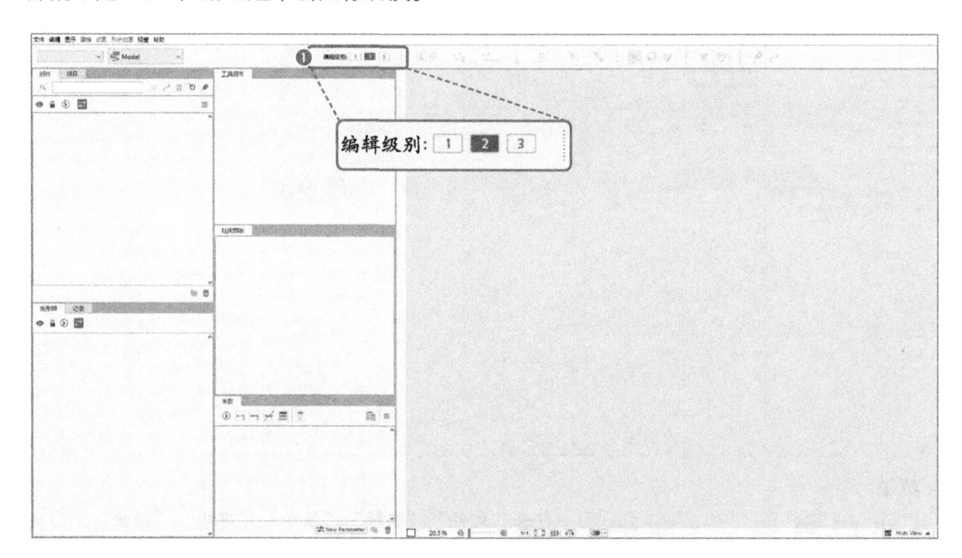

提示 软件出现故障时怎么办

在遇到软件故障时，把日志文件发送给Live2D的技术人员会更有助于解决问题。

在菜单中选择“帮助”→“打开记录文件”，即可在打开的文件夹内找到名为“log.txt”的日志文件。在“记录”面板内双击，也可以打开一个专用窗口。

步骤2 模型工作区的界面

认识界面中的图标、标签及其名称。

首先来看一下模型工作区内各部分的名称。

关于各部分的使用方法，我们会在制作模型的过程中讲解，因此，现阶段没有必要全部记住。如之后你遇到找不到某个图标的位置等情况，可回到这一页进行查找。

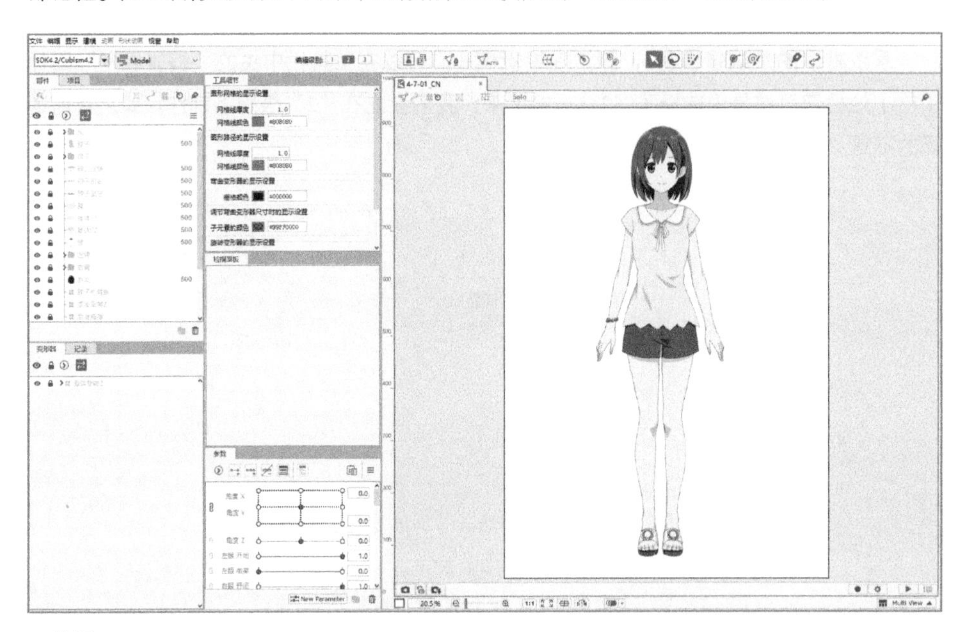

菜单

文件 编辑 显示 建模 动画 形状动画 视窗 帮助

包含“文件”“编辑”“显示”“建模”“动画”“形状动画”“视窗”“帮助”选项。

工具栏

包含切换目标版本、切换工作区、切换编辑级别选项，以及切换“光标”当前操作工具的图标。

视图区域

在视图区域内会显示Live2D Cubism正打开的模型，我们也可以在这里编辑模型。通过设置多视图，可以同时查看模型的多种状态。

● “部件”面板

列出了部件内的变形器、图形网格等全部物体。在默认的界面设置下，可以通过单击标签在它和“项目”面板间切换。

● “项目”面板

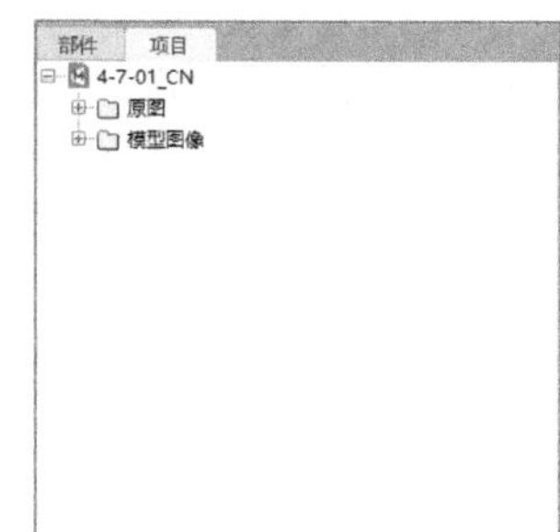

列出了当前打开的所有项目。

● “变形器”面板

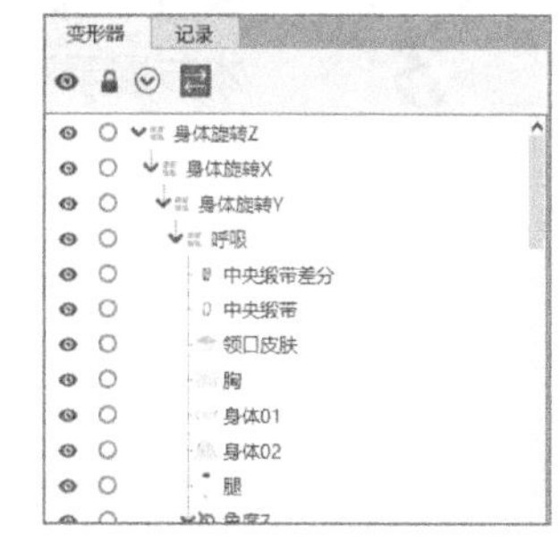

列出了所有变形器和包含在其中的图形网格，可用于检查物体间的父子关系。在默认的界面设置下，可以通过单击标签在它和“记录”在面板间切换。

● “记录”面板

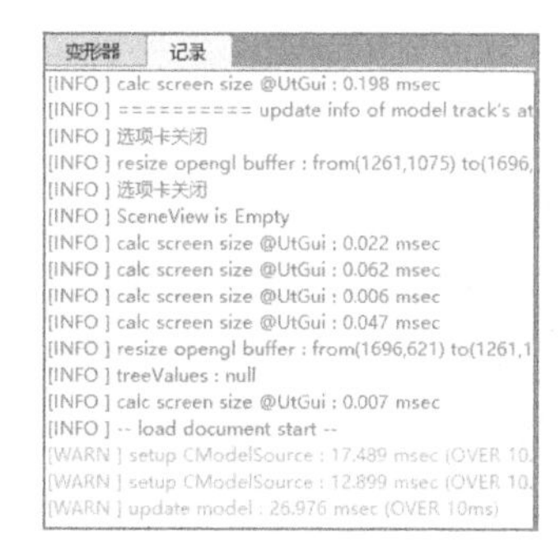

显示了软件的运行日志。错误会用红色的文字显示。

● “工具细节”面板

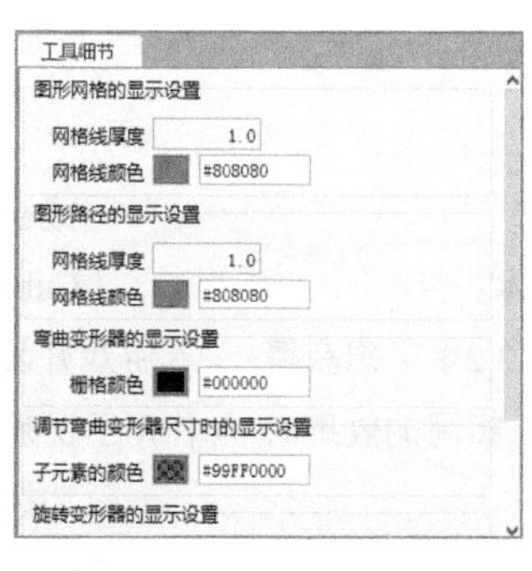

显示当前所选工具的详细设置。

● “检视面板”面板

可调整所选物体的设置。

● “参数”面板

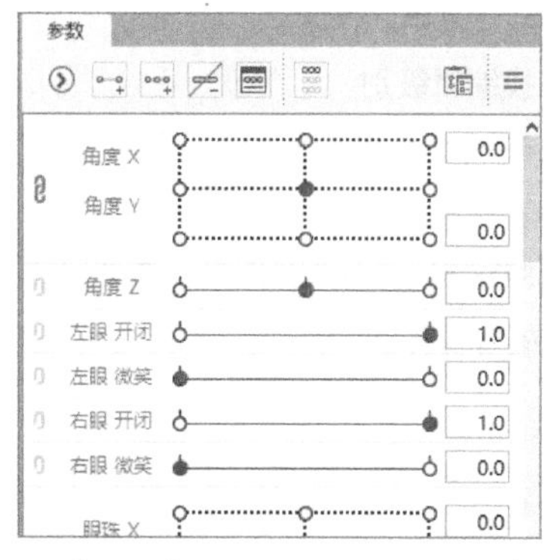

用于管理代表物体运动变化数值的“参数”。

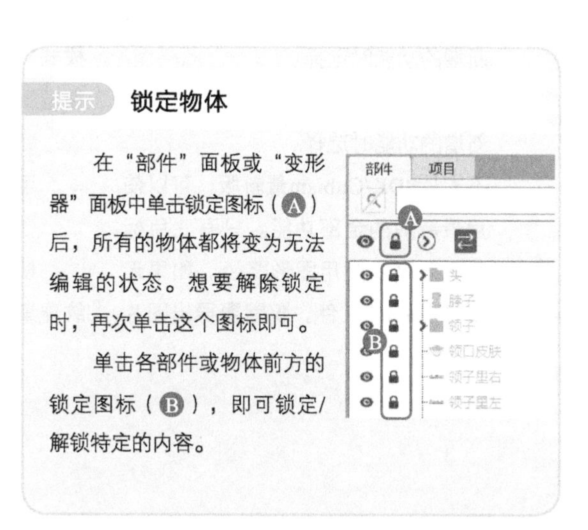

提示　锁定物体

在“部件”面板或“变形器”面板中单击锁定图标（A）后，所有的物体都将变为无法编辑的状态。想要解除锁定时，再次单击这个图标即可。

单击各部件或物体前方的锁定图标（B），即可锁定/解锁特定的内容。

步骤3 关于工具栏

本节展示了在模型工作区下可用的工具。

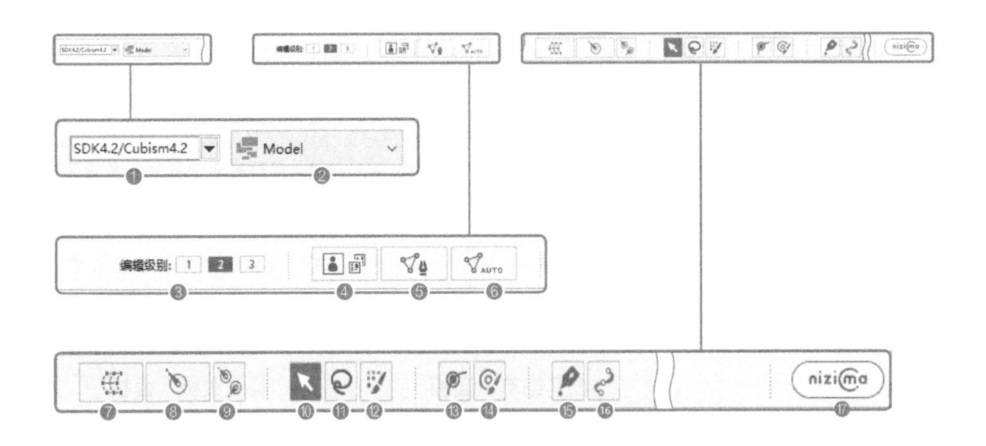

❶切换模型的目标版本

在这里可以切换目标版本。

- SDK3.0/Cubism3.0（3.2）：想获得和旧版本（3.2以前）相同的效果时选择。
- SDK3.3/Cubism3.3：需使用3.3版本新增的功能时选择。
- SDK4.0/Cubism4.0：需使用4.0版本新增的功能时选择。
- SDK4.2/Cubism4.2：需使用4.2版本新增的功能时选择。
- 不支持SDK/Cubism最新版：可以使用最新版的全部功能。只有此目标版本下可以使用图形路径。如果无须导出moc3文件，仅需要导出图片或视频，则推荐使用该目标版本。

（Cubism SDK是可以将Live2D模型嵌入游戏开发环境并实时运行的工具。在制作用于视频的模型、动画时无须使用。）

❷切换工作区

在这里可以切换工作区。

在菜单中选择“文件”→“设置”→“通过选择选项卡自动切换工作区模式”，即可根据打开的内容自动切换到模型工作区或动画工作区。

❸切换编辑级别

可以在3个级别的编辑模式间切换。

❹编辑纹理集

使用SDK导出moc3文件时，需要进行纹理集编辑等操作。

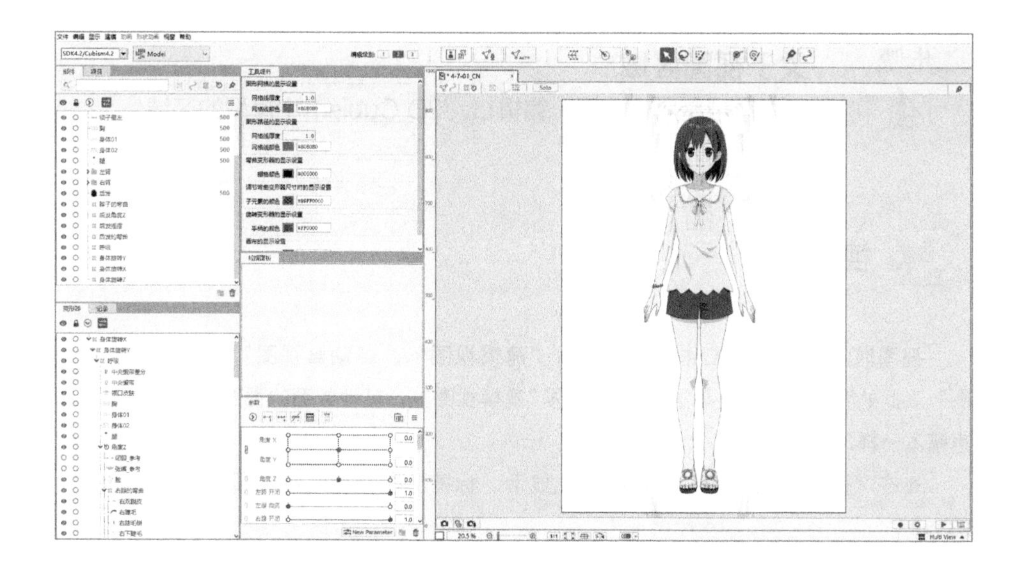

❺手动编辑网格

可以编辑网格的形状。这个操作不会改变纹理的形状。

❻自动网格生成

无须手动添加多边形的顶点，可在此自动生成网格。改变数值时，各项数值对网格形状的影响会实时反映出来。

❼创建弯曲变形器

可创建弯曲变形器。通过“连续创建”功能可以连续创建具有父子关系的弯曲变形器。

❽创建旋转变形器

可创建旋转变形器。通过“连续创建”功能可以连续创建具有父子关系的旋转变形器。

❾旋转变形器创建工具

通过在视图区域中拖曳的方式快速创建旋转变形器。

❿箭头工具

选择、编辑物体时使用的工具。

⓫套索工具

可通过拖曳进行框选的工具。

⓬笔刷选择工具

调整笔刷深浅以建立选区并控制其影响范围。

（按住B键并拖曳可更改笔刷尺寸。）

⓭变形路径工具

可以在图形网格上添加控制点，以此对顶点进行整体修改。

⓮变形笔刷工具

可以用笔刷工具直观地对图形网格、图形路径、弯曲变形器进行变形。

⓯胶水工具

使用胶水工具可以把两个图形网格上的顶点绑定在一起。但是无法同时在三个图形网格上使用。

⓰图形路径工具

利用它可以制作图形路径（参见P324）。

⓱nizima链接

链接到由Live2D公司运营的网站“nizima”的按钮※。

※译注：当前仅日文版的Live2D Cubism有此按钮。

步骤 4

关于视图区域

视图区域是用于显示、编辑Live2D Cubism中模型的区域。

01 视图区域

视图区域根据所选工作区可显示为“建模视图”、“动画视图”和“形状动画视图”。此处我们讲解的是模型工作区下的“建模视图”。其他类型的视图区域的菜单图标也基本一样※。

※在“形状动画视图”下，会额外显示“标签”图标和“动画预览”图标（参见P335）。

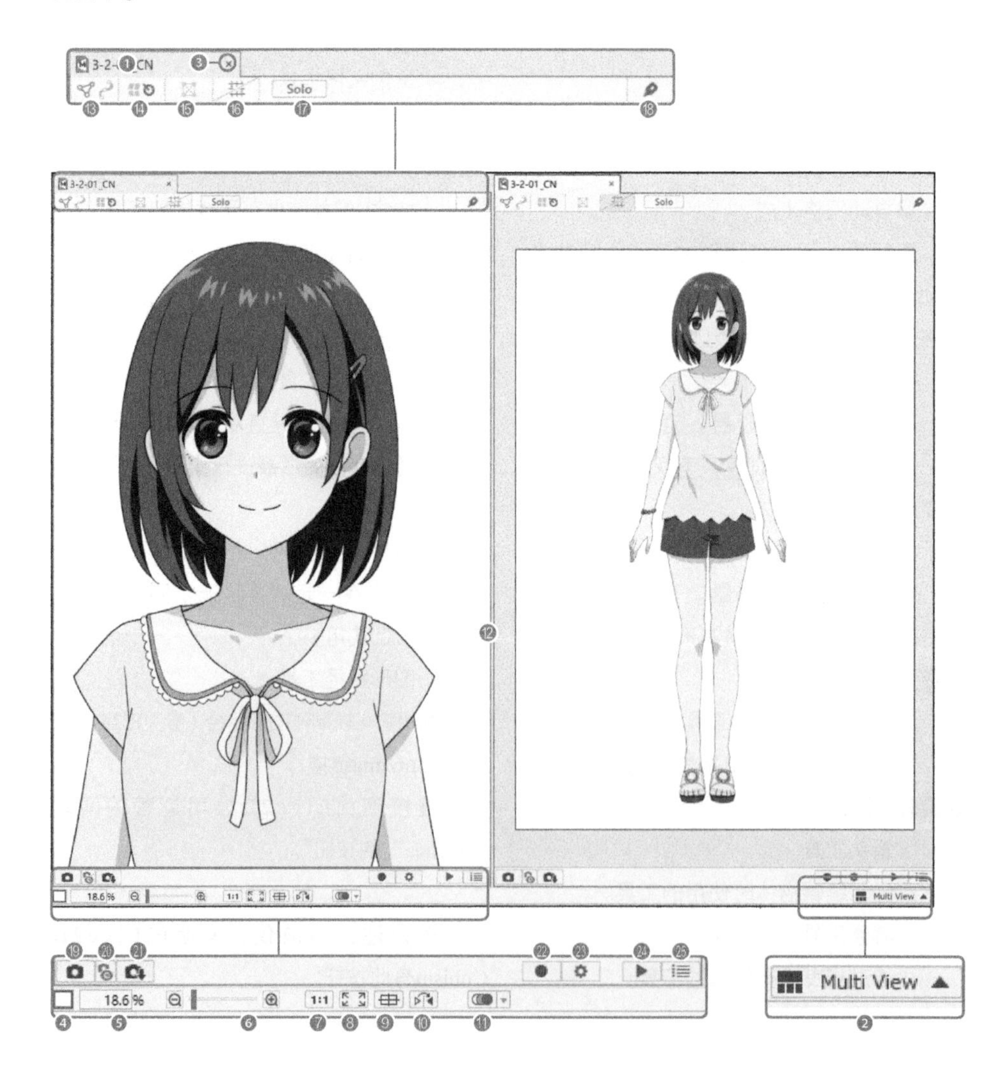

❶切换选项卡

当我们创建多个选项卡时，通过拖曳方式可以自由地移动它们。若改变参数的值，则只会对当前选项卡产生影响。

“选项卡菜单”：通过右键菜单，可以复制选项卡/关闭选项卡/关闭除当前外的选项卡/关闭全部/使用Explorer（文件资源管理器）打开。

❷设置多视图

可以选择多视图的分区方式。在上页的示意图中，模型的两个选项卡是并列排放的。可在放大查看模型细节的同时查看模型的整体效果。

❸关闭选项卡

单击选项卡右侧的“×”图标，即可关闭选项卡。

❹变更背景颜色

可以变更视图内画布的背景色和不透明度。

❺用数值控制显示倍率

可通过输入数值或左右拖曳方式放大或缩小显示倍率。

❻缩放滑块

可以在“2%”~“3200%”之间调整显示倍率。单击两侧的“+”“-”图标可以逐级缩放。

❼显示为原大小

按照导入时PSD文件的初始尺寸进行显示。

❽显示全部

显示整个画布。

❾聚焦选中的物体

将当前选中的物体显示在视图中央。

❿翻转

将画布左右翻转。

⓫洋葱皮开关

可以切换洋葱皮工具的ON（开启）/OFF（关闭）状态。

⓬分屏器

拖曳分屏器的边框可以自由改变视图的大小。

⓭锁定可绘制物体

显示/隐藏物体的网格。隐藏后网格将会被锁定，物体仍然会显示，但不可再操作。可绘制物体包括“图形网格”和“图形路径”。

⓮锁定变形器

显示/隐藏变形器，隐藏后变形器将会被锁定。

⓯显示/隐藏可绘制物体

显示/隐藏图形网格，隐藏后图形网格将会被锁定。

⓰显示/隐藏栅格

切换栅格的显示/隐藏状态。

⓱Solo（单独显示）

单独显示当前选中的物体。

⓲胶水开/关

可临时解除胶水工具的连接（绑定）状态或使其重新生效。

⓳快照

将当前参数对应的状态以半透明图像的形式保存下来。注意，快照只能保存1张。

⓴显示/隐藏快照

显示或隐藏保存的快照。

㉑保存快照

将快照作为图像保存到“部件”面板中。

㉒录制按钮

单击录制按钮后，视图右下角会出现“Recording…”（录制中）字样。在此期间，参数的变化会被记录为关键帧（随机姿势产生的动态也可以被记录为关键帧）。

㉓录制设置

可以设置动画、动态的生成方式。

“创建一个新的动画文件”：新建一个can3文件。

“追加到当前动画文件”：在当前连接的can3文件中追加一个场景。

㉔参数随机化

可以让多个参数随机变化，以作为制作动画时的参考。

㉕随机姿势菜单

可以在3种模式中选择。在菜单中选择后，单击左侧的播放按钮，参数就会随机改变。

02 视图区域下的基础操作方式

● 滚动鼠标滚轮

通过它可以放大或缩小画布。（按住Ctrl+Space组合键并拖曳可以以1%为单位缩放。）

● 按住Space键并拖曳

可以移动画布。

● 按住Ctrl+Space组合键并拖曳

可以缩放画布。

● 按住R键并拖曳

可以旋转画布。

● 按Ctrl+0组合键

可以显示整个画布。

※画布的缩放和旋转会被重置。

● 选择物体

将鼠标光标放置在物体上并单击，即可选中该物体。按住Shift键并单击可同时选中多个物体。

● 在目标物体上单击鼠标右键

可以展开上下文菜单。在菜单的上方可以查看物体的父子层级关系并选择它们。

● 在物体的图形网格上按住Ctrl键并单击鼠标右键

可以打开选择图形网格的快捷列表。

● 在选择图形网格或变形器后，按Delete键

可以删除选中的图形网格或变形器。

● 按住E键并拖曳，按住W键并拖曳

按住E键并拖曳，即可以3D形式显示画布，按住W键并拖曳，即可在以3D形式显示的基础上以可视化的方式查看整体的绘制顺序。

步骤 5 关于各种面板

讲解各种面板的操作方式。

● 插入面板

可以把面板放置在你喜欢的位置。拖曳想移动的面板标签到想放置的位置，当出现橙色线条时松开鼠标，即可将它插入到其他面板之间。

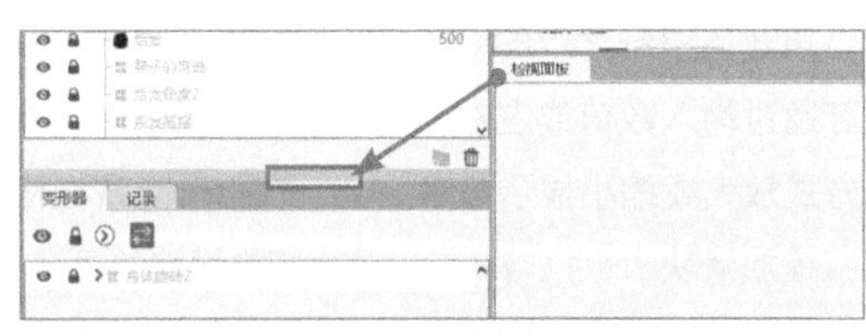

● 停靠面板

拖曳想移动的面板标签到想放置的位置，当出现橙色边框时松开鼠标，即可将它停靠在目标位置的面板处。之后可以通过标签在面板之间切换。

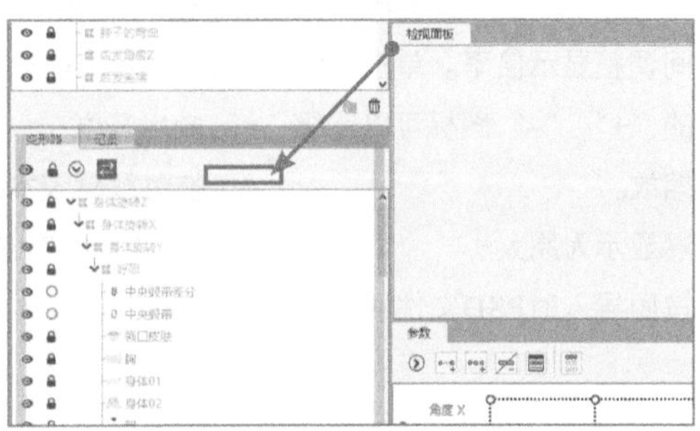

● 悬浮面板

拖曳想移动的面板标签到窗口之外并松开鼠标放置，即可让面板以独立的状态显示。

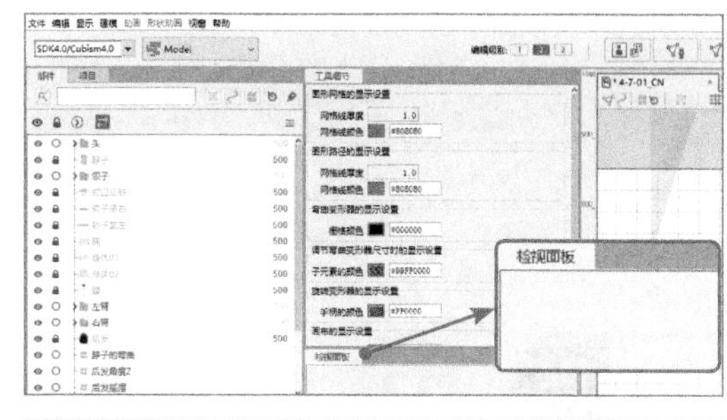

● 操作多个面板

想要同时操作停靠在一起的多个面板时，拖曳标签外灰色的部分，即可同时移动多个面板。

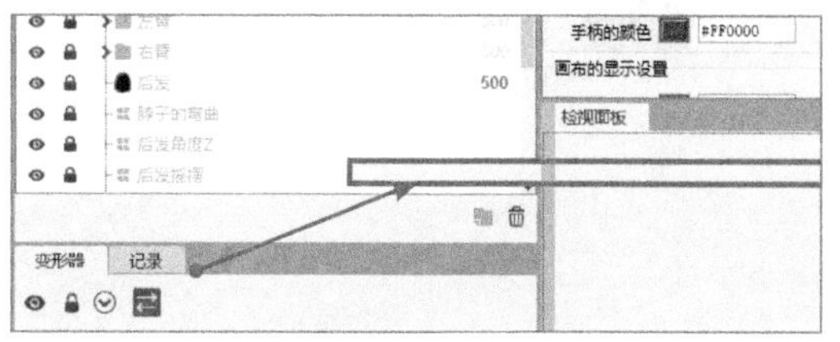

● 显示/隐藏面板

单击菜单中的“视窗”，即可切换每个面板的显示/隐藏状态（❶），或者在面板的标签上单击鼠标右键，并选择“关闭”（❷），也可以隐藏这个面板。

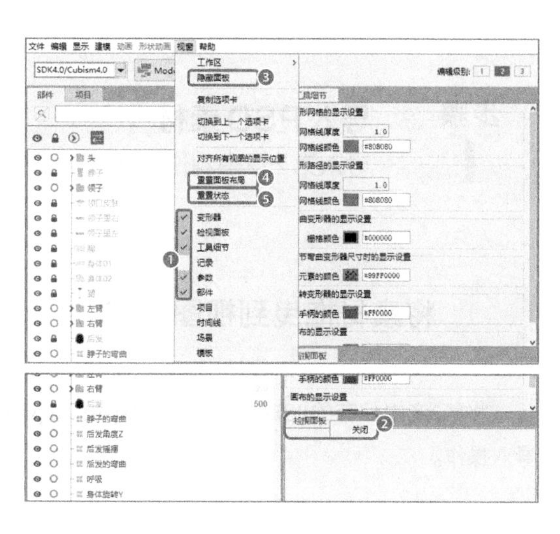

● 隐藏面板

单击菜单中的“视窗”→“隐藏面板”（❸），即可暂时隐藏面板，让画布显示在更大的范围内以便查看。再进行一次相同的操作，即可重新显示它们。

● 重置面板布局

单击菜单中的“视窗”→“重置面板布局”（❹），即可让面板布局回到初始状态。

● 重置视图

单击菜单中的“视窗”→“重置状态”（❺），即可回到以单视图显示的状态。

要点 显示面板

在面板处于隐藏状态时，虽然单击菜单中的“视窗”→“重置面板布局”可以重新显示面板，但是自己调整过的面板位置也会被重置，请务必注意。

3.2 导入素材

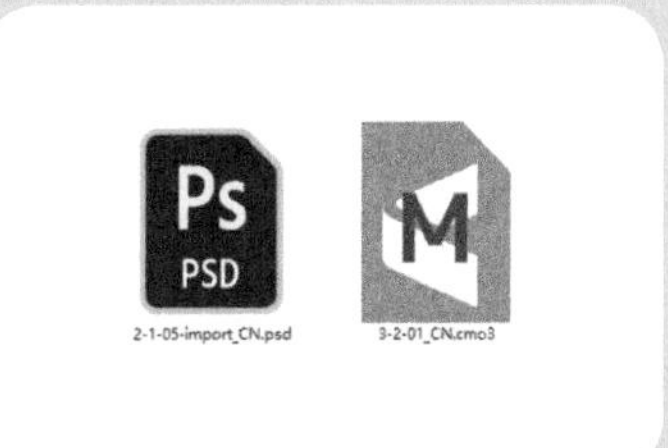

在Live2D Cubism中导入制作完成的PSD素材。在本节中，我们将学习检查和保存文件的流程。

步骤1 导入PSD素材

导入第2章中制作的PSD素材，并检查是否有问题。

01 将素材拖曳到视图区域

将第2章中保存的PSD格式文件（2-1-05-import_CN.psd）拖曳到视图区域，即可完成导入操作。

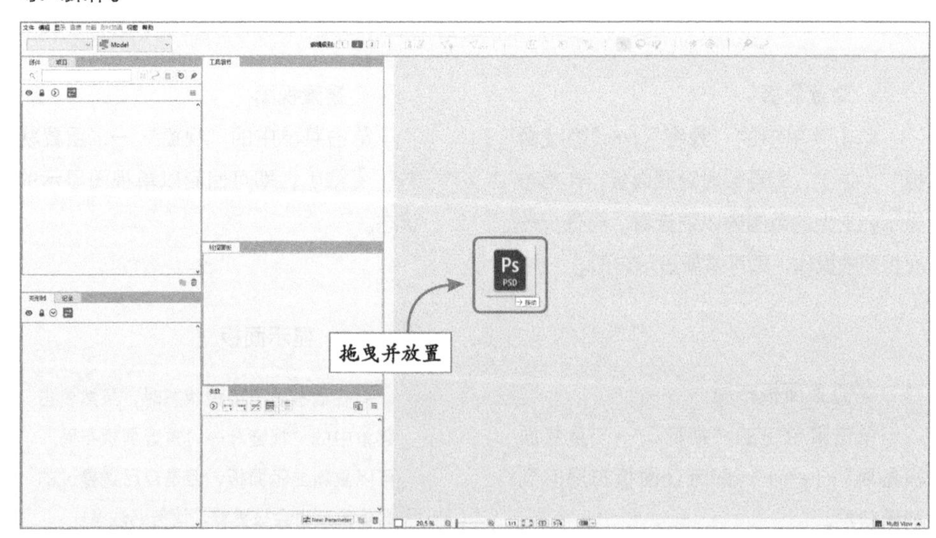

02 检查是否有明显破绽

导入的文件会显示在屏幕右侧。我们可以像绘制插画时一样，检查模型的外观是否正常。

使用视图区域下方的缩放滑块（❶）或滚动鼠标滚轮可进行缩放。

按住空格键并单击鼠标左键拖曳，即可改变显示位置。单击显示全部图标（❷）或者按Ctrl+0组合键，即可显示整体。

如果外观有问题，则可能是因为PSD素材与Live2D Cubism不兼容，此时可参考P34再次进行兼容性检查。

借助缩放滑块等检查外观有无破绽

步骤 2 保存文件

在Live2D Cubism中保存文件。

确定外观没有问题后，我们要在Live2D Cubism中保存文件。

在菜单中选择“文件”→“保存”，即可保存成扩展名为“.cmo3”的文件（❶）。文件可以被重命名。这个文件与作为素材的PSD文件（❷）有关联，把它和PSD文件放在同一个文件夹内。

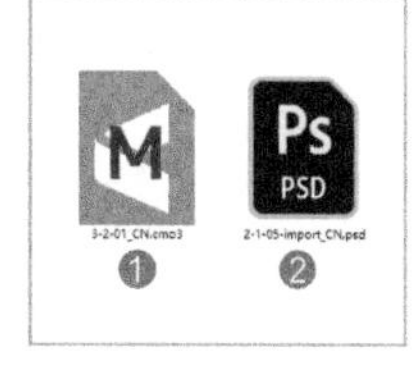

源文件：3-2-01_CN.cmo3，2-1-05-import_CN.psd

步骤 3 替换PSD素材

需要修改PSD素材时的操作方法和注意事项。

01 将修改后的PSD文件拖曳到视图区域

在修改PSD素材后，需要在Live2D Cubism中再次导入。导入时，图层名相同的物体会被全部替换。因此，为了避免出现遗漏，应使替换前后的图层名称保持一致。

只有在Live2D Cubism中打开模型，才能替换其使用的PSD文件。打开模型后，将PSD文件拖曳到视图区域即可。

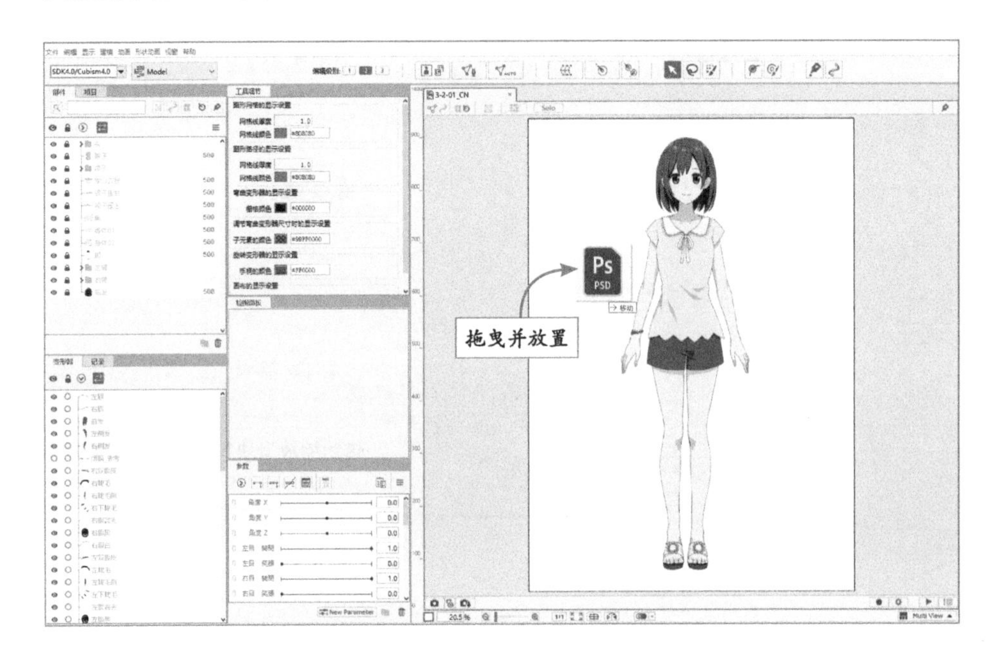

首先在弹出的“模型设置”对话框中选择要替换的模型（❶）后单击“OK”按钮。

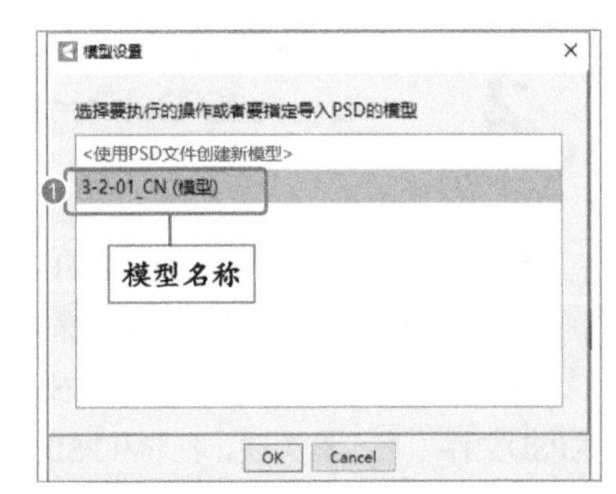

然后在弹出的“重新导入的设置”对话框中选择用于替换的文件（❷）并单击“OK”按钮。

如果新文件中没有增加的部件，替换就算完成了。

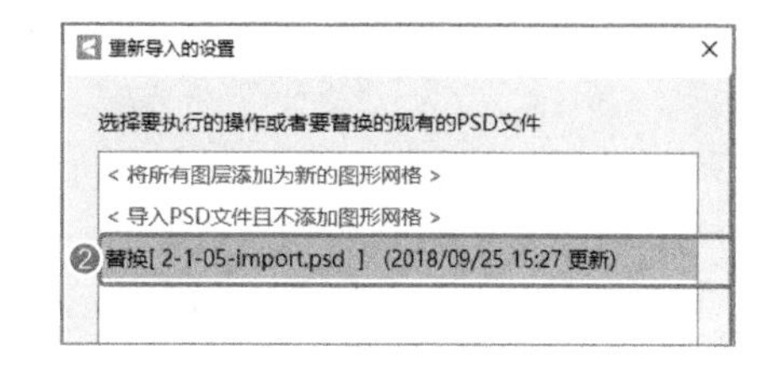

说明：虽然附赠资源已经翻译为中文，但原始数据仍是日文版本的，因此无法正确地替换图层。在练习步骤3的操作时，请选用日文版PSD文件（不带_CN后缀的同名文件）。

02 修改后的PSD文件增加新图层的情况

如果在PSD文件中新增了图层，在“部件”面板（❶）中就会出现名为“‘模型名称’（未找到对应图层）”的文件夹（❷），新增的部件（❸）都包含在其中。

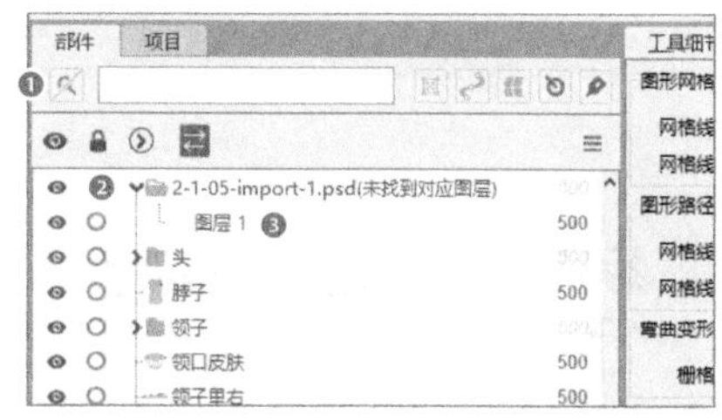

“部件”面板中的其他内容对应PSD文件的图层结构，而新增的部件会被放在最上方名为“‘模型名称’（未找到对应图层）”的文件夹内。因此，需要拖曳并改变新增图层的位置，以获得想要的图层顺序※。

※通过拖曳方式改变图层的位置时，请注意不要改变父子关系。我们会在3.5节讲解父子关系的问题。

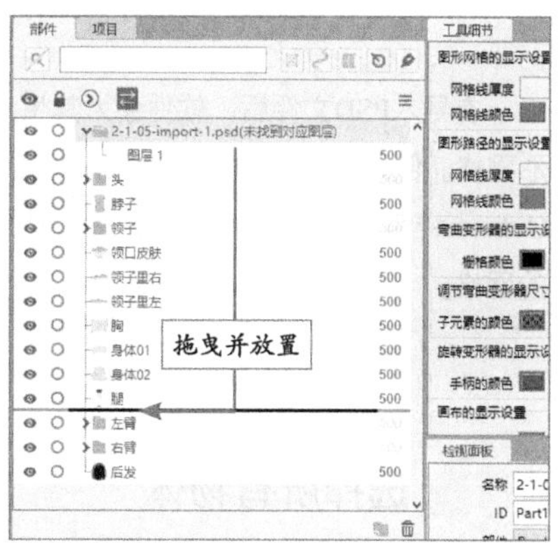

提示 设置标签颜色

在“部件”面板中，用鼠标右键单击部件，即可通过“标签颜色”菜单给部件设置一个标签颜色。

选择“对子元素的影响度”，可以改变文件夹内部部件及其标签颜色的深浅。

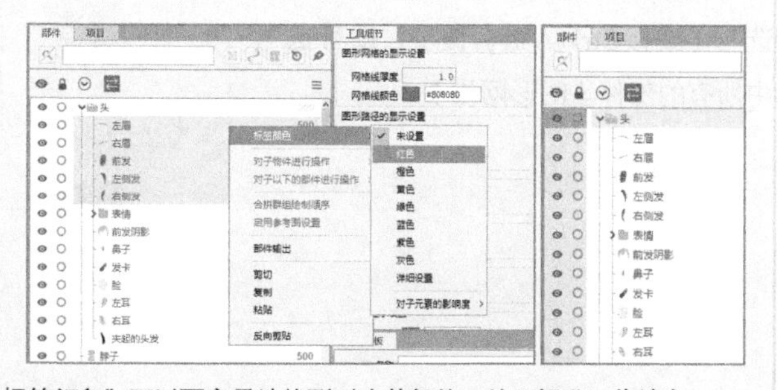

当部件数量较多时，设置“标签颜色”可以更容易地找到对应的部件，从而提升工作效率。

3.3 创建图形网格

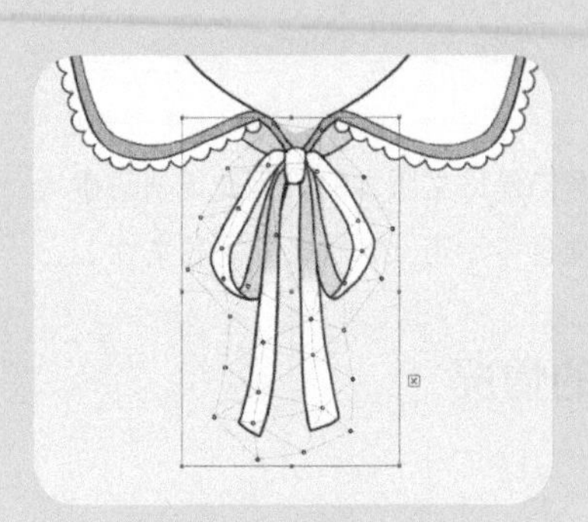

将导入的PSD素材中的每个图层用网格进行分割。这种被网格分割的图像被称为“图形网格”。

图形网格通常是多边形，移动多边形的顶点可以对图形网格进行变形。

步骤1 自动生成网格

导入PSD文件并生成网格。

在导入PSD文件后，软件会为其生成简单的矩形网格。但是，在这个状态下无法实现具有Live2D Cubism特色的变形功能，我们有必要生成更精细的网格。

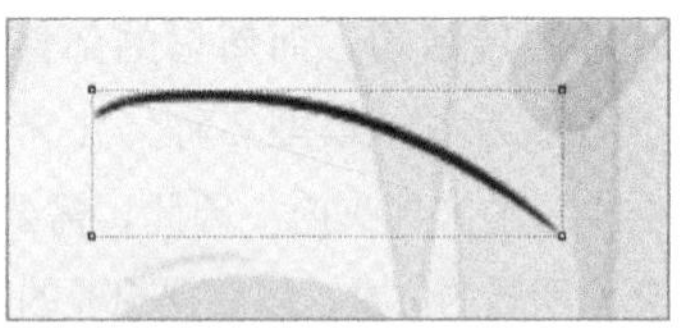

导入PSD文件后的网格

01 选择所有物体

在菜单中选择“编辑”→“全选”（或按Ctrl+A组合键），即可选中所有的部件（图形网格）。

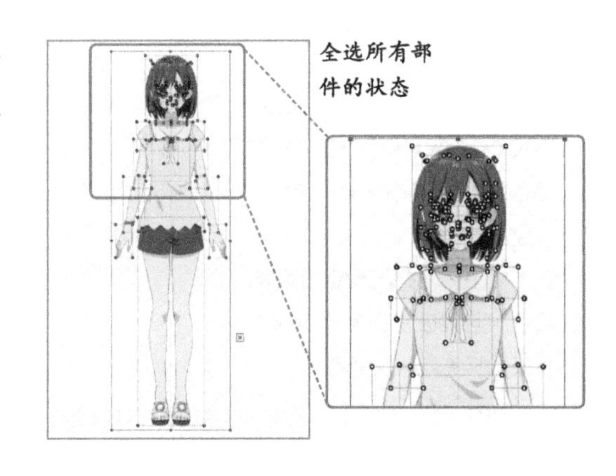

全选所有部件的状态

02 自动生成精细的网格

单击屏幕上方的“自动网格生成”图标（❶），会弹出“自动网格生成”对话框。

在“预置”（❷）下拉菜单中选择“标准”，即可自动生成精细的网格（❸）。生成后，单击“×”图标关闭对话框即可。

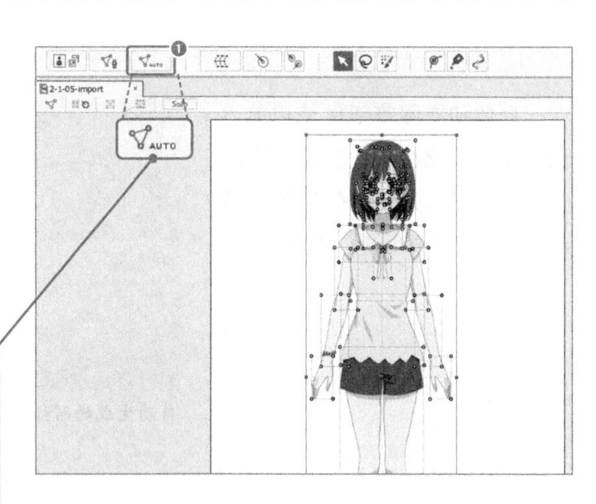

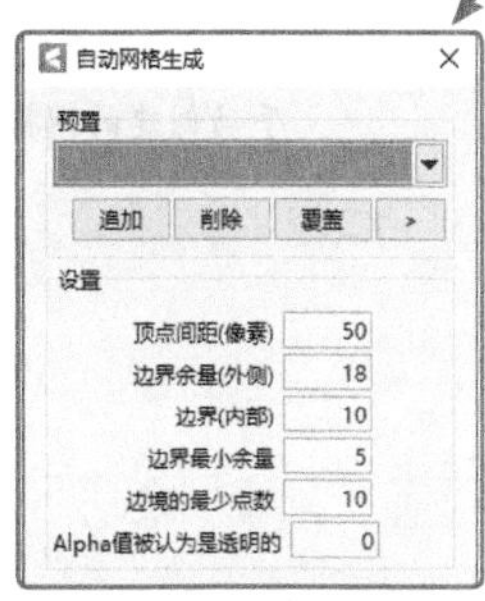

弹出“自动网格生成”对话框

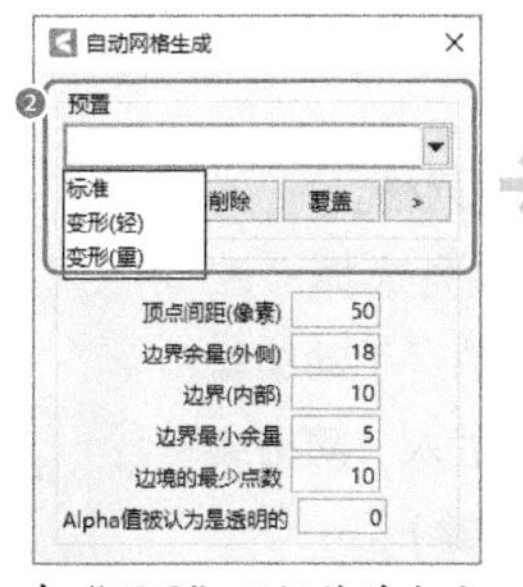

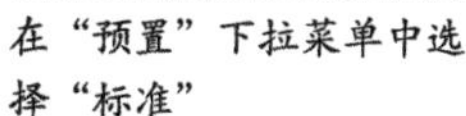

在“预置”下拉菜单中选择“标准”

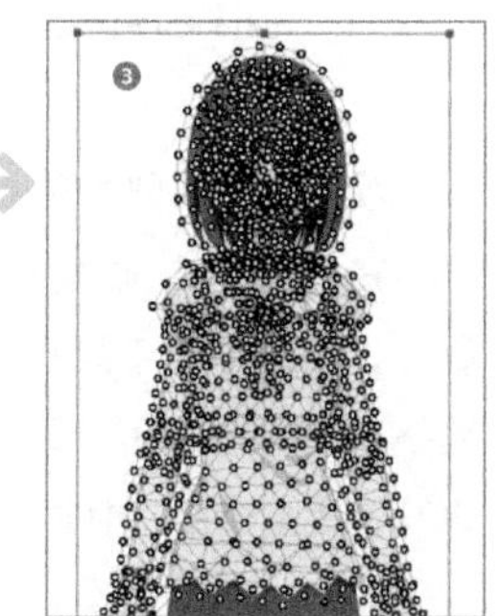

自动生成网格

源文件：3-3-01_CN.can3

提示 关于“自动网格生成”

这是可以自动创建网格的功能。

初始状态下“预置”设置有“标准”、“变形（轻）”和“变形（重）”3种，它们会生成不同数量的网格，你也可以根据需要自定义数值。

如果网格数太少，就无法进行精细的变形。反之，如果网格数太多，则容易导致运行文件时出现卡顿。大多数情况下，选择“标准”预置即可。

步骤2 手动编辑网格

对于表情部件，使用手动编辑的方式创建网格。

身体和衣服等部件使用前述的“自动网格生成”功能即可。为了让面部表情等表现更加精细，我们有必要手动创建网格。

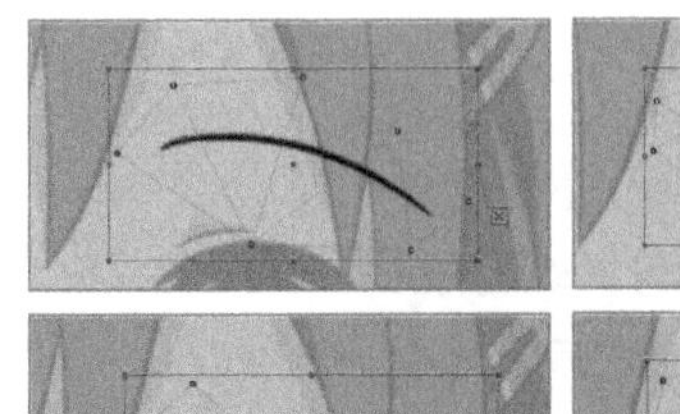
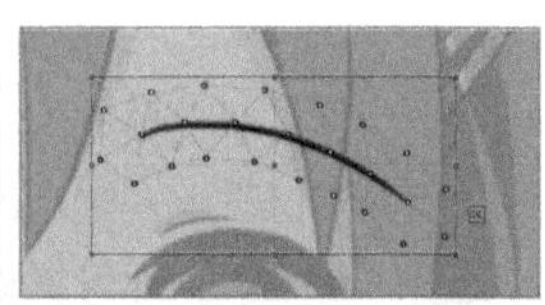
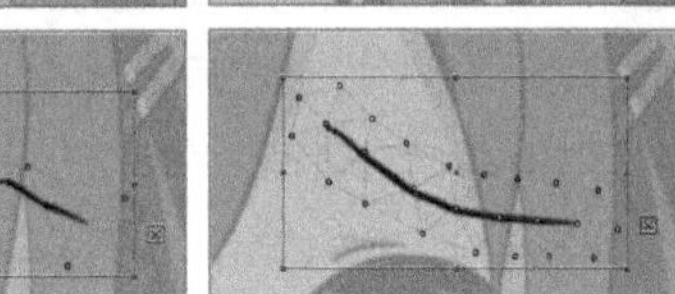

自动生成的网格　　手动创建的网格

01 创建眉毛的网格

我们来手动创建左眉的网格。

在“部件”面板中首先选择“左眉”，然后单击工具栏中的“手动编辑网格”图标（❶），即可进入“网格编辑”模式（或按Ctrl+E组合键）。

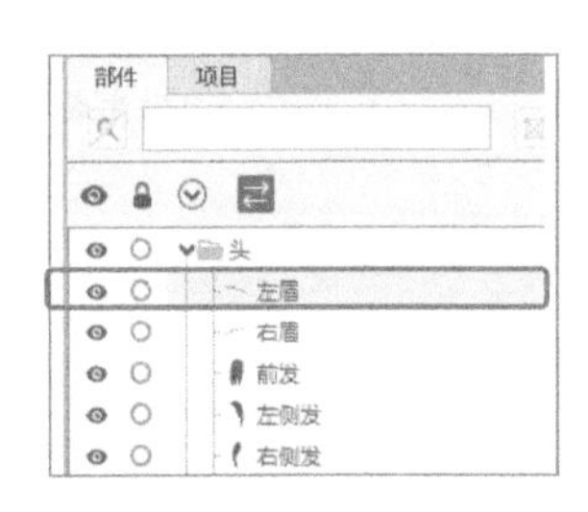

首先单击菜单中的“编辑”→“全选”（或按Ctrl+A组合键），即可将自动生成的网格全部选中，然后按Delete键删除它们。

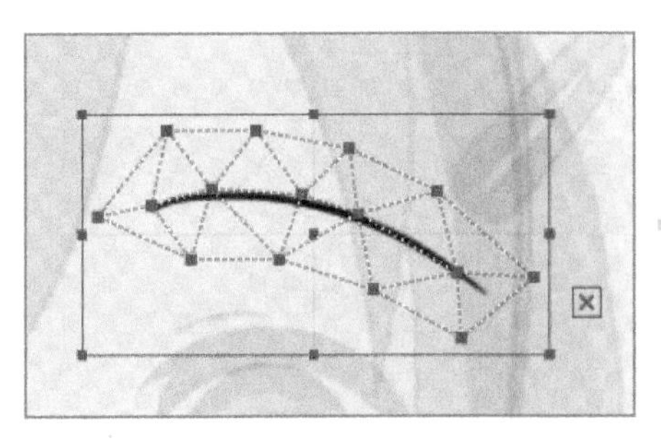
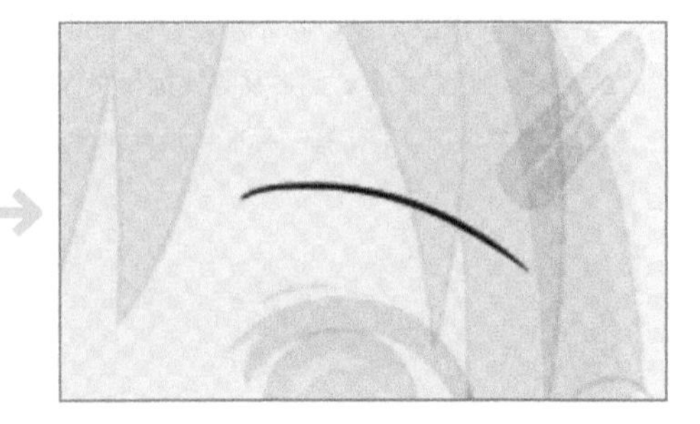

在“工具细节”面板中选择“追加顶点”（❷）。

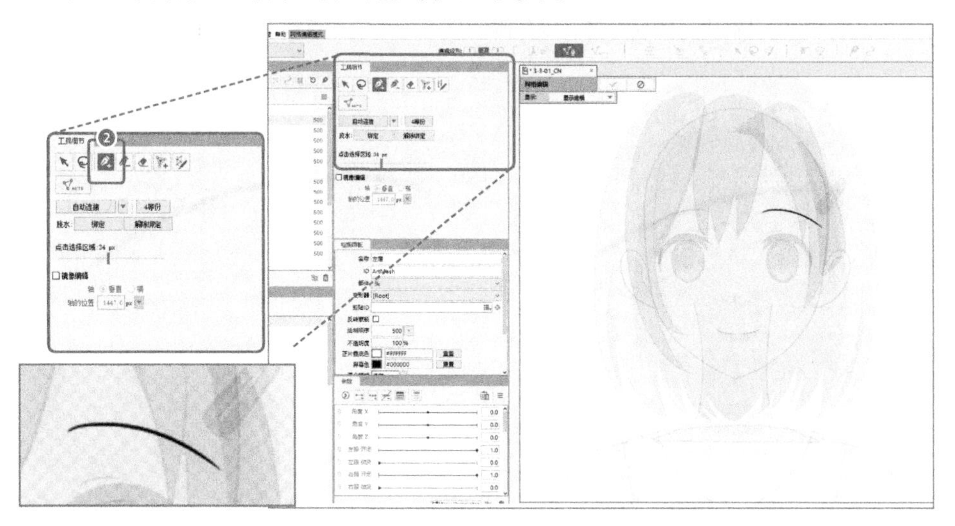

从眉毛一端的延长线顶点（❸）开始，到另一端（❹）为止，在间隔相等的位置单击并添加顶点。此时，顶点和顶点之间会自动用线（边）连接起来（❺）。

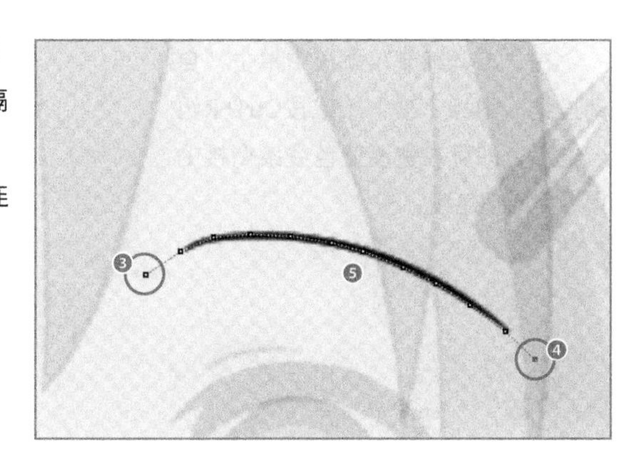

在眉线上方稍远的地方，沿着眉毛的曲线再追加一排顶点（❻）。注意，在追加顶点时要让这些顶点用线相互连接并形成三角形。

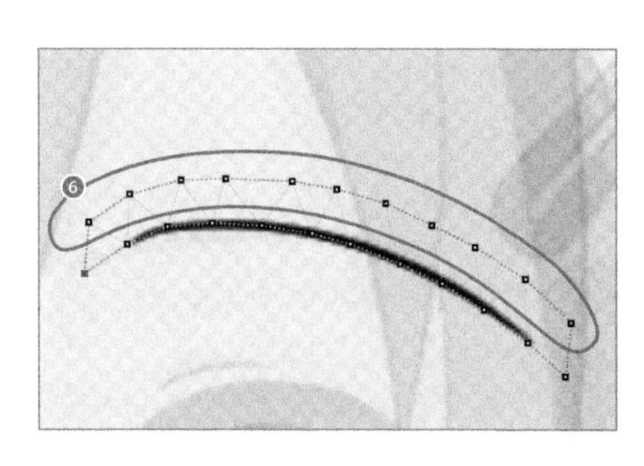

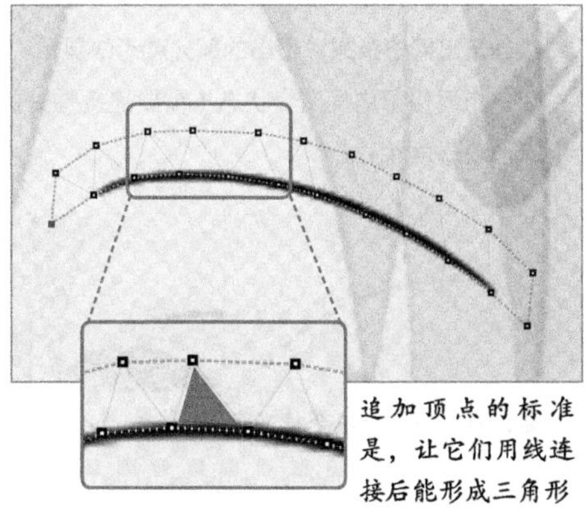

追加顶点的标准是，让它们用线连接后能形成三角形

在眉线下方稍远的地方，沿着眉毛的曲线再追加一排顶点（⑦）。

此时会形成沿着眉毛的顶点群，以及围绕眉毛一周的顶点群。

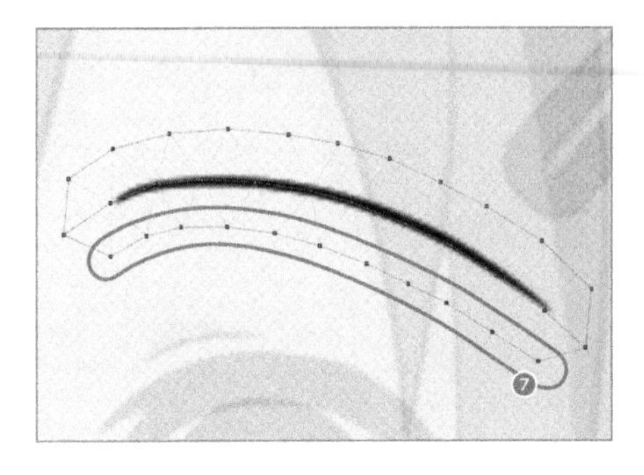

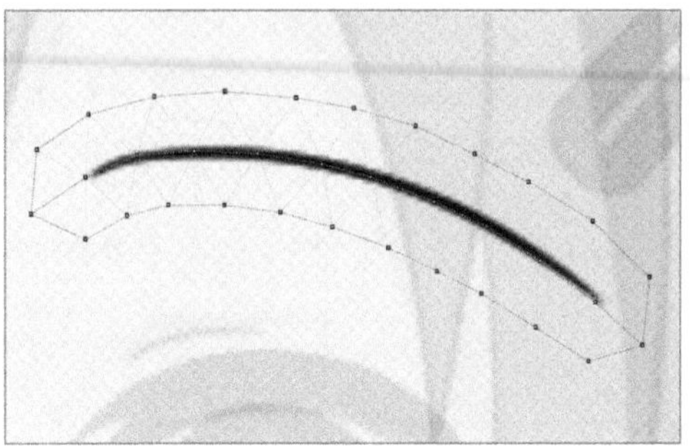

接下来连接各个顶点，创建三角形的网格。

在“工具细节”面板中单击“自动连接”图标（⑧）（或按Ctrl+R组合键），即可在被淡蓝色线条衔接的顶点之间创建线。

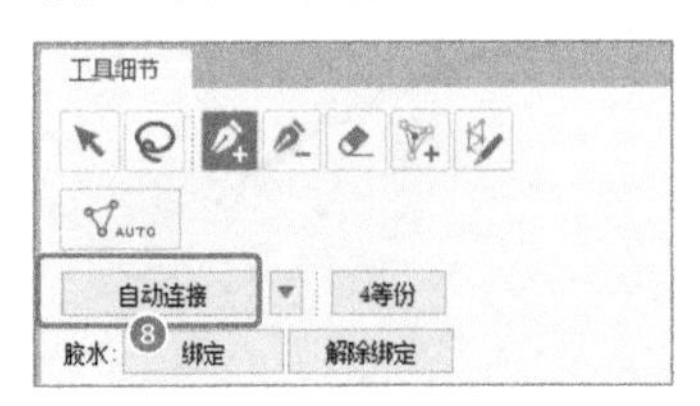

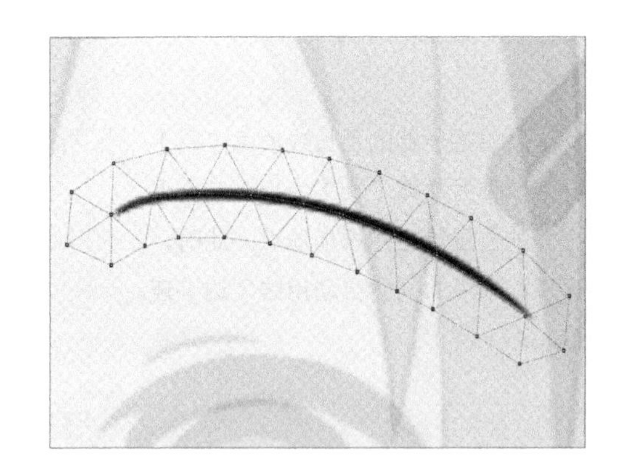

提示 网格的形状

网格应覆盖对应部位的全部图像（纹理）。如果纹理超出网格范围，超出的部分就无法显示。另外，每一个网格都应呈闭合状态（需要连接Ⓐ处的3个顶点形成三角形）。

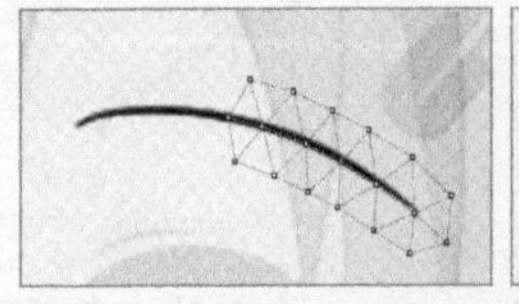

超出网格的部分不会被显示

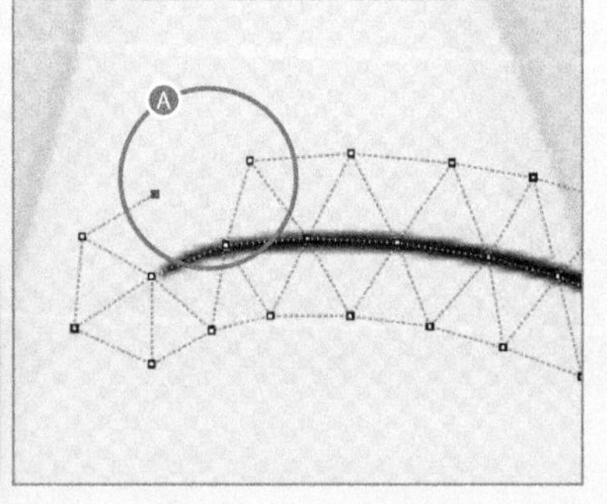

创建完网格后，单击屏幕上方的绿色对号（⑨），即可“完成网格编辑”（或按Ctrl+E组合键）。如果要取消当前的编辑范围，单击红色的禁止标记（⑩）即可。

完成左眉的网格创建后，我们用同样的方法为右眉创建网格。

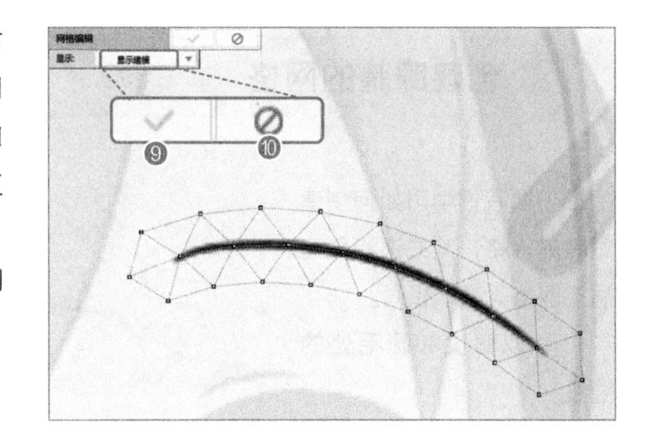

提示　网格编辑工具

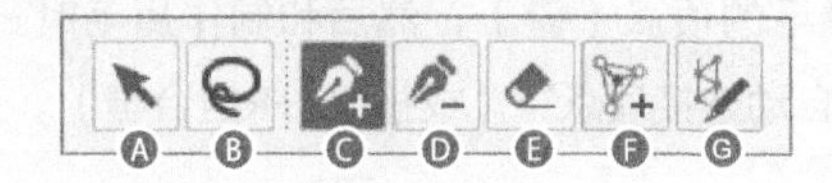

记住网格编辑工具的用法。

Ⓐ 选择/编辑

用于选择顶点。按住Shift键并单击可以选中多个顶点。单击并拖曳鼠标可以选中矩形范围内的多个顶点。拖曳选中的顶点即可移动它们。

Ⓑ 套索绳选择

可以选中套索绳范围内的多个顶点。

Ⓒ 追加顶点

用于追加顶点。在追加过程中，先后追加的两个顶点之间会自动用边连接起来。

如果希望创建新顶点和其他顶点之间的边，可以按Esc键后，单击选择其他顶点。这样就创建从所选顶点与新顶点连接的边。

Ⓓ 删除顶点/边（线）

可以删除顶点或边（线）。

Ⓔ 橡皮擦

可以大范围删除顶点。按住B键并拖曳鼠标可以缩放其删除范围。

Ⓕ 增加点

可以沿着画笔经过的地方增加顶点。

Ⓖ 按笔触划分网格

可以在画布上沿着图像绘制笔触并生成网格。在确定笔触之前，可以用控制点和控制环调整形状。

02 创建眼睛的网格

下面我们学习如何创建眼睛的网格，其方法和创建眉毛网格时基本相同。

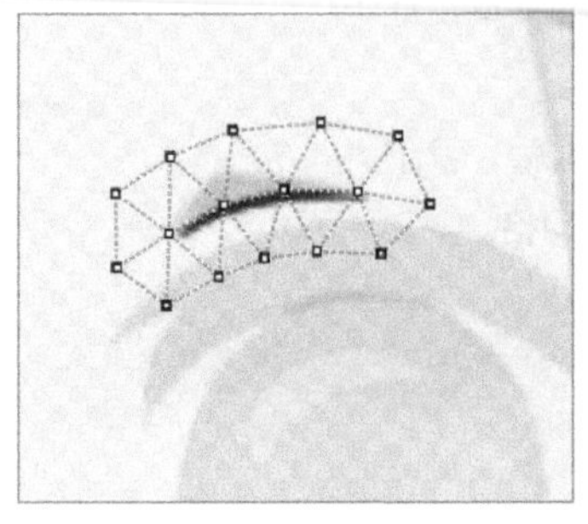

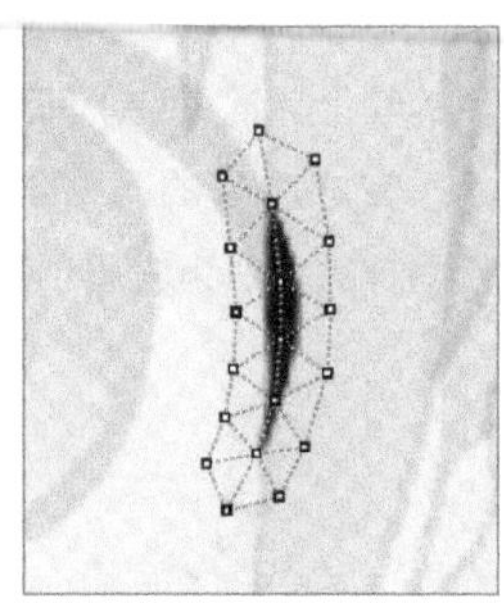

● 双眼皮和睫毛处的竖线

和创建眉毛的方法相同，沿着眼皮的曲线走向创建网格。

● 睫毛

创建3排三角形网格。首先追加一圈围绕睫毛的顶点（❶），然后和制作眉毛时一样，在周围追加一圈顶点（❷）。最后别忘了“自动连接顶点”（或按Ctrl+R组合键）。

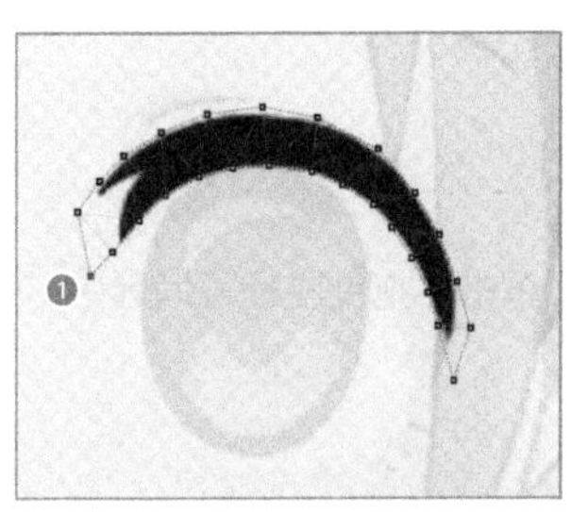

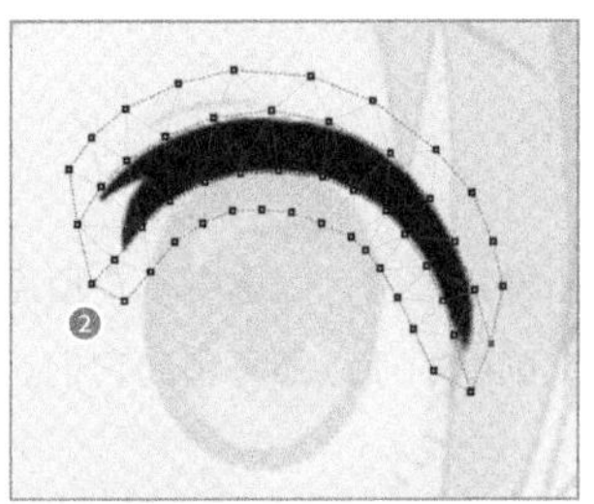

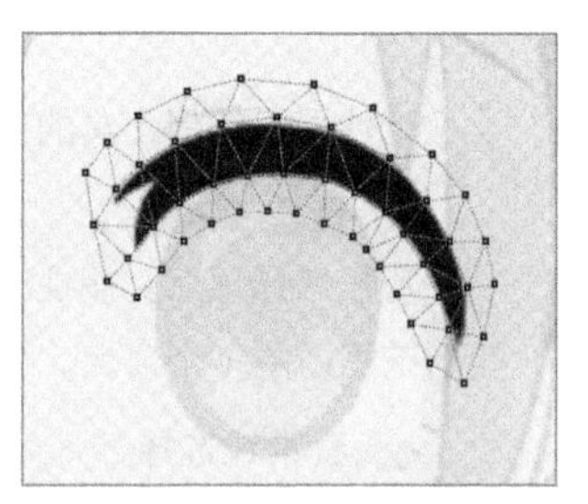

● 眼黑、眼白、眼睛高光、下睫毛线

因为这些部位不需要进行复杂的变形，所以使用“自动网格生成”功能自动创建网格即可，没有必要手动创建。

03 创建鼻子的网格

和创建眉毛的网格方法一样，创建由连接线稿的顶点和线稿两侧的顶点构成的网格（形成两排三角形）。

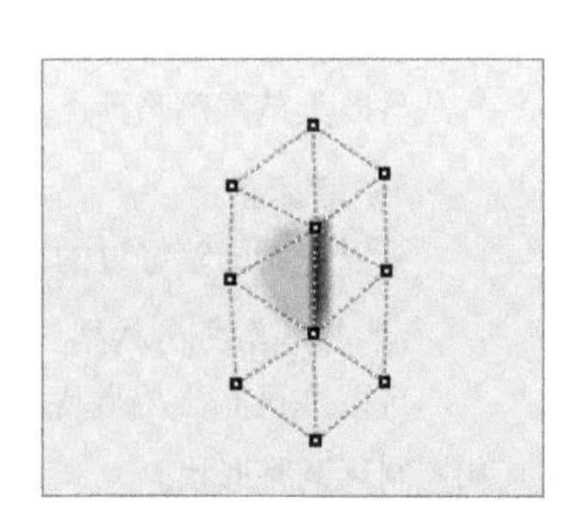

04 创建嘴的网格

接下来我们创建嘴的网格。

● 上唇

首先沿着包括皮肤在内的上唇轮廓创建一圈网格。对于皮肤部分，再在外侧追加一圈顶点。对于线稿部分，和眉毛一样，要创建沿着线稿的顶点群，以及位于内外两侧的顶点群（形成两排三角形）。

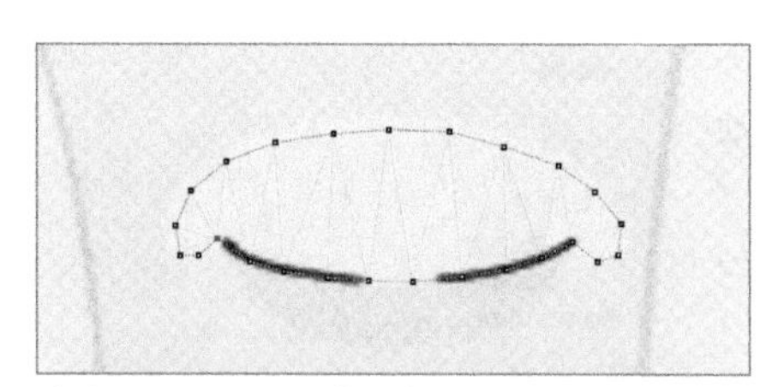

首先围绕上唇的轮廓创建一圈网格

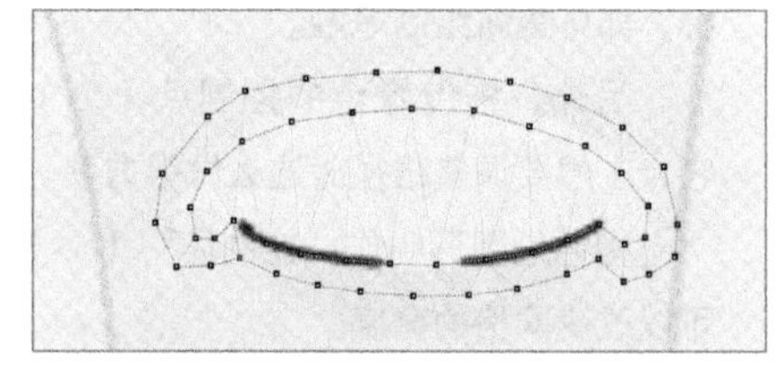

在外侧追加顶点，注意要形成三角形

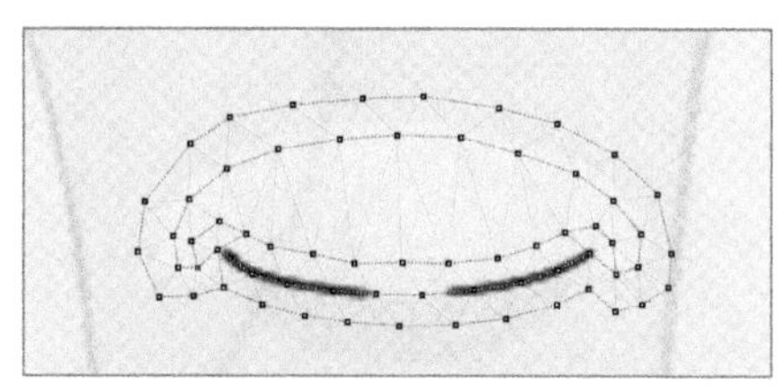

为了在线稿周围形成两排三角形，在内侧追加顶点

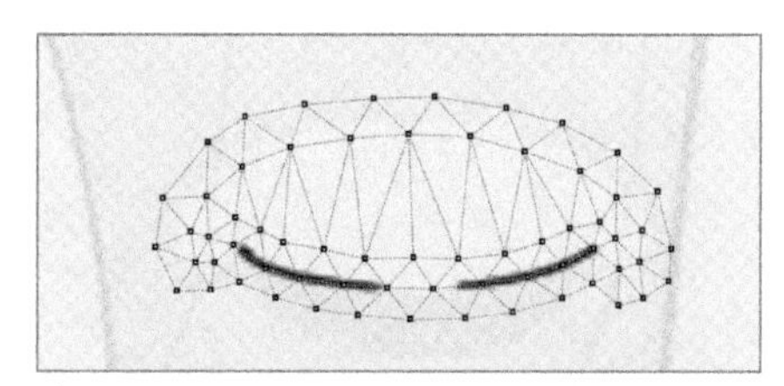

单击自动连接（或按Ctrl+R组合键），即可创建完毕

如果自动连接后的网格形状不理想，就可用网格编辑工具（参见P55）进行调整。

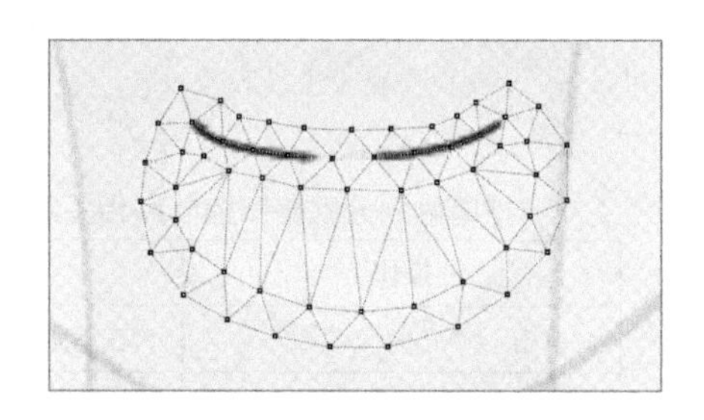

● 下唇

和创建上唇的方法相同，沿线稿创建两排三角形，沿皮肤的轮廓部分创建一排三角形。

● 嘴唇高光

因为嘴唇高光不需要进行复杂的变形，使用“自动网格生成”功能自动创建网格即可，没有必要手动创建。

除了表情部件，如有其他需要大幅度变形的部件，我们也需要手动创建网格。当我们为所有的图形创建好合适的网格后，制作动作前的准备工作就完成了。

■ 源文件：3-3-02_CN.cmo3

提示 **按笔触划分网格**

在“网格编辑”模式下，单击“按笔触划分网格”（Ⓐ）后，即可通过笔触创建网格。

在画布上沿着图像拖曳鼠标（Ⓑ），即可生成一条路径并沿着它创建网格。

确定笔触之前，在路径之外的地方拖曳鼠标，即可重新绘制笔触。

另外，拖曳绿色的控制点（Ⓒ）即可移动它，在想要调整路径时这么做很方便。

橙色的圆形叫作“控制环”（Ⓓ），利用它可以改变网格的宽度。

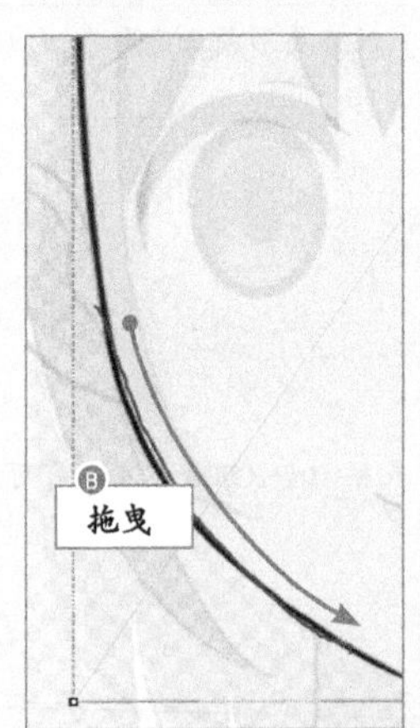

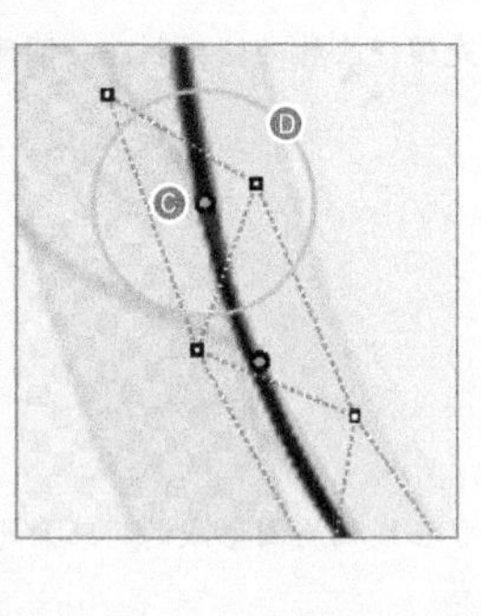

“按笔触划分网格”控制点相关的操作

操作	说明
单击	在笔触线上追加控制点
Alt 键 + 单击控制点	删除控制点
拖曳控制点	移动笔触上的控制点
Shift 键 + 拖曳	继续绘制笔触
在路径之外的位置拖曳	重新绘制笔触
Ctrl 键 + 单击	在笔触线上追加控制环
Ctrl 键 +Alt 键 + 单击	删除控制环
Ctrl 键 + 拖曳	按住 Ctrl 键的同时在橙色的圆上拖曳鼠标，即可改变此处网格的宽度

提示 **镜像编辑**

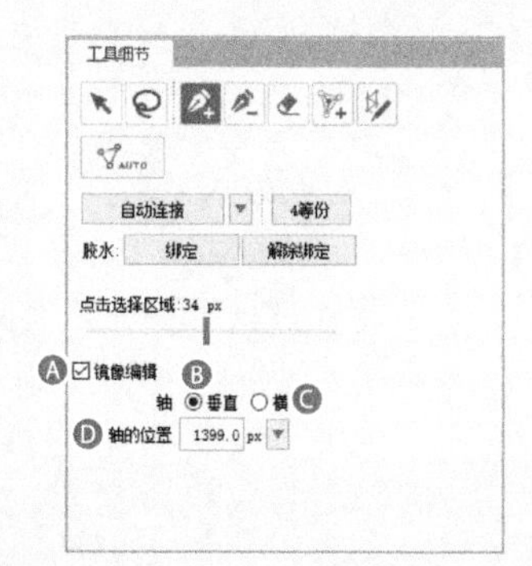

利用"镜像编辑"功能可以轻松地制作出对称网格。

在"网格编辑"模式下，在"工具细节"面板中选择"追加顶点"或"按笔触划分网格"时，会显示"镜像编辑"（Ⓐ）。

勾选"镜像编辑"后，会出现一条绿色的轴，以绿色轴的位置为基准可以制作左右（或上下）对称的网格。

在制作左右对称的网格时，应选择"垂直"（Ⓑ）项，上下对称时应选择"横"项（Ⓒ）。可在"轴的位置"（Ⓓ）处调整轴的位置。

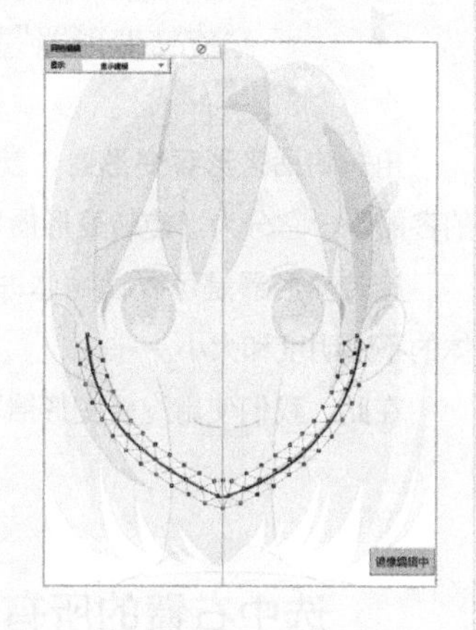

在折叠菜单中选择"画布的中央"，即可将轴移动到所选画布的中央。

选择"所选顶点的中央"，即可将轴移动到所选顶点群的中央位置。

追加一侧顶点后，即可以轴为中心对称地创建另一侧顶点。

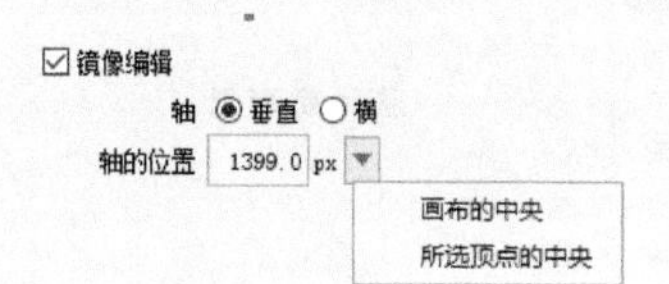

制作左右对称的网格时，开启"镜像编辑"功能，在网格上单击鼠标右键，选择"轴翻转"，即可基于轴左右翻转网格。

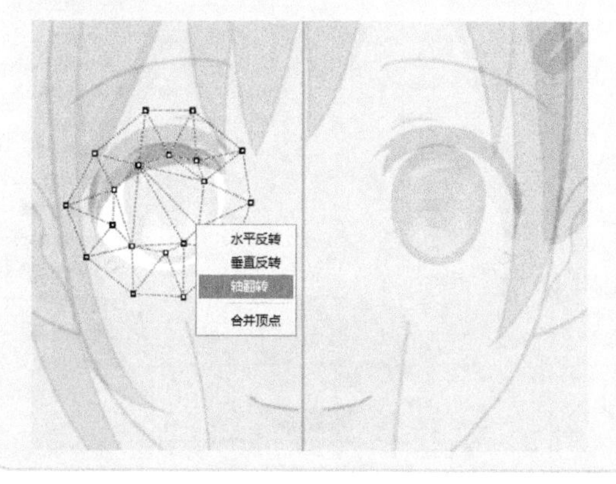

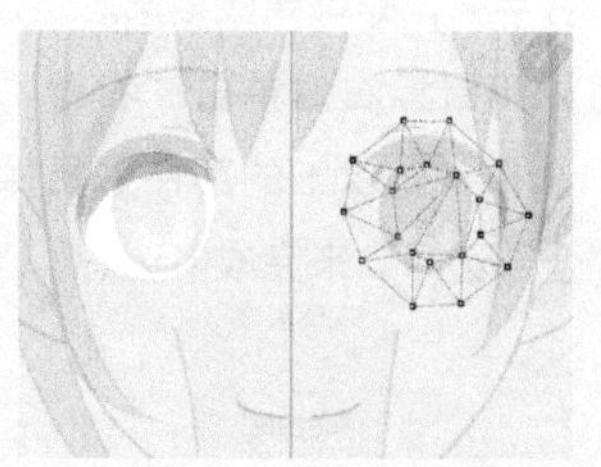

3.4 创建变形器

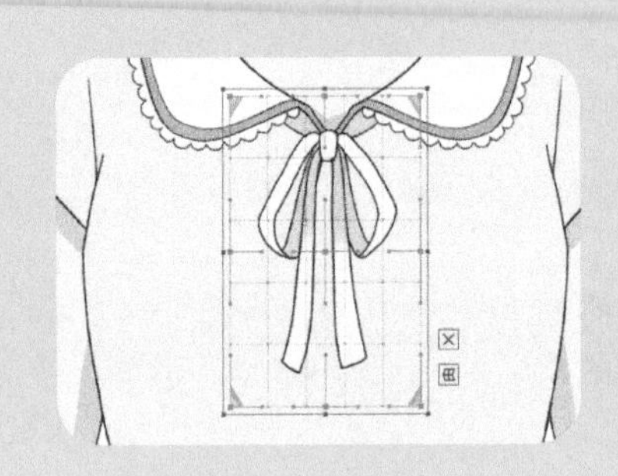

在Live2D Cubism中，我们可以通过移动在3.3节中创建的图形网格的变形器，对物体进行变形。因为顶点数量很多，所以逐一移动费时费力。变形器就是为这种情况准备的，利用它可以对顶点进行整体移动。

步骤 1 认识旋转变形器

“旋转变形器”是可以对物体进行旋转的变形器。

用一句话来形容变形器，就是“可以一次性让多个物体运动的容器”，它分为“旋转变形器”和“弯曲变形器”两种类型。

旋转变形器是可以让物体进行旋转的变形器，也可以改变物体的不透明度和大小。

在此，我们使用旋转变形器可以让角色的手臂动起来。

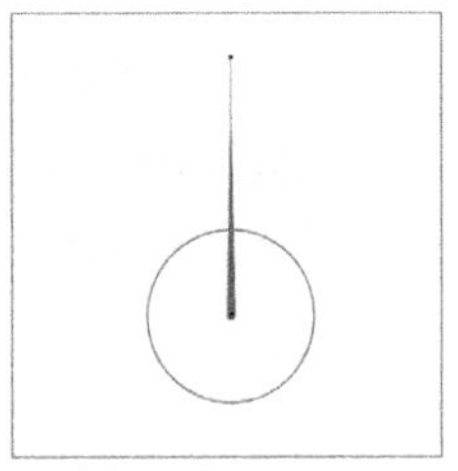

旋转变形器

01 选中右臂的所有物体

首先，选中“右臂”文件夹里的所有物体。

在“部件”面板中单击选中“右大臂”后，按住Ctrl键并单击“右小臂”和“右手”，即可完成多选。

也可以用鼠标右键单击“右臂”文件夹，选择“对以下的部件进行操作”→“全部选择”来完成多选。

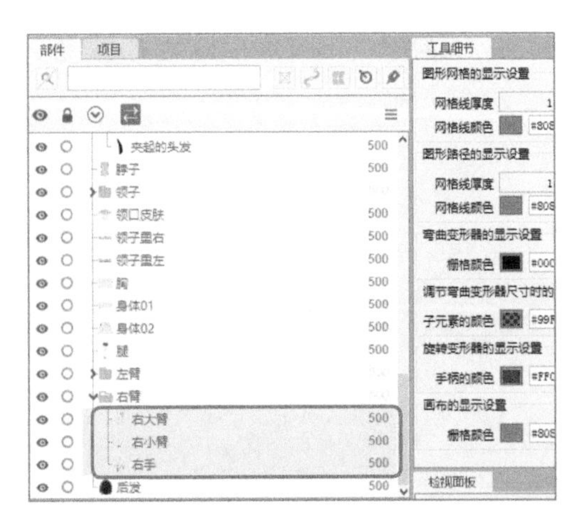

02 设置旋转变形器

单击工具栏中的“创建旋转变形器”图标（❶）后，会弹出“创建新旋转变形器”对话框。

在这个对话框里可设置旋转变形器的名称，填写“右臂的旋转”（❷）。在“追加”处选择“设为选定物体的父物体”一项（❸），单击“创建”按钮即可。

在“变形器”面板（❹）中可以看到，“右臂的旋转”变形器和“右大臂”“右小臂”“右手”会被连在一起（❺）。在此状态下，“右臂的旋转”变形器是父级，而“右大臂”“右小臂”“右手”是子级。

子物体会受到父物体的影响。当父级“右臂的旋转”变形器旋转时，子级“右大臂”“右小臂”“右手”也会旋转。

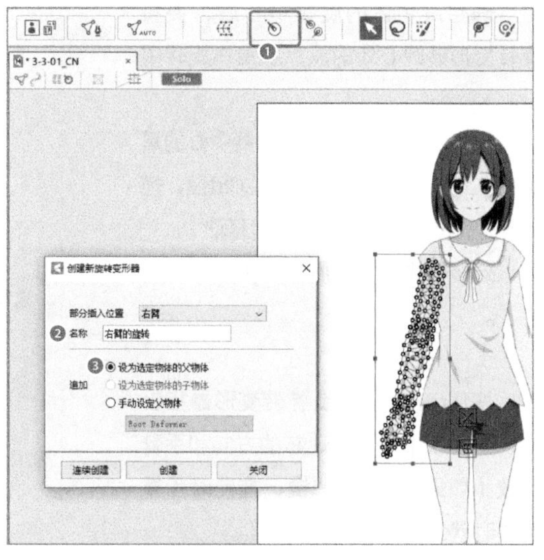

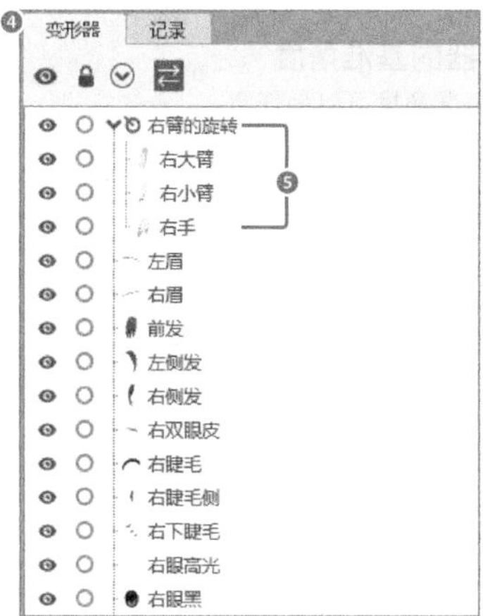

要点 “部件”面板和“变形器”面板的区别

虽然两者看起来相似，但显示的内容是不同的。

- “部件”面板：和Photoshop、CLIP STUDIO PAINT等软件的“图层”面板类似，显示的是图层的覆盖顺序。
- “变形器”面板：显示的是变形器和物体之间的父子关系。

03 设置旋转变形器并使其旋转

确定好物体的旋转中心后，要将旋转变形器圆心处的黑点放置在旋转中心。

按住Ctrl键并将旋转变形器中心的黑点拖曳到腋窝处（如果不按住Ctrl键，拖曳时手臂部件时就会跟着一起移动）。

这样手臂就能以腋窝为中心进行旋转了。

按住Ctrl键并拖曳旋转变形器指针末端的黑点（❶），让它的方向和手臂一致（如果不按住Ctrl键，拖曳时手臂部件时就会跟着一起旋转）。

要点 旋转变形器的基准角度

旋转变形器的基准角度可以是任意的，但是为了后续能够更直观、方便地操作，推荐把旋转变形器的基准角度改为和手腕等部件的一致。

拖曳旋转变形器指针末端的黑点（不按住Ctrl键），即可让“右大臂”“右小臂”“右手”（子级）跟着旋转变形器（父级）进行旋转。

源文件：3-4-01_CN.cmo3

提示 **缩放旋转变形器的圆**

单击拖曳旋转变形器的圆（Ⓐ），即可缩放旋转变形器（子物体也会跟着缩放）。

按住Alt键并单击拖曳鼠标，即可在不影响子物体的情况下调整旋转变形器的尺寸。

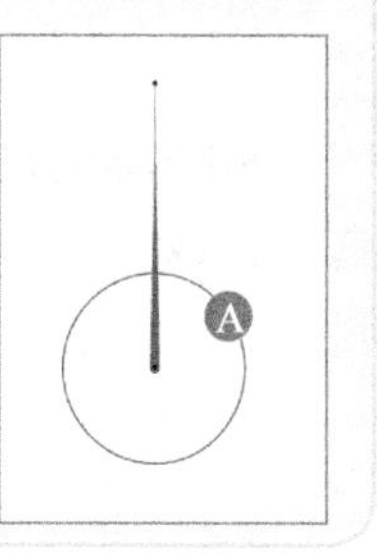

步骤2 认识弯曲变形器

“弯曲变形器”是可以对物体进行弯曲变形的变形器。

利用“弯曲变形器”能够对头发的摇摆、身体的转向等动作进行各种变形。

这里我们将通过对缎带进行变形来讲解弯曲变形器的用法。

这里制作的缎带分为不会摇摆的中间的绳结，以及会摇摆的绳圈和绳尾两个部分。

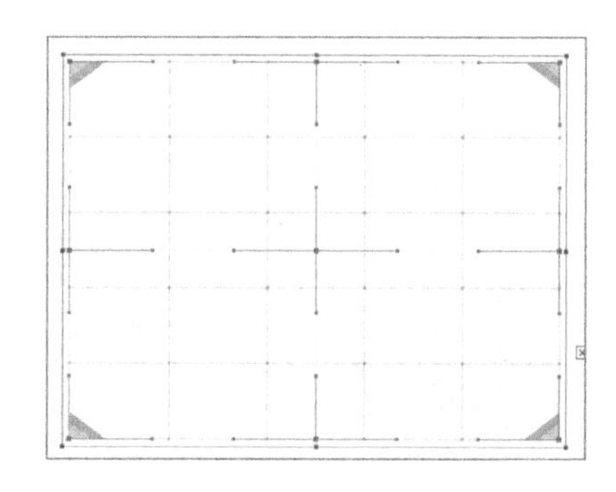

01 选择缎带

在“部件”面板中单击图形网格“缎带”（会摇摆的绳圈和绳尾）并选中它。

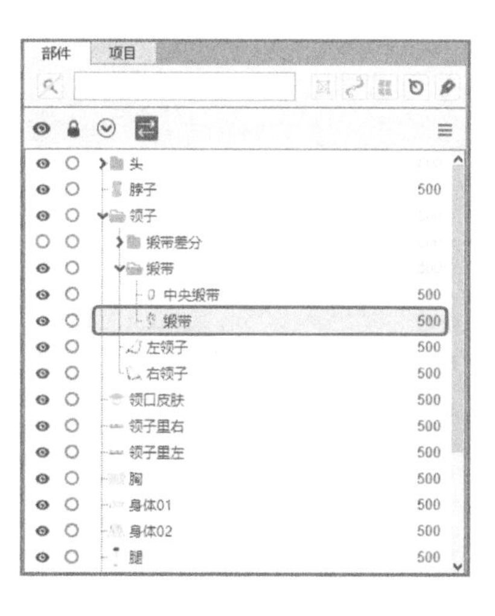

02 设置弯曲变形器

单击屏幕上方的“创建弯曲变形器”图标（❶）后，会弹出“创建弯曲变形器”对话框。在该对话框中可以为弯曲变形器设置名称，这里我们设置一个简单易懂的名字“缎带摇摆”（❷）。在“追加”处选择“设为选定物体的父物体”（❸）。

贝塞尔分区的数量设置为“2×2”，转换的分裂数量设置为“5×5”（❹），单击“创建”按钮即可。

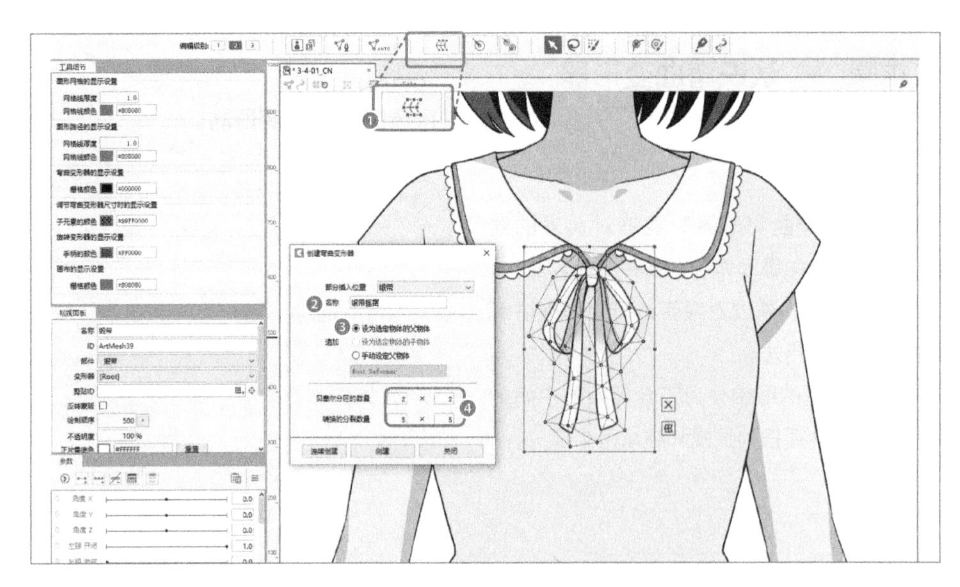

在“变形器”面板中可以看到，“缎带摇摆”变形器和“缎带”被连在一起了（❺）。在此状态下，“缎带摇摆”变形器是父级，而“缎带”是子级。

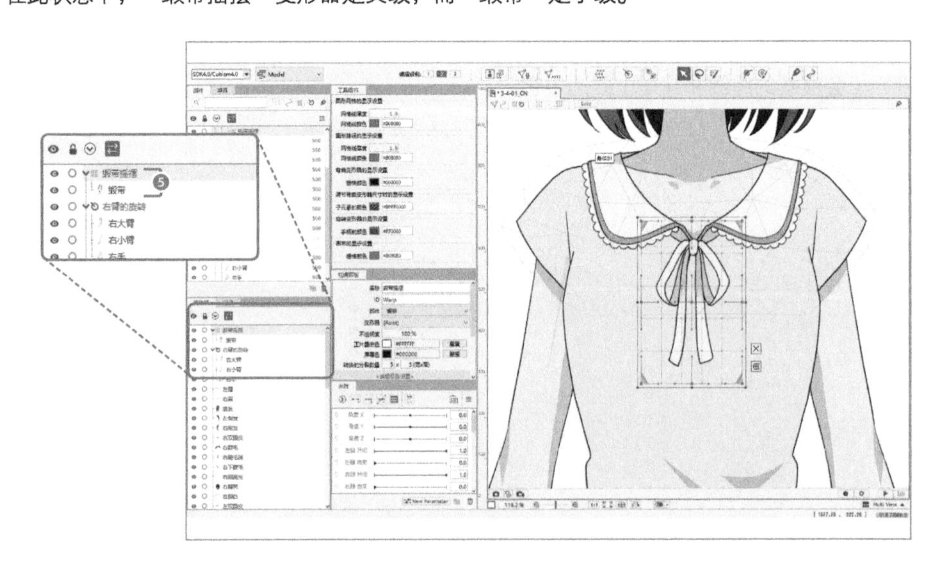

03 用弯曲变形器变形物体

单击拖曳绿色的点（控制点），即可使附近的区域变形。

移动下方的3个控制点（❶），可以把缎带变形到向侧面摇摆的状态（❷）。

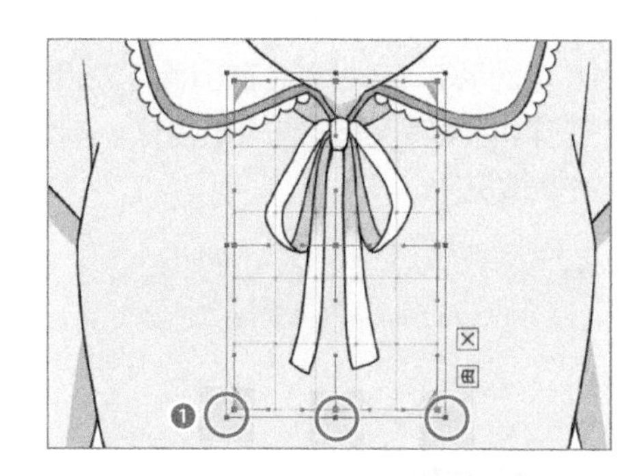

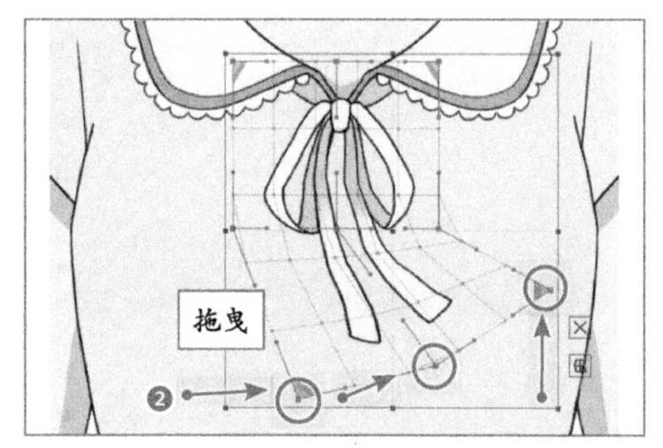

再移动其他的控制点，让缎带呈现出自然摇摆的感觉。

我们会在第4章详细讲解各类部件的变形技巧。

■ 源文件：3-4-02_CN.cmo3

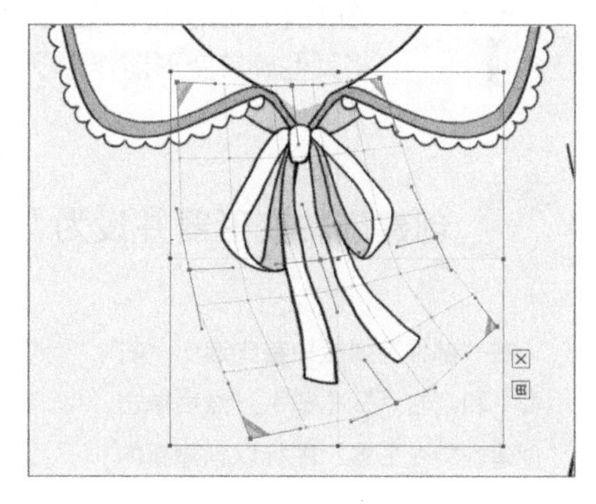

提示 贝塞尔分区的数量和转换的分裂数量

● 贝塞尔分区的数量：指被控制点切分出的分区数量。提高此数量可以完成更加精细的变形操作，但需要移动的控制点也会增加，操作会更烦琐。通常我们使用“2×2”到“3×3”之间的数值。

● 转换的分裂数量：指弯曲变形器整体的横纵分区数量。提高此数量可以让内部物体更好地沿着变形器变形，但也可能让电脑出现卡顿现象。通常使用“5×5”。

创建弯曲变形器
部分插入位置 缎带
名称 缎带摇摆
追加 ◉ 设为选定物体的父物体
○ 设为选定物体的子物体
○ 手动设定父物体
Root Deformer
贝塞尔分区的数量 2 × 2
转换的分裂数量 5 × 5
连续创建 创建 关闭

3.5 设置父子关系

在3.4节中我们已介绍过，通过在变形器和图形网格之间建立父子关系，可以实现各种形式的变形。而变形器的子物体也可以是变形器。在3.4节中，我们将“右大臂”“右小臂”“右手”设置为了“右臂的旋转”变形器的子物体，本节从此处开始继续讲解。

步骤1 为旋转变形器创建子级的旋转变形器

将其他旋转变形器作为子物体，放置在旋转变形器中。

01 创建旋转变形器并设为“右臂的旋转”变形器的子级

在“部件”面板中首先选中“右小臂”和“右手”（❶），然后单击“创建旋转变形器”图标以创建新的旋转变形器。

变形器的名称为“右小臂的旋转”（❷），在“追加”处选择“设为选定物体的父物体”（❸）。

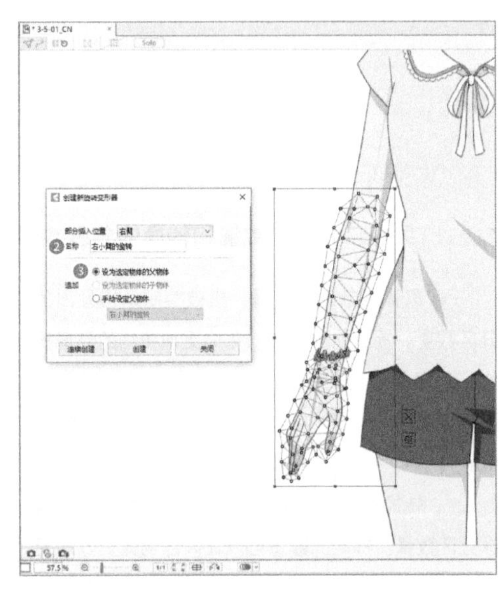

新创建的“右小臂的旋转”变形器既是图形网格“右小臂”和“右手”的父物体，又是“右臂的旋转”变形器的子物体。在“变形器”面板中，它们呈嵌套结构（❹）。

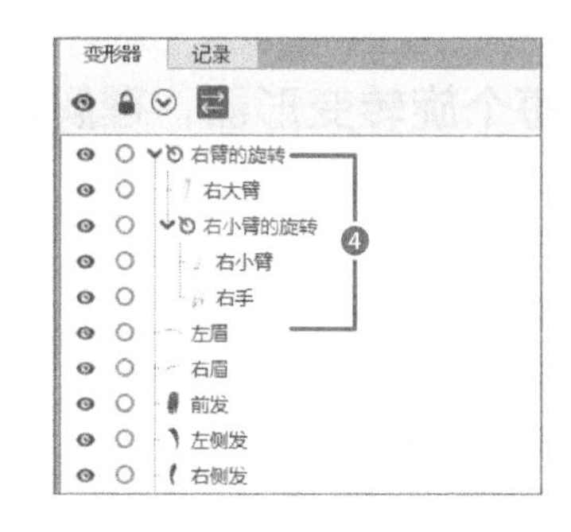

按住Ctrl键并拖曳鼠标，将变形器移动到手肘位置。此时，在菜单中选择“显示”→“突出显示变形器的子元素”（或按Ctrl+Shift+D组合键），即可将所选变形器及其子物体以外的其他物体显示成半透明状态，这样操作起来会更方便。再次选择“显示”→“突出显示变形器的子元素”，即可回到正常的显示状态。

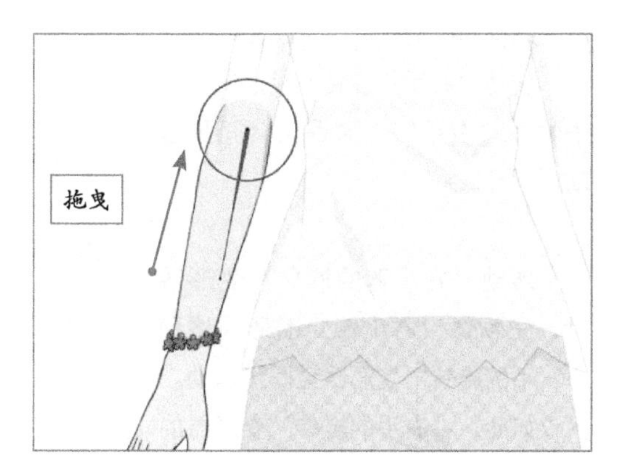

02 创建旋转变形器并设为“右小臂的旋转”变形器的子级

在“部件”面板中首先选中“右手”（❶），然后单击工具栏中的“创建旋转变形器”图标以创建新旋转变形器。变形器的名称为“右手的旋转”（❷），在“追加”处选择“设为选定物体的父物体”（❸）。

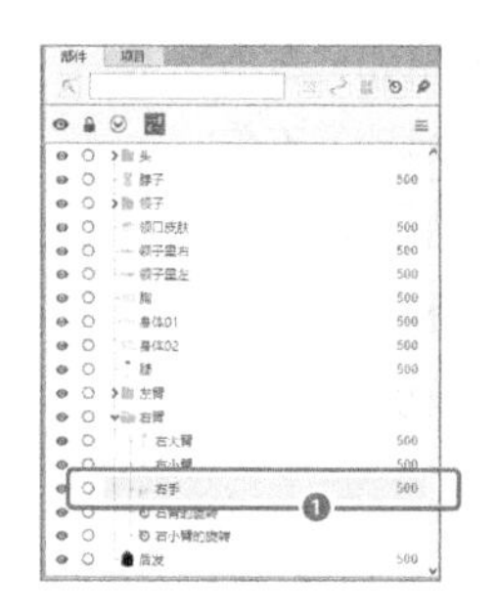

新创建的“右手的旋转”变形器既是图形网格 “右手”的父物体，又是“右小臂的旋转”变形器的子物体（❹）。按住Ctrl键将旋转变形器圆心处的中心点拖曳到手腕处，以移动变形器。

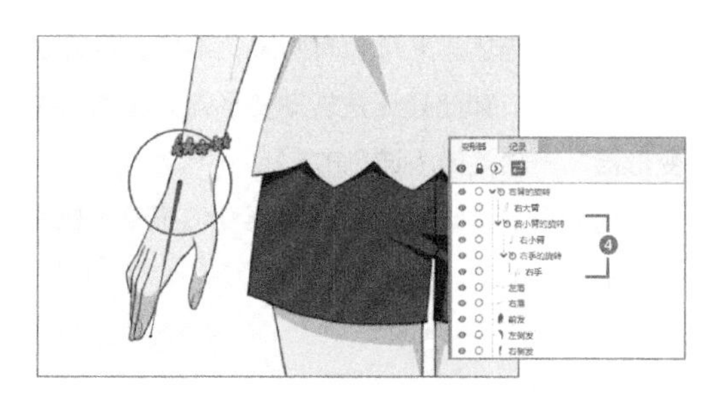

03 转动每个旋转变形器，理解嵌套结构

从前面的制作流程我们知道，某个物体（图形网格或变形器）可以是另一个物体的子物体，而这个“另一个物体”又可以是其他物体的子物体。这样的结构我们称为嵌套结构。

转动“右手的旋转”变形器时，子物体“右手”图形网格会同步运动。

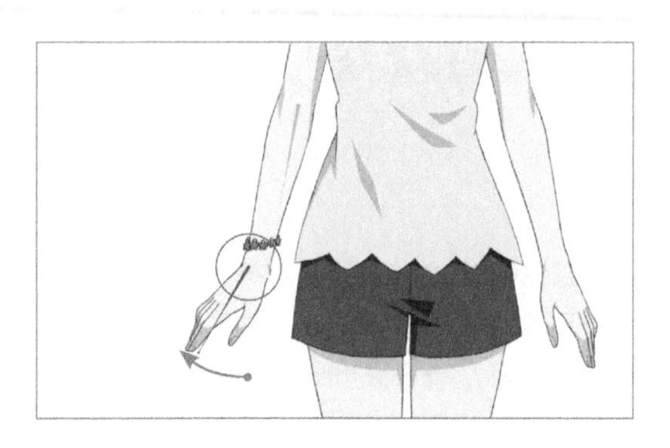

转动“右小臂的旋转”变形器时，子物体“右小臂”图形网格和“右手的旋转”变形器会同步运动。不仅如此，“右手的旋转”变形器的子物体“右手”图形网格也会同步运动。

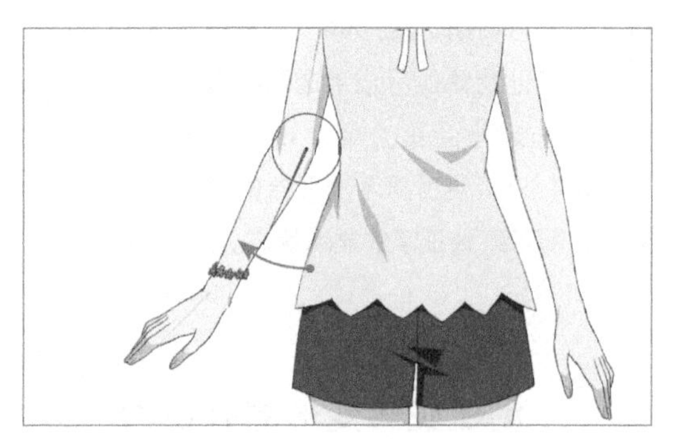

转动“右臂的旋转”变形器时，子物体“右大臂”图形网格和“右小臂的旋转”变形器会同步运动。不仅如此，“右小臂的旋转”变形器的子物体“右小臂”图形网格和“右手的旋转”变形器也会同步运动。

用语言描述起来可能有些绕，不如实际转动一下※看看。

※译注：如此处无法转动变形器，请在菜单中将“建模”→“参数”→“锁定默认的变形器”一项关闭（详见P75）。

对变形器进行嵌套后，即便我们不逐一操作图形网格，也可以在一定程度上实现不同部位的同步运动。

源文件：3-5-01_CN.cmo3

步骤2 为弯曲变形器创建子级的弯曲变形器

将其他弯曲变形器作为子物体放置在弯曲变形器中。

01 创建弯曲变形器并设为“缎带摇摆”弯曲变形器的父级

在“部件”面板中首先选中“缎带摇摆”弯曲变形器（❶），然后单击工具栏中的“创建弯曲变形器”以创建新的弯曲变形器。变形器的名称为“缎带的伸缩”（❷），在“追加”处选择“设为选定物体的父物体”（❸）。

这样，“缎带的伸缩”弯曲变形器就成了“缎带摇摆”弯曲变形器的父物体（❹）。

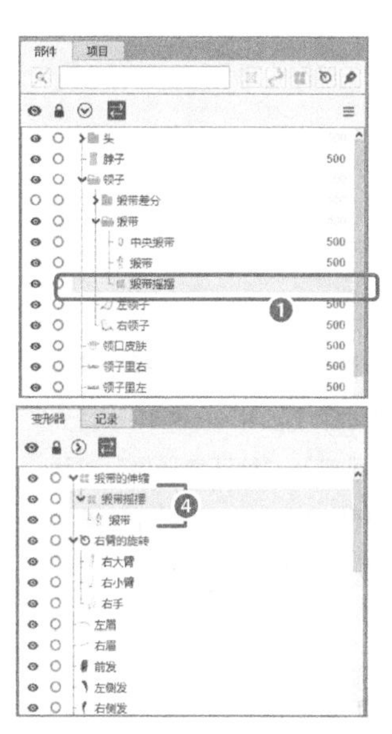

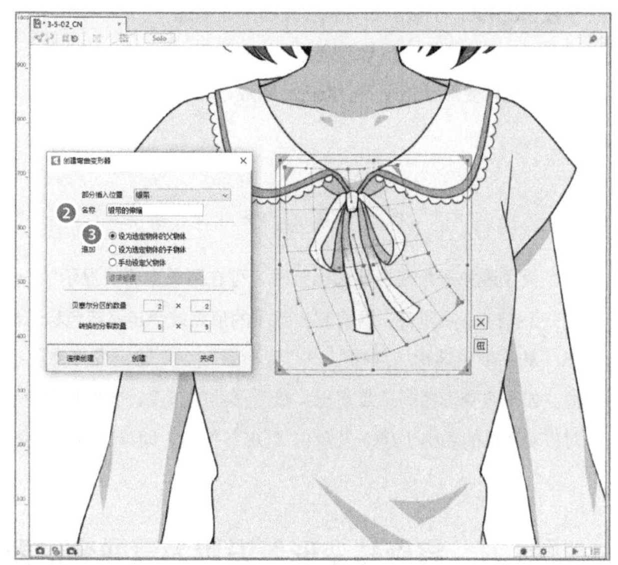

02 转动每个弯曲变形器，理解嵌套结构

选择“缎带的伸缩”弯曲变形器（❶），拖曳其下方的控制点（❷），即可让缎带在摇摆的同时，受到父物体“缎带的伸缩”弯曲变形器的影响，进行纵向伸缩。

像这样让弯曲变形器互为父子关系，即可组合出多种多样的变形方式。

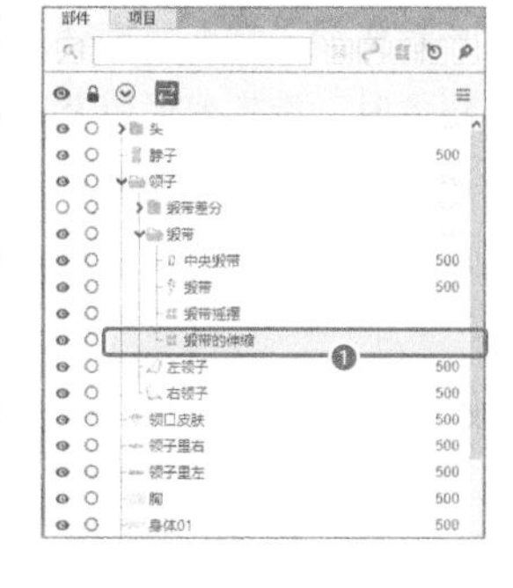

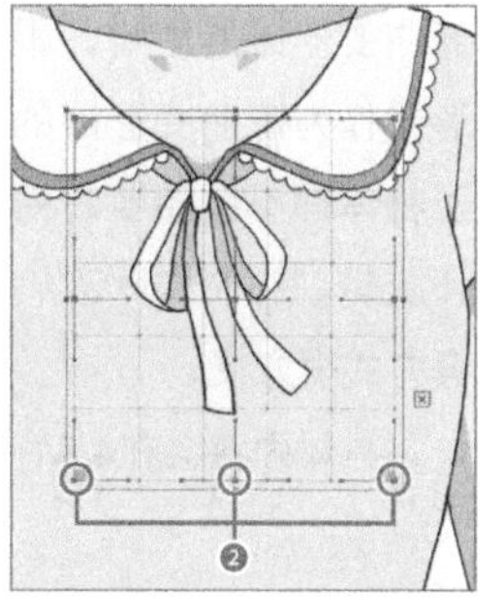

源文件：3-5-02_CN.cmo3

提示 不要让弯曲变形器或图形网格超出父物体的范围

注意，不要让子级的弯曲变形器或图形网格的顶点超出父级的弯曲变形器的范围。在制作动画时，这样操作一般不会有问题，但将Live2D模型嵌入游戏时，超出范围容易导致电脑卡顿，通常不推荐这样做。

为了避免这种情况出现，在对物体变形前应确保让父级的弯曲变形器比子级的弯曲变形器大一圈。

按住Ctrl键并拖曳弯曲变形器外侧的红色控制点（A），即可缩放弯曲变形器（如果不按住Ctrl键，子级的部件也会跟着一起被缩放）。另外，按住Ctrl+Alt组合键并拖曳鼠标，可以让旋转变形器基于中心点进行缩放，非常方便。

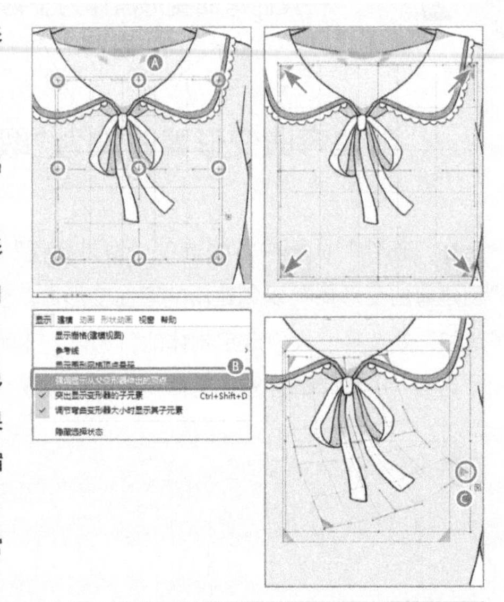

☐ 仅显示不正常状态的物体

No	名称	ID	状态	变换(水平)	变换(垂直)	贝塞尔(XY)2	贝塞尔(XY)3
1	缎带的伸缩	Warp2		5	5	2 ×2	1 ×1
2	缎带摇摆	Warp	从父物体突出	5	5	2 ×2	1 ×1
3	右臂的旋转	Rotation		0	0	0 × 0	0 × 0

为了避免子级变形器超出范围，可在菜单中将“显示”→“强调显示从父变形器伸出的顶点”（B）一项打开，这样超出范围的顶点就会用淡蓝色标示出来（C）。

从菜单中选择“建模”→“变形器”→“验证变形器”，即可打开“验证变形器”对话框。如子级变形器有顶点超出父级变形器的范围，会在状态一栏中显示错误内容（D）。选中对应变形器的名称（E）并单击“OK”按钮，即可选中这个变形器，非常方便。

步骤3 将旋转变形器设置为弯曲变形器的子物体

将旋转变形器作为子物体放置在弯曲变形器中。

通常情况下，子级的弯曲变形器会受到父级的弯曲变形器的影响，跟着一起变形。然而当旋转变形器作为弯曲变形器的子物体时，旋转变形器及其子物体都不会随着弯曲变形器变形，只会跟着移动和旋转。在制作呼吸、耸肩等动作时，选择这种嵌套方式很方便。

具体内容会在4.5节讲解。

旋转变形器及其子物体不会被变形

第4章

建模第2步：设置参数

4.1 设置① 表情

我们终于要开始学习如何让插画动起来并逐步完成作品了。但在开始学习之前，请先理解初级篇中也提到过的参数及*X*轴、*Y*轴、*Z*轴的概念。之后，我们会详细讲解如何为各个部位设置参数。本节先从设置“表情”的参数开始讲起。

步骤1 理解参数及*X*轴、*Y*轴、*Z*轴

理解表现“动作”用的参数及*X*轴、*Y*轴、*Z*轴。

01 关于参数

为了表现“头发摇摆”“嘴的开闭”等特定动作，我们需要设置参数。

在下面的案例中，我们在“嘴 开闭”参数上设置了两个关键点，其中最小值（左端的关键点）绑定了闭嘴动作，最大值（右端的关键点）绑定了张嘴动作。关键点之间的形状插值会自动生成。

闭嘴的关键点

关键点之间自动生成形状插值

张嘴的关键点

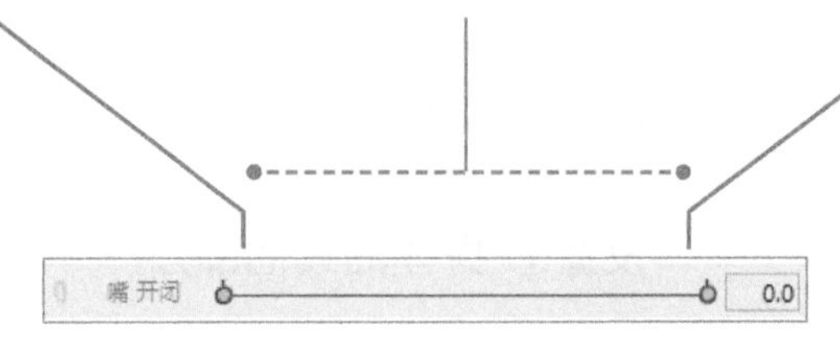

02 关于X轴、Y轴、Z轴

在Live2D Cubism中，可以通过调节部件的X轴、Y轴、Z轴*来表现运动状态。它们代表的移动方向如下。

- X轴：水平方向的移动、旋转。如头部的左右摇摆等动作。
- Y轴：垂直方向的移动、旋转。如点头等动作。
- Z轴：弧线方向的移动、旋转。如头部的左右倾斜等动作。

*译注：在Live2D Cubism中，和X轴相关的默认参数有“角度X”“身体旋转X”“眼珠X”；和Y轴相关的默认参数有“角度Y”“身体旋转Y”“眼珠Y”；和Z轴相关的默认参数有“角度Z”“身体旋转Z”。

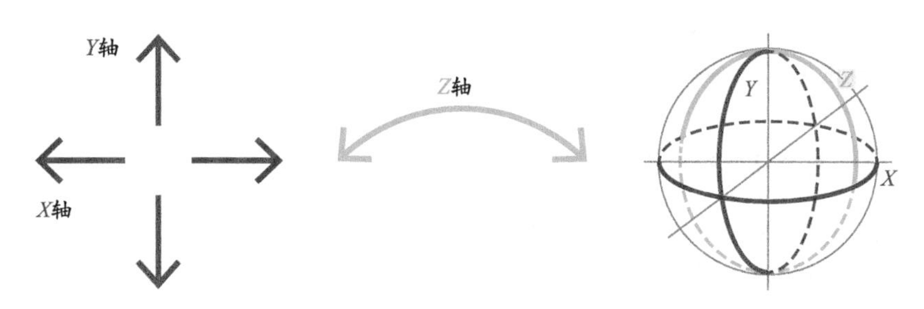

步骤2 设置表情“眉毛”的参数

从眉毛开始为角色的表情绑定参数。

01 设置眉毛的“变形”参数

这里基于3.3节中制作完网格的文件（3-3-02_CN.cmo3）进行制作。

我们要为眉毛的动作绑定“变形”“角度”“位置”参数。首先绑定“变形”参数，在“部件”面板中选中图形网格“右眉”（❶），然后在“参数”面板中选中“右眉 变形”（❷）。

此时单击“追加3点”图标（❸），就可以追加3个关键点（❹）。我们可以为这些关键点绑定特定动作。

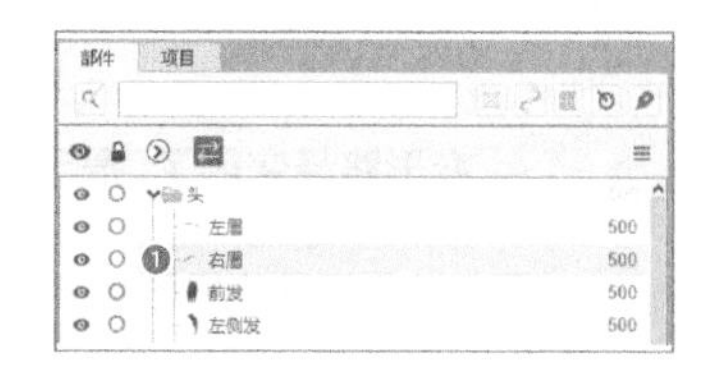

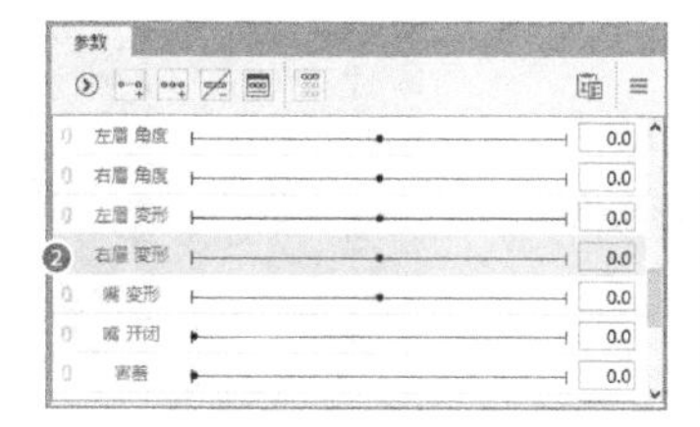

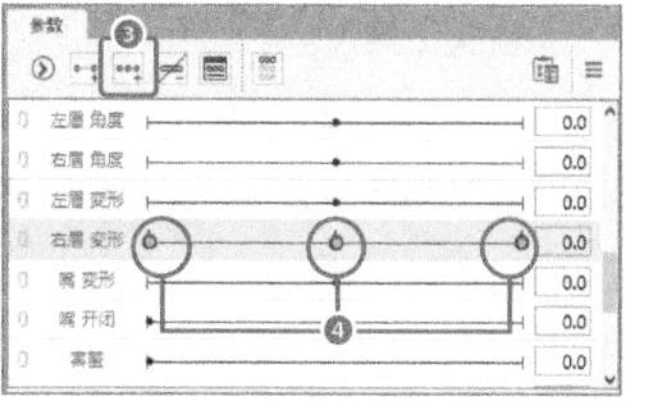

接下来，在工具栏的右侧单击“变形路径工具”图标（❺）。

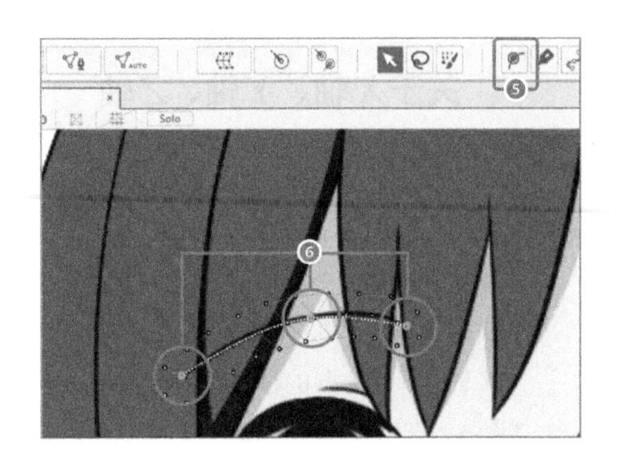

最后沿着眉毛依次在端点→中心附近→另一侧端点上单击，这样就可以创建变形路径的控制点（❻）。

要点　变形路径是什么

变形路径是一个变形工具。它可以一次性移动图形网格上的多个顶点，让物体顺滑地变形。

用鼠标右键单击选中参数“右眉 变形”右端的关键点（❼）。

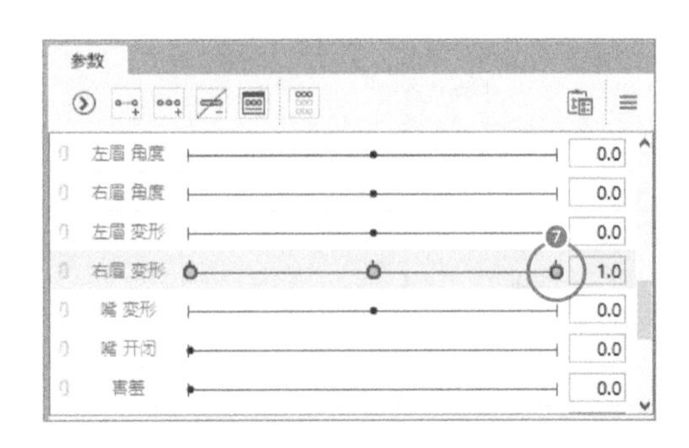

要点　选择参数的方法

用鼠标左键单击可以选择参数的任意位置，而用鼠标右键单击则只会选中关键点。

当需要选中关键点时，就使用鼠标右键单击。

单击屏幕右上角的“箭头工具”图标（❽）（或按A键）选中工具。

将刚制作的变形路径中央的控制点向上拖曳，即可改变眉毛的形状。调整一下控制点的位置，可以做出漂亮的山形眉。

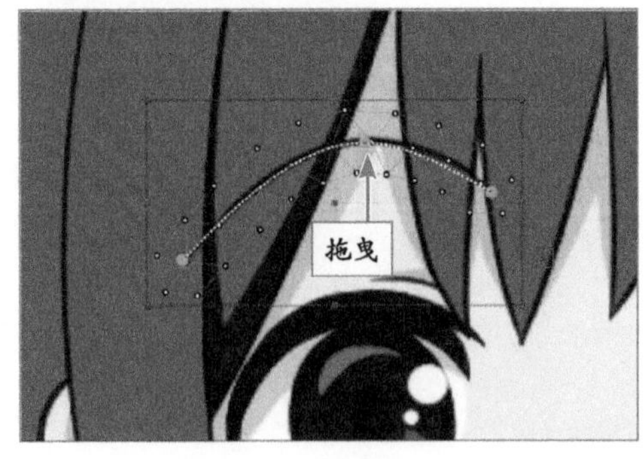

要点　变形路径变形了，眉毛却不动？

要想让图形网格跟随变形路径进行变形，就要确保使用的是工具栏中的“箭头工具”。

如果只想调整变形路径，就用“变形路径工具”。如果想让图形网格一起变形，就使用“箭头工具”。

接下来，我们在参数“右眉 变形”的默认关键点（中间的关键点）和右端关键点之间（⑨）左右拖动一下看看。从默认状态下的眉毛到右端关键点绑定的山形眉之间，眉毛的形状插值会自动补全，实现了顺滑的变形。

确认无误后，用鼠标右键单击左端的关键点（⑩）来选中它。

> **要点　锁定默认的变形器**
>
> 在菜单中打开“建模”→“参数”→“锁定默认的变形器”后，当参数处于“默认”位置时，变形功能就会被锁住。这样就可以防止因操作失误，导致物体在默认值下的形状意外改变。

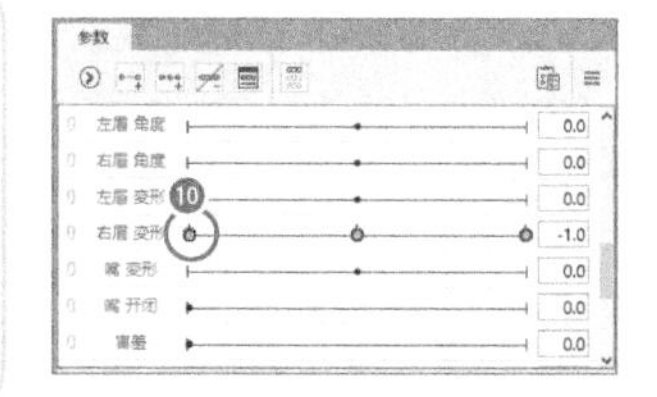

移动变形路径上的控制点，让眉毛呈现出烦恼的形状。完成变形操作后，左右拖动参数，检查一下眉毛在“烦恼→默认→山形”之间的变化。

这样我们就设置好了眉毛的“变形”参数。

> **要点　还原到初始形状的方法**
>
> 在对图形网格进行变形后，如果想还原到初始的形状，则在菜单中选择“建模”→“形状编辑”→“恢复形状”，即可让该图形网格变回到初始状态。

02 设置眉毛的“角度”参数

接下来设置眉毛的“角度”参数。为此，我们要创建弯曲变形器。在“部件”面板中选中“右眉”，再在工具栏中单击“创建弯曲变形器”图标。“部分插入位置”（即要将创建后的弯曲变形器放在哪个部件或文件夹内）为“头”，“名称”为“右眉的角度”，在“追加”处选择“设为选定物体的父物体”后，单击“创建”按钮即可。

检查“变形器”面板，“右眉的角度”变形器应是“右眉”的父物体（❶）。

为了让作为子物体的图形网格“右眉”的范围不超出父级变形器（参见P70），我们把“右眉的角度”变形器扩大一些。

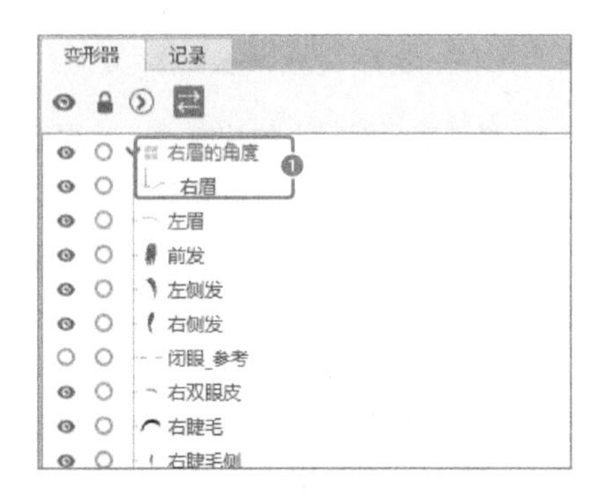

如果父级弯曲变形器较小，在眉毛变形后，顶点就可能超出其范围（❷）。注意，扩大变形器的操作要在绑定“角度”参数之前（即设置关键点之前）进行。

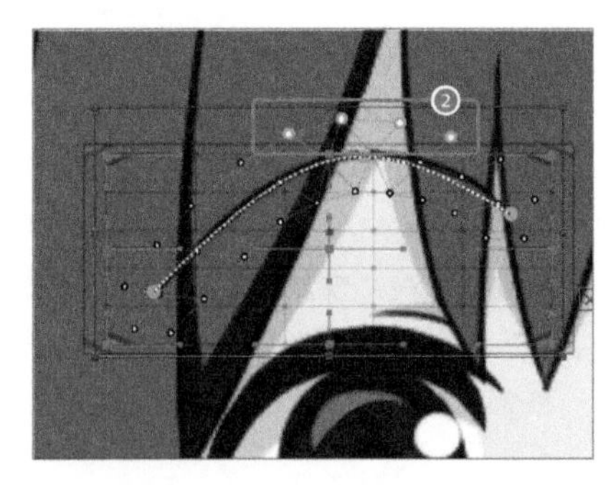

调整完弯曲变形器后，我们再为“右眉的角度”绑定参数。

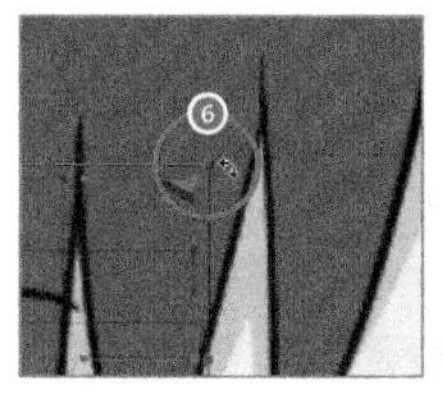

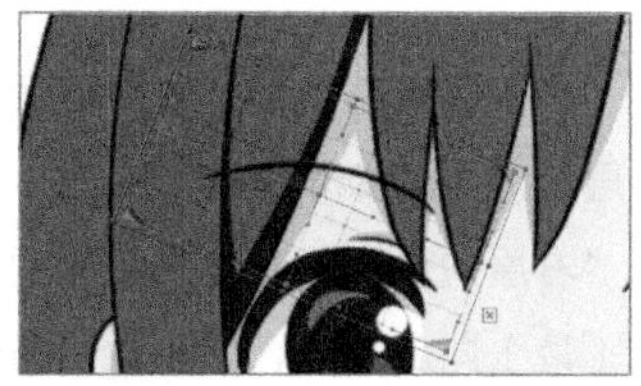

首先从“变形器”面板中选中“右眉的角度”弯曲变形器，然后在“参数”面板中选中“右眉角度”参数（❸）。单击“追加3点”图标（❹），即可增加3个关键点。最后，单击鼠标右键选中右端的关键点（❺）。

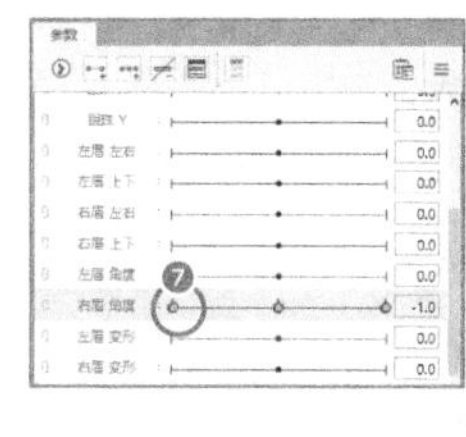

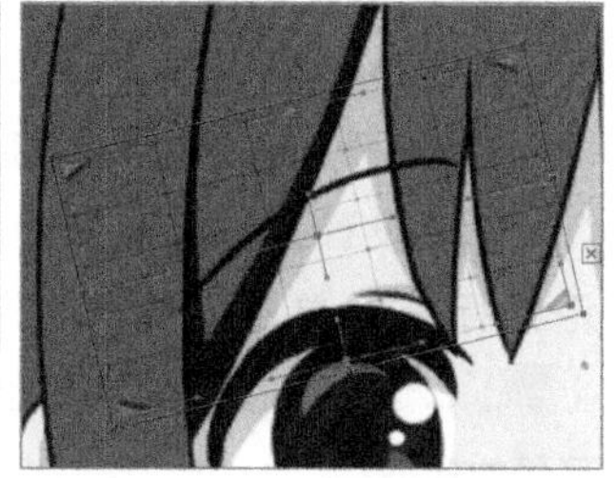

将鼠标光标移动至弯曲变形器外边框上的一角，光标形状就会改变（❻）。此时进行拖曳，即可让弯曲变形器旋转。我们将眉毛的角度变为内旋。

接下来设置另一侧的关键点。

单击鼠标右键，选中左端的关键点（❼），以相同的方式设置弯曲变形器的角度即可。这里我们将眉毛的角度变为外旋。

最后通过改变“右眉 角度”参数，检查一下眉毛在“外旋→默认→内旋”之间的角度变化。

03 设置眉毛的“位置”参数

创建“右眉的角度”弯曲变形器的一个父级弯曲变形器。

在“变形器”面板中选中“右眉的角度”弯曲变形器，再单击工具栏中的“创建弯曲变形器”图标。“名称”为“右眉的位置”，在“追加”处选择“设为选定物体的父物体”，单击“创建”按钮即可。在“变形器”面板中检查一下“右眉的位置”弯曲变形器是否是“右眉的角度”弯曲变形器的父级（❶）。

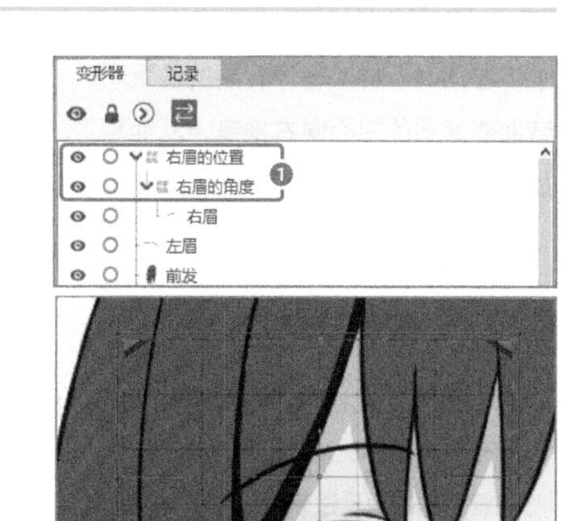

和之前一样，为了让子级的“右眉的角度”变形器范围不超出父级变形器，我们把“右眉的位置”变形器扩大一些。

我们要把“右眉的位置”弯曲变形器绑定在“右眉上下”和“右眉 左右”参数上。

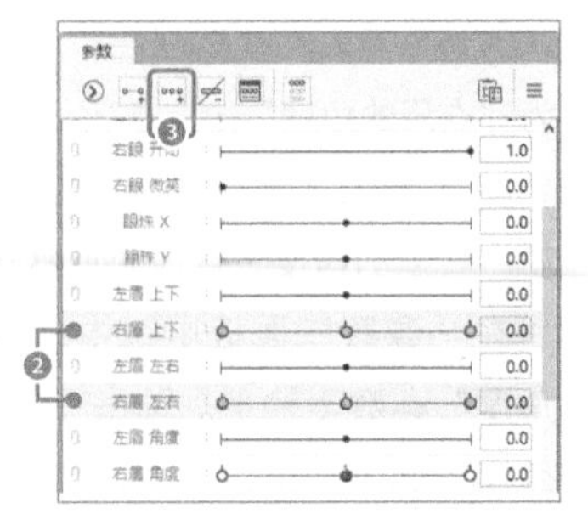

在“变形器”面板中，首先选中“右眉的位置”弯曲变形器，然后在“参数”面板中选中“右眉 上下”参数，接着按住Ctrl键的同时选中“右眉 左右”参数，这样就同时选中了两个参数（❷）。此时单击“追加3点”图标（❸），即可同时为选中的两个参数添加3个关键点。

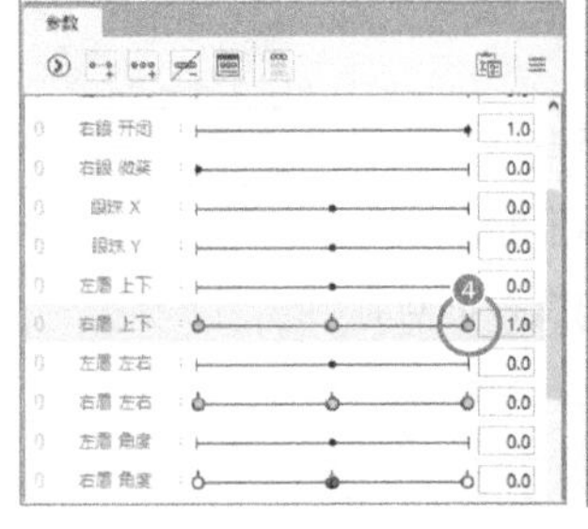

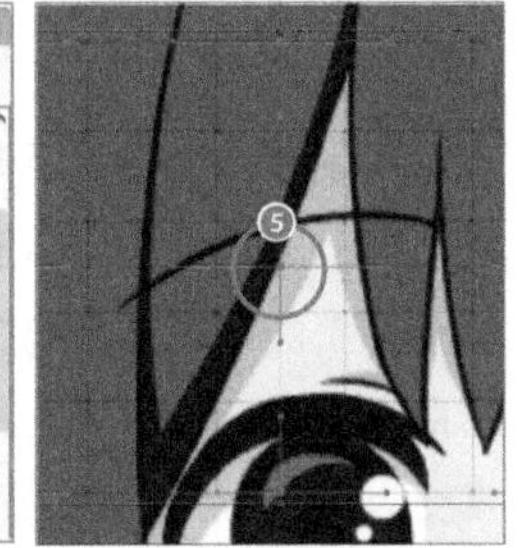

用鼠标右键单击选中参数“右眉 上下”右端的关键点（❹）。将“右眉的位置”弯曲变形器的中心（❺）向上拖曳，即可让弯曲变形器整体向上移动，从而将眉毛的位置设置为上移的状态。

按住Shift键的同时拖曳鼠标，即可限制移动方向为水平或垂直。

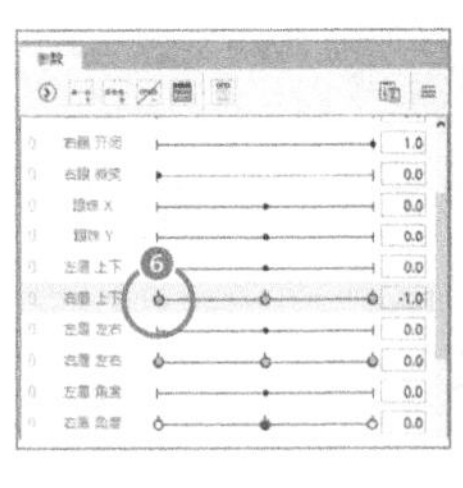

下面设置另一侧的关键点。用鼠标右键单击左端的关键点（❻），这次将眉毛的位置设置为下移的状态。

移动后，可以通过改变“右眉上下”参数，检查眉毛在“上移→默认位置→下移”之间的运动。

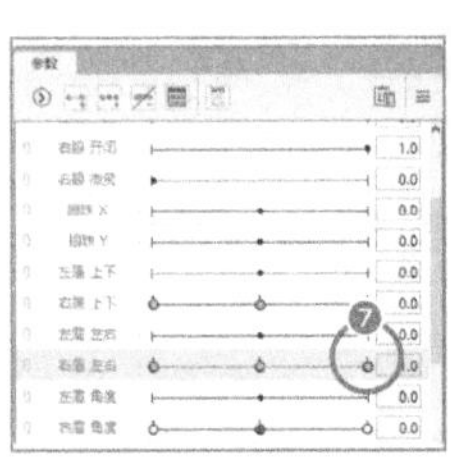

用鼠标右键单击选中参数“右眉 左右”右端的关键点（❼），和上下移动时一样，将“右眉的位置”弯曲变形器的中心向右拖曳，从而将眉毛的位置设置为右移的状态。

要点 **修改设置错的点值**

如果关键点的数值设置错了，那么单击参数的数值栏，在弹出的菜单中选择“调整”，即可修改点值（关键点的数值）。另外，如果想要把点值反过来设置，则选择“反转”，即可让关键点的数值反过来。

下面设置另一端的关键点。单击鼠标右键，选中“右眉 左右”左端的关键点（❽），把弯曲变形器向左移动，从而将眉毛的位置设置为左移的状态。可以通过改变“右眉 左右”参数，检查眉毛在“左移→默认位置→右移”之间的运动。

此时“右眉位置”弯曲变形器同时绑定了“右眉 上下”“右眉 左右”两个参数。然而，虽然现在眉毛可以上下、左右运动，却无法斜向运动。可通过“四角形状合成”功能实现斜向运动。

在“参数”面板中，拖曳“右眉 上下”到“右眉 左右”的下方，让它们相邻（⑨）。在此状态下，单击“右眉 左右”左侧的结合图标（⑩）（锁链形图标），即可将两个参数结合起来。

在“变形器”面板中，先选中“右眉的位置”弯曲变形器，再在菜单中选择“建模”→“参数”→“四角形状合成”（或按Ctrl+4组合键），会弹出“四角形状合成”对话框。

在“四角形状合成”对话框中确定参数（⑪⑫）和操作对象（⑬）的设置与右图相同后，单击“OK”按钮即可。这样，就可以同时基于“右眉 上下”“左眉 左右”两个参数生成倾斜方向的运动，自动绑定斜向移动的关键点。通过左右、上下、斜向改变参数的值，检查一下眉毛的运动。

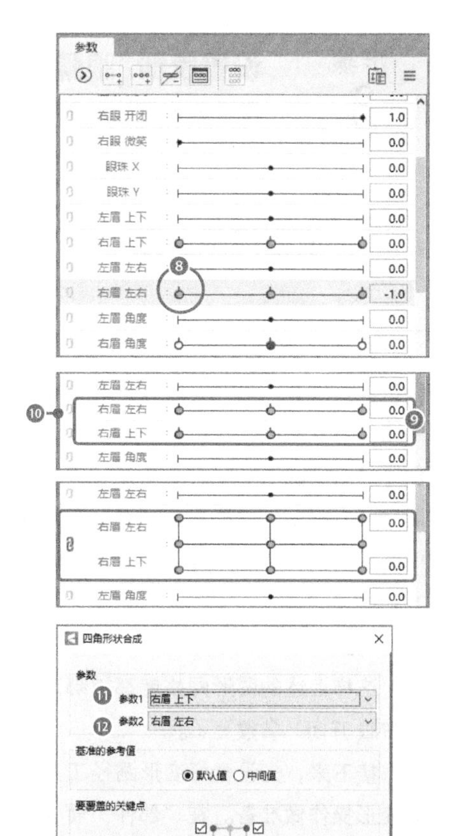

这样，我们就为一侧的眉毛绑定好了参数。通过让物体和弯曲变形器形成嵌套结构，就能设置多个参数，实现各种各样的变化（如眉毛在向下移动的同时，呈现为烦恼的形状）。设置完右侧的眉毛后，按照同样的方式给左眉绑定参数。操作时请注意，左右两侧有各自的形状、位置等参数。

源文件：4-1-01_CN.cmo3

提示　参数值的运动和物体的运动不匹配时

在执行完四角形状合成操作后，如果发现参数的运动和物体的运动不匹配（如将参数从默认值向上移动时，物体却向左移动），则可以尝试把参数的顺序颠倒过来。

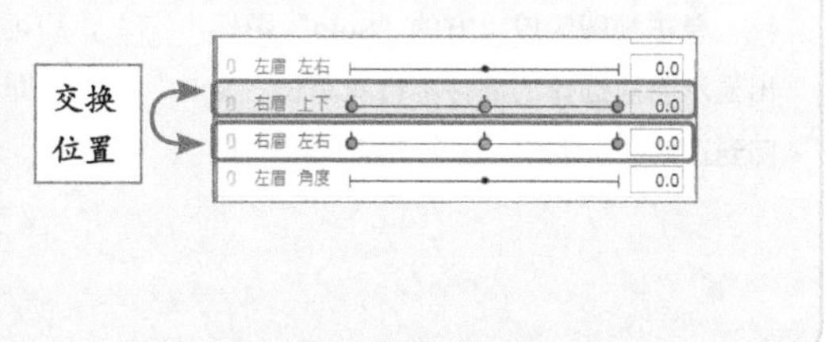

步骤 3 设置表情“眼睛”的参数

接下来设置眼睛的动作参数。其设置方法与眉毛基本一致。

01 设置闭眼参数

我们从眼睛的开闭动作开始设置参数。首先在“部件”面板中选中图形网格“右双眼皮”“右睫毛”“右睫毛侧”“右下睫毛”“右眼高光”“右眼黑”“右眼白”，然后在“参数”面板中选中“右眼 开闭”参数。单击“追加2点”图标（❶），即可追加两个关键点（❷）。

这样上述的图形网格就都被绑定在“右眼 开闭”参数上了。

接下来，先设置好变形路径工具，为变形操作做准备。在“部件”面板中选择“右睫毛”。

在工具栏右侧单击“变形路径工具”图标（❸），创建4个控制点（❹）。

使用变形路径工具再为“右双眼皮”和“右睫毛”创建3个控制点（❺）。

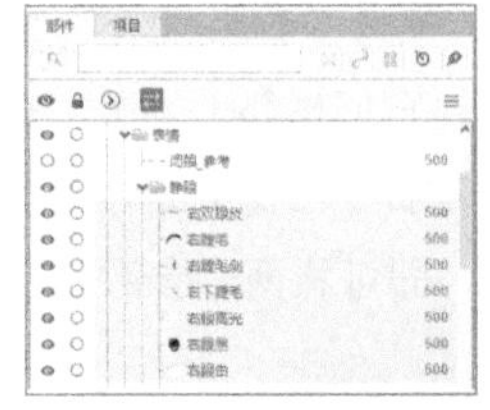

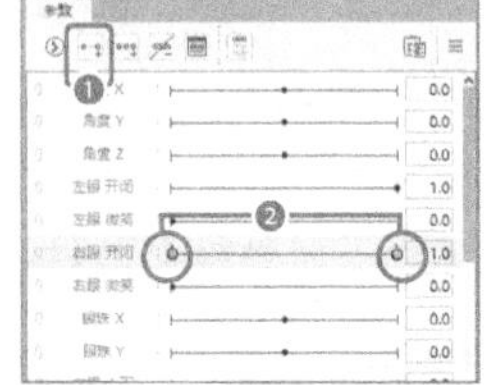

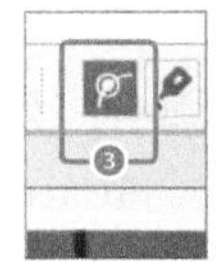

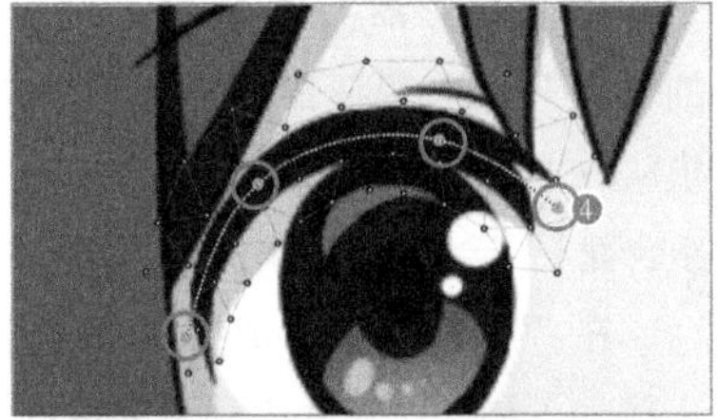

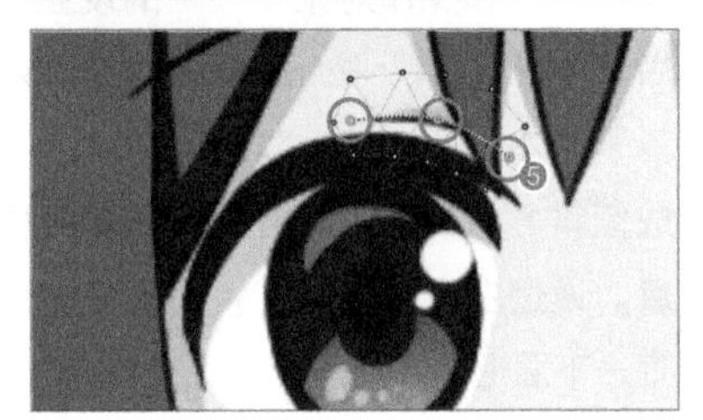

提示 快捷查看正在操作的部件

图中“右睫毛侧”被其他物体覆盖了，此时可以使用“显示/隐藏选定的图形网格”功能（或按S键）。

单击视图区域上方的“Solo”图标（Ⓐ），即可突出显示当前选择的部件。再次单击“Solo”图标，即可回到正常显示状态。这个功能非常方便。

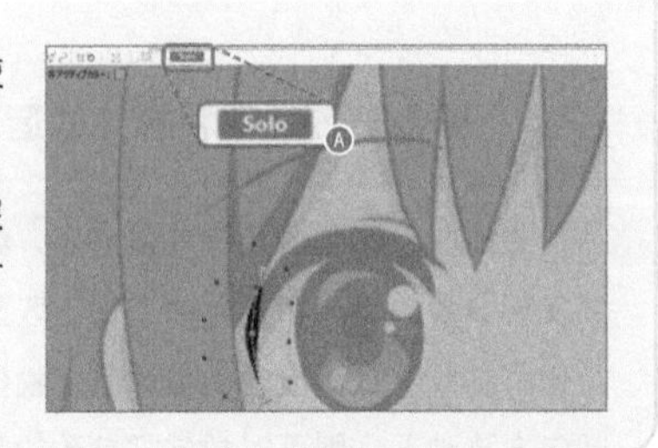

接下来为关键点设置形状。我们准备了闭眼的参考图“闭眼_参考”，在“部件”面板中可以选中并让它显示出来。

“部件”面板左侧有一列眼睛标记（❻），单击这些标记，即可切换部件的显示/隐藏状态。现在“闭眼_参考”的眼睛标记处于隐藏状态，单击它一下即可使其显示。

“闭眼_参考”显示出来后，选中它并在“检视面板”面板中将它的透明度调整为50%（❼）。这样它就会变成半透明的，后续可以作为参考。

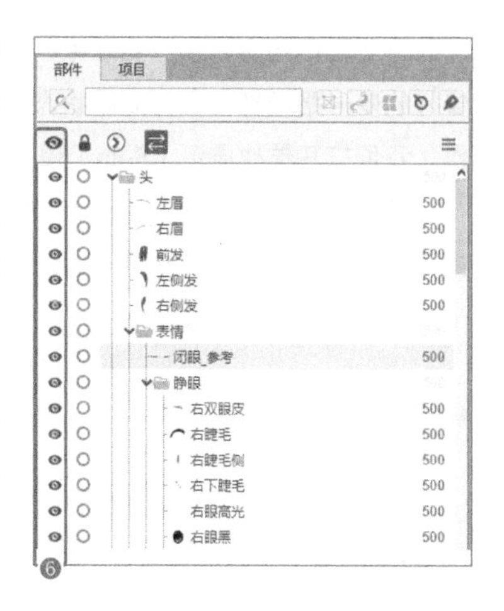

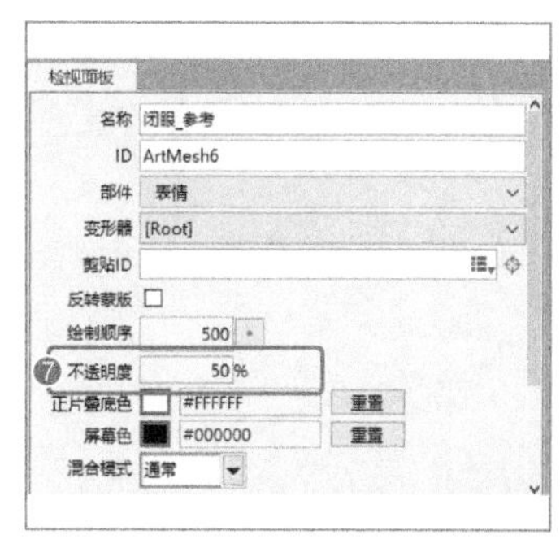

我们令参数的最大值（右端）的关键点呈睁眼状态，参数的最小值（左端）的关键点呈闭眼状态。用鼠标右键单击参数“右眼 开闭”的左端，选中关键点（❽）。我们要在这个关键点上制作闭眼时的形状。

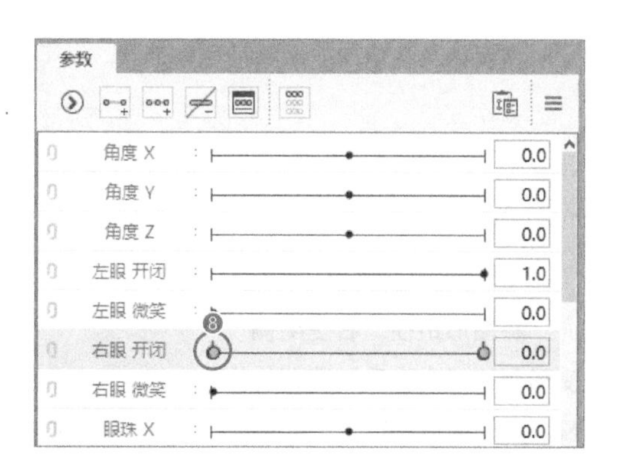

首先选中图形网格“右睫毛”，利用之前设置好的变形路径把它变为闭眼状态。为了方便操作，我们打开单独显示（Solo）模式。

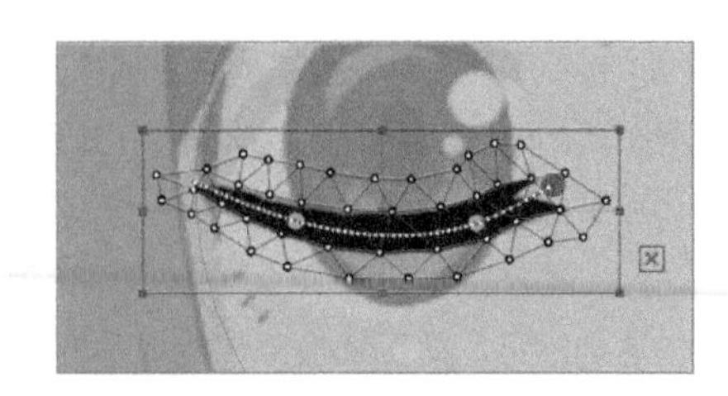

移动变形路径上的控制点，按照参考图对它进行变形。上下拖曳边界框（红色矩形）的中点（⑨）可以进行整体微调。

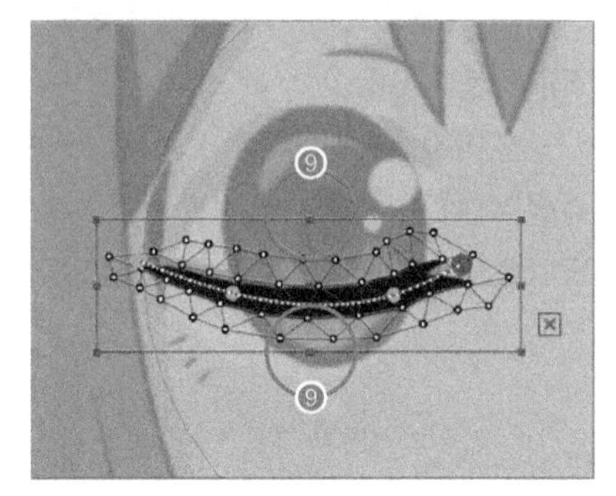

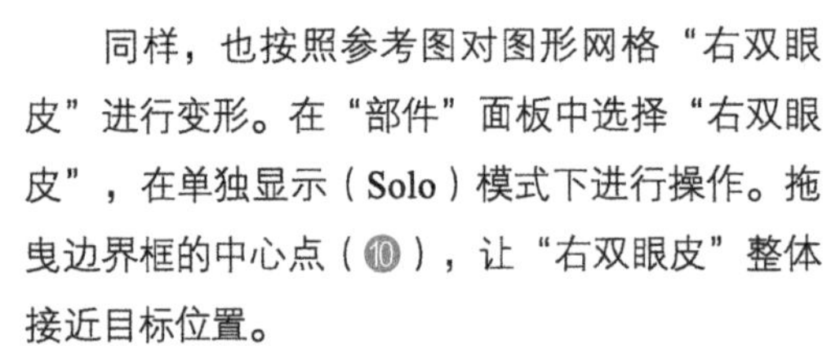
要点 **微调顶点**

如果使用变形路径或边界框变形后仍不满意，则可以逐一移动顶点。

同样，也按照参考图对图形网格“右双眼皮”进行变形。在“部件”面板中选择“右双眼皮”，在单独显示（Solo）模式下进行操作。拖曳边界框的中心点（⑩），让“右双眼皮”整体接近目标位置。

之后要移动变形路径上的控制点，为避免边界框妨碍我们操作，单击边界框右侧的×图标（⑪），即可暂时隐藏它。

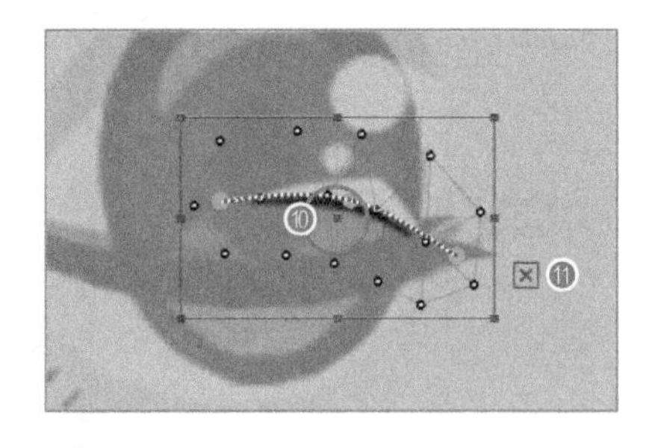

按照参考图使用变形路径调整形状。

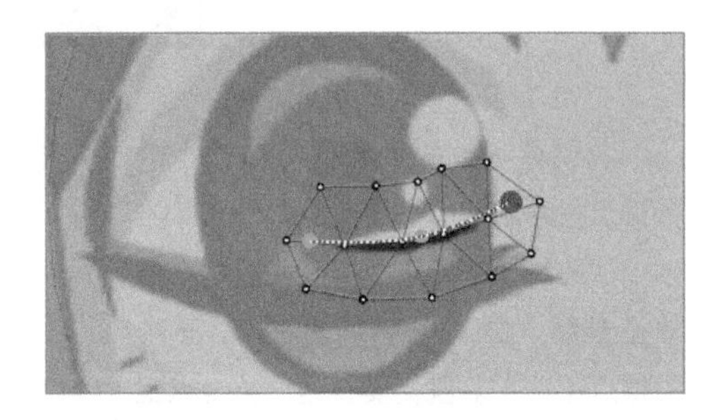

将图形路径“右睫毛侧”变形到被“右睫毛”遮挡的位置。此处变形路径上的控制点按照a→a'、b→b'、c→c'的轨迹进行了移动。

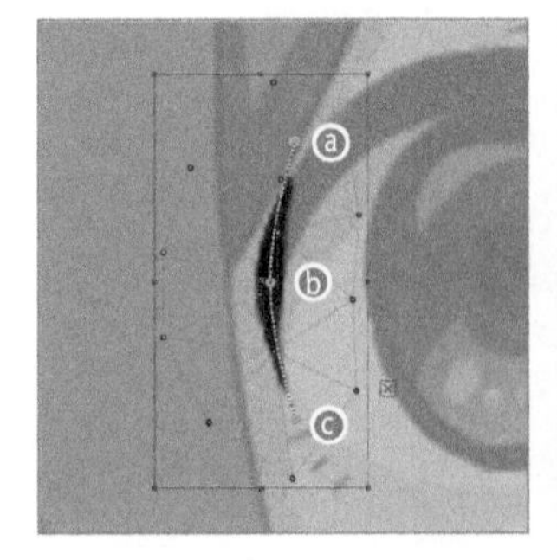

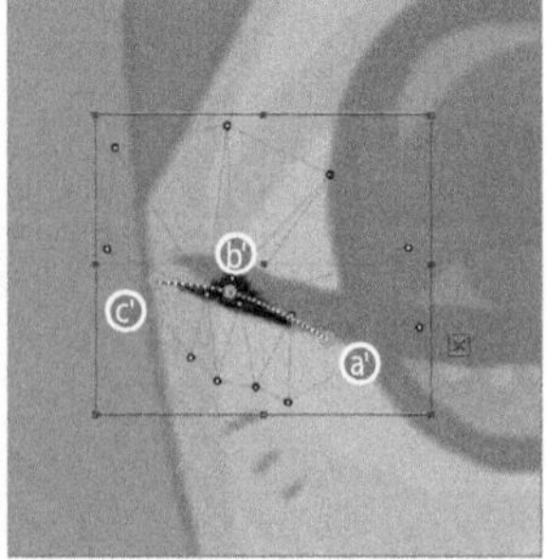

同样，通过边界框对图形网格“右下睫毛”进行变形，让它被右睫毛覆盖。

此时我们已经不需要参考图了，在“部件”面板中，将“闭眼_参考”再次隐藏即可。

接下来把“眼白”变形到闭眼状态，但在此之前我们要先设置好剪贴蒙版。通过设置剪贴蒙版，可以把图形网格“右眼黑”和“右高光”限制在“右眼白”的范围之内。

首先在“部件”面板中选择图形网格“右眼白”，然后复制“检视面板”面板中的ID（此处为ArtMesh14）（⑫）。

接下来在“部件”面板中选中图形网格“右眼黑”，然后在“检视面板”面板的“剪贴ID”一栏（⑬）处，粘贴刚才复制的内容“ArtMesh14”。粘贴后按Enter（回车）键，即可应用剪贴蒙版。

同样，在“部件”面板中选中图形网格“右眼高光”，并在“剪贴ID”一栏中粘贴“ArtMesh14”，然后按Enter（回车）键应用剪贴蒙版。

设置好剪贴蒙版后，首先在“部件”面板中选中“右眼白”，然后在“参数”面板中选中“右眼 开闭”参数左端的关键点。

和其他物体一样，我们将“眼白”的形状改为闭眼状态。缩小并移动边界框，即可将“眼白”隐藏在睫毛后方。

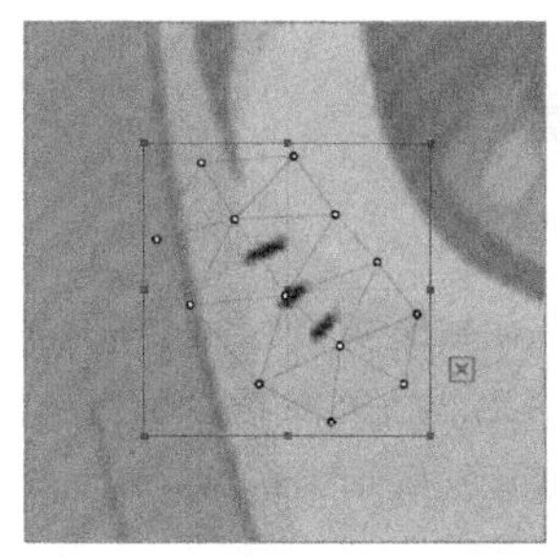

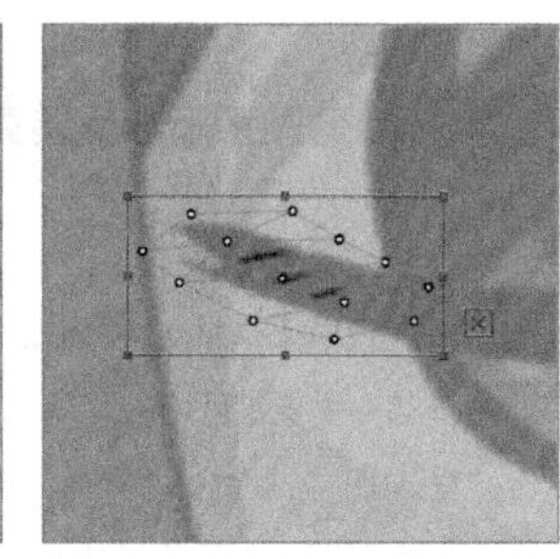

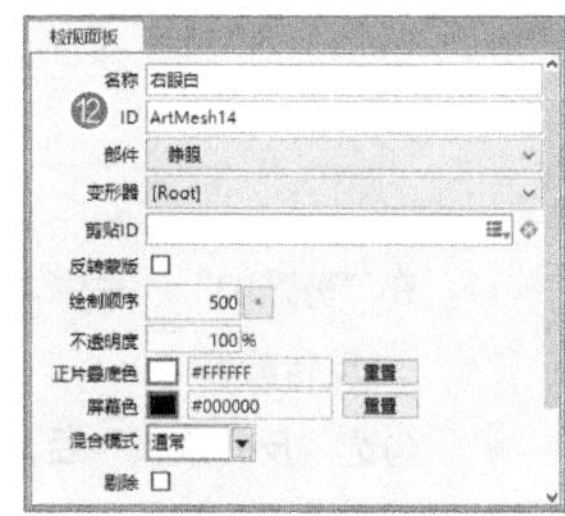

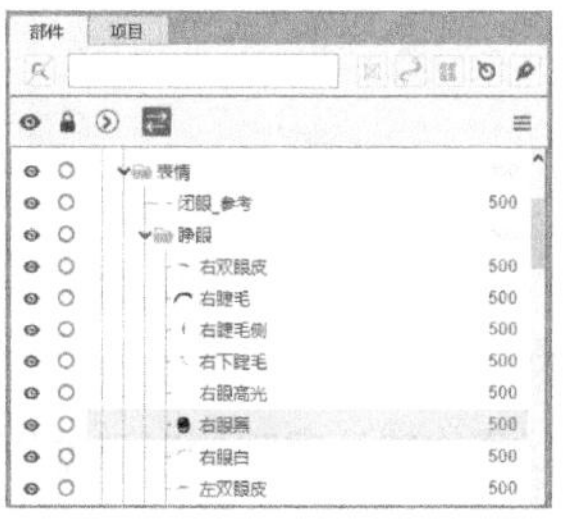

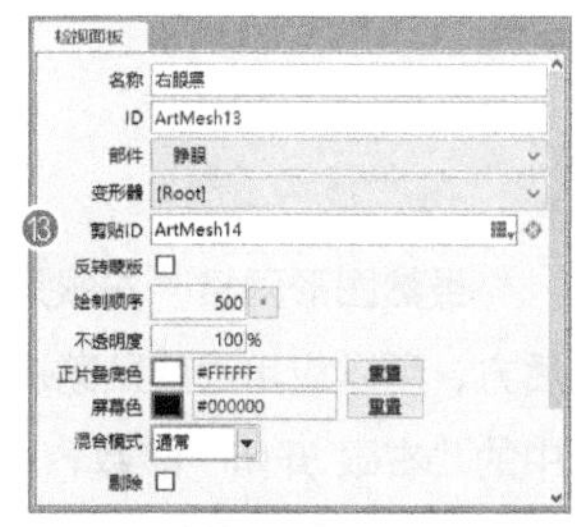

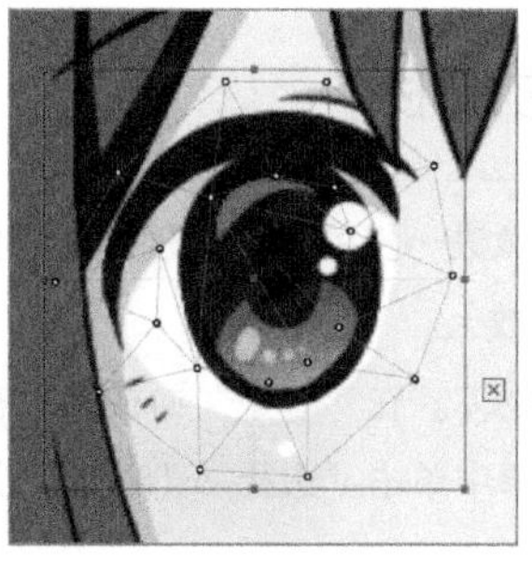

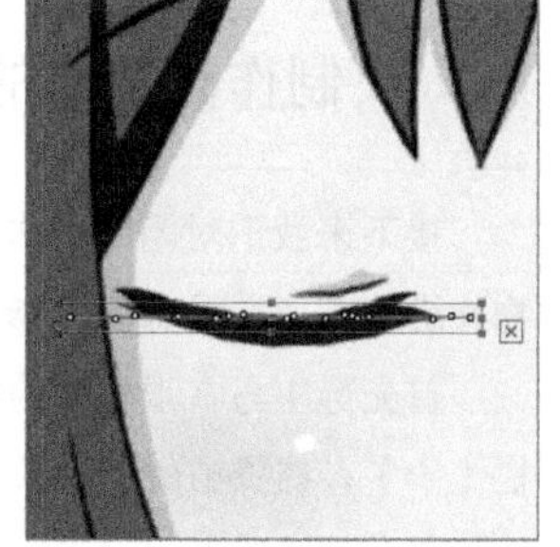

提示 剪贴蒙版与反转剪贴蒙版

- **剪贴蒙版**

利用剪贴蒙版可以对图形网格进行剪切处理，让它只显示出一部分。

选中需要被剪切的图形网格后，在“检视面板”面板的“剪贴ID”一栏处，填写作为蒙版的图形网格的ID即可。

在下图中，我们选中橙色的图形网格，并将“A”“B”作为它的剪贴蒙版。

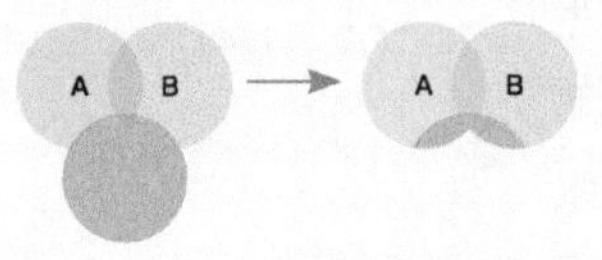

在“剪贴ID”一栏中，可以填写多个ID，并用英文逗号隔开。

- **反转蒙版**

勾选“反转蒙版”后，在“剪贴ID”一栏中设定的图形网格就会遮盖物体。

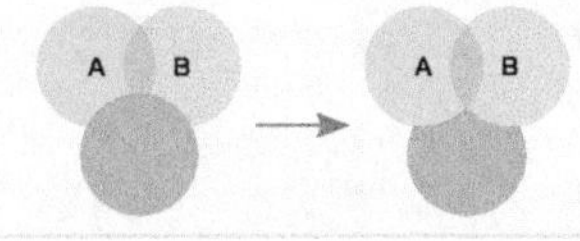

虽然图形网格“右眼黑”“右高光”没有变形，但因为眼白的范围缩小且藏在了睫毛后方，所以应用过剪贴蒙版的“右眼黑”“右高光”也被隐藏起来了。改变“参数”面板中的“右眼 开闭”参数，可以再次确认眼睛的开闭动作。检查一下关键点之间（包括眯眼的状态下）是否有破绽。

提示 出现了缝隙？！

一个常出现的破绽是：在眼睛闭合时，眼白缩小的速度可能过快，导致上睫毛和眼白之间出现缝隙（Ⓐ）。

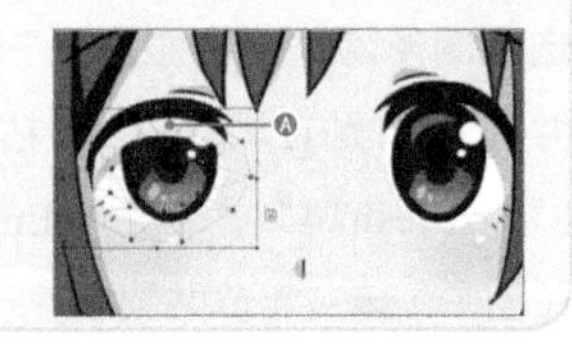

在这种情况下，调整闭眼状态下“眼白”的大小和形状到刚好不超出眼睑的状态，即可解决问题。

02 制作微笑时的眼形

接下来我们对闭眼动作做进一步的变形处理，即制作微笑时的眼形。将与右眼相关的物体绑定在“右眼 微笑”参数上。

首先选中与右眼相关的物体。在“参数”面板的“右眼 开闭”参数处单击参数的数值栏（❶），在弹窗的下拉菜单中单击“选择”（❷）。此时“右眼 开闭”参数上绑定的物体就会全部被选中（❸）。

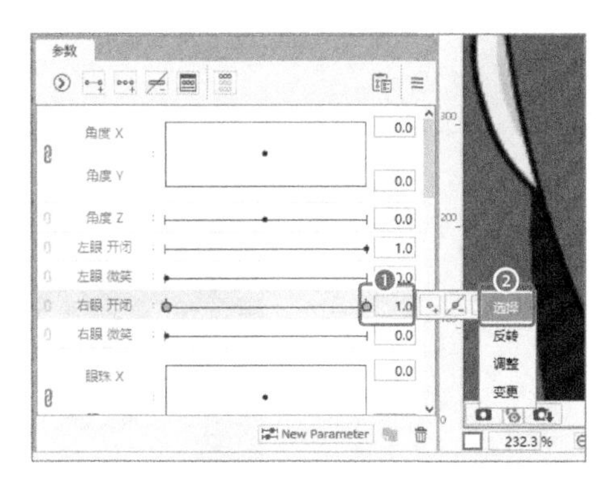

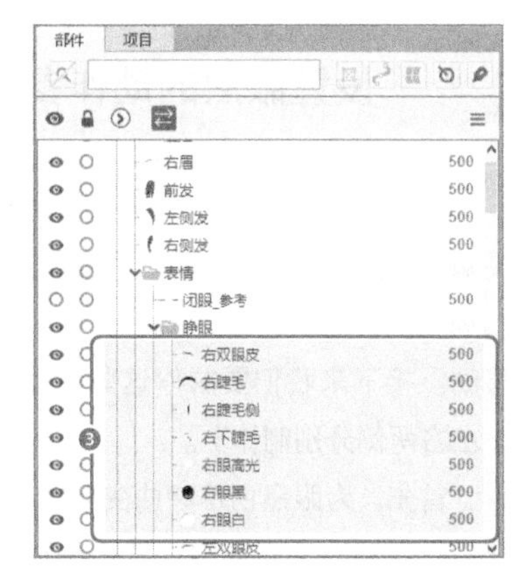

在选中与右眼相关物体的状态下，首先在“参数”面板中选中“右眼 开闭”参数，然后在“参数”面板的上方单击“追加2点”图标，追加两个关键点。

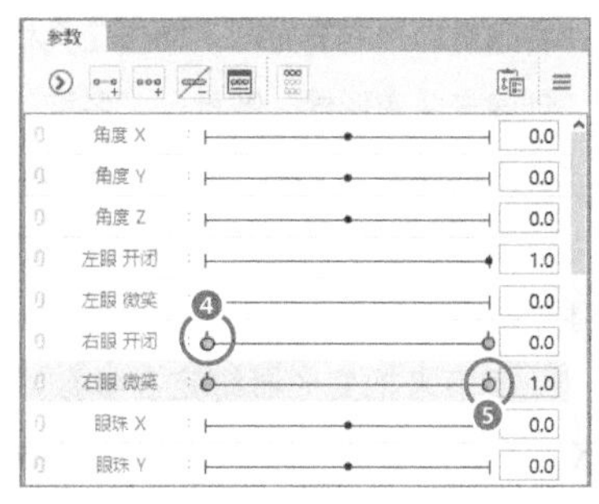

接下来选中“右眼 开闭”参数的最小值（④），让眼睛闭合，然后选中“右眼 微笑”（⑤）参数的最大值。在“部件”面板中选中“右睫毛”，移动变形路径上的控制点，制作微笑时眼睛的形状。

和制作闭眼动作时一样，对其他与右眼相关的物体进行变形。让图形网格“右双眼皮”和睫毛平行，并让“右睫毛侧”被睫毛遮挡。绑定好形状后，改变参数值，检查“闭眼→微笑”之间的变形是否有破绽。

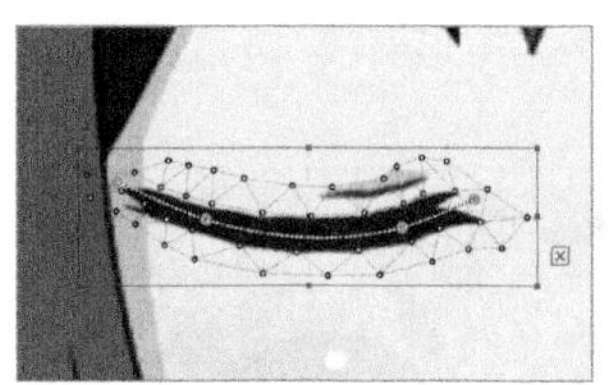
眼睛闭合的状态

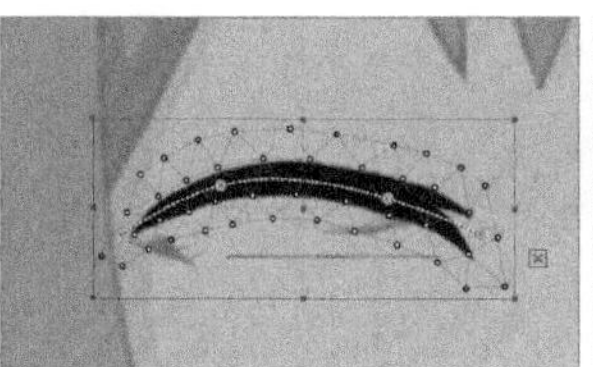
微笑时眼睛的形状（单独显示）

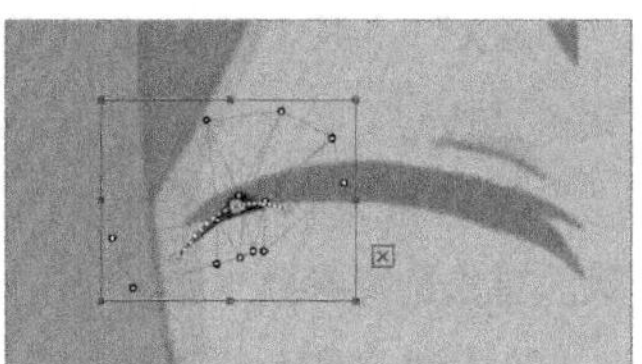
“右睫毛侧”变形示例（单独显示）

这样，我们就绑定好了一侧眼睛的参数。用同样的方法给另一侧眼睛也绑定参数。制作时请注意，左右两侧应分别有自己的参数。

源文件：4-1-02_CN.cmo3

03 设置眼黑的动作参数

在制作完左右两侧眼睛的开闭和微笑动作后，我们来制作眼黑的动作。

眼黑会随着角色的视线上下、左右移动。接下来我们要制作这些移动动作（左右两侧分别制作）。

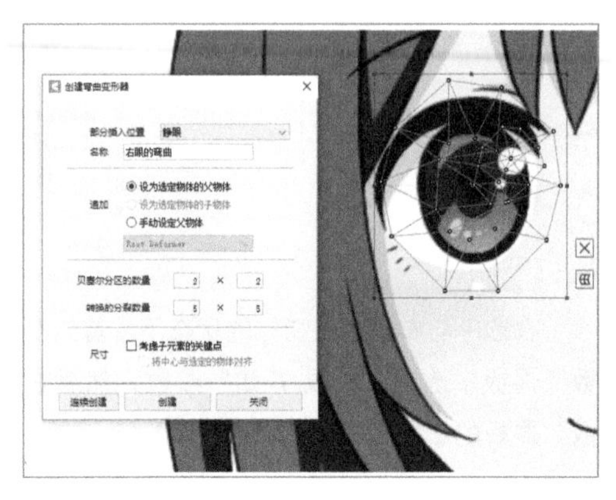

首先，为眼黑创建弯曲变形器。

在“部件”面板中，选中图形网格“右眼黑”“右高光”，单击工具栏中的“创建弯曲变形器”图标。“名称”设为“右眼的弯曲”，在“追加”处选择“设为选定物体的父物体”，然后单击“创建”按钮。

接下来把变形器绑定在参数“眼珠X”（横向移动）和“眼珠Y”（纵向移动）上。

选中创建好的“右眼的弯曲”弯曲变形器，首先在“参数”面板中选中“眼珠X”“眼珠Y”，然后单击“追加3点”图标。

为关键点绑定形状。首先选择参数“眼珠X”右端（最大值）的关键点（❶），然后移动弯曲变形器，制作眼黑向右移动的效果。

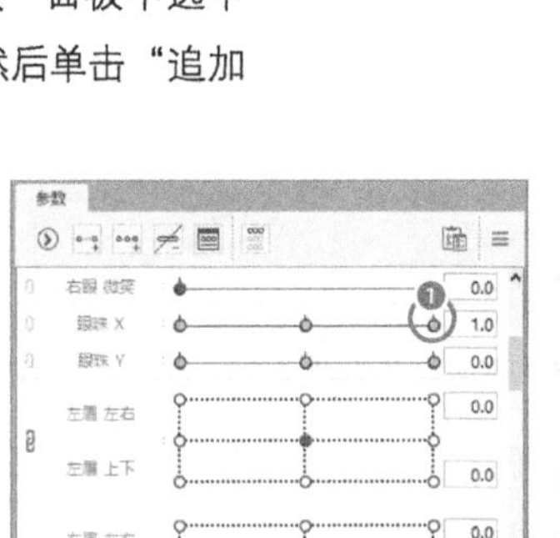

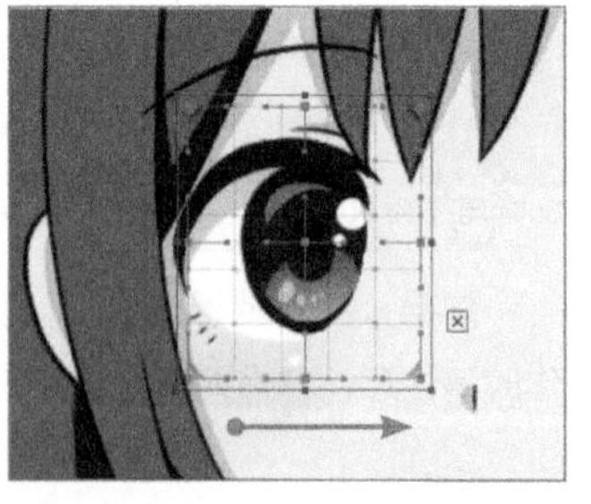

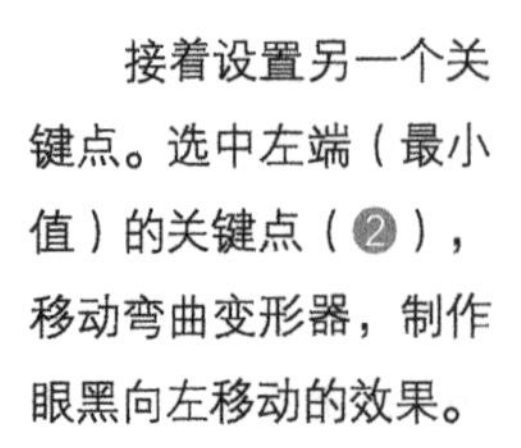

接着设置另一个关键点。选中左端（最小值）的关键点（❷），移动弯曲变形器，制作眼黑向左移动的效果。

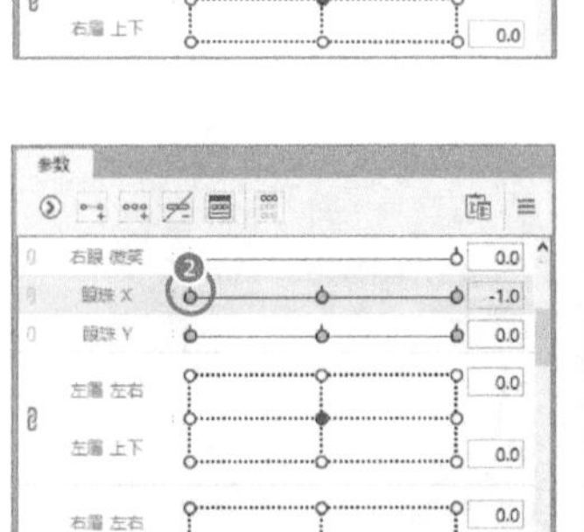

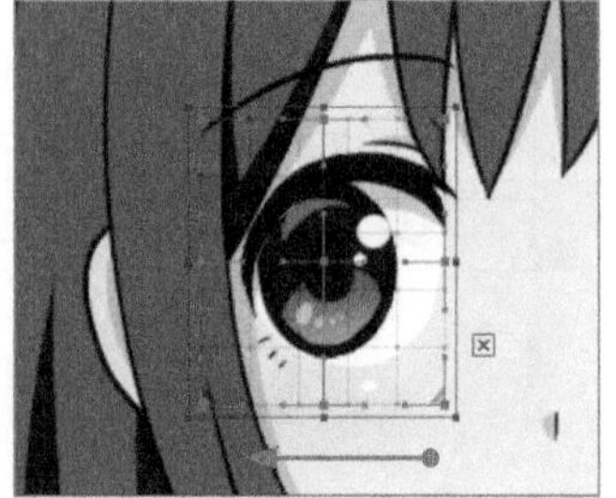

在“参数”面板中让“眼珠X”参数回到中心（默认）位置（❸）后，设置“眼珠Y”参数。

选择“眼珠Y”参数右端（最大值）的关键点（❹）后，移动弯曲变形器，制作眼黑向上移动的效果。同样，选择左端（最小值）的关键点后（❺），移动弯曲变形器，制作眼黑向下移动的效果。

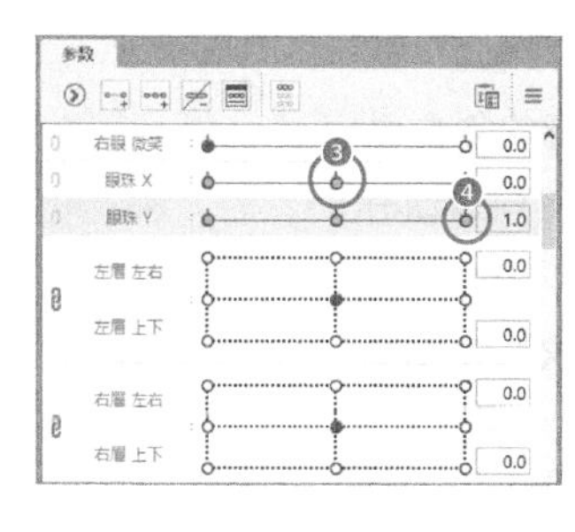

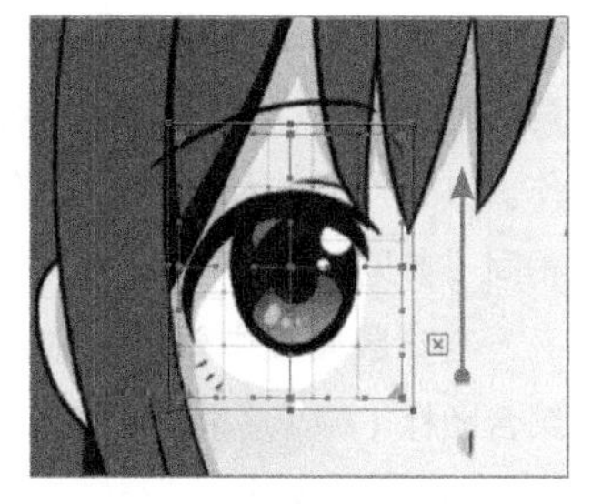

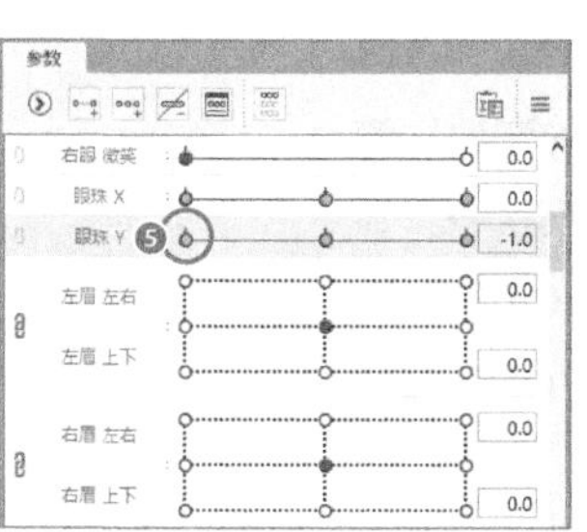

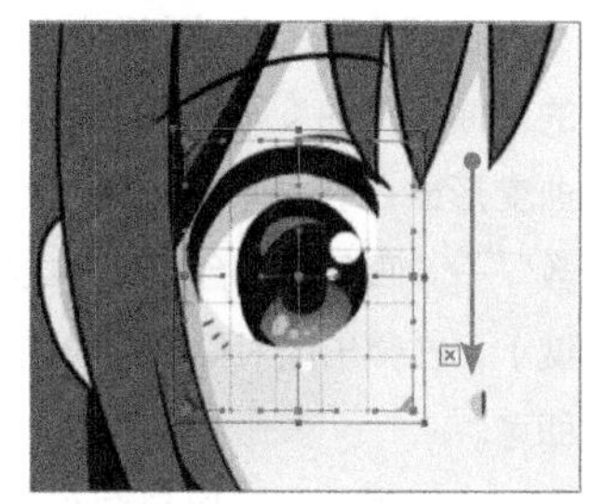

接下来，和设置右眼黑参数的方法一样，给左眼黑也创建“左眼黑的弯曲”弯曲变形器，在“参数”面板中给“眼珠X”“眼珠Y”参数追加关键点，并为关键点绑定形状。

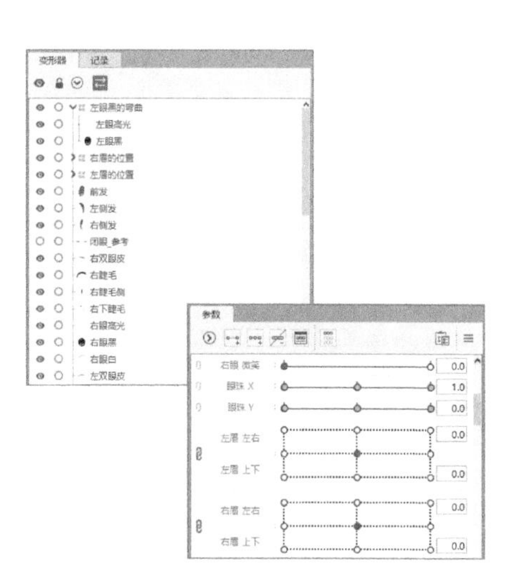

要点 **是图形网格，还是变形器?**

为眼黑制作动作时，我们操作的是弯曲变形器“左（右）眼的弯曲”，而不是图形网格“左（右）眼黑”，请不要混淆。

设定好双眼的参数后，我们通过“四角形状合成”功能来制作眼睛的斜向动作。其操作方法和制作眉毛的斜向运动时相同（参见P79）。

在参数面板中单击“眼珠X”左侧的结合图标（⑥），将“眼珠X”“眼珠Y”两个参数结合起来。

在“变形器”面板中，选中“右眼的弯曲”弯曲变形器和“左眼的弯曲”弯曲变形器，在菜单中选择“建模”→“参数”→“四角形状合成”（或按Ctrl+4组合键），在弹出的对话框中单击“OK”按钮即可。

这样眼黑就可以斜向移动了。我们可以上下、左右移动参数来检查眼黑的移动情况。

■ 源文件：4-1-03_CN.cmo3

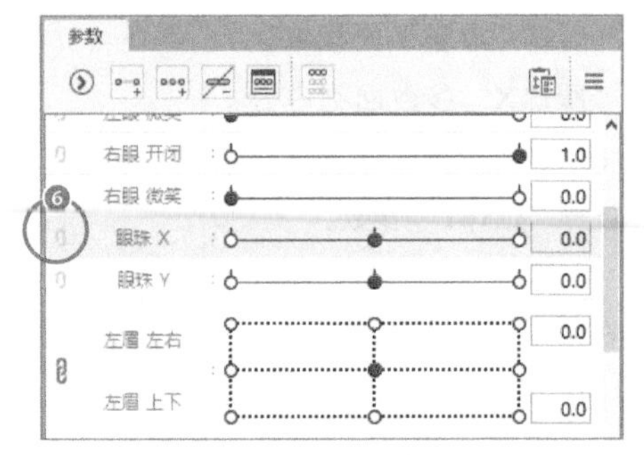

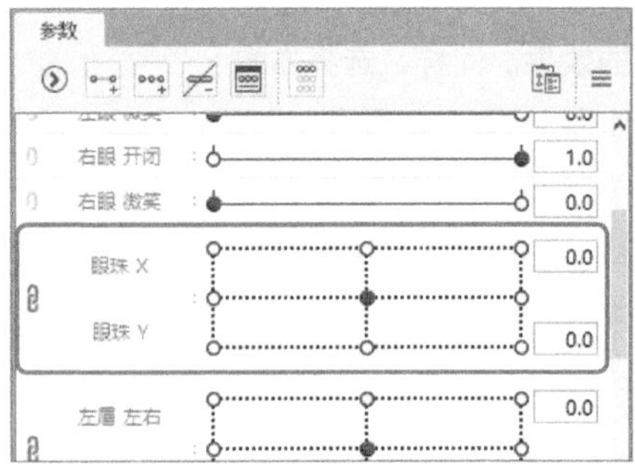

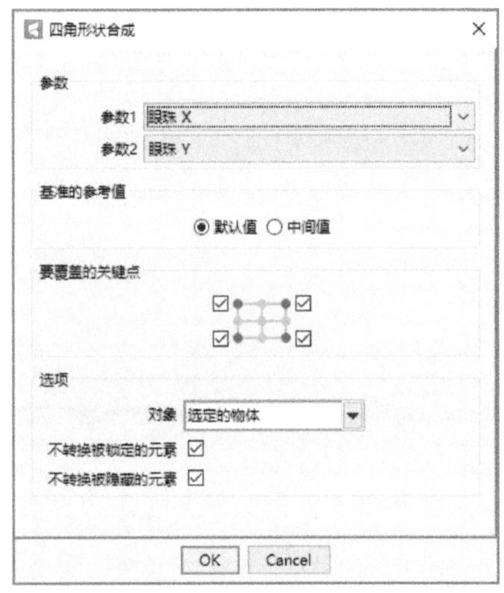

提示 通过高光表现反射效果和眼球的弧度

在前面的讲解中，我们是让“眼黑的高光”和“眼黑”同步运动的。为了进一步提高模型质量，可以让高光和眼黑分别运动。当眼黑运动时，让高光和眼黑本体的相对位置发生变化，就可以表现出反射效果和眼球的弧度。

另外，也可以制作出眼黑运动时带动周围的肌肉一起运动的效果。

这样的效果可以给2D形象带来栩栩如生的感觉。学完本书的内容后，你可以自行尝试制作各种额外的效果。

步骤 4 设置表情“嘴”的动作参数

接下来制作嘴的动作。其方法和制作眉毛、眼睛时基本一致。

01 设置嘴张开和闭合的动作参数

首先在“部件”面板中选中“上唇”“嘴唇高光”“下唇”，然后选中“参数”面板中的“嘴 开闭”参数，最后单击“参数”面板上方的“追加2点”图标追加关键点（❶）。

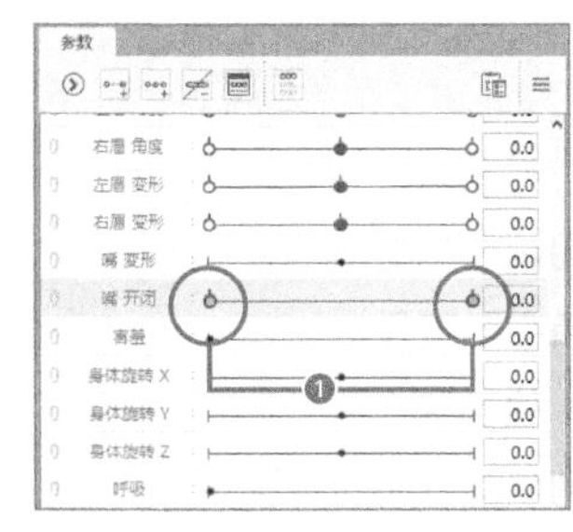

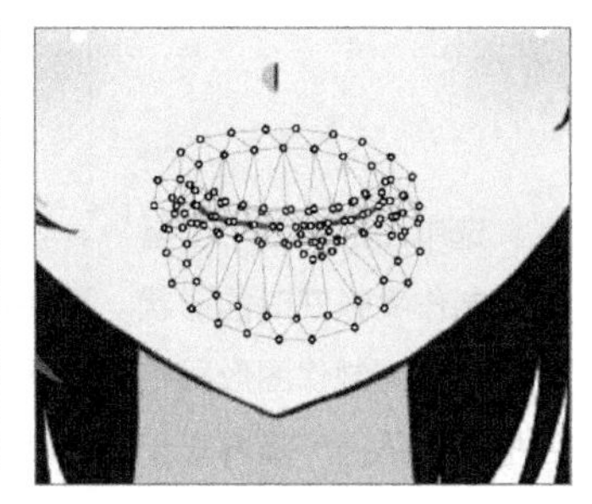

设置变形路径，做好变形的准备。

按照下图所示的方式，分别为图形网格“上唇”“下唇”追加变形路径。在嘴巴的线稿两端、中央、两端和中央的间隔处、图像的边界处添加多个控制点。

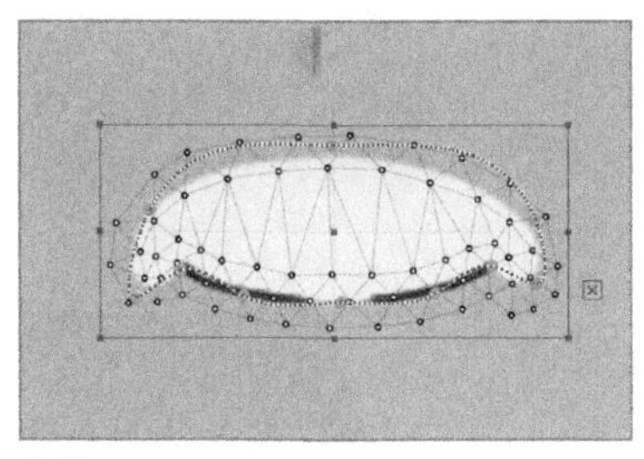

上唇 下唇

接下来设置关键点。在附赠资源文件中有名为“张嘴_参考”的张嘴状态的参考图，在“部件”面板中选中并显示它。

和制作眼睛的动作时相同，把它变为不透明度为50%的半透明状态，以作为后续步骤的参考。

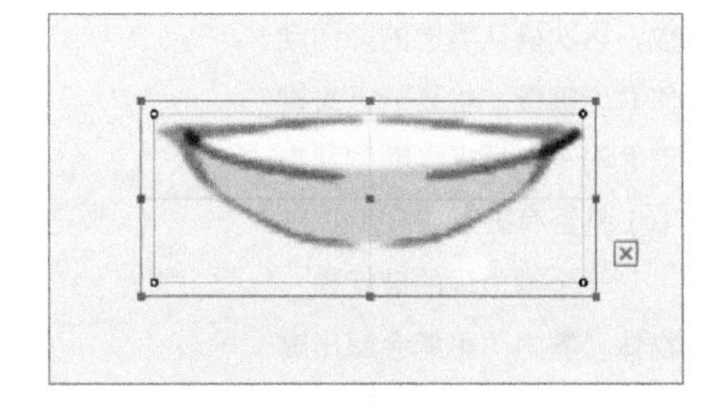

我们让参数右端（最大值）为嘴张开的状态，参数左端（最小值）为嘴闭合的状态。

在“参数”面板中选中“嘴 开闭”右端的关键点（❷），制作嘴张开时的形状。

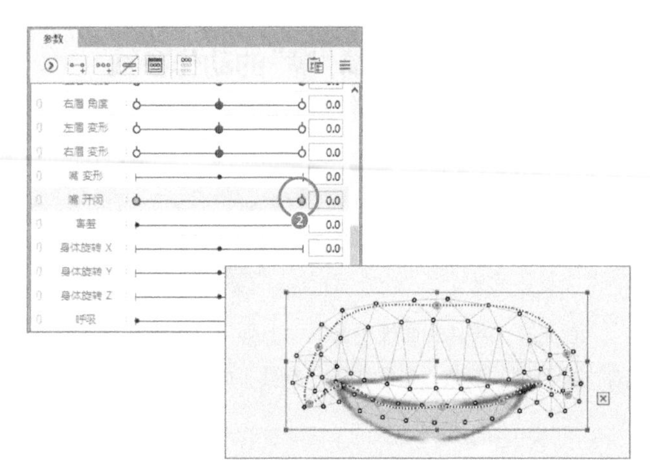

选中图形网格“上唇”，使用刚才的变形路径制作嘴张开时的形状。再使用变形路径，根据参考图制作图形网格“下唇”的形状。最后把图形路径“嘴唇高光”移动到嘴张开时对应的位置。

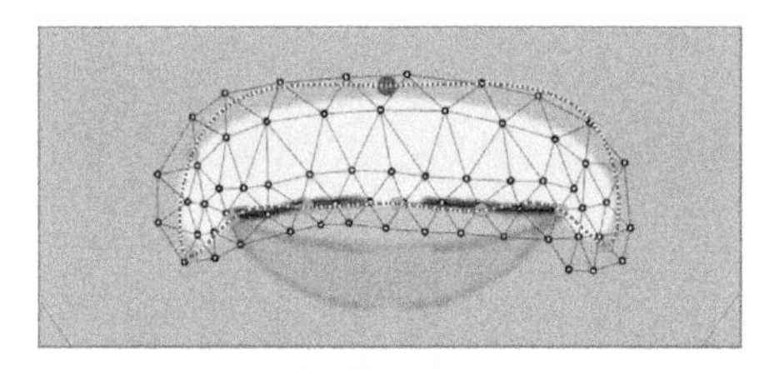

从结构上说，闭嘴时被图形网格“上唇”“下唇”挡住的“嘴内”，会在“上唇”“下唇”张开后变得可见。

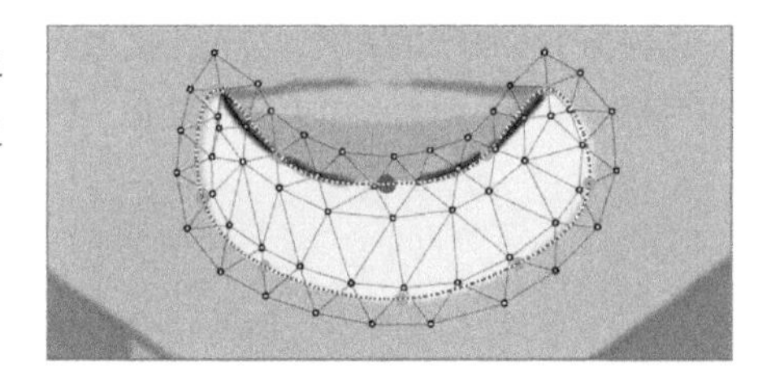

此时我们已经不需要参考图了，在“部件”面板中，将“张嘴_参考”再次隐藏即可。

改变“嘴 开闭”参数，再次确认嘴巴的开闭动作有无破绽。检查一下关键点之间（包括半张嘴的状态下）是否有破绽。

一个常出现的破绽是：物体“嘴内”可能会超出嘴唇的范围，并显示在嘴的两侧，请务必注意检查。

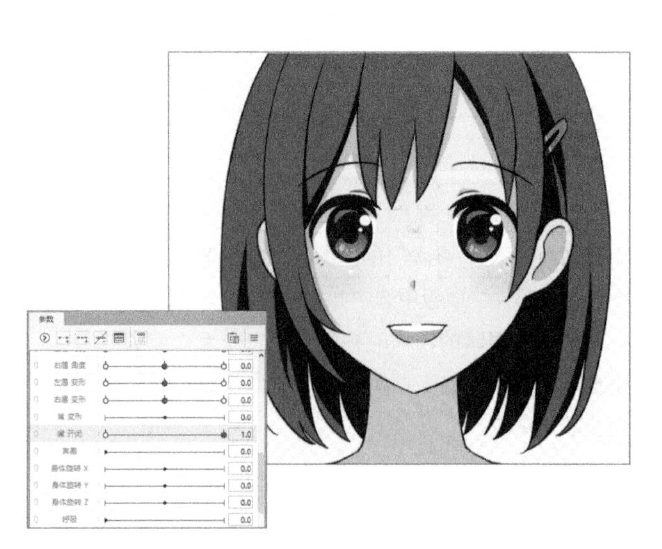

02 设置闭嘴时嘴部的动作参数（微笑、撇嘴等）

接下来我们制作闭嘴时的嘴部动作。首先选中与嘴相关的物体并绑定在参数“嘴 变形”上。

在“部件”面板中选中物体“上唇”“嘴唇高光”“下唇”，再在“参数”面板中选中“嘴 变形”，单击“追加3点”图标追加3个关键点。

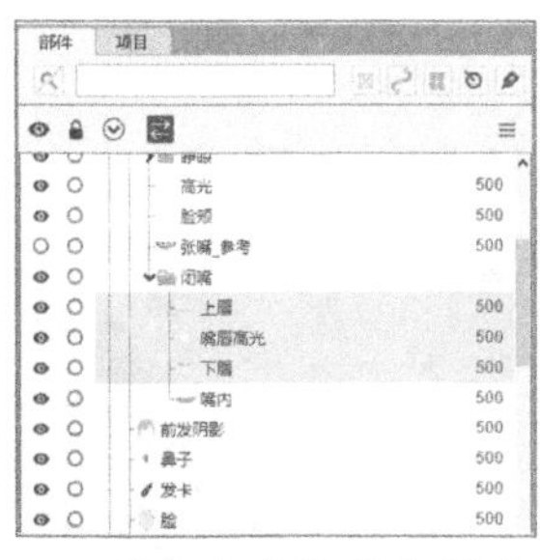

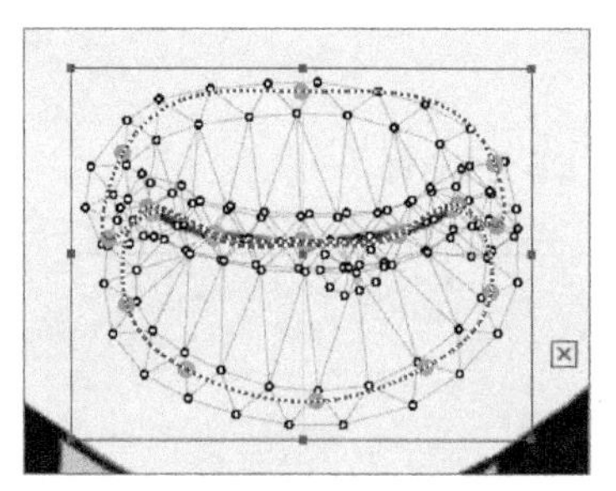

我们令参数的右端（最大值）为微笑时嘴的状态，令参数的左端（最小值）为撇嘴的状态。

首先在“参数”面板中把“嘴 开闭”调整到左端（最小值）（❶），让嘴处于闭合状态。然后选择“嘴 变形”的最大值（❷）。

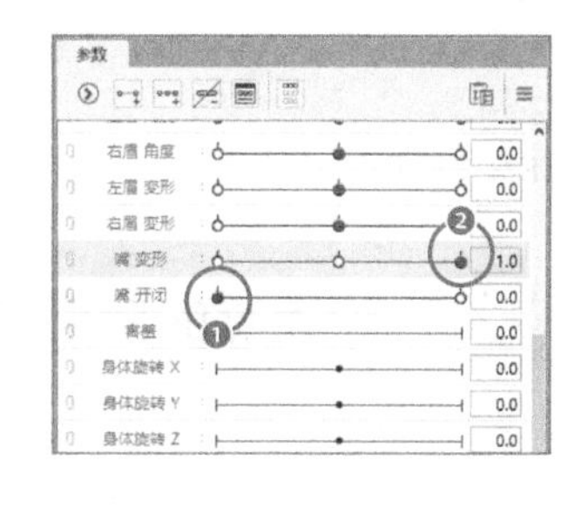

在“部件”面板中，选中图形网格“上唇”，移动变形路径上的控制点，将嘴巴改为闭嘴微笑时的形状。将嘴巴的中心下移，将嘴角略微上移即可。

然后对图形网格“下唇”为微笑时的形状进行变形。接下来将图形网格“嘴唇高光”移动到下唇上对应的位置。

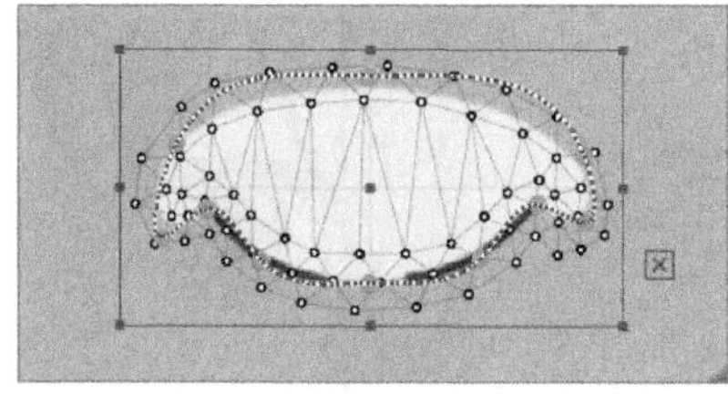

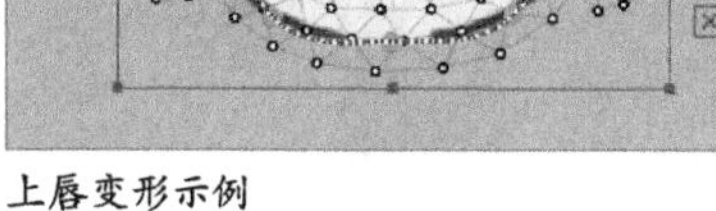

上唇变形示例

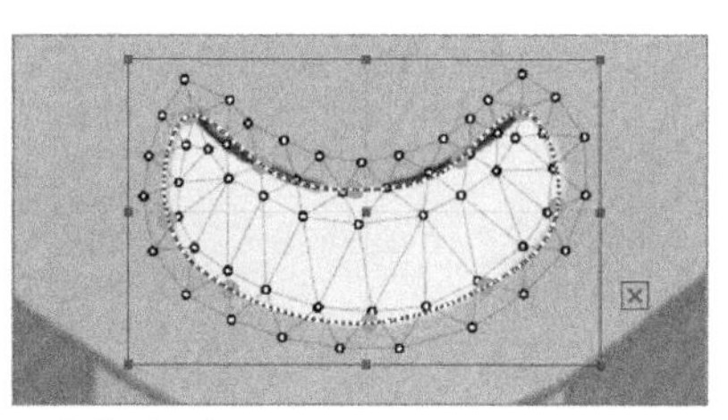

下唇变形示例

闭嘴微笑

接下来，选中“嘴 变形”的左端（最小值）（③），使用变形路径制作撇嘴时嘴的形状。改变“嘴 变形”参数，可以再次确认嘴巴的变形动作。最后检查一下关键点之间是否有破绽。

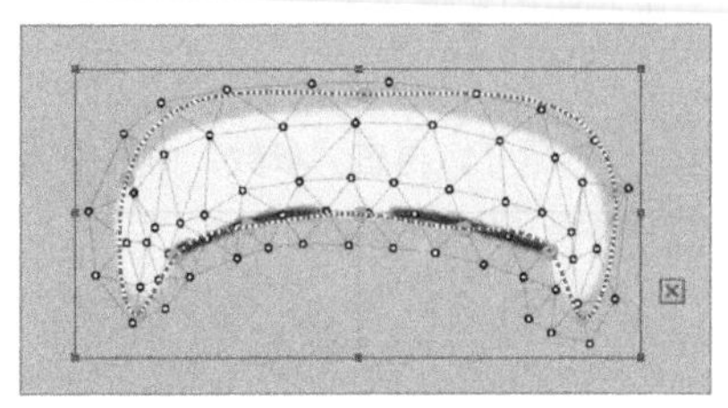

上唇变形示例

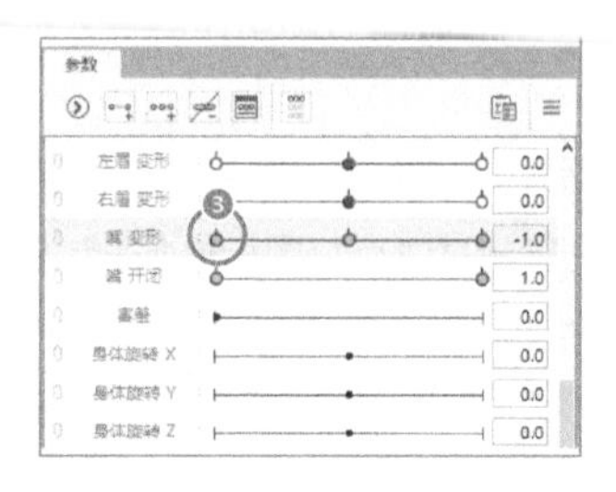

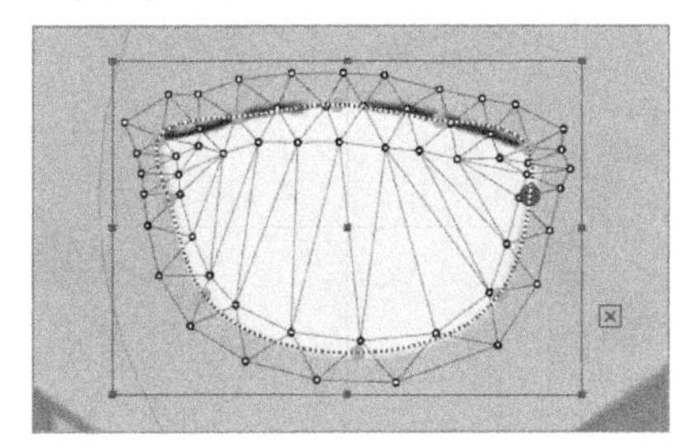

下唇变形示例

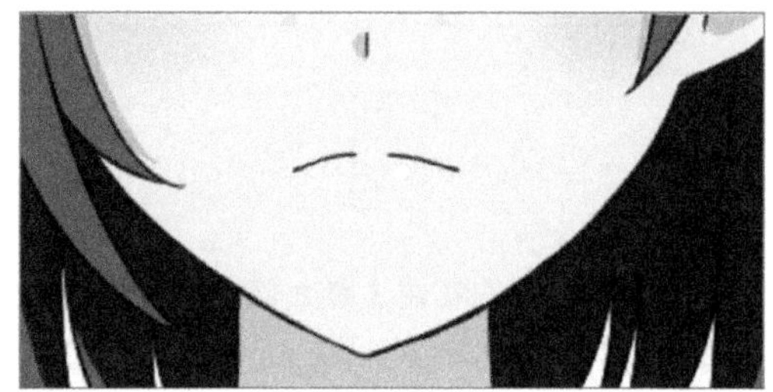

撇嘴

03 设置嘴的宽度变化

为了设置嘴的宽度变化，我们需要创建变形器。在“部件”面板中选择图形网格“上唇”“嘴唇高光”“下唇”“嘴内”，并在工具栏中单击“创建弯曲变形器”图标。“名称”设为“嘴的变形2”，在追加处选择“设为选定物体的父物体”，单击“创建”按钮。注意，为了防止子级部件范围超出父级弯曲变形器，我们要把弯曲变形器扩大一些。

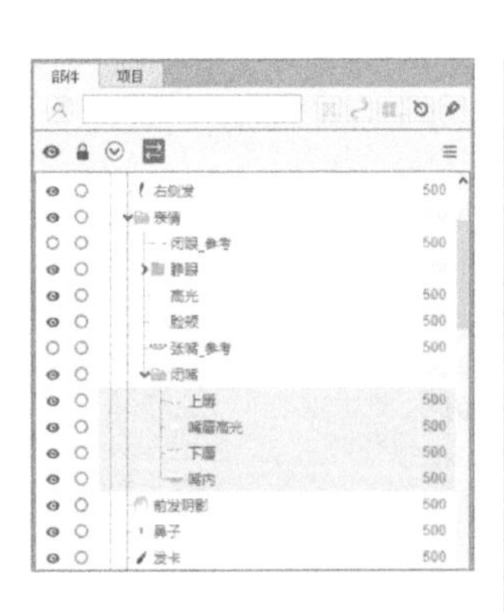

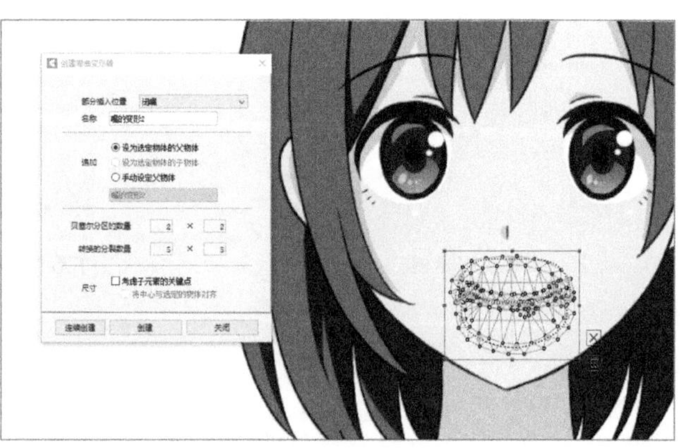

接下来，单击“参数”面板下方的“New Parameter”按钮（❶），打开“新参数”对话框。

- 名称：嘴 变形2（❷）
- ID：ParamMouthForm2（❸）
- 范围：最小值为-1.0、默认值为0.0、最大值为1.0（❹）

单击“OK”按钮后，即可创建新参数“嘴 变形2”。

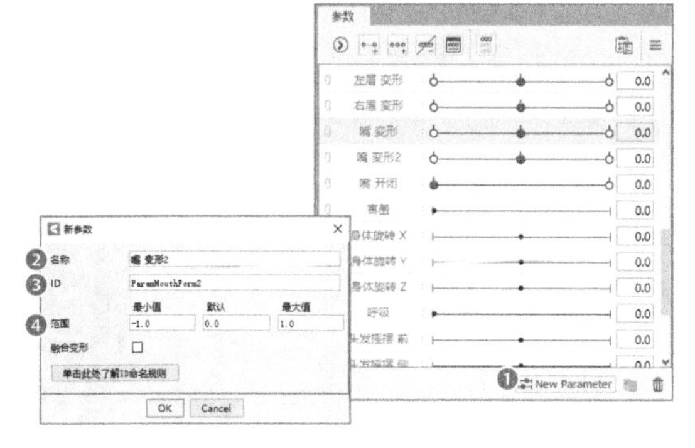

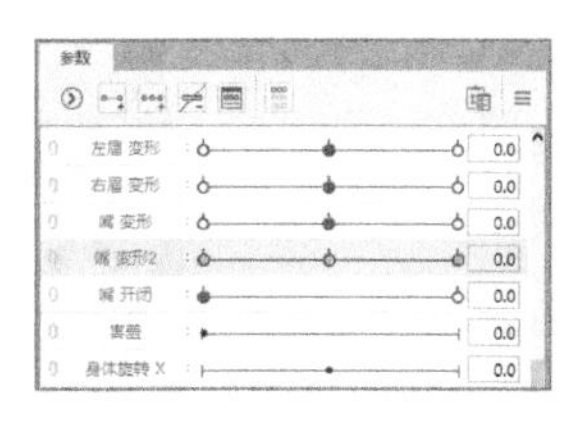

单击选中“嘴的变形2”弯曲变形器，在“参数”面板中单击“追加3点”图标，为“嘴 变形2”参数追加关键点。

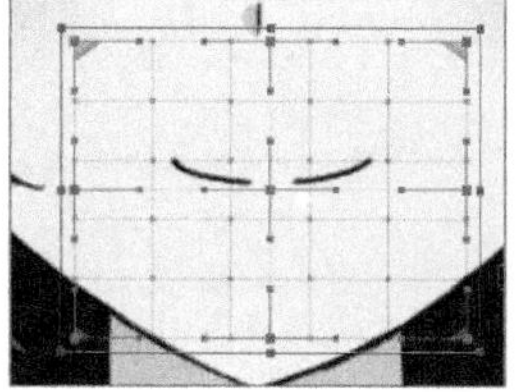

提示　关于参数的ID

在将Live2D模型嵌入到游戏等时，软件会根据ID读取参数。如果你制作的是个人作品，则没有必要特别在意参数ID的问题。但是在制作游戏时，请务必确认好参数ID的写法。

另外，在Live2D Cubism中最初预设的“右眉 角度”“嘴 开闭”等参数的ID，已经按照Live2D Cubism官方规定的“标准参数列表”设置好了。

接下来我们设置参数。

我们令参数的右端（最大值）为嘴变宽的状态，参数的左端（最小值）为嘴变窄的状态。

首先选中右端（最大值）的关键点，将“嘴的变形2”弯曲变形器横向扩大，制作嘴变宽的状态。

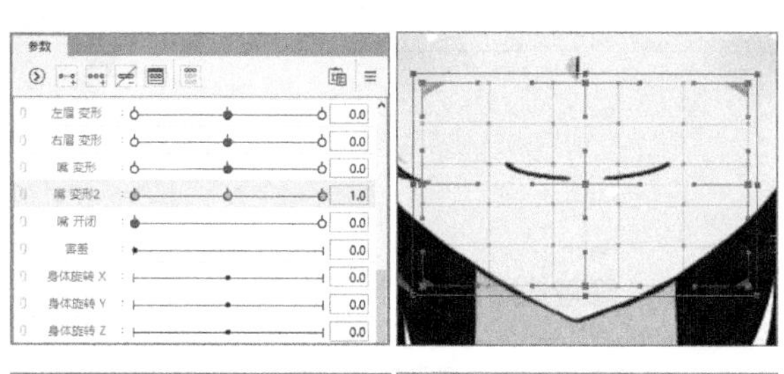

然后，选中左端（最小值）的关键点，将“嘴的变形2”弯曲变形器横向缩小，制作嘴变窄的状态。

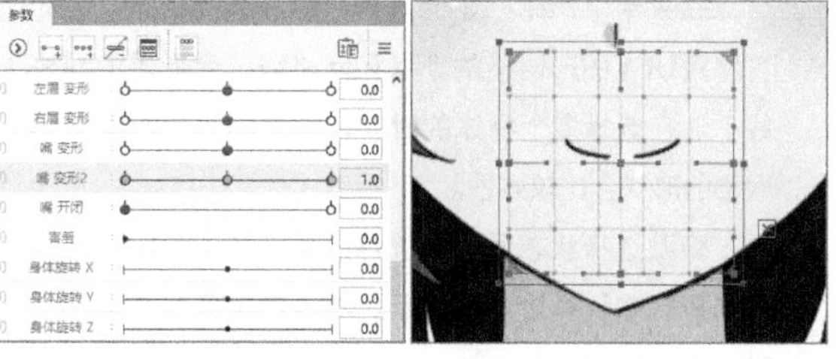

这样我们就完成了口形的制作。组合使用设置的参数，即可获得各种各样的口形。

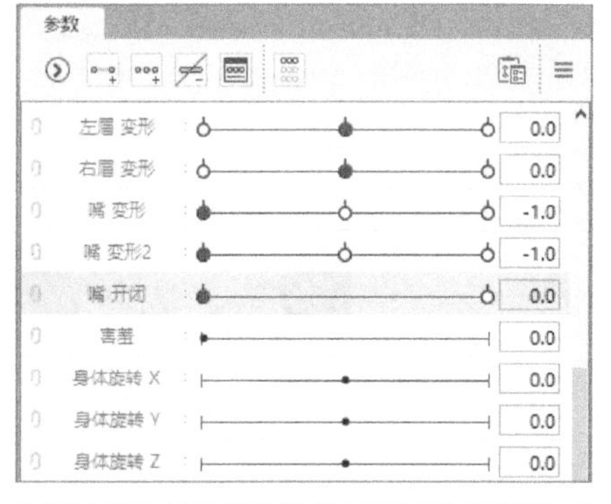

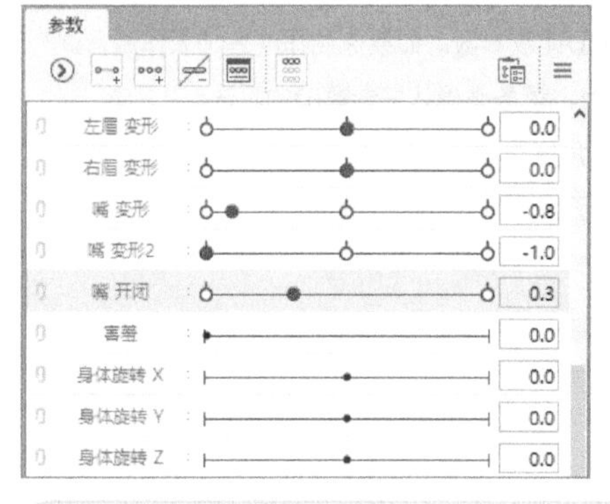

源文件：4-1-04_CN.cmo3

提示 **隐藏选择状态**

在菜单中选择“显示”→“隐藏选择状态”，即可隐藏UI（图形网格的顶点和网格线、变形器的网格线）。在选择多个物体的时候，隐藏UI后再观察图形网格的形状会比较方便。

隐藏选择状态后，在屏幕的右下角会弹出“‘隐藏选择状态’有效”的提示。不再希望隐藏选择状态时，单击弹窗即可。

步骤 5 设置表情“脸颊”的参数

设置参数的不透明度，让脸颊的红晕产生变化。

为物体绑定参数

在Live2D Cubism中，不仅可以绑定物体的变形参数，还可以绑定透明度参数。利用这一点，我们可以制作脸颊红晕的变化。

首先，在“部件”面板中选中物体“脸颊”，再在“参数”面板中选中“害羞”参数，单击“追加2点”图标。

接下来为关键点设置不透明度。我们令参数的右端（最大值）为脸颊红晕最红的状态，令参数左端（最小值）为脸颊红晕不红的状态（或脸颊红晕最浅的状态）。选中参数“害羞”的左端（最小值），在“检视面板”面板中，将不透明度设置为0%（❶）。参数右端（最大值）的不透明度保持在100%即可。

这样，当改变参数时，脸颊红晕就会渐渐变红（或脸颊红晕渐渐加深）。

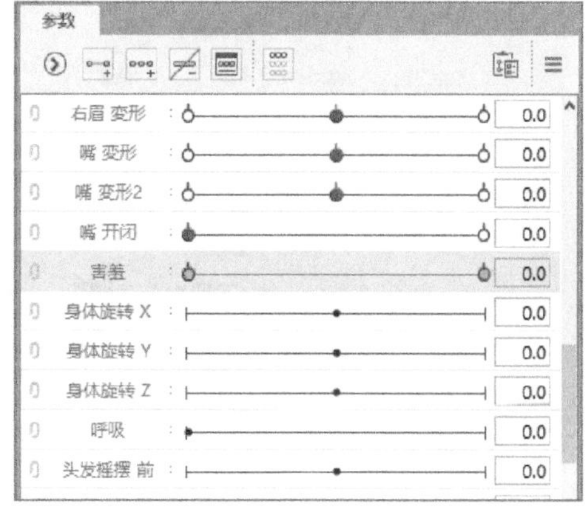

■ 源文件：4-1-05_CN.cmo3

检视面板
名称 脸颊
ID ArtMesh23
部件 表情
变形器 脸颊的弯曲
剪贴ID
反转蒙版
绘制顺序 500
❶不透明度 0 %
正片叠底色 #FFFFFF 重置
屏幕色 #000000 重置
混合模式 通常
剔除
头发摇摆 侧 0.0
New Parameter

提示 **编辑参数**

参数的名称等可以自由改变。用鼠标右键单击想要更改的参数名称（这里选择“害羞”）（Ⓐ），在弹出的菜单中选择“编辑参数”后会打开“编辑参数”对话框（Ⓑ）。我们可根据需要，改变名称、ID等。

至于范围，当前“害羞”参数的设置如下：

- 最小值（脸颊红晕不红的状态）：0.0
- 默认：0.0
- 最大值（脸颊红晕最红的状态）：1.0

默认指的是参数的初始值。在当前状态下，因为默认值为最小值，所以默认状态下脸颊红晕是不红的状态。

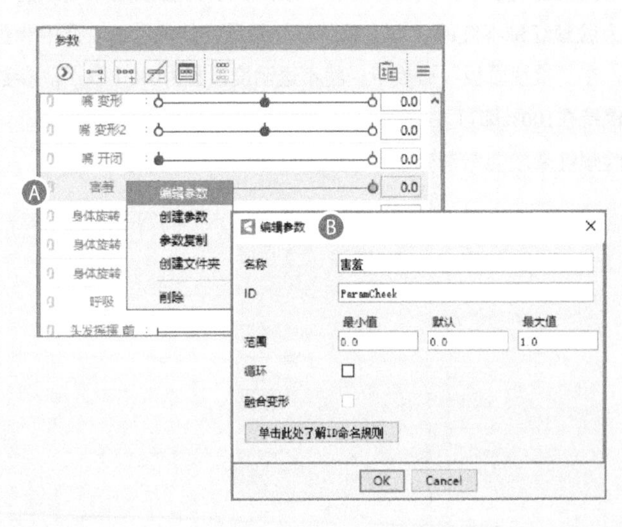

提示 融合变形功能

若需要对物体进行多种变化，则使用融合变形功能会很方便。使用融合变形功能制作表情差分※等内容时，就可以同时使用多个参数。

使用融合变形时的操作步骤

首先在“参数”面板中单击“New Parameter”按钮（Ⓐ），然后勾选“融合变形”（Ⓑ），范围设定为最小值“0.0”、默认“0.0”、最大值“1.0”（Ⓒ），单击“OK”按钮即可。

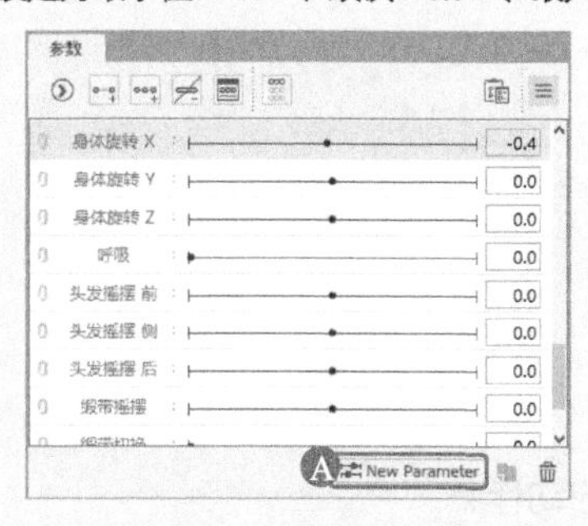

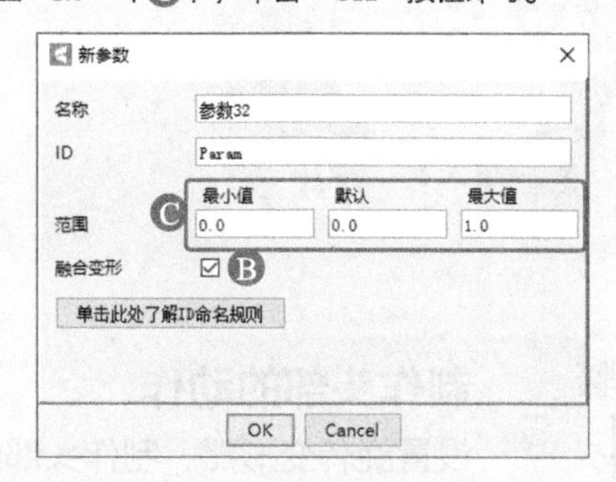

单击“追加2点”图标，即可添加正方形的用于融合变形的关键点。

融合变形功能常用于制作嘴形等差分较多的表情，制作表情之外的内容时也可以使用。

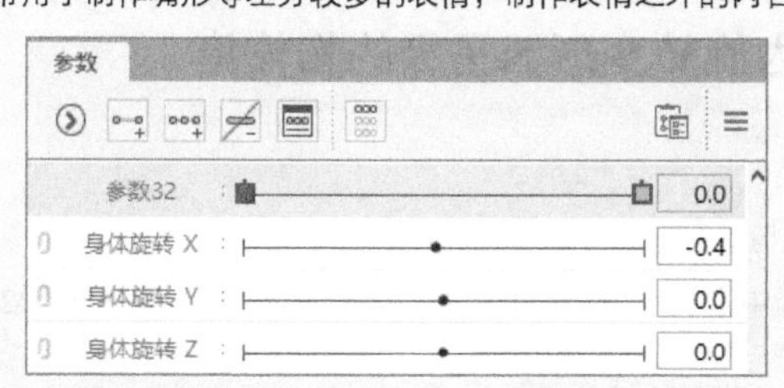

※译注：“差分”指通过改变插画的部分内容制作出其他版本的插画。比如，作者绘制了“微笑”“正常”“生气”3个版本的人物插画，这3个版本除人物表情外，其他没有任何差异，那么我们称它们为“表情差分”。利用差分，可以在不大幅增加工作量的情况下制作更多的内容，这种做法在插画、游戏中非常常见。

4.2 设置② 角度Z

为头部绑定“角度Z”的参数，使头部沿弧线左右摇摆。在设置弧线方向的移动、旋转时，我们要用到这个参数。在本节中，我们依次制作头部、脖子、头发的动作。

步骤1 制作头部的动作

设置旋转变形器，制作头部的动作。

01 选择作为旋转变形器子级的物体集

首先，选择所有与头部相关的物体。

在“变形器”面板中选择：“右眼的弯曲”“左眼的弯曲”“嘴的变形2”“右眉的位置”“左眉的位置”。

在“部件”面板中选择：“前发”“左侧发”“右侧发”“右双眼皮”“右睫毛”“右睫毛侧”“右下睫毛、右眼白”“左双眼皮”“左睫毛”“左睫毛侧”“左下睫毛”“左眼白”“高光”“脸颊”“前发阴影”“鼻子”“右耳”“左耳”“发卡”“夹起的头发”“后发”。

提示 选择物体的方法

按住Alt键单击部件文件夹（A），即可选中其中的所有内容。

按住Alt键单击“头”文件夹选中所有的内容后，再取消选择（按住Ctrl键进行单击）不需要的物体（B），这样比分别选择更高效。

另外，要记得选择不在“头”文件夹里的物体“后发”。

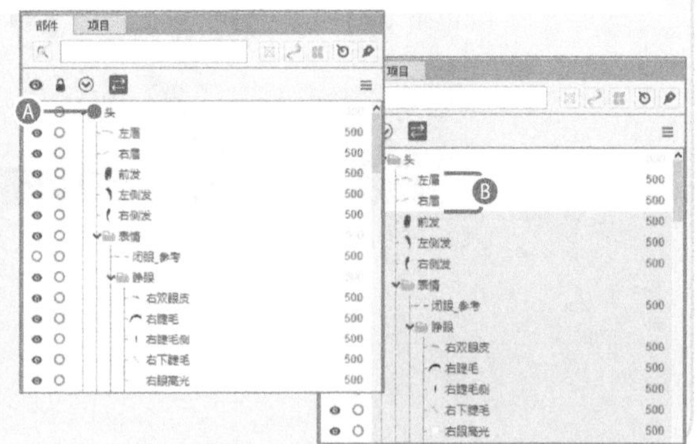

然后把选择的所有物体放在新创建的“角度Z”旋转变形器中。在已经选中了父级变形器的情况下，就不需要再选中子级的图形网格了。

举例来说，图形网格“右眉”已经与弯曲变形器“右眉的位置”和“右眉的角度”建立了两层父子关系（❶）。

也就是说，图形网格“右眉”不是新创建的“角度Z”旋转变形器直接对应的子级，而是子级的子级的子级，所以没有必要选中它。只需要选中作为“角度Z”旋转变形器子级的“右眉的位置”弯曲变形器，它的动作就会自动被同步到其子级“右眉的角度”及子级的子级“右眉”上。

02 创建旋转变形器并设置为头部相关物体集的父物体

在选中上述物体的状态下创建旋转变形器。单击工具栏中的“创建旋转变形器”图标（❶），打开“创建新旋转变形器”对话框。

“部分插入位置”设为“头”，“名称”设为“角度Z”（❷），在“追加”处选择“设为选定物体的父物体”（❸）后，单击“创建”按钮。

提示 报错时怎么办

在创建变形器时，如果弹出提示“请创建一个选择了相同父变形器的物体”，则是因为你选中了不该选中的物体※。请检查一下各部件的选中状态。

※译注：因为每个物体只能有一个父级变形器，因此创建变形器时选中的所有物体在嵌套结构中必须处于相同的级别。即，选中的所有物体要么都没有父级变形器（父级是ROOT），要么是同一个父级变形器的子级。

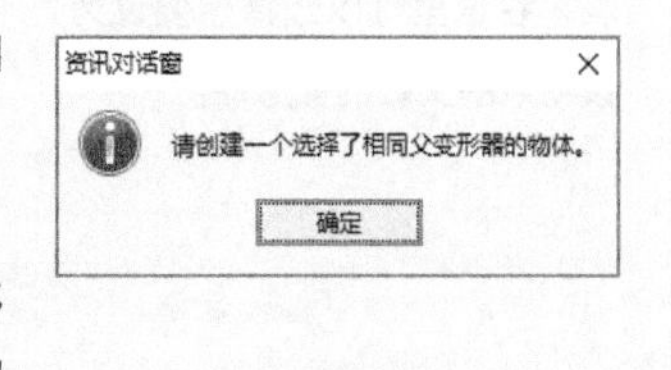

这样我们就创建好了旋转变形器。

按住Ctrl键的同时单击并移动鼠标，将旋转变形器中心的黑点拖曳到下巴位置（脖子根部）。

可以试着通过拖曳旋转变形器指针末端的黑点进行旋转。如无意外，这样可以同时移动所有与头部相关的物体。

在完成移动物体的操作后，可以按Ctrl+Z组合键将相关物体还原到之前的位置。

提示 追加创建父子关系

如果发生了漏选，导致物体没被加入到变形器的子级中，那么也可以将它们追加设置为任意变形器的子级。

选中想要设置的物体，在“检视面板”面板中找到“变形器”标签（Ⓐ）并展开它，即可看到当前所有变形器的列表，在这里可以选择想要设为该物体的父级的变形器。

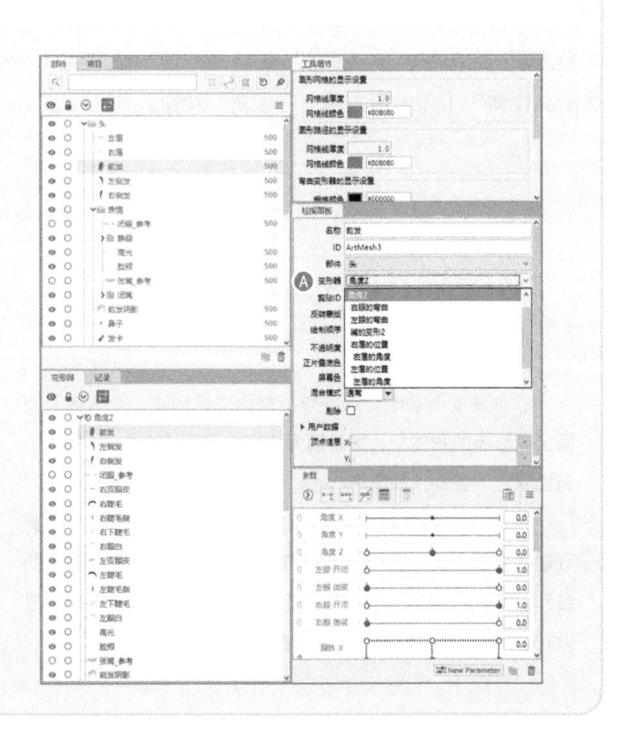

03 为旋转变形器绑定参数

先在“变形器”面板中选择“角度Z”旋转变形器，再在“参数”面板中选择“角度Z”相关参数，最后单击“追加3点”图标。

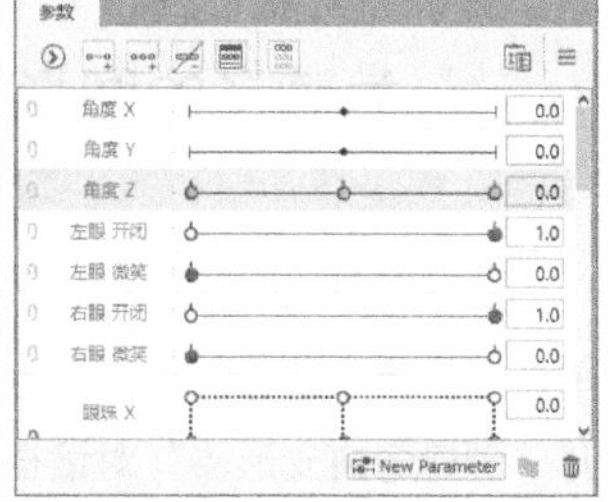

04 设置关键点的形状

选中“角度Z”参数右端（最大值）的关键点（❶），并将“角度Z”旋转变形器向右转动，使头部向右倾斜。

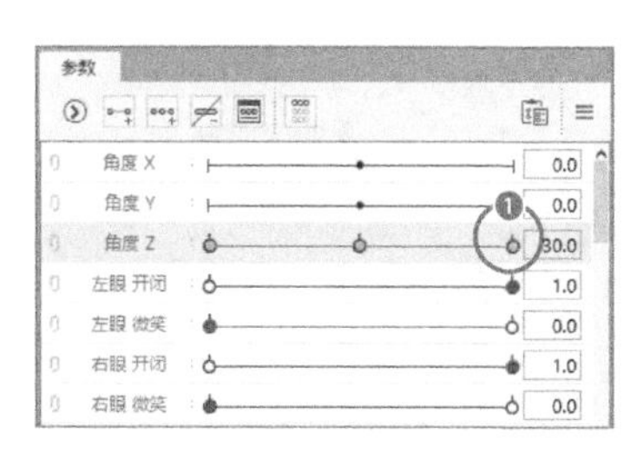

选中“角度Z”参数左端（最小值）的关键点（❷），并将“角度Z”旋转变形器向左转动，使头部向左倾斜。

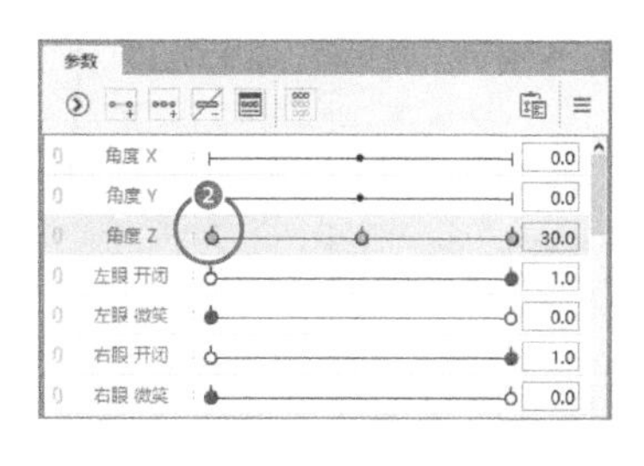

最后通过改变参数，检查头部左右转动的情况。

步骤 2 制作脖子的动作

当头部倾斜时，脖子也应跟着一起稍微倾斜。

01 为脖子的图形网格绑定关键点

在“部件”面板中选中“脖子”后，单击“创建弯曲变形器”图标（❶），打开“创建弯曲变形器”对话框。

“名称”设为“脖子的弯曲”（❷），在“追加”处选择“设为选定物体的父物体”（❸），贝塞尔分区的数量设为“2×2”（❹）后，单击“创建”按钮。

接下来调整变形器的位置。在菜单中选择“显示”→“突出显示变形器的子元素”（或按Ctrl+Shift+D组合键），即可高亮显示变形器和它的子级物体。

按住Ctrl键并单击鼠标向下拖曳边界框下方的控制点（红色的点❺），即可将弯曲变形器的中心（❻）移动到脖子根部的位置。

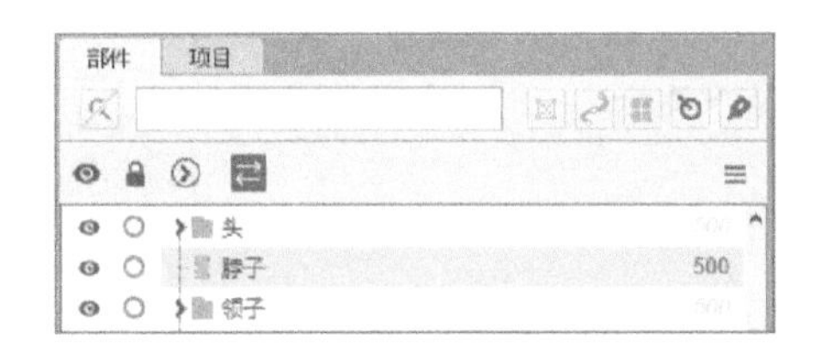

创建弯曲变形器
部分插入位置 Root Part
❷ 名称 脖子的弯曲
❸ 设为选定物体的父物体
追加 设为选定物体的子物体
手动设定父物体
脖子的弯曲
❹ 贝塞尔分区的数量 2 × 2
转换的分裂数量 5 × 5

调整完位置后，再次在菜单中选择“显示”→“突出显示变形器的子元素”（或按Ctrl+Shift+D组合键），即可恢复为正常的显示状态。

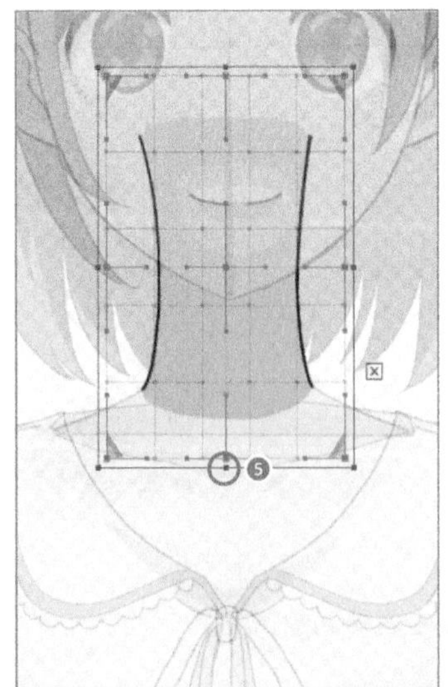

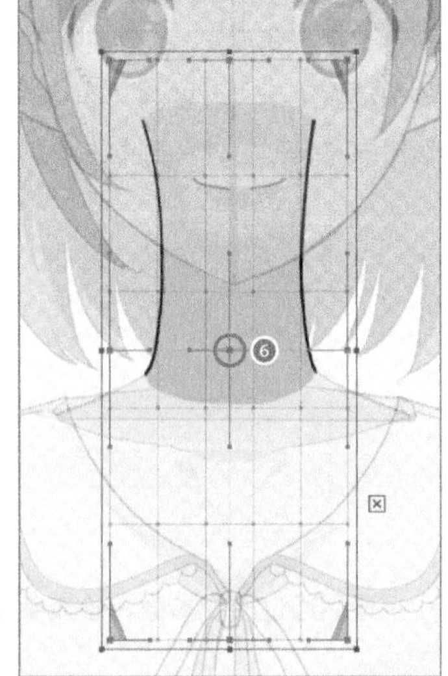

02 设置关键点的形状

选中“脖子的弯曲”后，在“参数”面板中选中“角度Z”，并单击“追加3点”图标。制作时注意，要让头部和脖子自然地连接，并且脖子的根部转动幅度要小。

在“参数”面板中选中“角度Z”右端（最大值）的关键点（❶），将旋转变形器上方的3个控制点向右移动。

向右移动

选择“角度Z”左端（最小值）的关键点（❷），将旋转变形器上方的3个控制点向左移动。

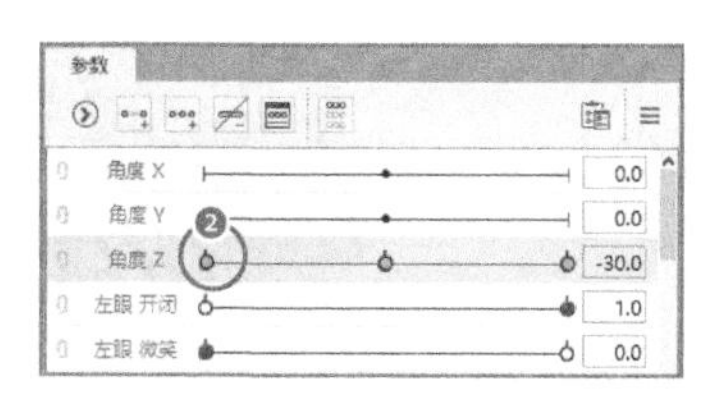

最后左右移动参数，检查一下头部和脖子是否能够自然地运动。

■ 源文件：4-2-01_CN.cmo3

提示 反转动作

在制作头部和脖子的动作时，如果参数的右端（最大值）和左端（最小值）的形状左右（或上下）对称，那么使用“动作反转”功能可以提高制作效率。

当前参数
角度 Z：-30.0
基本设置
◉ 水平翻转
○ 垂直翻转

制作完参数右端最大值的关键点（或左端最小值的关键点）处的形状后，在菜单中选择“建模”→“参数”→“动作反转”，即可打开“反转设置”对话框。

在“反转设置”对话框中，选择“水平翻转”，即可在另一侧关键点（如果先制作的是右端的形状，则反转后获得的是左端的形状）上将参数值调整为被水平翻转后的形状。

步骤 3 制作头部倾斜时头发的动作

使用弯曲变形器，制作头部倾斜时头发的动作。

01 为头发相关的图形网格创建父级弯曲变形器

为每个与头发相关的物体分别创建父级弯曲变形器。操作方法和之前相同，先选中图形网格“前发”，再在工具栏中单击“创建弯曲变形器”图标（❶）。变形器的名称设为“前发角度Z”，贝塞尔分区的数量设为“2×3”（❷）。

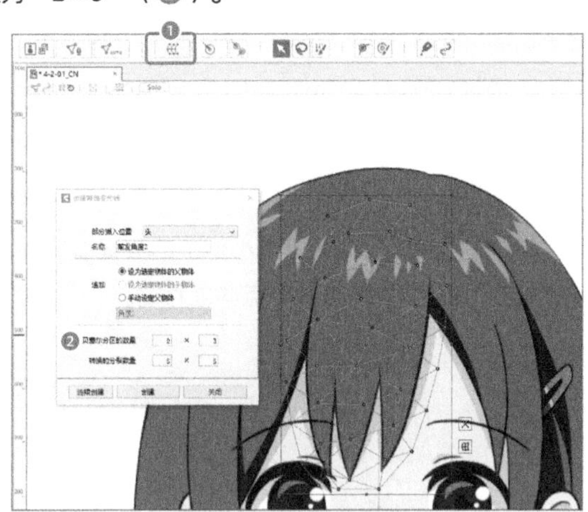

其他与头发相关的图形网格也需要创建弯曲变形器。

- 前发阴影：前发阴影角度Z
- 左侧发：左侧发角度Z
- 右侧发：右侧发角度Z
- 后发：后发角度Z

顺便说一下，因为图形网格“夹起的头发”不会运动，所以不需要创建弯曲变形器。

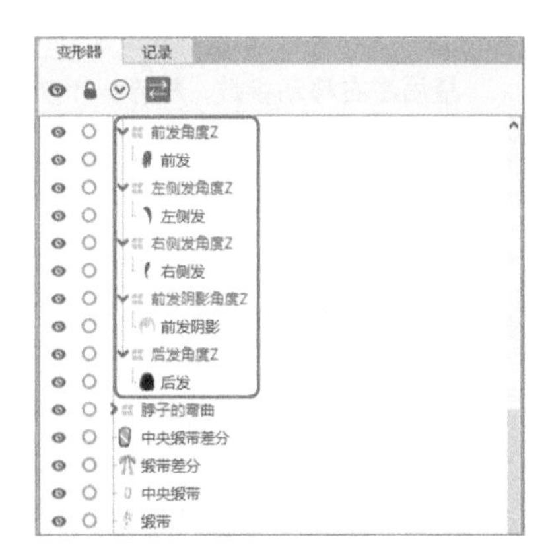

要点 不要遗漏素材

创建弯曲变形器时，不要遗漏和头发一起运动的图形网格“前发阴影”。

02 为弯曲变形器绑定参数

在“变形器”面板中，选中“前发角度Z”“前发阴影角度Z”“左侧发角度Z”“右侧发角度Z”“后发角度Z”，在“参数”面板中选中“角度Z”参数，并单击“追加3点”图标。

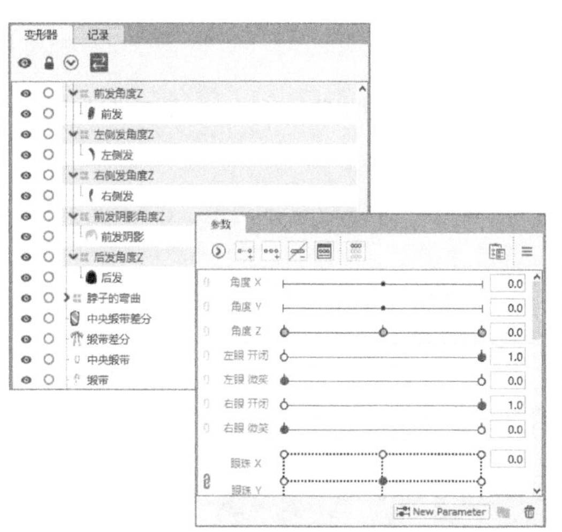

03 设置关键点的形状

我们从前发的形状开始制作。首先在“变形器”面板中选择“前发角度Z”弯曲变形器，然后选择“角度Z”参数的右端（最大值），对弯曲变形器进行变形，制作头部倾斜时头发的形状。

使头发摆向屏幕右侧（❶），不要移动发根部分（❷），要让发梢部分移动的距离最远（摆动幅度最大）。

这里主要通过移动下方的控制点来完成制作。

要点 想象头发下垂的感觉

想象头发下垂的感觉，使头发以支点（发根部分）为中心，沿着近似圆弧的路径进行旋转。

同样，选中左端（最小值）的关键点，制作前发向左侧移动的形状。最后尝试改变参数，检查一下运动有没有破绽。

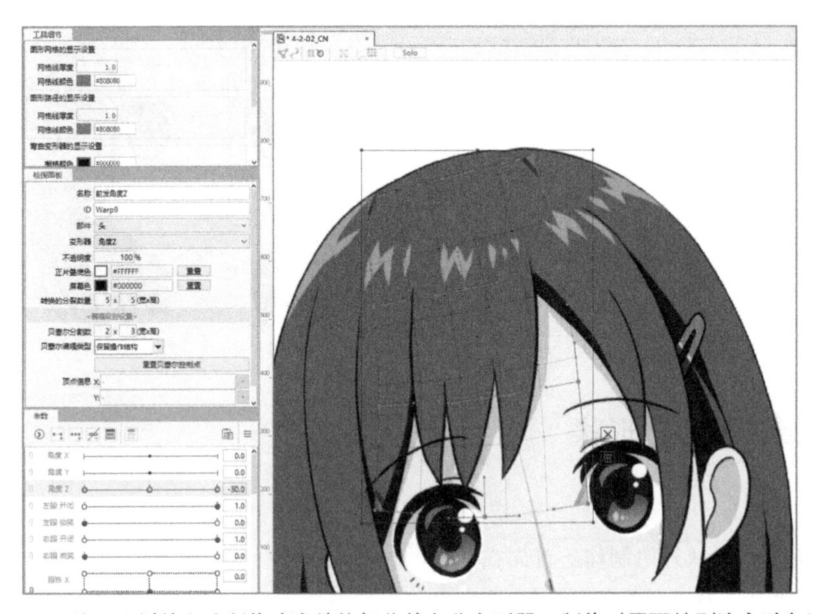

按照同样的方式制作头发其他部分的弯曲变形器。制作时需要特别注意避免以下几点：

- 发根等几乎不会移动的部分移动得太多
- 头发看起来有伸缩的感觉
- 在运动时某一部分和其他部分间的幅度差异太大

左侧发

右侧发

后发

最后，结合前发的形状，对前发阴影的弯曲变形器进行变形。

右图为设置好所有形状后的状态。

■ 源文件：4-2-02_CN.cmo3

4.3 设置③ 头发的摇摆动作

制作头发的摇摆动作，其制作方法和4.2节中制作“角度Z”下头发的倾斜动作相同。
本节按照前发、侧发、后发的顺序进行制作。

步骤1 制作前发的摇摆动作

创建新的变形器，用于制作前发的摇摆动作。

新建一个弯曲变形器，作为“前发角度Z”弯曲变形器的父级。

选择“前发角度Z”弯曲变形器，单击“创建弯曲变形器”图标。在弹出的窗口中，在“追加”处选择“设为选定物体的父物体”，名称设为“前发摇摆”，贝塞尔分区的数量设为“2×3”，完成后单击“OK”按钮即可。

请检查一下嵌套结构是否为“前发摇摆”弯曲变形器→“前发角度Z”弯曲变形器→“前发”图形网格（❶）。

为了防止子级的“前发角度Z”弯曲变形器超出父级的“前发摇摆”弯曲变形器的范围，我们把“前发摇摆”弯曲变形器稍微扩大一些。

不仅基础形状不能超出其父级的范围，在对基础形状进行变形后也不能超出其父级的范围。

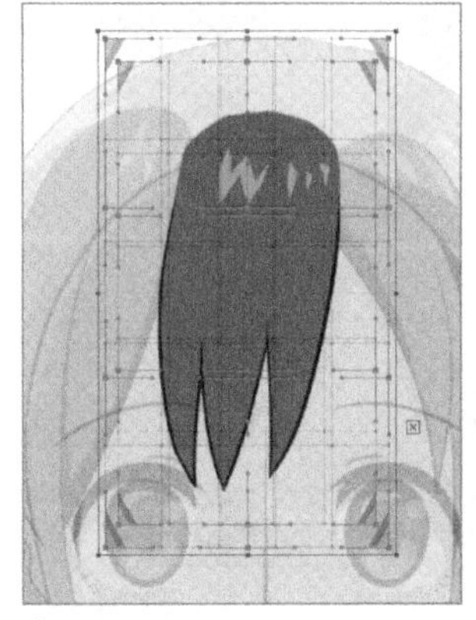

基础形状

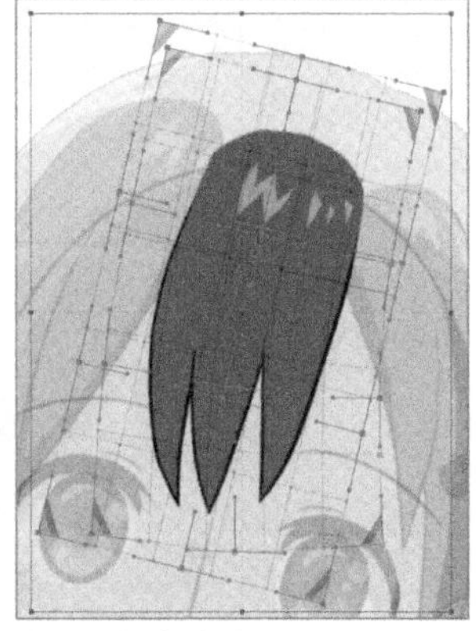

变形时超出范围

在菜单中选择“建模”→“变形器”→“验证变形器”，检查一下“状态”一列是否存在超出范围（从父物体突出）的情况。

验证变形器

☐ 仅显示不正常状态的物体

No	名称	ID	状态	变换(水平)	变换(垂直)	贝塞尔(XY)2	贝塞尔(XY)3
1	角度Z	Rotation		0	0	0 × 0	0 × 0
2	右眼的弯曲	Warp5		5	5	2 ×2	1 ×1
3	左眼的弯曲	Warp6		5	5	2 ×2	1 ×1
4	嘴的变形2	Warp7		5	5	2 ×2	1 ×1
5	右眉的位置	Warp2		5	5	2 ×2	1 ×1
6	右眉的角度	Warp		5	5	2 ×2	1 ×1
7	左眉的位置	Warp4		5	5	2 ×2	1 ×1
8	左眉的角度	Warp3		5	5	2 ×2	1 ×1
9	左侧发角度Z	Warp10		5	5	2 ×3	1 ×1
10	右侧发角度Z	Warp11		5	5	2 ×3	1 ×1
11	前发阴影角度Z	Warp13		5	5	2 ×3	1 ×1
12	前发摇摆	Warp14		5	5	2 ×3	1 ×1
13	前发角度Z	Warp9	从父物体突出	5	5	2 ×3	1 ×1
14	后发角度Z	Warp12		5	5	2 ×3	1 ×1
15	脖子的弯曲	Warp8		5	5	2 ×2	1 ×1

OK　Cancel

设置点的形状

首先选中创建好的“前发摇摆”弯曲变形器，以及“参数”面板中的“头发摇摆 前”参数，单击“追加3点”图标。

然后选中“前发摇摆”弯曲变形器，并选中“头发摇摆 前”参数的右端（最大值），接着对弯曲变形器进行变形，制作头发向右摇摆时的形状。和之前制作“角度Z”的动作时相同，请注意“发根附近几乎不会移动”“发梢部分移动距离最远”“以支点（发根处）为中心沿圆弧形轨道旋转”这几点。

提示　**移动控制点的方法**

大致按照右图所示的方式移动控制点即可。

必要时，也可以移动上方的控制点。

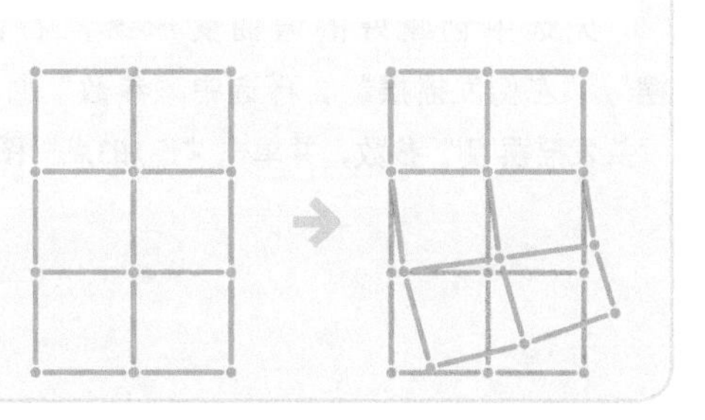

用同样的方法对参数左端（最小值）的关键点进行设置。

步骤 2 **制作侧发的摇摆动作**

按照前面的方法制作侧发的摇摆动作。

01 设置新的弯曲变形器

分别为弯曲变形器“右侧发角度Z”和“左侧发角度Z”创建父级弯曲变形器。“右侧发角度Z”的父级弯曲变形器名称为“右侧发摇摆”，贝塞尔分区的数量设置为“2×3”。“左侧发角度Z”的父级弯曲变形器名称为“左侧发摇摆”，贝塞尔分区的数量设置为“2×3”。

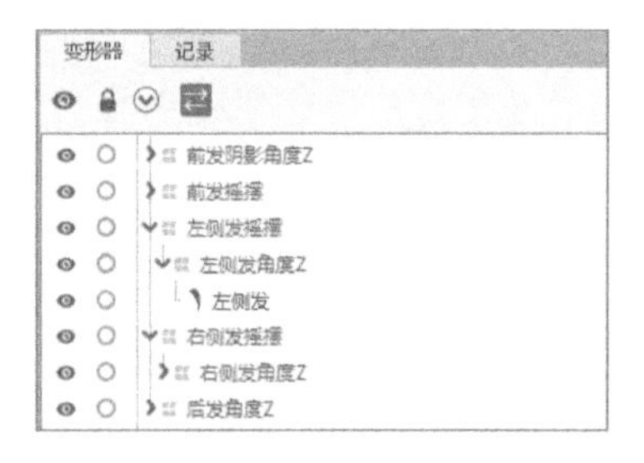

为了防止子级弯曲变形器超出父级变形器的范围，我们把两个父级变形器的范围都扩大一些。

02 设置关键点的形状

先选中创建好的弯曲变形器“右侧发摇摆”“左侧发摇摆”，再选中“参数”面板中的“头发摇摆 侧”参数，并单击“追加3点”图标。

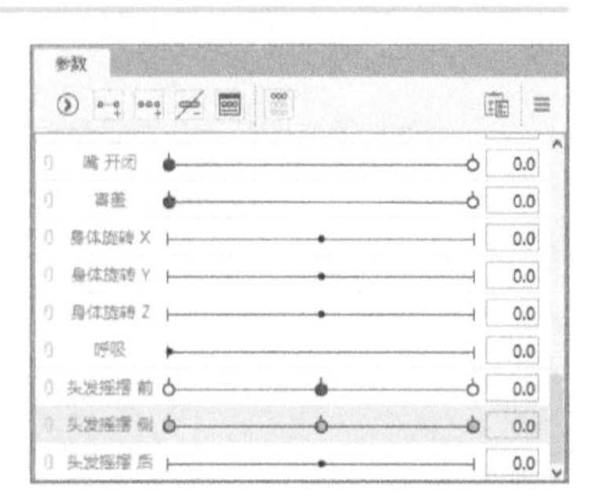

分别设置“左侧发摇摆”和“右侧发摇摆”关键点处的形状。在最小值处让侧发向屏幕的左侧摇摆；在最大值处让侧发向屏幕的右侧摇摆。

左端（最小值）的关键点

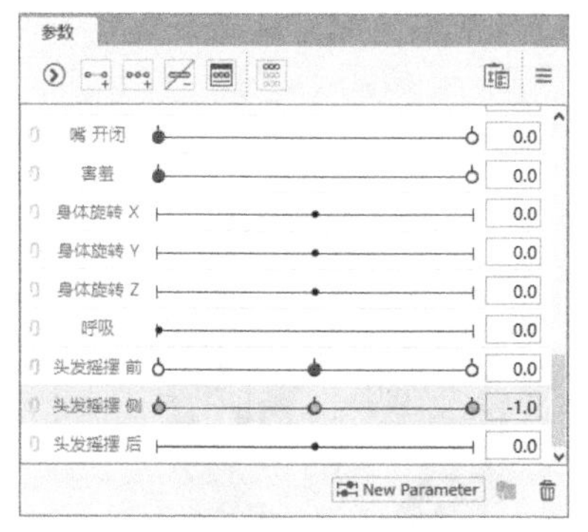

默认的关键点

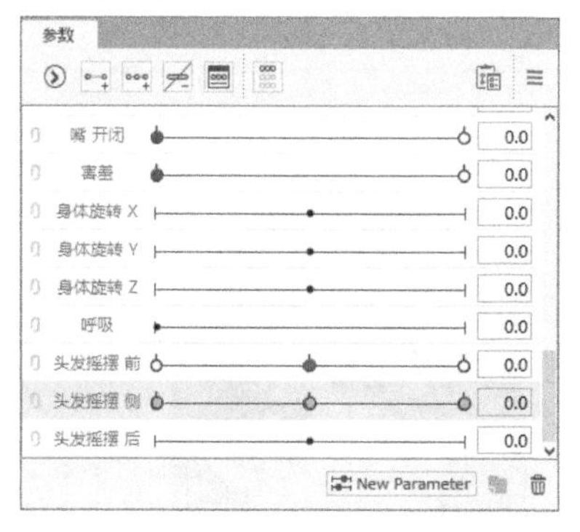

右端（最大值）的关键点

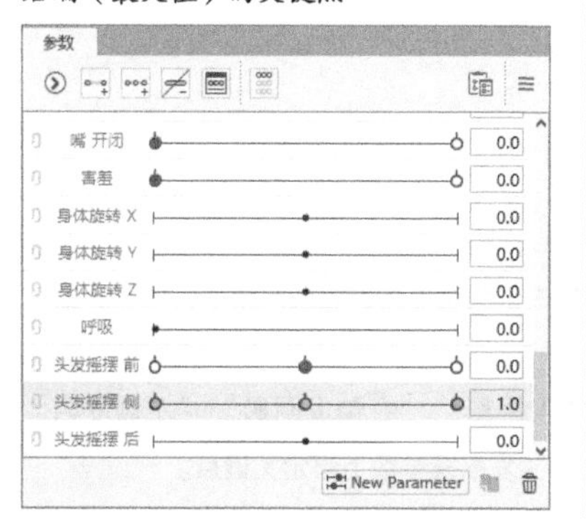

步骤3 制作后发的摇摆动作

制作完前发和侧发的摇摆动作之后，我们来制作后发的摇摆动作。

接下来我们按照与制作前发、侧发的摇摆动作相同的方法，为参数“头发摇摆 后”追加关键点。

左端（最小值）的关键点

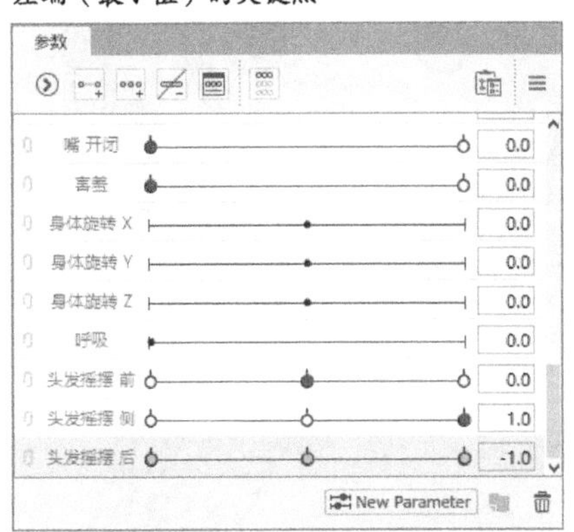

默认的关键点

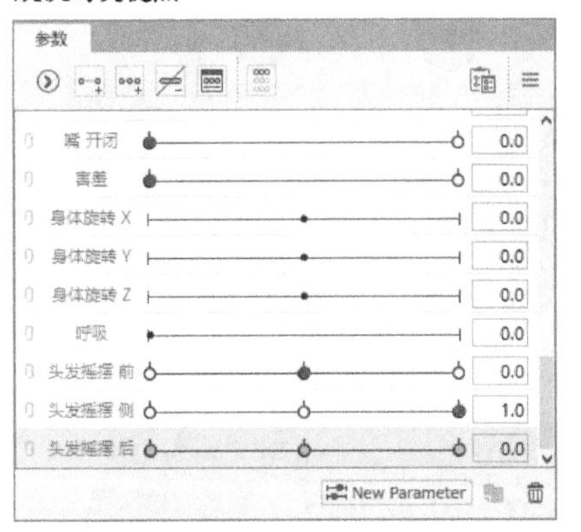

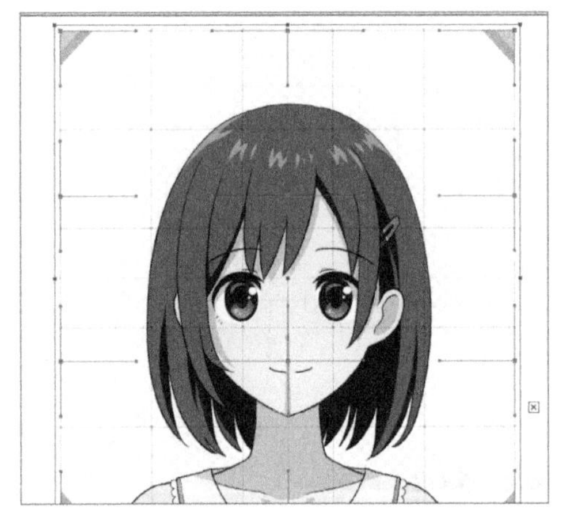

提示 关于头发在皮肤上的阴影

虽然我们之前创建了“前发阴影角度Z”变形器，但由于头发摇摆的幅度比较小，所以这里就不让阴影运动了。

如果想让阴影跟着运动，那么把阴影也分为“前发阴影”“右侧发阴影”“左侧发阴影”，为它们分别制作摇摆用的弯曲变形器，并在对应的头发摇摆参数上绑定关键点。

在最小值处，将头发的尖端稍稍向左倾斜；在最大值处则稍稍向右倾斜。

右端（最大值）的关键点

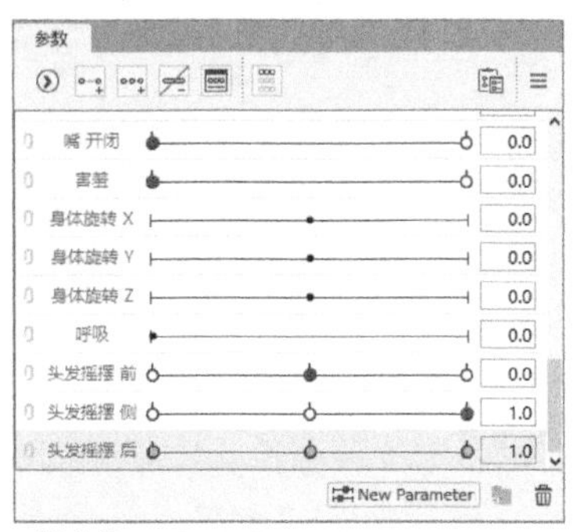

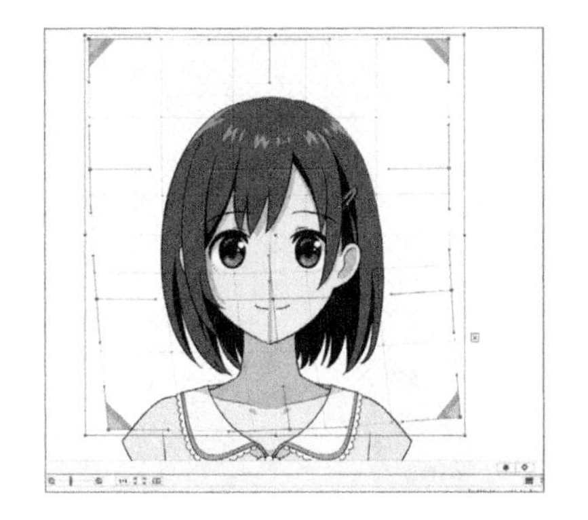

源文件：4-3-01_CN.cmo3

要点 确定需要追加关键点的参数

在上一节中，头发的角度Z是跟随头部的倾斜运动的，所以我们将关键点绑定在了“角度Z”参数上。

在本节中，头发部件的各个摇摆动作都是独立的，因此我们要分别使用“头发摇摆 前”“头发摇摆 侧”“头发摇摆 后”参数。

要点 “头发摇摆”和“头发角度Z”的父子关系

由于这次与“头发摇摆”相关部件的运动幅度不大，所以我们让“头发摇摆”作为“头发角度Z”的父级。

当头发摇摆的幅度较大时，也经常会出现把父子关系颠倒过来，让“头发角度Z”作为“头发摇摆”相关部件父级的情况。我们在应用篇中会按照这种方式制作。

提示 预览动作

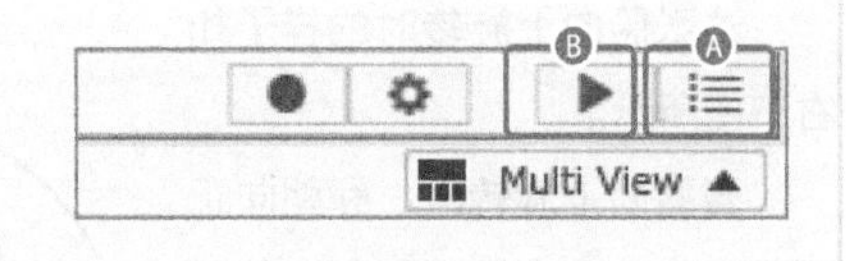

在制作完表情、角度Z、头发摇摆的动作后，可以预览一下动作。

首先通过视图区域下方的“随机姿势菜单”图标（Ⓐ）展开菜单，并选择“随机A”，然后单击“参数随机化”（播放）图标（Ⓑ）。此时“角度Z”“眼睛 开闭”等主要参数就会自动运动。用这种方法检查运动中是否会出现破绽。

而“随机B”则会让所有的参数随机运动。效果也很有趣，可以试试看。

再次单击“参数随机化”（播放）图标（Ⓑ），即可停止运动。此时参数不会恢复默认状态，单击菜单中的“建模”→“参数”→“重置为默认值”（或按Ctrl+1组合键），即可将所有的参数重置为默认值，以便继续操作。

4.4 设置④ 角度X和角度Y

为头部制作角度X、角度Y对应方向的动作。“角度X”对应水平方向，“角度Y”对应垂直方向。本节要通过移动、变形头部和各个表情部件完成制作。

步骤 1 **构思移动、变形的方式**

设想一下头部在角度X和角度Y对应的方向运动时，表情的各个部件是如何进行移动和变形的。

01 表情部件的位置

这里用如右图所示的这张简单的脸来进行构思。

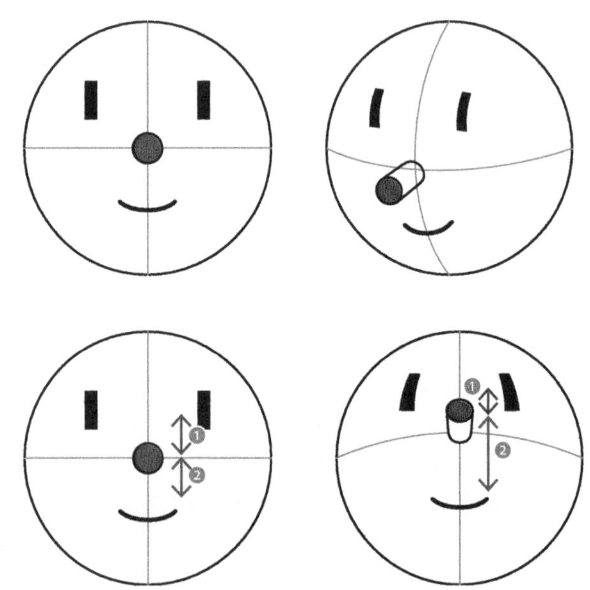

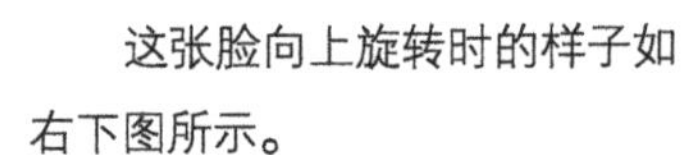

这张脸向上旋转时的样子如右下图所示。

当脸向上旋转时，和朝向正面时相比，各表情部件之间的距离会发生变化。脸向上旋转时，眼睛和鼻尖的距离（❶）会缩短，鼻尖和嘴的距离（❷）会增加。鼻尖是偏离原本的位置最远的。

02 表情部件的变形

当角度发生变化时，表情部件也会发生变化。当角色的脸朝向正面时，其眼睛（❶）的形状接近长方形，脸向上旋转时，眼睛的形状则会变为梯形。

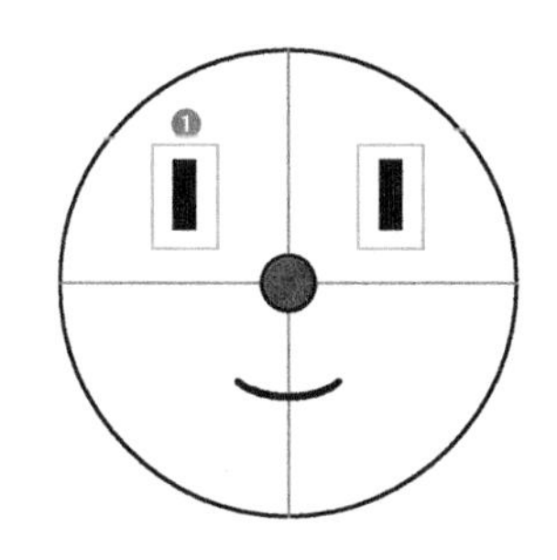

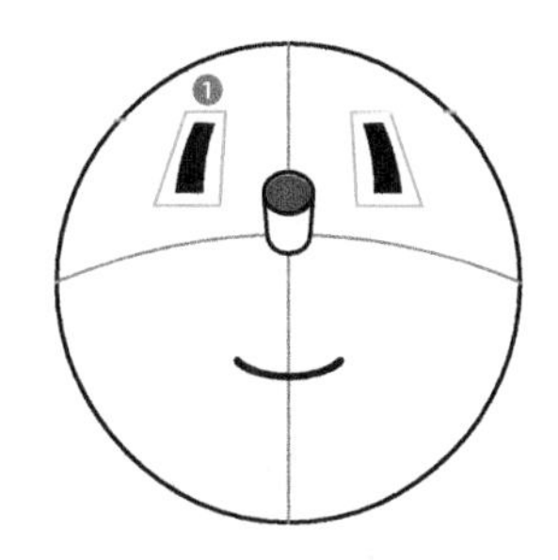

类似地，脸部在转动时，各个部件都会移动、变形。你需要构思在脸部转动时，各个部件的位置和形状变成了什么样，并以此为依据进行制作。

步骤 2 制作头部的*Y*轴旋转动作

首先我们从比较简单的角度Y参数开始讲解。

01 为各物体创建弯曲变形器

头部的角度Y对应垂直方向的转动。制作的步骤是：先为头部和表情分别制作弯曲变形器，再进行变形操作。我们先为头部的各物体集分别创建名为“~的弯曲”的弯曲变形器，再在“角度Y”参数上追加3个关键点。在此过程中，要注意避免子级弯曲变形器超出父级弯曲变形器的范围。

● 眉毛

为眉毛的左右两侧分别创建弯曲变形器。这里创建作为“右（左）眉位置”弯曲变形器父级的名为“右（左）眉的弯曲”的弯曲变形器。设置贝塞尔分区的数量为“2×2”。

要点 不要忘记追加关键点

不要忘记为新创建的两个弯曲变形器分别在“角度Y”参数上追加3个关键点。

● 眼睛

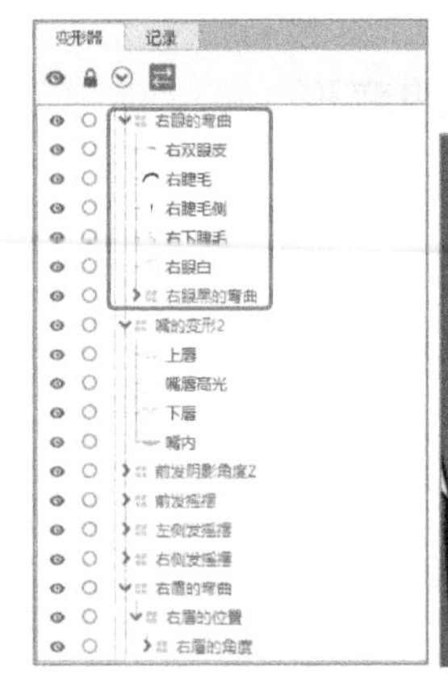

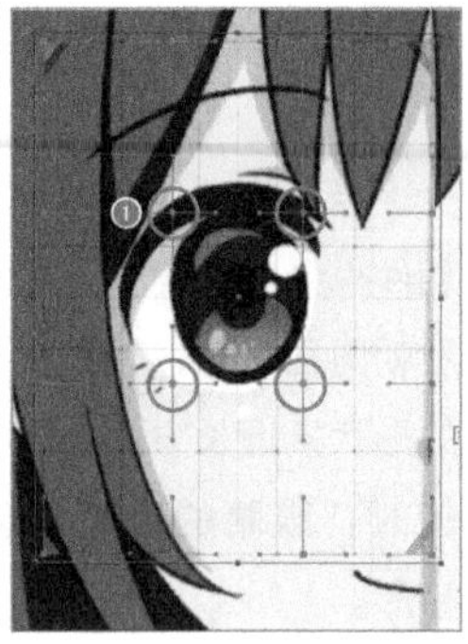

为眼睛的左右两侧分别创建弯曲变形器。选中图形网格“右（左）双眼皮”“右（左）睫毛”“右（左）睫毛侧”“右（左）下睫毛”“右（左）眼白”和弯曲变形器“右（左）眼黑的弯曲”，创建作为父级的“右（左）眼的弯曲”弯曲变形器。

首先设置贝塞尔分区的数量为“3×3”。然后调整弯曲变形器，让弯曲变形器中央的4个控制点（❶）位于眼黑周围。

● 鼻子

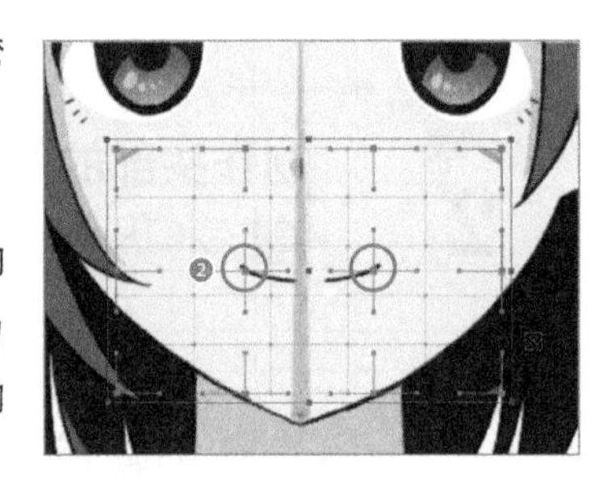

为图形网格“鼻子”创建作为父级的“鼻子的弯曲”弯曲变形器。设置贝塞尔分区的数量为“2×2”。

● 嘴

首先为“嘴的变形2”弯曲变形器创建作为父级的“嘴的弯曲”弯曲变形器，并设置贝塞尔分区的数量为“3×2”。然后调整弯曲变形器，让弯曲变形器中央的两个控制点（❷）位于嘴的两端。

● 脸颊

为图形网格“脸颊”“高光”创建作为父级的“脸颊的弯曲”弯曲变形器。设置贝塞尔分区的数量为“2×2”。

● 耳朵

为耳朵的左右两侧分别创建弯曲变形器。为图形网格“右（左）耳”创建作为父级的“右（左）耳的弯曲”弯曲变形器。设置贝塞尔分区的数量为“2×2”。

● 头发

首先为每个与头发相关的物体分别创建弯曲变形器，并为弯曲变形器“前发摇摆”“右（左）侧发摇摆”“后发摇摆”“前发阴影角度Z”和物体“夹起的头发”分别创建名为“~的弯曲”弯曲变形器。然后设置贝塞尔分区的数量为“2×3”。

● 发卡

为图形网格“发卡”创建作为父级的“发卡的弯曲”弯曲变形器。设置贝塞尔分区的数量为“2×2”。

02 制作脸部轮廓的变形路径

脸部轮廓的变形路径要使用工具栏中的“变形路径工具”（❶）进行制作。

在“部件”面板中首先选中图形网格“脸”，然后按照右图所示的方式设置变形路径的控制点。大体来说，要在这些位置设置控制点：下巴（❷）、下巴到颌骨之间（❸，多个）、颌骨（❹）、颌骨到额头之间（❺，多个）、头顶（❻）。

设置好变形路径之后，在“部件”面板中选择“脸”，并在“参数”面板中为“角度Y”参数追加3个关键点。

源文件：4-4-01.cmo3

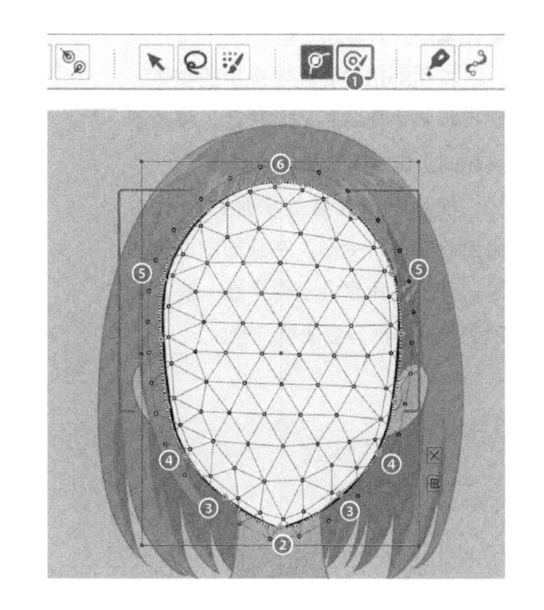

03 制作头向上转动的动作

我们令参数的右端（最大值）为向上转动的状态，左端（最小值）为向下转动的状态，并分别为各部分绑定动作。

首先决定头的移动幅度。然后选中在01中制作的与脸相关的名为“~的弯曲”的变形器和图形网格“脸”。

提示 如何同时选中多个物体

单击“角度Y”参数的数值栏（Ⓐ），在弹出的下拉菜单中单击“选择”（Ⓑ），即可选中绑定在“角度Y”上的所有物体。

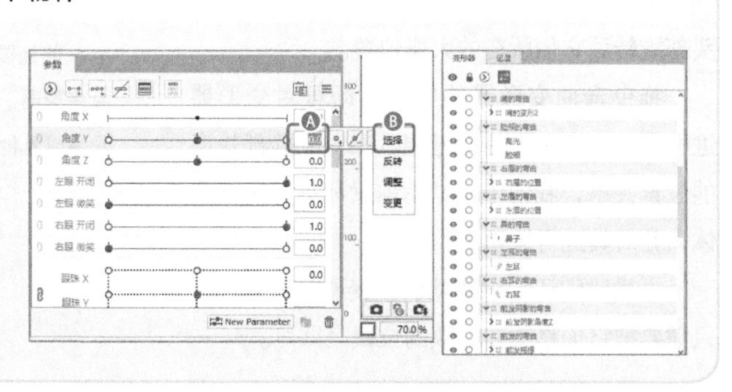

首先在“参数”面板中选择“角度Y”参数的右端（最大值），然后在视图区域中将选中的与头部相关的物体集向上方移动一些。

按住Shift键并拖曳选中的物体，即可将物体集向正上方移动，移动到头部向上旋转时合适的位置即可。

使用02中设置的变形路径，对脸部轮廓进行变形。在头部向上转动时，下巴的角度会变得平缓一些，头顶到额头的部分会变窄一些。

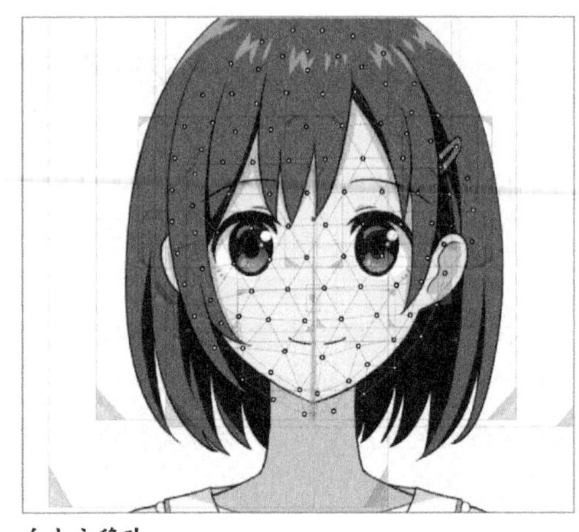

向上方移动

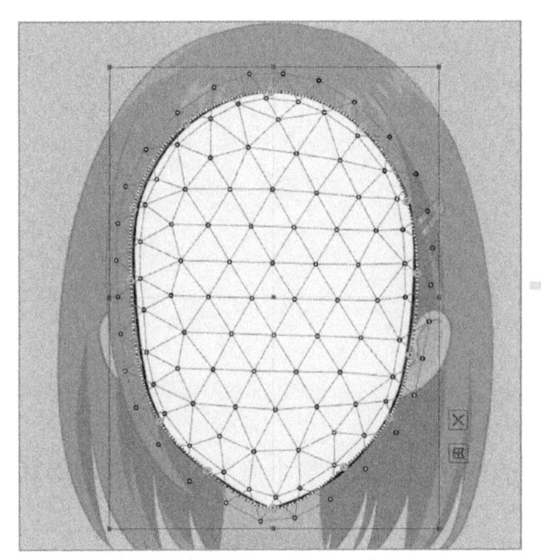

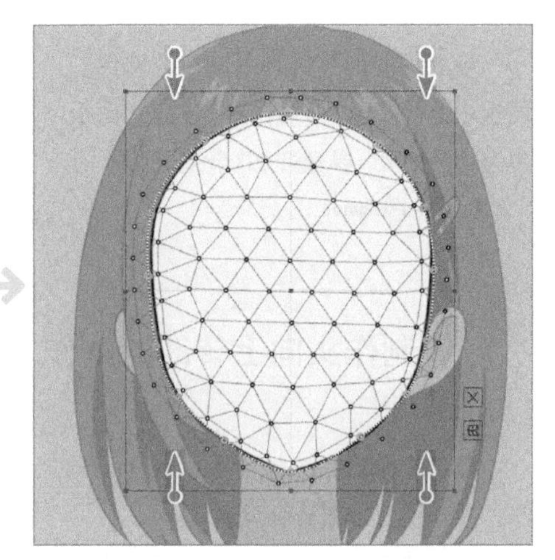

将头部调整为向上旋转时的形状（单独显示模式）

接下来调整各变形器的位置。移动绑定在“角度Y”参数上的变形器，将各个部件移至头部旋转后它们所在的大概位置。

拖曳弯曲变形器的中心，即可对变形器进行移动。为了更好地把握其相对于脸部轮廓的位置关系，我们依次显示前发和其他表情物体，并对其进行调整。

之后我们还会细致地调整变形方式，现在只需要把它们移动到大致的位置上即可。

要点　避免选中其他图形网格

此处要移动和变形的是新创建的弯曲变形器。请注意不要错误地选中图形网格或其他弯曲变形器。

● 鼻子的弯曲

向上方移动。我们在P114也说过，从正面观察时，鼻子是所有表情物体中移动距离最远的。

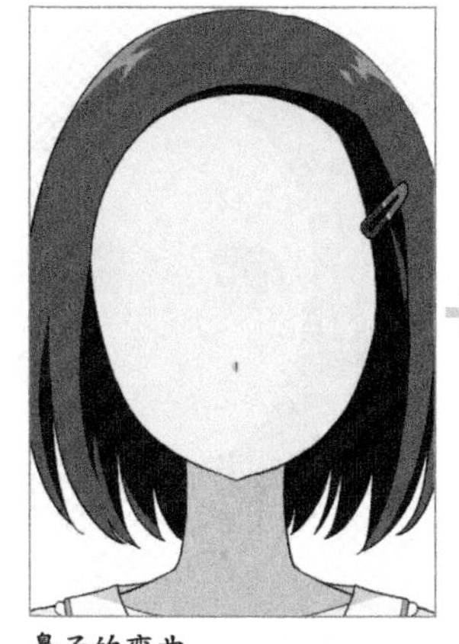
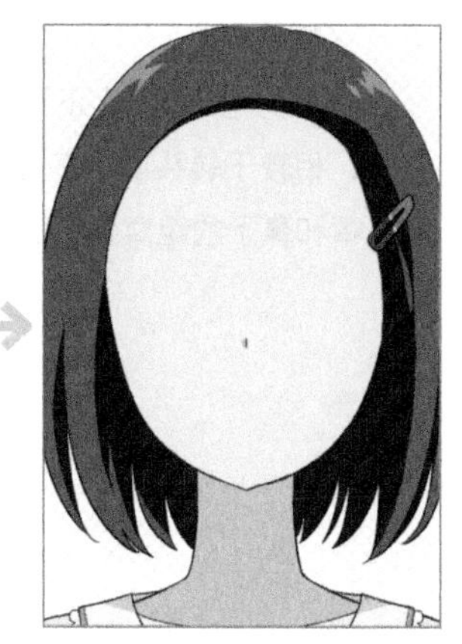
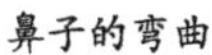
鼻子的弯曲

● 眼睛的弯曲

向上方移动。从正面观察时，相较于基础位置，眼睛和鼻子的距离会缩短。

眼睛的弯曲

● 眉毛的弯曲

向上方移动。从正面观察时，相较于基础位置，眉毛和眼睛的距离会缩短。

眉毛的弯曲

● 嘴的弯曲

向上方移动。从正面观察时，相较于转头前的基础位置，嘴和鼻子的距离会变远。

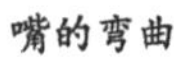

嘴的弯曲

● 脸颊（脸颊红晕）的弯曲

向上方移动，注意配合眼睛的位置。如果你是跟着本书的步骤进行制作的，那么当前脸颊红晕的不透明度为0%，是不可见的。因此，需要先把“害羞”参数调整到右端（最大值）。

脸颊的弯曲

● 耳朵的弯曲

脸向上转动时，耳朵从正面看上去是向下方移动的。你可以照镜子观察一下自己的脸。根据这一特点，我们将耳朵向下移动。

耳朵的弯曲

● 发卡的弯曲

发卡会跟随头发向上移动。参照眼睛和眉毛等的位置进行调整即可。

发卡的弯曲

● 后发的弯曲

脸向上转动时，后发从正面看上去是向下移动的。根据这一特点，我们将后发向下移动。

后发的弯曲

● 前发的弯曲

向上方移动。参照眼睛和眉毛等的位置进行调整即可。当前的头发会超出头部范围，这里先不必在意这个问题，之后我们会在变形步骤中再度调整它。

前发的弯曲

● 被夹住的头发的弯曲

向上方移动。参照后发和脸部轮廓的位置进行调整即可。

被夹住的头发的弯曲

● 右（左）侧发的弯曲

向上方移动。参照前发和表情部件的位置进行调整即可。当前头发会超出头部范围时，先不必在意这个问题，之后我们会在变形步骤中再度调整它。

右（左）侧发的弯曲

● 前发阴影的弯曲

向上方移动。注意参照头发的位置。

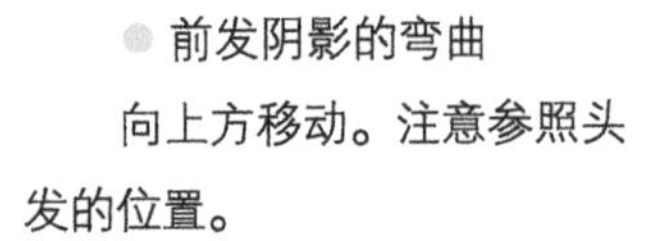

前发阴影的弯曲

■ 源文件：4-4-02_CN.cmo3

04 将各部件变形为向上旋转的状态

如右图所示，当脸向上转动时，在圆的中心附近看起来像是矩形的物体会因为更接近圆的边缘而被挤压成梯形。

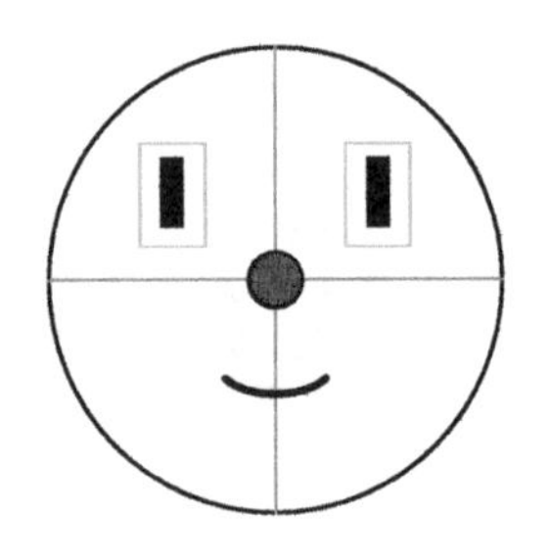
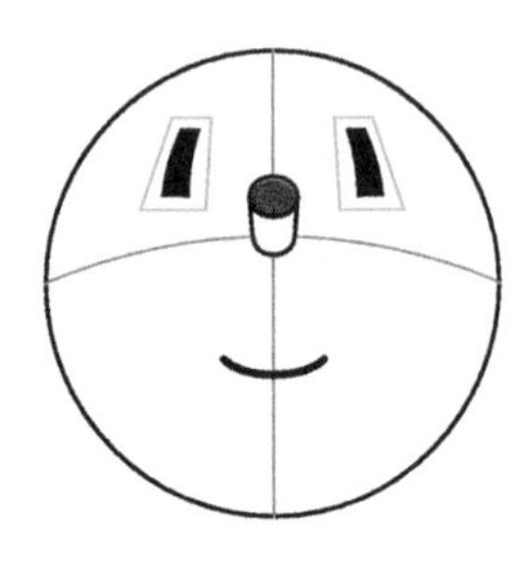

● 眼睛的弯曲

因为眼睛更靠近轮廓边缘，所以会被挤压成梯形。注意，如果眼睛变形得太夸张，那么它的形状看起来也会很奇怪。

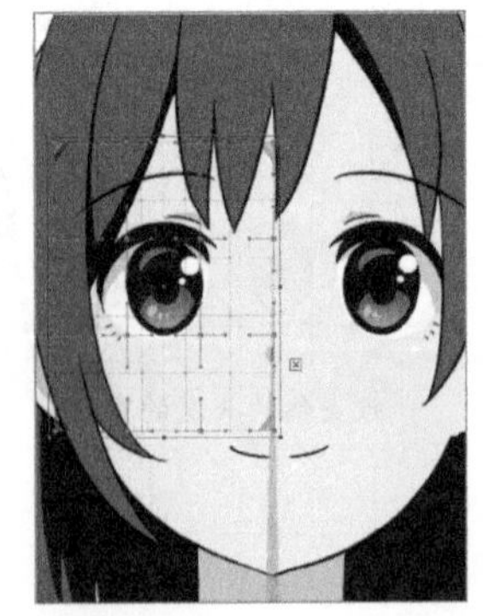

眼睛的弯曲

● 眉毛的弯曲

其变形方式和眼睛的变形方式相同。

● 鼻子的弯曲

因本书中的鼻子部件很小，所以不对它进行变形处理。

眉毛的弯曲

● 嘴的弯曲

在张嘴的状态下对嘴进行变形会更方便确认形状。与眼睛和眉毛一样，因为嘴更靠近轮廓边缘，所以会被挤压成梯形。

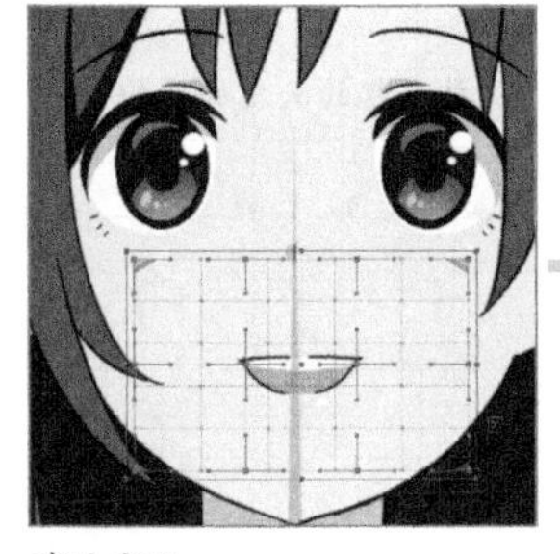
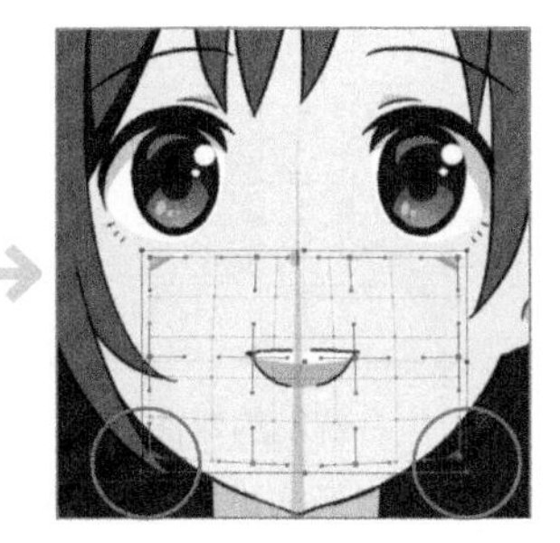

嘴的弯曲

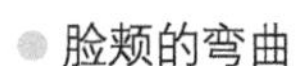

● 脸颊的弯曲

此步中没有必要对脸颊进行变形处理。

● 耳朵的弯曲

这里的耳朵几乎不需要变形。但如果耳朵和脸的衔接处看起来不自然，就需要修正。

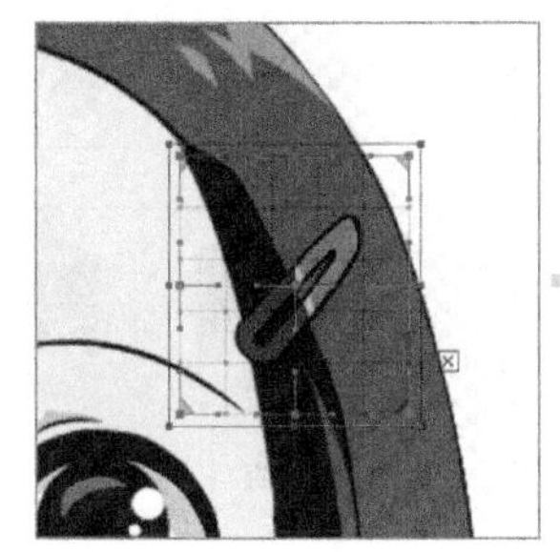

发卡的弯曲

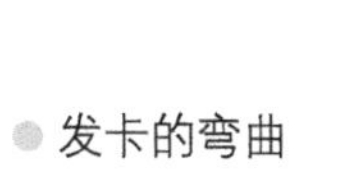

● 发卡的弯曲

其变形方式和眼睛、眉毛的变形方式相同。为了方便全面调整形状，可以暂时隐藏前发和侧发。

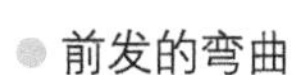

● 前发的弯曲

其变形方式和眼睛、眉毛的变形方式相同。由于前发上方超出了头部的范围，我们要把它调整到后发的范围之内。为了方便调整形状，可以暂时隐藏侧发。

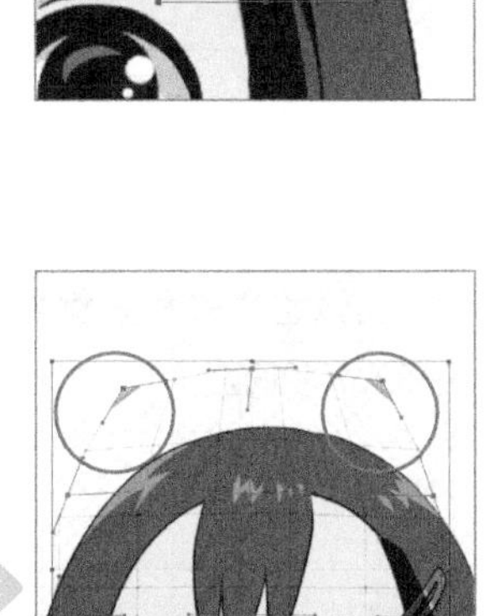

前发的弯曲

● 被夹起的头发的弯曲

其变形方式和前发的变形方式相同。移动它后，耳朵上方的头发会出现颜色断开的部分，调整头发的形状让其不再断开。

被夹起的头发的弯曲

● 右侧发的弯曲

其变形方式和前发的变形方式相同。由于右侧发上方超出了头部的范围，所以要把它调整到后发的范围之内。

右侧发的弯曲

● 左侧发的弯曲

其调整方式和右侧发的变形方式相同。

左侧发的弯曲

● 后发的弯曲

当角色向上转头时，头顶会变得几乎不可见。我们将发梢稍微向下移一些。

● 前发阴影的弯曲

结合头发的形状进行变形。

完成所有部件的移动、调整操作后，改变“角度Y”参数检查动作，并修改看起来不协调的部件。修改后的状态如右图所示。这样我们就制作完了脸转向上方的状态。

■ 源文件：4-4-03_CN.cmo3

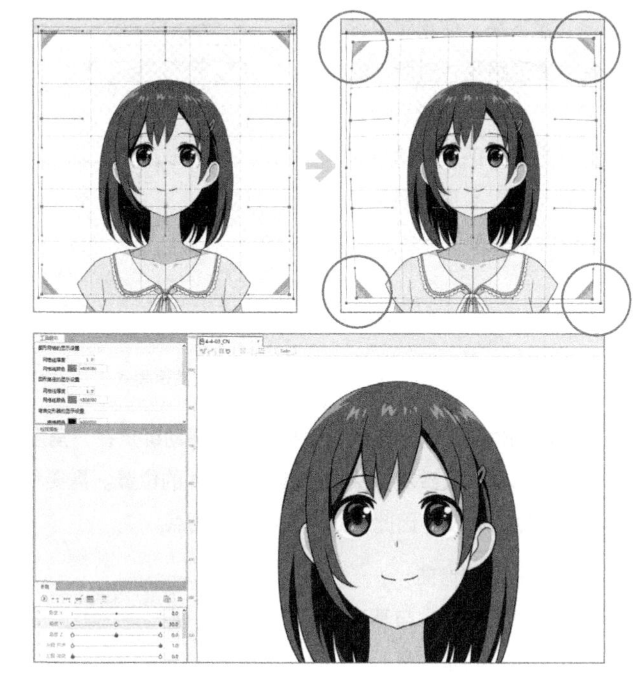

05 制作头向下转动的动作

其制作步骤和制作头向上转动时的方法相同。首先要决定头的移动幅度。选中在01中制作的与脸相关的名为“~的弯曲”的变形器和图形网格“脸”。选中“角度Y”参数的左端（最小值），将选中的与头部相关的物体集向下方移动一些。按住Shift键并用鼠标拖曳选中的物体，可以将其向正下方移动，移动到头部向下旋转时它们所在的位置即可。

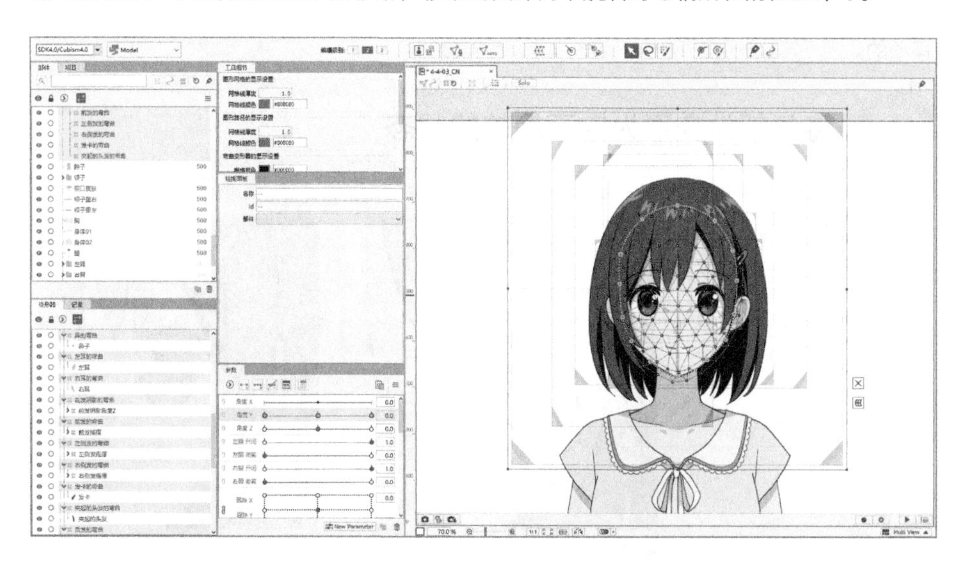

接下来，使用02中设置的变形路径，对脸部轮廓进行变形。变形后给人的感觉是：下巴会稍微变尖锐一些，头顶到额头的部分会稍微变宽一些。

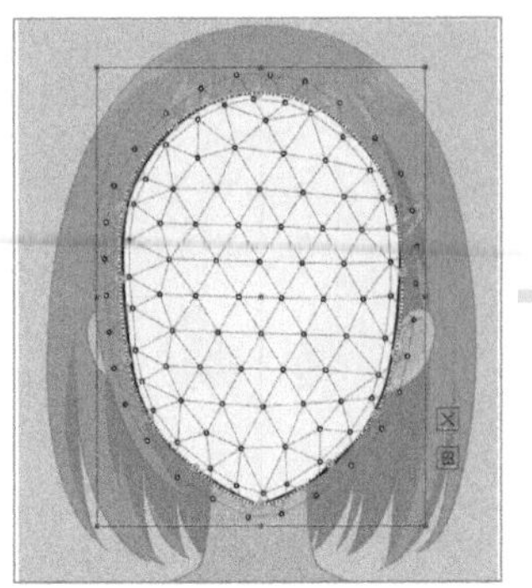

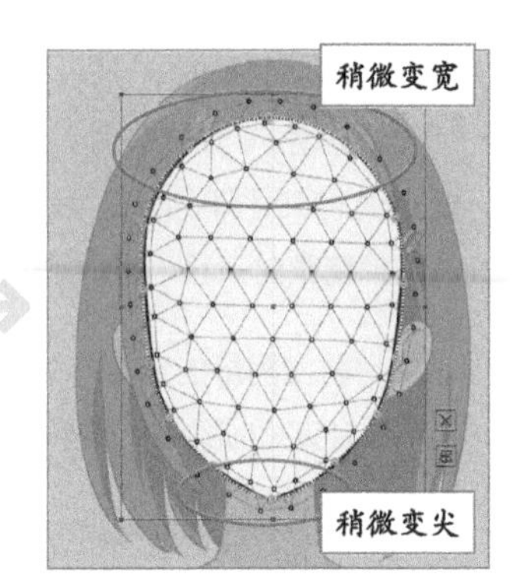

变形前（单独显示模式）

和制作头转向上方的方法相同，先移动绑定在“角度Y”参数上的名为“~的弯曲”的弯曲变形器，大致决定头部旋转后各部件的位置。需要移动的物体是相同的，只是方向和向上移动时相反，因此下面只介绍几个要点。

● 眼睛的弯曲

向下方移动。与基础位置相比，眼睛和鼻子的距离会变远。

● 耳朵的弯曲

当头向下转动时，耳朵从正面看上去是向上方移动的。

● 后发的弯曲

当头向下转动时，后发从正面看上去是向上方移动的。

移动前

移动后

06 将各部件变形为向下旋转的状态

● 眼睛的弯曲

和制作头转向上方时眼睛的弯曲动作相同，要根据透视关系进行变形。

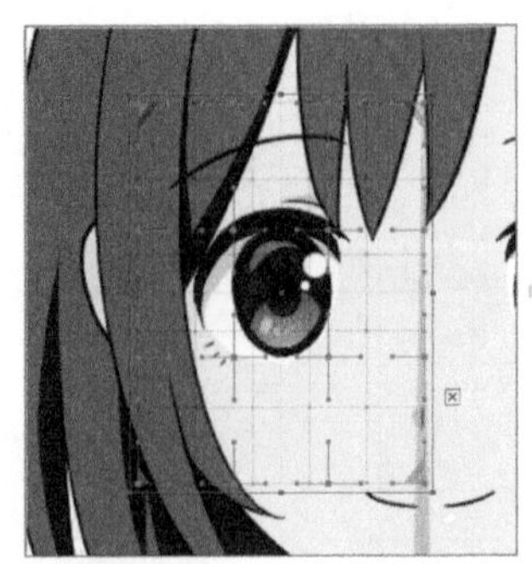

眼睛的弯曲

● 眉毛的弯曲

和眼睛的变形方式相同。

● 鼻子的弯曲

因鼻子部件很小，所以不对它进行变形处理。

眉毛的弯曲

● 嘴的弯曲

在张嘴的状态下对嘴进行变形会更方便地确认形状。

● 脸颊的弯曲

此处没有必要对它进行变形处理。

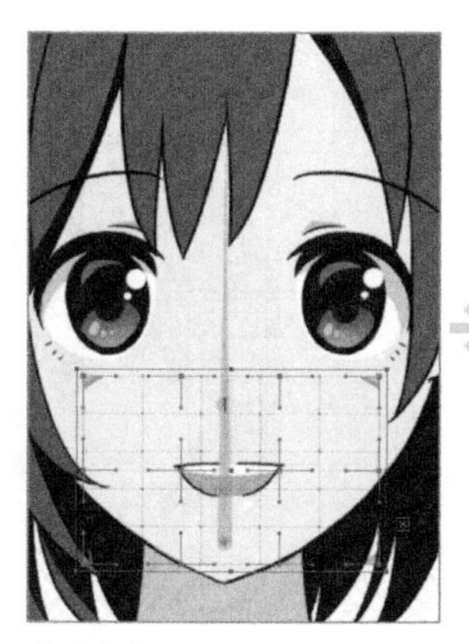
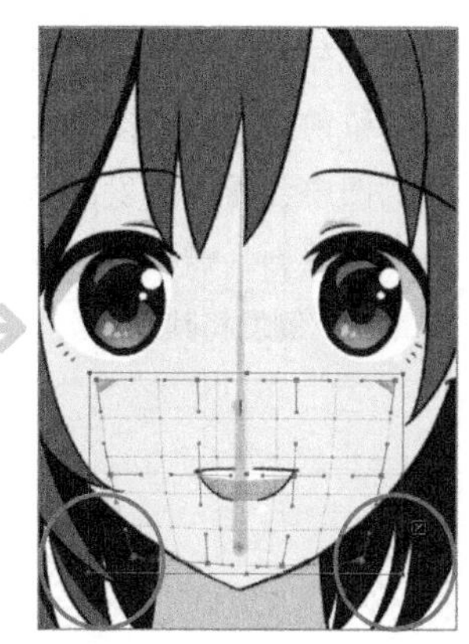

嘴的弯曲

● 耳朵的弯曲

此处耳朵几乎不需要变形。但如果耳朵和脸的衔接处看起来不自然，就需要修正。

● 发卡的弯曲

其变形方式和眼睛、眉毛的变形方式相同。为了方便调整形状，暂时隐藏前发和侧发。

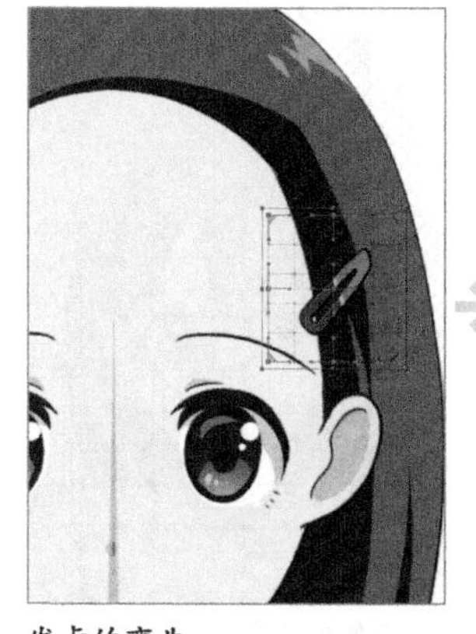
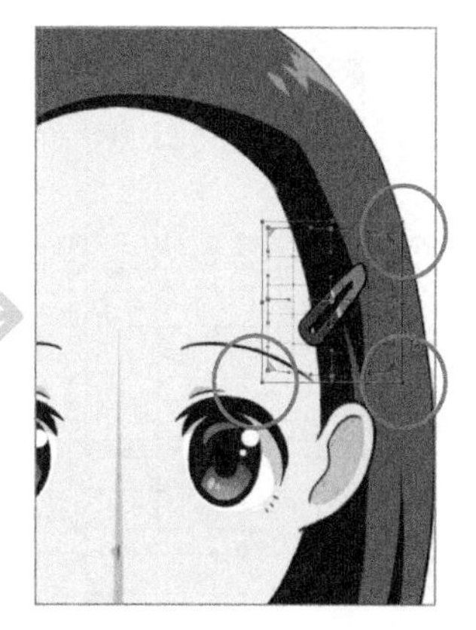

发卡的弯曲

● 前发的弯曲

其他部件变形后，后发上会出现不自然的阴影，我们需要通过变形前发将其遮住，将发梢稍微下移一些即可。

● 被夹起的头发的弯曲

此处几乎不用变形。

前发的弯曲

● 右（左）侧发的弯曲

和前发的变形方式相同。图中会看到后发上有不自然的阴影，需要通过变形右（左）侧发将其遮住。

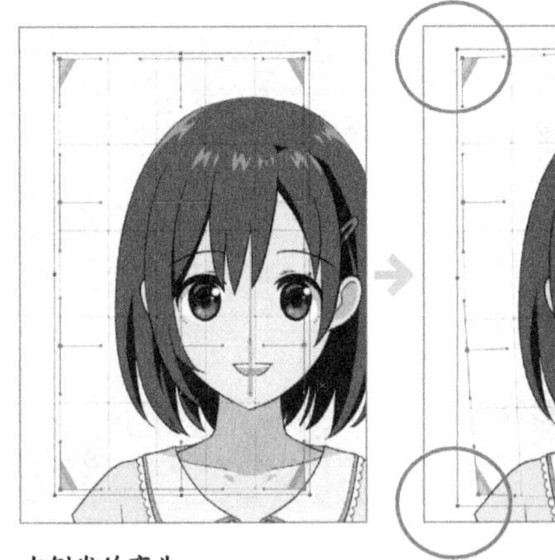
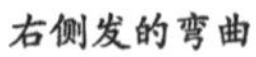

右侧发的弯曲

左侧发的弯曲

● 后发的弯曲

角色向下转头时，头顶的可见范围会变大。根据这个特点对后发进行变形。

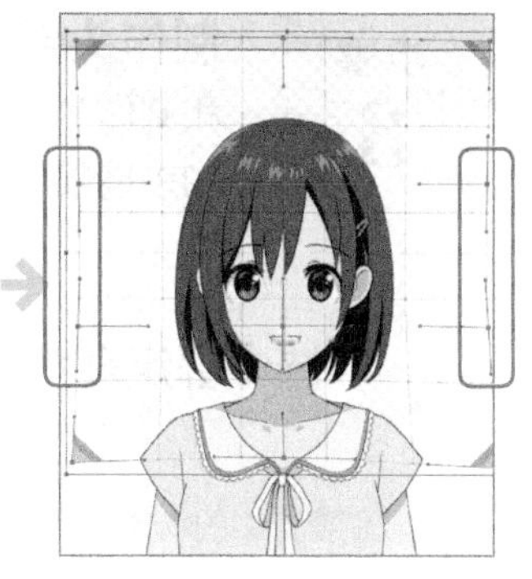

后发的弯曲

● 前发阴影的弯曲

结合前发的形状进行变形处理。

完成所有的变形操作后，检查“角度Y”参数从左端（最小值/转向下方的状态）到右端（最大值/转向上方的状态）之间的动作，并修改看起来不协调的部件。

下方是“角度Y”的最小值、默认值、最大值呈现出来的状态。

最小值

默认值

最大值

这样，脸的“角度Y”参数就设置完成了。

■ 源文件：4-4-04_CN.cmo3

步骤 3 制作头部的X轴旋转动作

和制作Y轴旋转动作的方法相同，我们要逐一移动、变形头部部件和表情部件，以制作相应的动作。

01 选中绑定在角度Y上的弯曲变形器和物体“脸”

我们要选中的物体是“~的弯曲”弯曲变形器和图形网格“脸”，与制作角度Y时的动作相同。

单击“角度Y”参数的数值栏（❶），在弹出的下拉菜单中单击“选择”按钮（❷），即可选中绑定在“角度Y”上的所有物体。

选中后，为“角度Y”参数追加3个关键点。

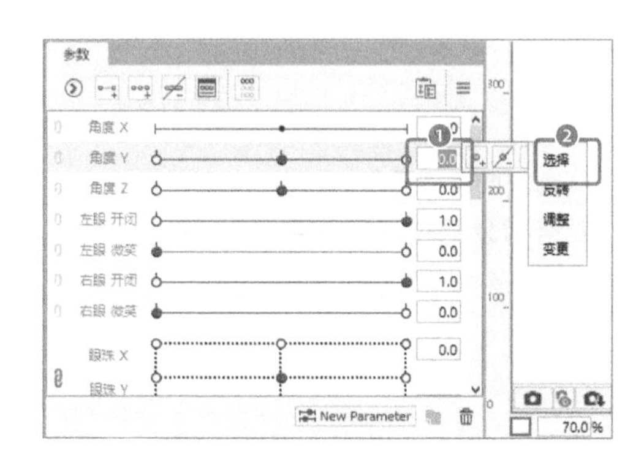

02 制作头部转向屏幕右侧的动作

我们令“角度X”参数的右端（最大值）为头部向屏幕右侧转动的状态，左端（最小值）为头部向屏幕左侧转动的状态，分别为各部分绑定两端的动作。

首先确定头部的移动幅度。选中“角度X”参数上绑定的“~的弯曲”弯曲变形器和图形网格“脸”，然后选中“角度X”参数的最大值，并将头部相关的物体集向右移动。按住Shift键并用鼠标拖曳物体，即可向正侧面移动。移动到头部向屏幕右侧旋转时的位置即可。

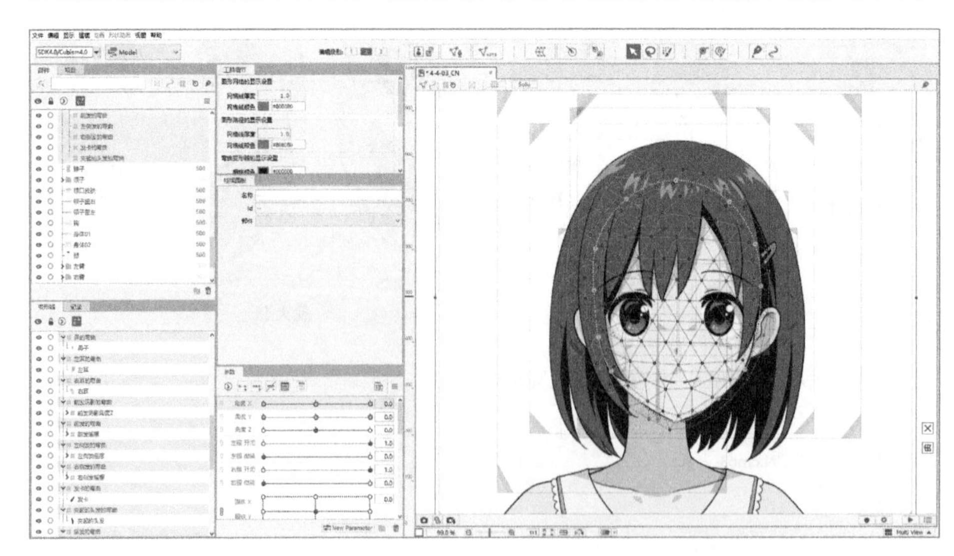

接下来，和制作“角度Y”的动作一样，通过变形路径对脸的轮廓进行变形。

整体呈现的感觉是转向深处的左脸颊略微膨胀，右侧下巴的轮廓稍微延长。制作时要想象从斜向观察这个角色时的画面。

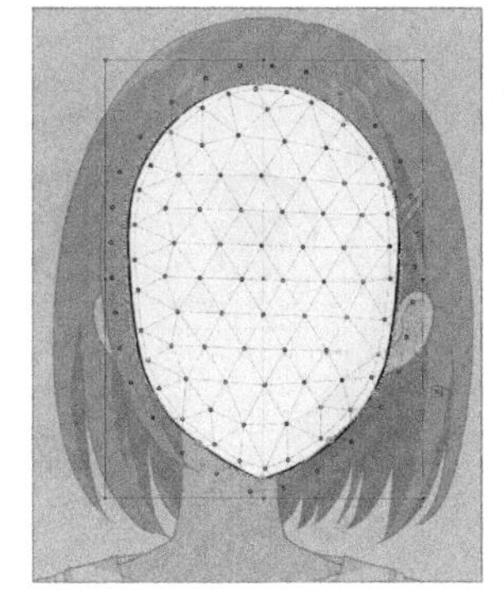
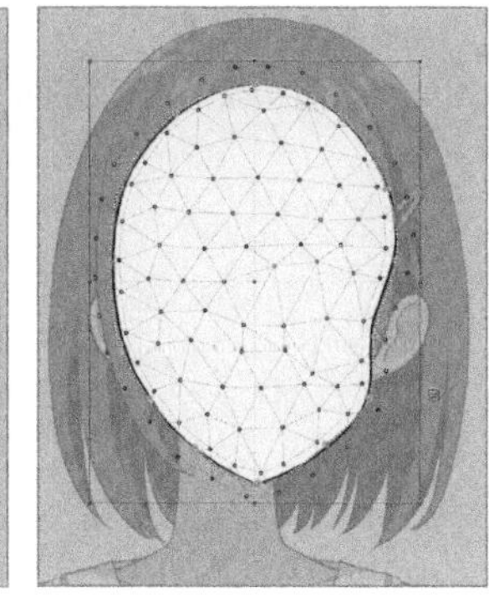

变形前后（单独显示模式）

接着调整各个物体的位置。移动在“角度X”参数上绑定的“~的弯曲”的弯曲变形器，大致决定头部旋转后各部件的位置。拖曳弯曲变形器的中心即可进行移动。制作时要想象从斜向观察这个角色时的画面。为了方便观察正在拖曳的部件与脸部轮廓的位置关系，可以隐藏头发和其他表情部件。

● 鼻子的弯曲

将鼻子向右侧移动。从正面观察时，它是表情部件中移动距离最远的。

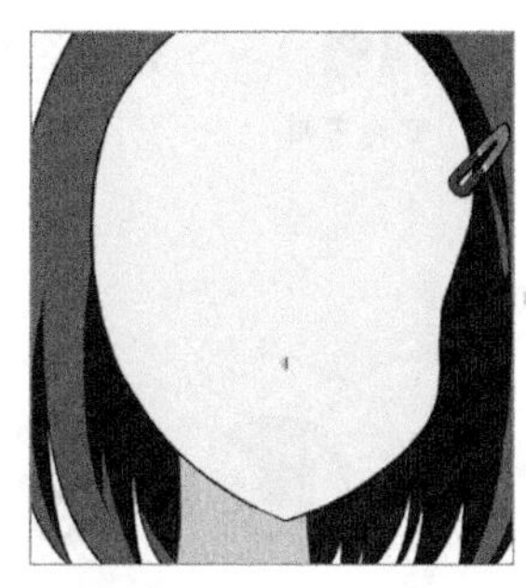
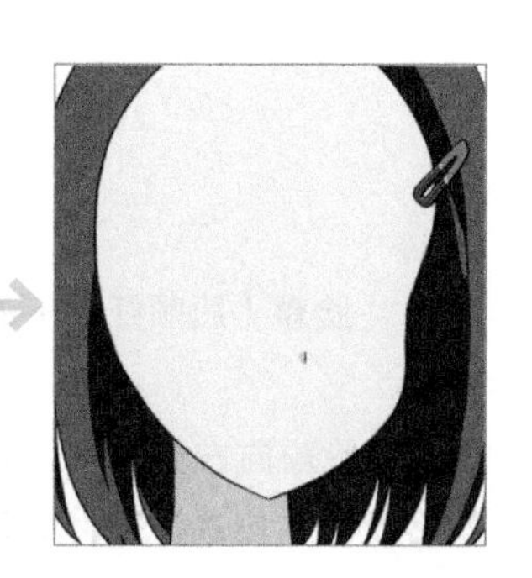

鼻子的弯曲

● 眼睛的弯曲

将右眼稍微向右侧移动。

眼睛的弯曲

● 眉毛的弯曲

将右眉稍微向右侧移动。

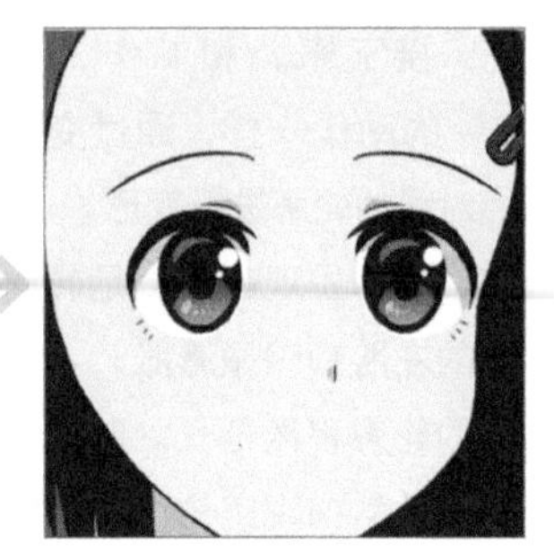

眉毛的弯曲

● 嘴的弯曲

将嘴向右侧移动。请参照鼻子和下巴尖的位置进行移动。

嘴的弯曲

● 脸颊（脸颊红晕）的弯曲

将脸颊向右侧移动，并配合眼睛的位置调整，此时脸颊（脸颊红晕）会超出脸的范围，先不必在意这个问题，之后我们会在变形步骤中再度调整它。

脸颊的弯曲

● 左耳朵的弯曲

将左耳朵向左移动，让它被隐藏在脸部轮廓后方。

左耳朵的弯曲

● 右耳朵的弯曲

将右耳朵沿着脸的轮廓向左侧移动。

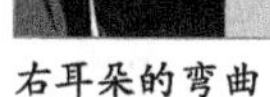

右耳朵的弯曲

● 发卡的弯曲

将发卡向右侧移动，让它离开脸部轮廓所在的区域。

发卡的弯曲

● 后发的弯曲

当头转向屏幕右侧时，从正面观察，后发会向左侧移动，此时发卡会超出头发的范围，先不必在意这个问题，之后我们会在变形步骤中再度调整。

后发的弯曲

● 前发、右（左）侧发的弯曲

将它们向右侧移动。参照眼睛、眉毛和脸部轮廓的位置进行调整，此时头顶的皮肤会露出来，先不必在意这个问题，之后我们会在变形步骤中再度调整。

前发、右（左）侧发的弯曲

● 前发阴影的弯曲

将前发阴影向右侧移动。若仅仅根据头发的位置进行移动，则效果不太理想，因此大致移动一下即可，之后我们会在变形步骤中再度进行其他调整。

■ 源文件：4-4-05_CN.cmo3

前发阴影的弯曲

接下来对各部件进行变形。制作时想象从斜向观察这个角色时的画面。

转向屏幕深处的部件（此时是左眉、左眼）的宽度会变小。和制作“角度Y”的动作相同，我们要根据物体的外观变化对各个“～的弯曲”的弯曲变形器进行变形。

● 眼睛的弯曲

缩短转向屏幕深处的那一侧（此时是左眼）的宽度。将右眼的宽度稍微扩大一些。

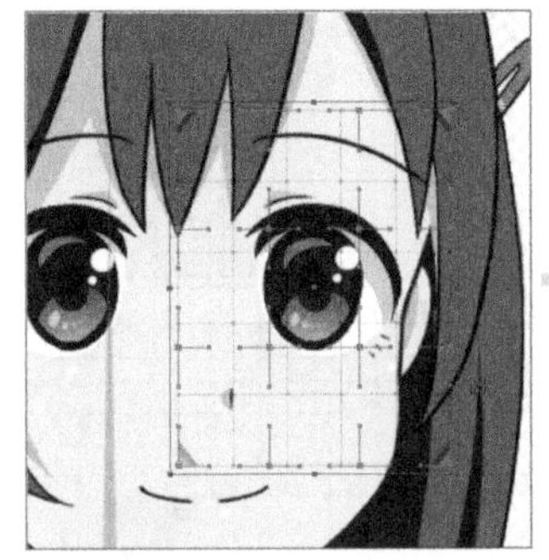

眼睛的弯曲

● 眉毛的弯曲

和眼睛的变形方式相同。

眉毛的弯曲

● 鼻子的弯曲

根据鼻梁的透视变化进行变形。

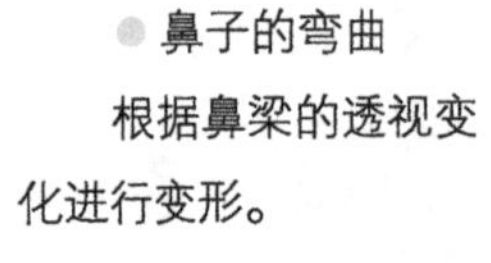

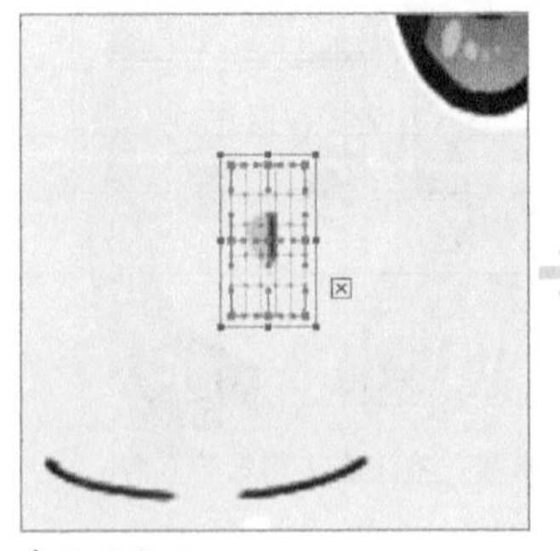

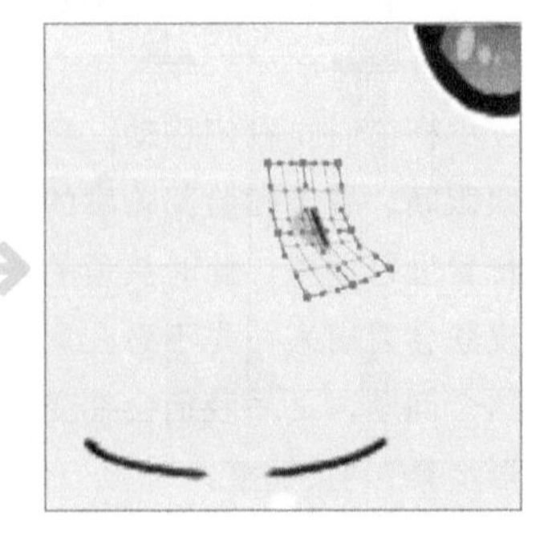

鼻子的弯曲

● 嘴的弯曲

对嘴进行变形处理时，嘴的右上方呈现略微向内收缩的感觉。在张嘴的状态下对嘴进行变形会更方便确认形状。

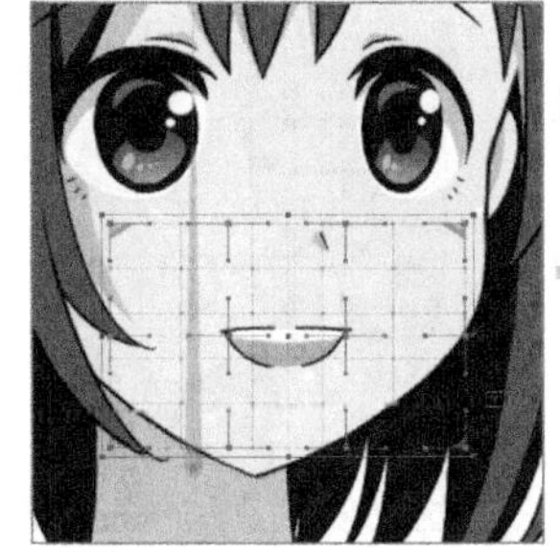
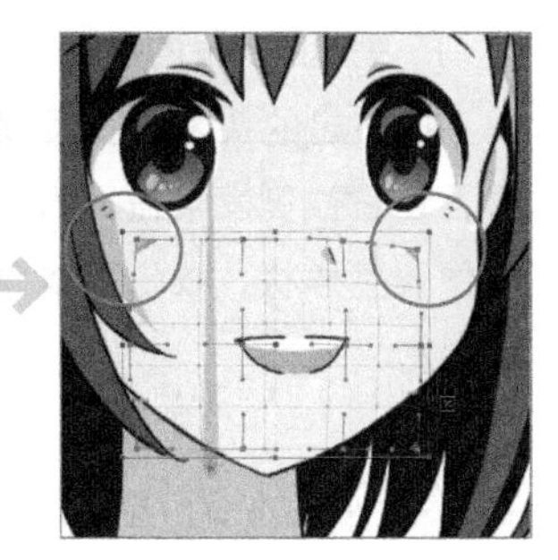

嘴的弯曲

● 脸颊的弯曲

参照眼睛和脸部轮廓的形状进行变形。

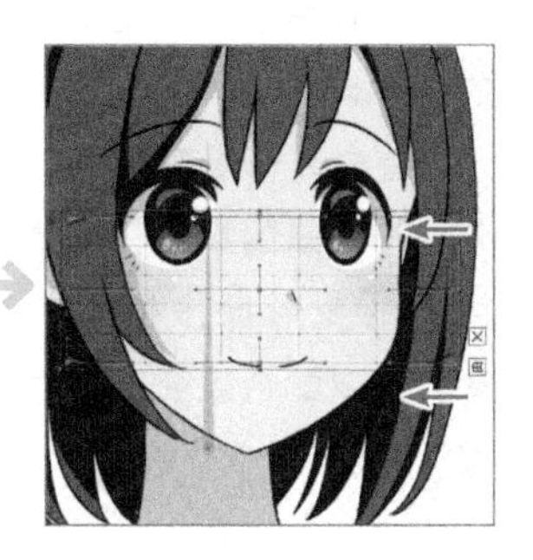

脸颊的弯曲

● 耳朵的弯曲

缩短转向屏幕深处的那一侧（此时是左耳）的宽度。

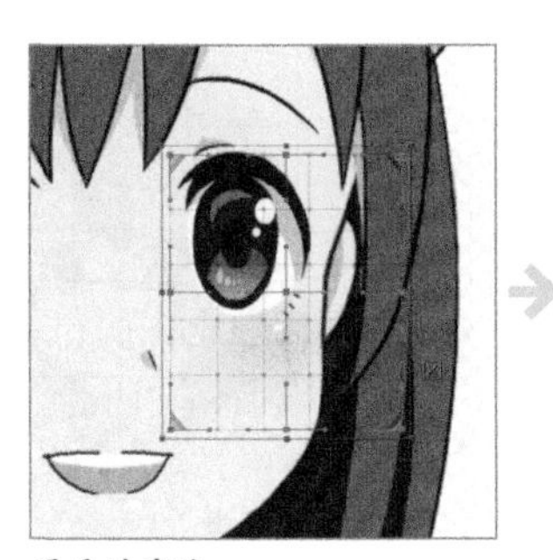
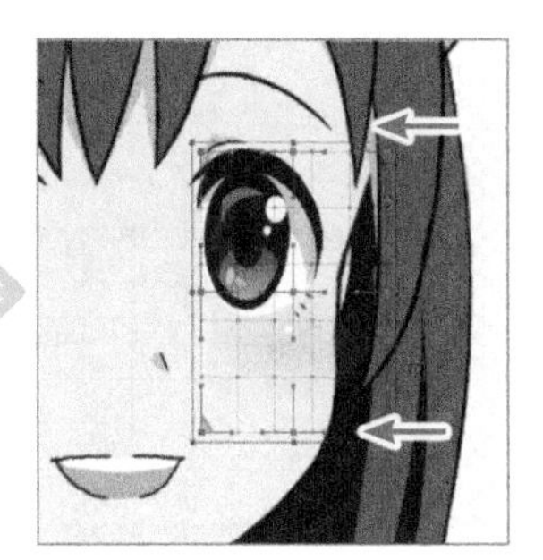

耳朵的弯曲

● 发卡的弯曲

把发卡的宽度变窄，让它被侧发覆盖。为了方便调整形状，我们可以隐藏侧发，但实际上发卡最终会被隐藏在左侧发后方。

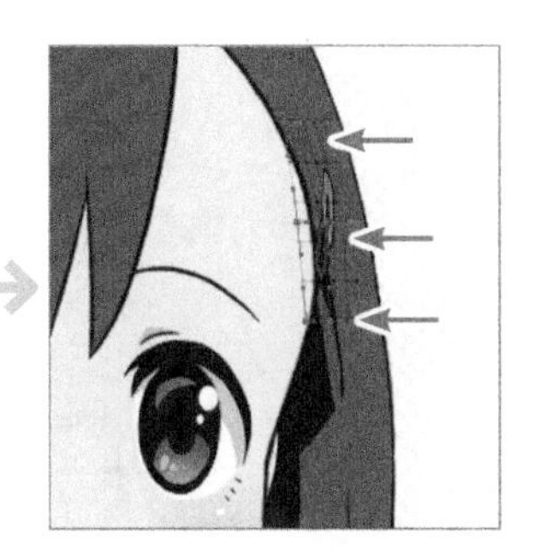

发卡的弯曲

● 夹起的头发的弯曲

把夹起的头发的宽度变窄，让它被侧发覆盖。为了方便调整形状，我们可以隐藏侧发。

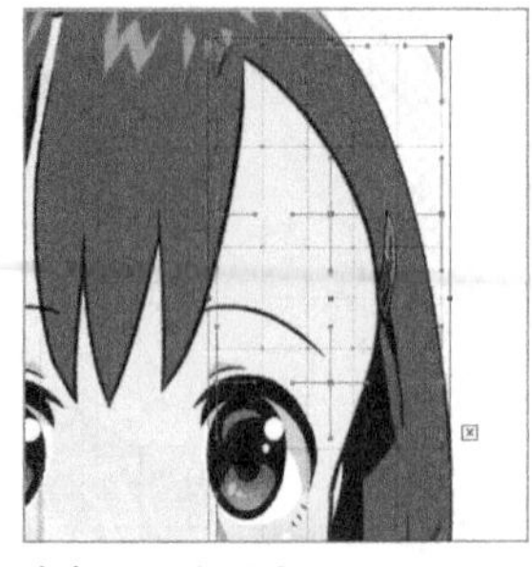
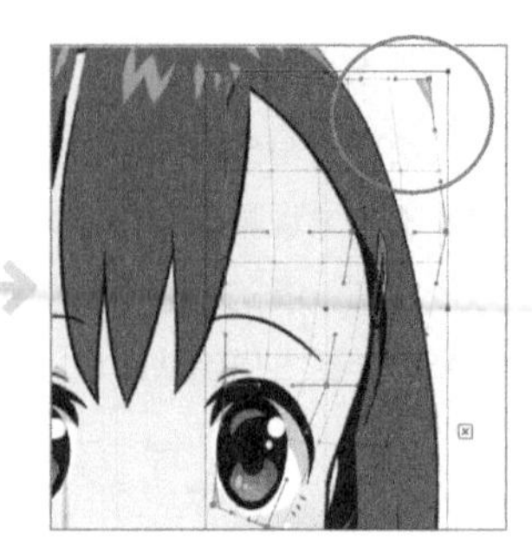

夹起的头发的弯曲

● 前发、右（左）侧发的弯曲

首先要修复有破绽的部分。接下来的操作和眼睛、眉毛的变形操作相同。注意，还要配合改变“头发摇摆”参数检查有无破绽。

前发的弯曲

右侧发的弯曲

左侧发的弯曲

● 后发的弯曲

按照令屏幕左侧可见范围变大的感觉进行变形。

■ 源文件：4-4-06_CN.cmo3

后发的弯曲

● 前发阴影的弯曲

参照前发的形状进行变形。

前发阴影的弯曲

03 制作头部转向屏幕左侧的动作

和制作头部转向屏幕右侧的动作相同，在“角度X”参数的最小值处制作头部向屏幕左侧的转动动作。然后改变“角度X”参数，检查一下有没有不协调的地方，并针对性地进行调整。注意，一般不太可能一次就做好，需按照“微调→运动并检查→微调”的方式反复修改。

最小值

默认值

最大值

04 使用四角形状合成功能，制作斜向的动作

和制作眉毛的移动动作一样，我们使用“四角形状合成”功能制作斜向的移动动作（参见P79）。首先将参数“角度X”“角度Y”结合起来。在“参数”面板中将“角度X”“角度Y”排列在一起，单击“角度X”前的结合图标（❶），让两个参数结合。

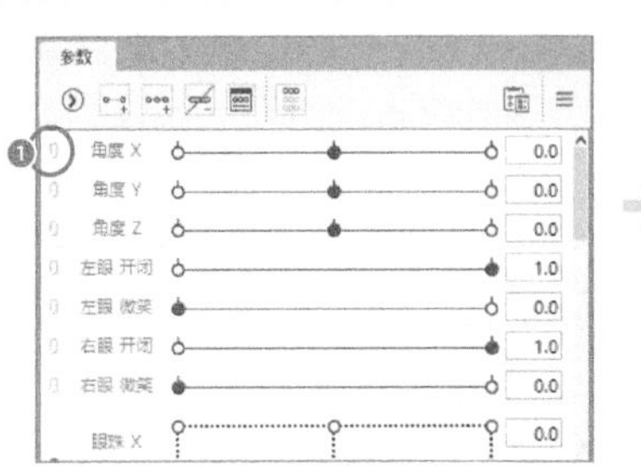

接下来单击“角度X&Y”（代表结合后的参数“角度X”和“角度Y”）参数的数值栏（❷），在弹出的下拉菜单中单击“选择（❸）”，选中绑定在“角度X&Y”参数上的所有物体。

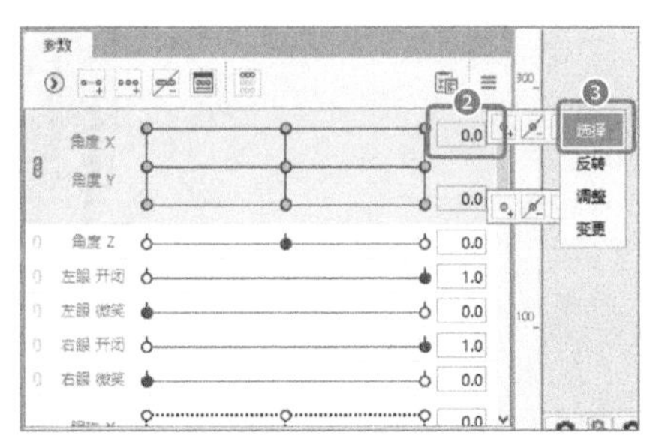

确认选中“角度X&Y”参数后，在菜单中选择“建模”→“参数”→“四角形状合成”（或按Ctrl+4组合键），即可调出“四角形状合成”对话框。

参数1为“角度X”（❹），参数2为“角度Y”（❺），对象为“选定的物体”（❻）。

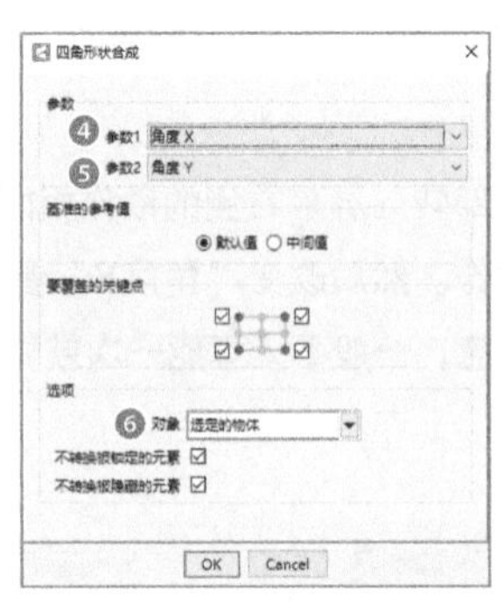

确认无误后单击“OK”按钮，此时会基于“角度X”“角度Y”参数下的形状生成斜向位置的形状。然后像下一页所示，改变参数并检查一下动作。

在结合后的参数中，右上的关键点处，头发阴影会超出范围，需要单独进行修正。如果发现其他有破绽或观感不佳的地方，也可以单独调整。

源文件：4-4-07_CN.cmo3

要点 理论和直觉

制作动作时，像前面的图示那样，依据“这样运动时会带来相应的透视变化”理论，会比较容易理解变形的方法。

另外，因为制作的是插画，美术风格也是重要的元素，所以没必要完全依据现实情况进行变形。按照类似“这样看起来比较自然、比较帅气或不够可爱”的直觉进行制作也可以。

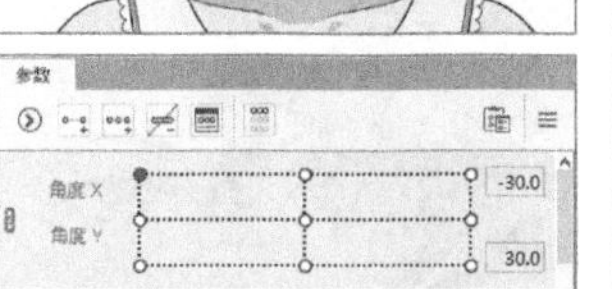

参数
角度 X
角度 Y
0.0
30.0

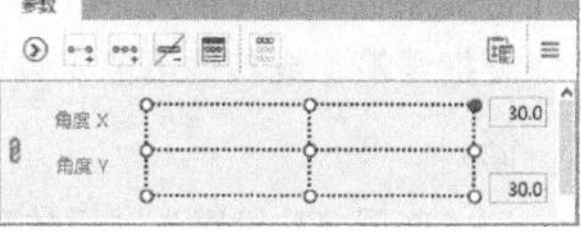

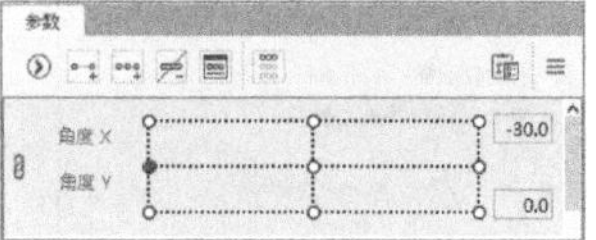

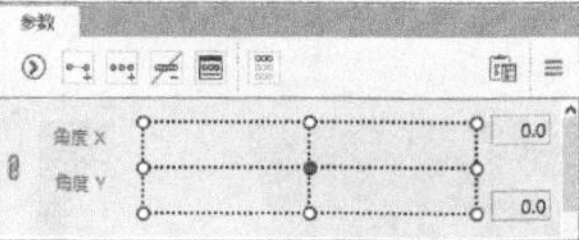

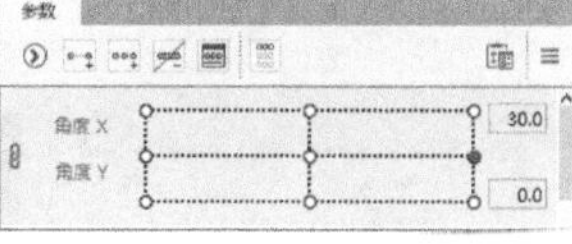

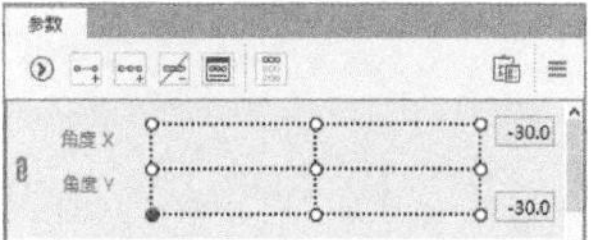

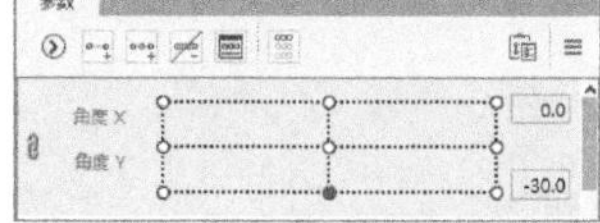

参数
角度 X
角度 Y
30.0
-30.0

提示 使用反转的剪贴蒙版制作眼睛

使用反转的剪贴蒙版，可以制作眼睛透过头发显现出来的效果。我们来看一个制作案例。

1. 在插画素材中增加"反转蒙版用的物体"

首先进行准备工作，我们用Photoshop等软件给插画素材追加图层，分别创建右眼和左眼用的图层，按照眼睛的形状，用容易辨识的颜色进行填充。为了让这个图层在不透明度为100%的情况下仍然是半透明的，在填充时要把画笔（或其他填色工具）的不透明度降低。

图层名称设置为"反转蒙版用_右眼"和"反转蒙版用_左眼"。

在导入Live2D Cubism后，它们就可以作为"反转蒙版用的物体"使用。

源文件：10-1-03-import_CN.psd（在"第10章"文件夹内）

2. 为"反转蒙版用的物体"制作眼睛开闭动作

在Live2D Cubism中导入素材。如果模型的眼睛可以开闭，就要为"反转蒙版用的物体"也制作眼睛开闭时的动作。

让"反转蒙版用的物体"（反转蒙版用_右眼、反转蒙版用_左眼）处于显示状态，并创建贝塞尔分区数量为"2×2"的两个父级弯曲变形器。此处我们将变形器分别命名为"反转蒙版用_右（左）眼开闭"。

分别选中创建好的弯曲变形器，为"右（左）眼 开闭"参数执行"追加2点"操作以创建关键点。

接下来，参照眼睛的开闭动作，对反转蒙版用的弯曲变形器进行变形。

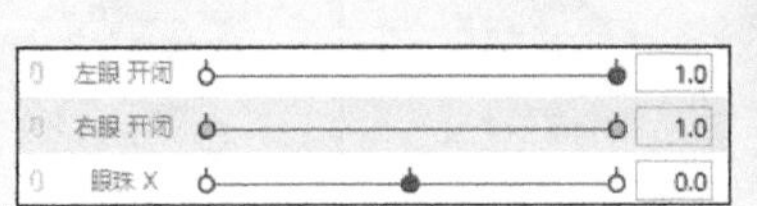

如果之后还要制作脸部的运动，此处就需要注意变形器之间的父子关系。

这里我们让“反转蒙版用_右（左）眼开闭”变形器各自成为“右（左）眼的弯曲”弯曲变形器的子级。

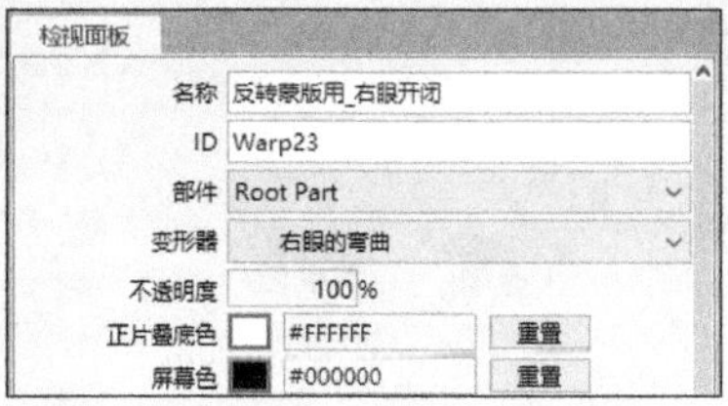

3. 设置剪贴蒙版并开启反转

用“反转蒙版用的物体”创建头发的剪贴模板。

选择覆盖眼睛的头发部件（前发_3，前发下文件夹内的前发_2、前发5），在“检视面板”面板的剪贴ID一栏填入“反转蒙版用的物体（反转蒙版用_右眼、反转蒙版用_左眼）”的ID。

然后，勾选“反转蒙版”。

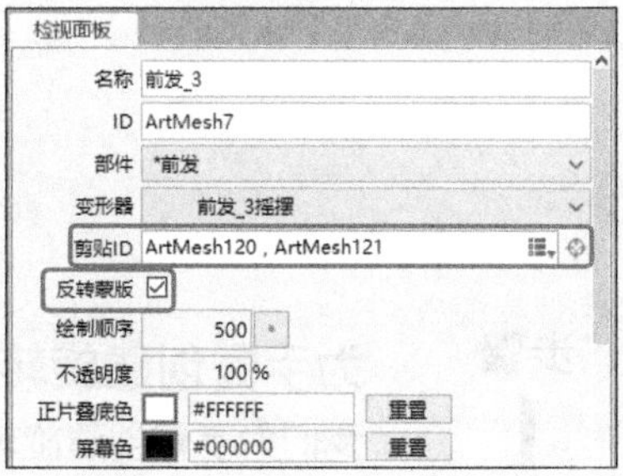

4. 调整物体的不透明度和图层顺序

选择“反转蒙版用的物体（反转蒙版用_右眼、反转蒙版用_左眼）”，在“检视面板”面板中将不透明度调整为0%。

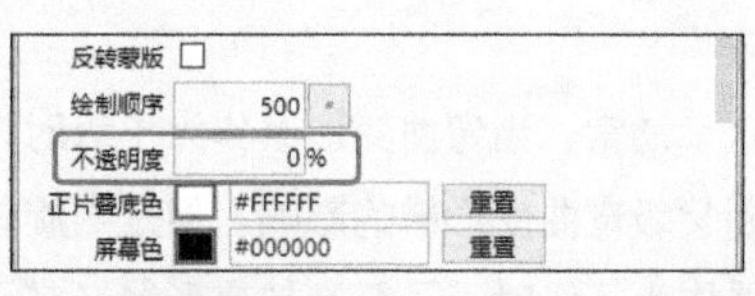

在“部件”面板中，将头发的图层顺序调整到眼睛上方。在这个案例中，将“前发”文件夹移动到“表情上”文件夹上方即可。

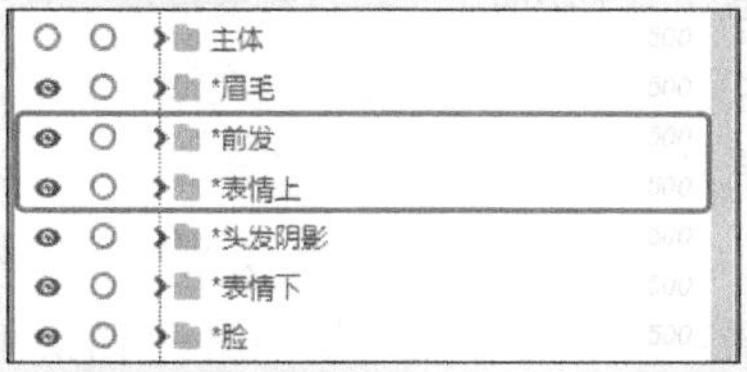

这样我们就用半透明的物体为头发设置了反转的剪贴蒙版。现在，在眼睛所在的范围内，头发会是半透明的。

■ 源文件：10-0-01_CN.cmo3（在“第10章”文件夹内）

4.5 设置⑤ 呼吸/身体旋转

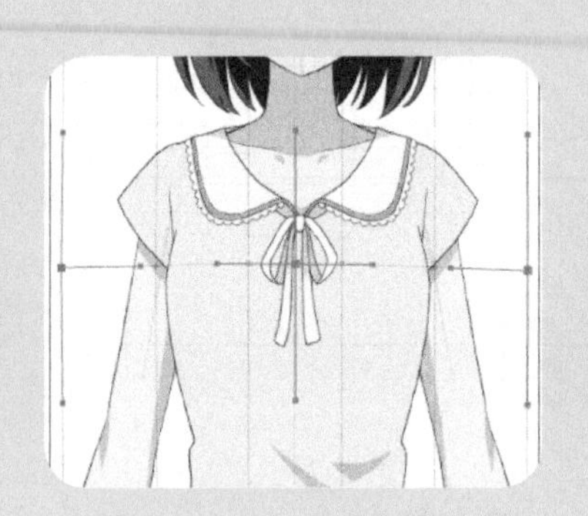

至此，我们制作了脸部的表情和动作。接下来使用弯曲变形器设置呼吸动作，以及身体沿X轴、Y轴、Z轴旋转的动作。首先为手臂创建旋转变形器，防止它的形状受弯曲变形器影响。

步骤1 为手臂创建旋转变形器

我们为手臂创建旋转变形器，做好对身体进行变形的准备。

01 回顾弯曲变形器和旋转变形器的父子关系

通常，当弯曲变形器作为子级时，会受到父级弯曲变形器的影响。但是当旋转变形器作为子级时，子级旋转变形器及其子物体均不会受父级弯曲变形器变形的影响，只会受其位移和旋转的影响（参见3.5节）。

利用这个特性，即便我们用弯曲变形器对身体变形，也可以不使手臂的形状发生扭曲。

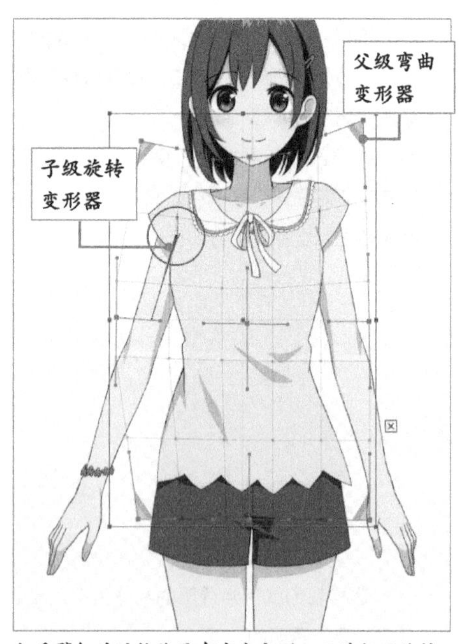

与手臂相关的物体没有产生变形，只进行了旋转

02 为手臂创建旋转变形器

在“部件”面板中选中“右大臂”“右小臂”“右手”，在工具栏中单击“创建旋转变形器”。在弹出的对话框中，将旋转变形器的名称设置为“右臂的旋转”。

按住Ctrl键，用鼠标拖曳旋转变形器的中心到腋窝处。这样旋转变形器就会以腋窝为中心进行旋转。

要点 关于Ctrl键（1）

如果不按住Ctrl键就进行拖曳，那么与手臂相关的部件也会跟着一起运动。

按住Ctrl键，用鼠标拖曳旋转变形器指针的末端（❶），使其和手臂方向一致。

这样，我们就设定好了旋转变形器的基准朝向。同样，我们也为左臂创建旋转变形器。

要点 关于Ctrl键（2）

如果不按住Ctrl键就进行拖曳，那么与手臂相关的部件也会跟着一起旋转。虽然旋转变形器的基准朝向可以是任何方向，但为了让后续制作过程中的操作更加直观，我们要让它的朝向和手臂的方向一致。

步骤 2 制作呼吸用的弯曲变形器

分别创建呼吸用的弯曲变形器，以及身体沿*X*轴、*Y*轴和*Z*轴旋转用的弯曲变形器。

01 创建呼吸用的弯曲变形器

创建呼吸用的弯曲变形器“呼吸”，并将其作为下列所有物体的父级。这次我们需要选中以下内容。

- 旋转变形器：“角度Z”“左臂的旋转”“右臂的旋转”
- 弯曲变形器：“脖子的弯曲”
- 图形网格：“中央缎带差分”“缎带差分”“中央缎带”“缎带”“左领子”“右领子”“领口皮肤”“领子里右”“领子里左”“胸”“身体01”“身体02”“腿”

贝塞尔分区的数量设置为“2×5”。

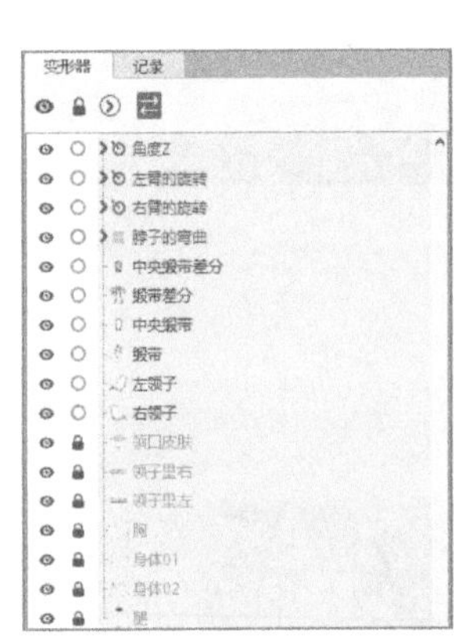

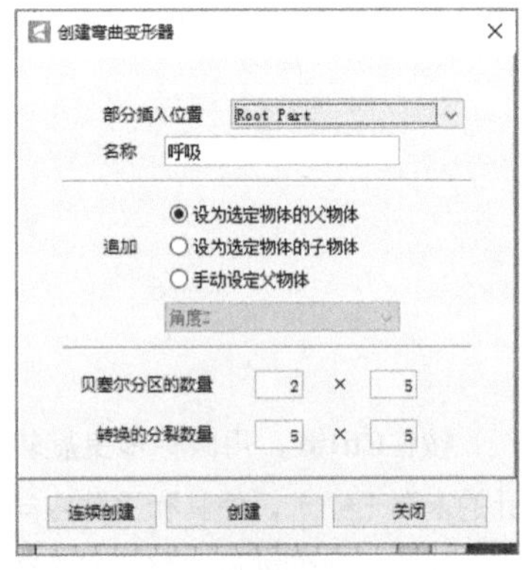

贝塞尔分区的数量即为弯曲变形器控制点的数量，需要根据具体情况进行调整。

制作呼吸动作时，我们希望在头（❶）、胸（❷）、腰（❸）的位置设置控制点，因此将其设置为“2×5”。如果是只有头和胸的模型，就设置为“2×3”。

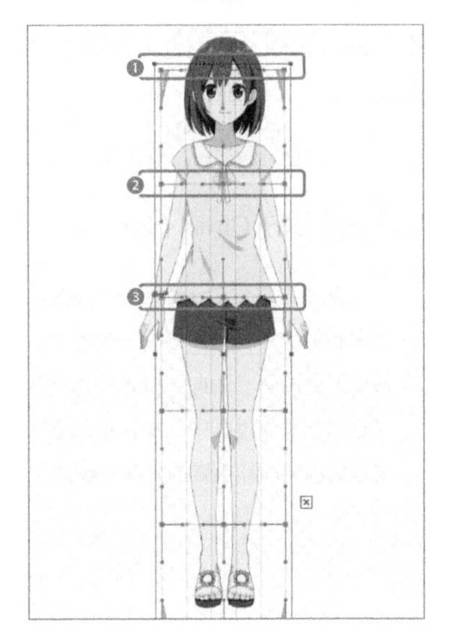

02 在“呼吸”参数上创建关键点并绑定动作

在“变形器”面板中选中“呼吸”弯曲变形器，在“参数”面板中为“呼吸”参数追加两个点。我们令参数的左端（最小值）为默认状态，右端（最大值）为吸气状态。

选中参数的右端（最大值），将胸部中心的控制点（❶）向上微微移动，将胸部两侧的控制点（❷）向左右两侧微微移动，令胸部微微扩展。

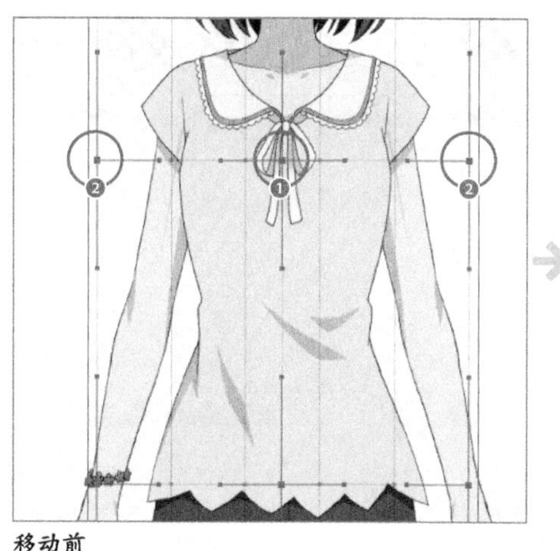

移动前

移动后

通过上图，你可能几乎看不出差别，因为呼吸运动的幅度本身就不大。如果站立姿势下呼吸时肩膀的上下运动幅度过大，看起来就会有种上气不接下气的感觉。另外，呼吸动作幅度小也是为了体现呼吸和其他动作之间的动静差异。

然而，如果角色在战斗姿态下，或者角色因为紧张而呼吸比较急促的时候，就需要相应地把呼吸动作的幅度做大一些。

步骤3 制作身体的 *Y* 轴旋转动作

使用和制作呼吸动作时相似的方法，制作身体的 *Y* 轴（上下）旋转动作。

01 创建“身体旋转Y”弯曲变形器

创建名为“身体旋转Y”的弯曲变形器，作为“呼吸”弯曲变形器的父级。贝塞尔分区的数量设为“2×5”。为防止子级“呼吸”弯曲变形器超出范围，我们将“身体旋转Y”弯曲变形器扩大一些。

02 在“身体旋转Y”参数上创建关键点并绑定动作

在“变形器”面板中选择“身体旋转Y”弯曲变形器，在“参数”面板中为“身体旋转Y”参数追加3个关键点。我们令参数的左端（最小值）为身体向下收缩的状态，右端（最大值）为身体向上伸展的状态。

选中参数的右端（最大值），将胸部中央和头顶的控制点（❶）向上移动，将腰部中央的控制点（❷）略微向上移动。为使整体看上去协调，我们将肩部附近的控制点（❸）也略微上移一些。

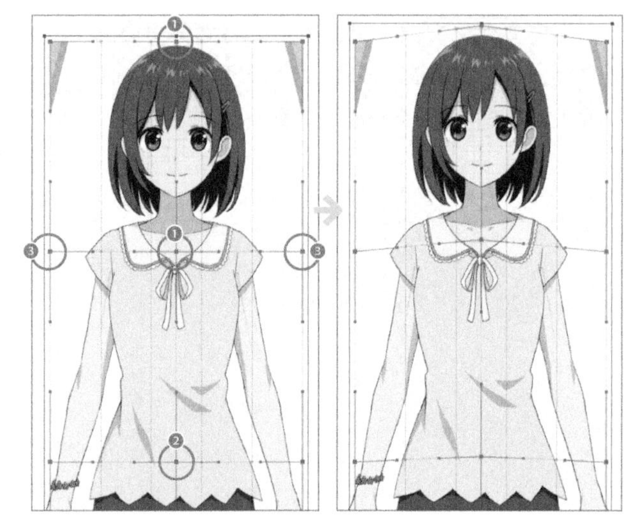

选中参数的左端（最小值），像调整右端（最大值）一样，将胸部中央和头顶的控制点（❹）向下移动，将腰部中央的控制点（❺）略微向下移动。

如果只是这样调整，角色看上去就会有耸肩的感觉，因此我们要将上方两端的控制点（❻）向下移动一些。

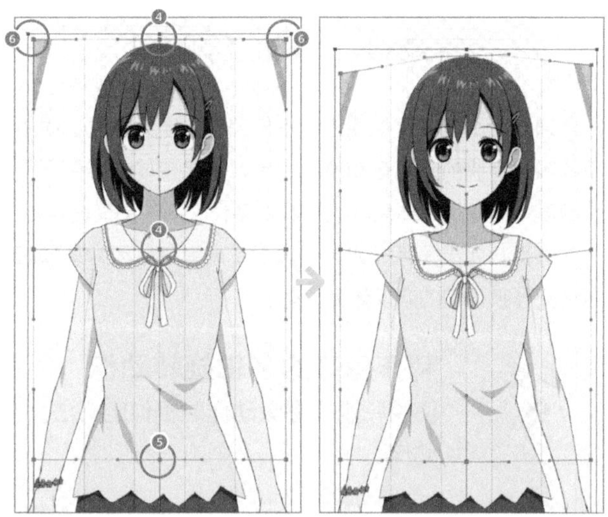

要点 **当下半身也要运动时**

如果下半身也需要运动，那么两条腿就要和手臂一样，按部件分开并分别设置旋转变形器。

步骤 4

制作身体的X轴旋转动作

使用和制作Y轴旋转动作时相似的方法，制作身体的X轴（左右）旋转动作。

01 创建“身体旋转X”弯曲变形器

创建名为“身体旋转X”的弯曲变形器，作为“身体旋转Y”弯曲变形器的父级。

贝塞尔分区的数量为“2×5”。为防止子级“身体旋转Y”弯曲变形器超出范围，我们将“身体旋转X”弯曲变形器扩大一些。

02 在“身体旋转X”参数上创建关键点并绑定动作

在“变形器”面板中选择创建好的“身体旋转X”弯曲变形器，在“参数”面板中为“身体旋转X”追加3个关键点。我们令参数的左端（最小值）为身体向屏幕左侧转动的状态，令右端（最大值）为身体向屏幕右侧转动的状态。

选择参数的右端（最大值），制作身体转向屏幕右侧时的动作。将头、胸、腰中央的控制点（❶）向右移动，将头、胸、腰右侧的控制点（❷）向左移动。此时头部会发生倾斜，所以我们将左上方的控制点（❸）向右移动。和制作眼睛顺着X轴旋转的动作一样，我们要让转向屏幕深处的那一侧的宽度变窄。

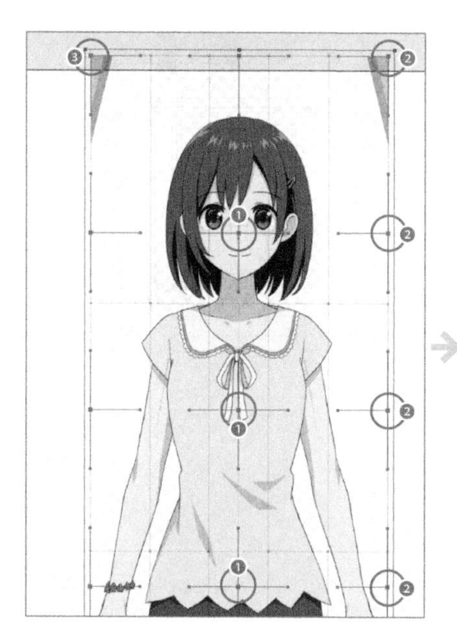

为使下半身看起来协调，我们将腰附近的控制点（④）也略微左移了一些。

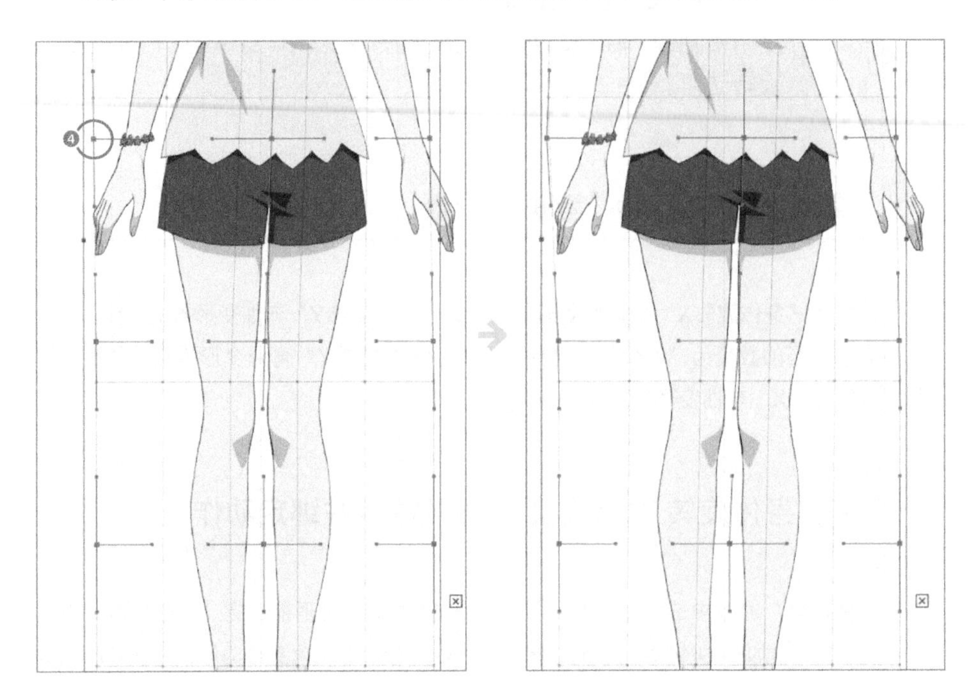

观察整体的协调性并进行调整。

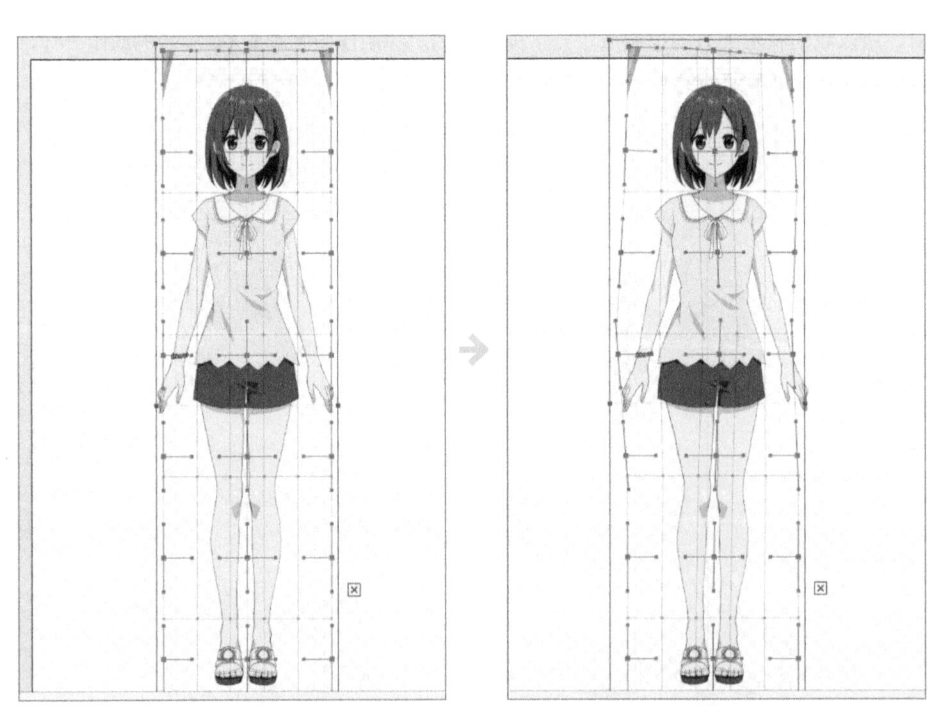

接下来调整对X轴（横向）旋转视觉效果影响较明显的地方，即领子的围绕感。

- 创建“右领子的旋转X”弯曲变形器（贝塞尔分区的数量为“2×2”）作为图形网格“右领子”“领子里右”的父级
- 创建“左领子的旋转X”弯曲变形器（贝塞尔分区的数量为“2×2”）作为图形网格“左领子”“领子里左”的父级

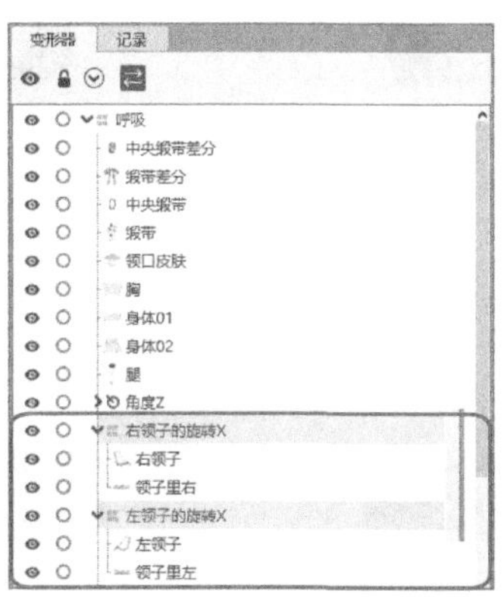

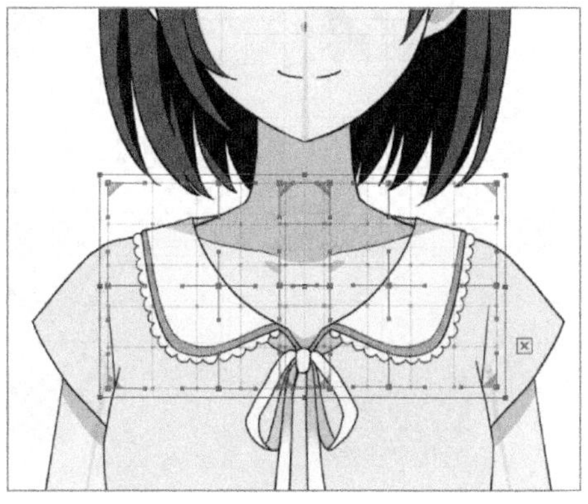

创建完成后，在“参数”面板中为“身体旋转X”参数追加3个关键点。

选中“身体旋转X”参数的右端（最大值），调整弯曲变形器的形状，让右侧领子里面（❺）的可见面积变小，让左侧领子里面（❻）的可见面积变大。

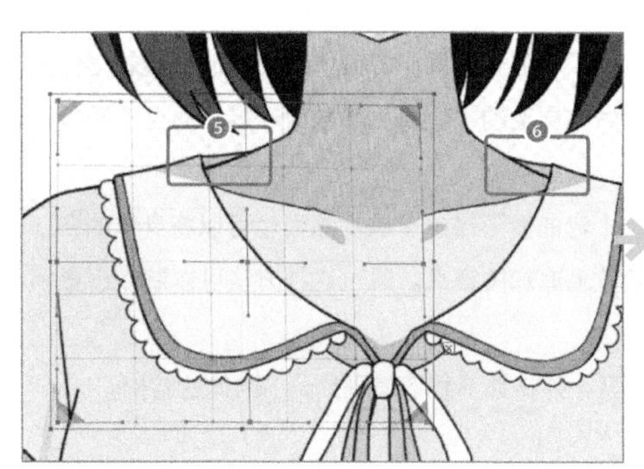

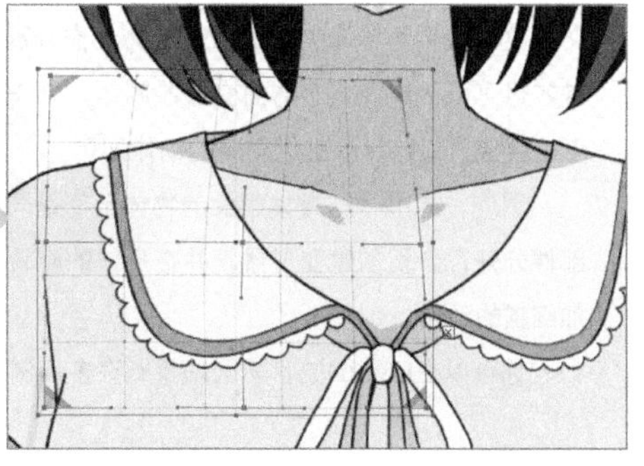

右侧领子

左侧领子

制作完右端（最大值）的动作后，我们同样为左端（最小值）制作动作。使用“动作反转”功能（参见P103）制作会很方便。完成制作后通过改变参数，检查一下是否有不协调的感觉。

左端（最小值）

默认值

右端（最大值）

提示　身体的弯曲变形器

这次我们为身体的X轴和Y轴旋转动作分别创建了弯曲变形器。但身体的X轴和Y轴旋转动作其实也可以使用同一个弯曲变形器制作，制作之后和眉毛的“位置”参数时一样，通过“四角形状合成”功能自动生成斜向的动作即可。

另外，本书中与身体相关的物体全都是同一个弯曲变形器的子级。然而也可以将身体的各部件分开，分别创建变形器，并在身体的旋转参数上追加关键点。通过这种方法可以制作出更加细腻的动作。

你可以在Live2D的官方网站找到许多示例模型，并将其下载下来研究一下物体的结构。

步骤5　制作身体的Z轴旋转动作

使用和制作X轴、Y轴旋转动作时相似的方法，制作身体的Z轴旋转（左右摇摆）动作。

01　创建“身体旋转Z”弯曲变形器

创建名为“身体旋转Z”的弯曲变形器，作为“身体旋转X”弯曲变形器的父级。贝塞尔分区的数量为“2×5”。为了防止子级“身体旋转X”弯曲变形器超出范围，我们将父级扩大一些。

02 在"身体旋转Z"参数上创建关键点并绑定动作

在“变形器”面板中选中创建好的“身体旋转Z”弯曲变形器，在“参数”面板中为“身体旋转Z”参数追加3个关键点。我们令参数的右端（最大值）为身体向屏幕右侧摇摆的状态，令左端（最小值）为身体向屏幕左侧摇摆的状态。

在“参数”面板中，选中“身体旋转Z”参数的右端（最大值），制作身体向屏幕右侧摇摆的动作。

将上方的6个控制点（❶）向右下方移动。这里的变形方法与5.3节中制作头发摇摆时的变形方法上下相反。注意对比基础姿势，不要让身体的宽度发生变化。

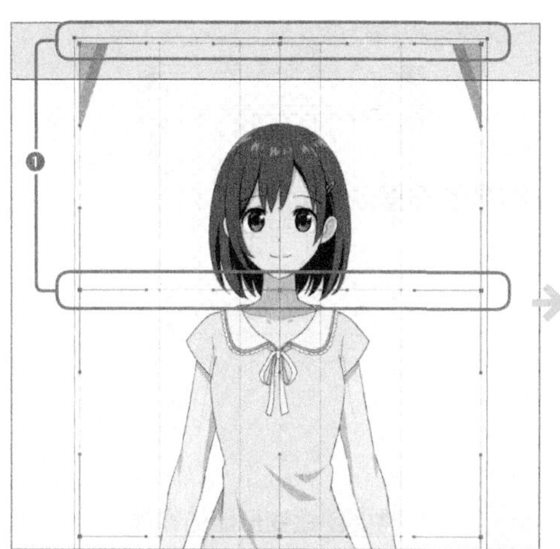

制作完右端（最大值）的动作后，我们同样为左端（最小值）制作动作。此处可以使用“动作反转”功能（参见P103）。完成后通过改变参数，检查一下是否有不协调的感觉。

左端（最小值）

默认值

右端（最大值）

■ 源文件：4-5-01_CN.cmo3

4.6 设置⑥ 身体上的摇摆物

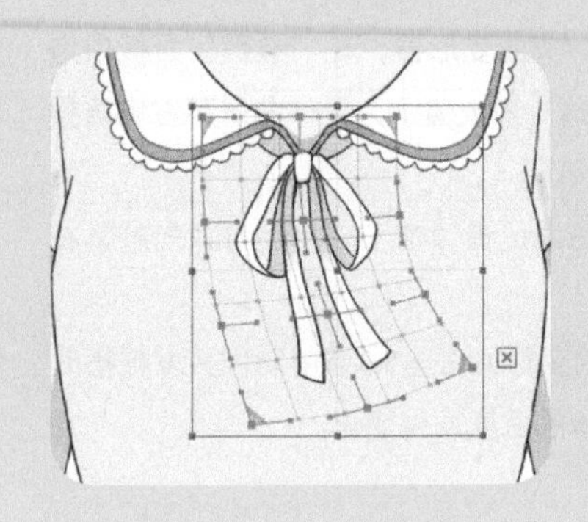

制作装饰品等摇摆物的动作。其制作方法和4.3节中制作头发的摇摆动作基本相同。
在本节中，我们要制作缎带的摇摆动作。

步骤1 制作缎带的摇摆动作

创建新的弯曲变形器，制作缎带的摇摆动作。

01 创建弯曲变形器

创建弯曲变形器，并将其作为图形网格“缎带”的父级。变形器的名称为“缎带摇摆”，贝塞尔分区的数量为“2×3”。

要点 需要创建变形器的物体

由于图形网格“中央缎带”不会摇摆，所以不应作为变形器的子级。

02 创建新参数并绑定弯曲变形器

在“参数”面板中单击“New Parameter”按钮（❶），创建新参数“缎带摇摆”（❷）。令最小值为“-1”，最大值为“1”。

在“变形器”面板中选中创建好的“缎带摇摆”弯曲变形器，在这个参数上追加3个关键点，方便后续进行绑定。

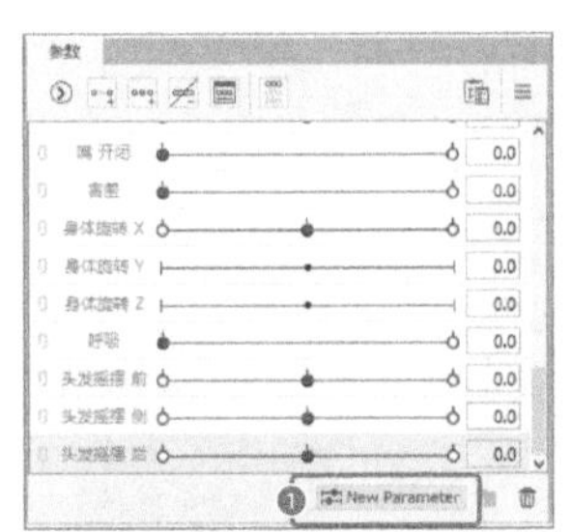

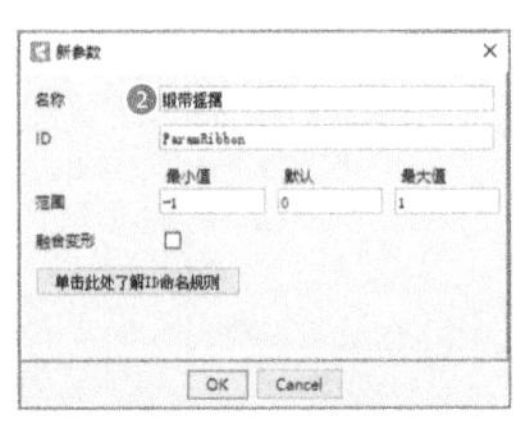

03 制作关键点处的形状

先选中“缎带摇摆”弯曲变形器，再选中“缎带摇摆”参数的右端（最大值），接着对弯曲变形器进行变形，设置为缎带向屏幕右侧摇摆时的形状。

和制作头发摇摆等动作时一样，要注意绳结附近基本不动；而缎带末端的移动距离应是最远的，且要以支点为中心，沿着近似圆弧的路径运动。

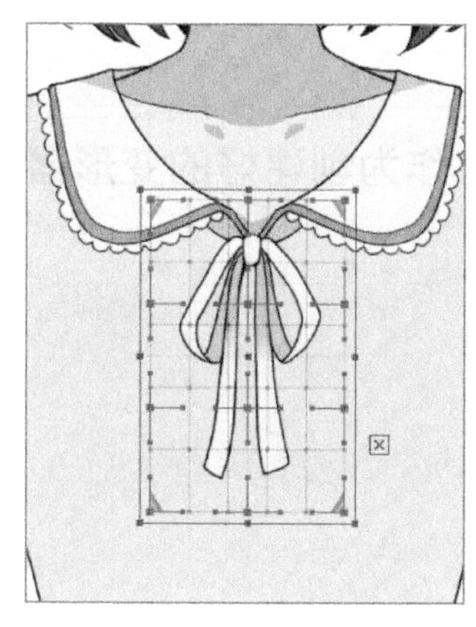

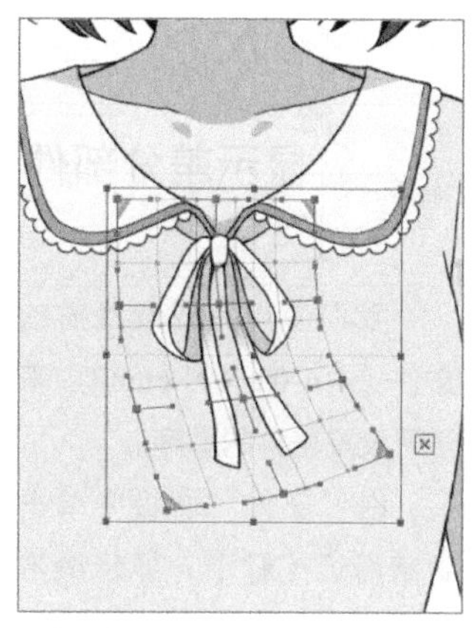

按照同样的方式设置参数左端（最小值）的形状。使用“动作反转”功能（参见P103）制作会更加方便。

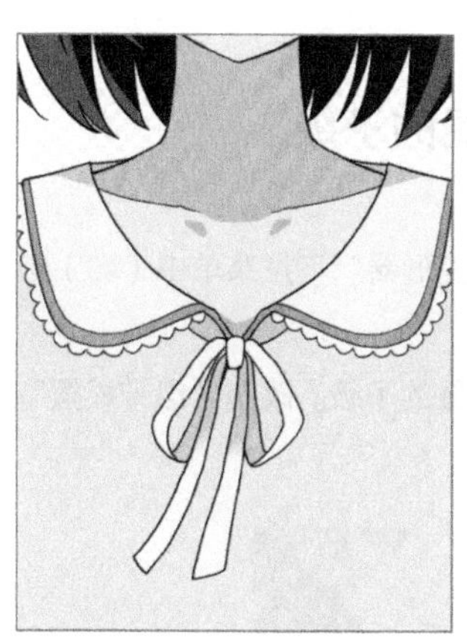

左端（最小值）

默认值

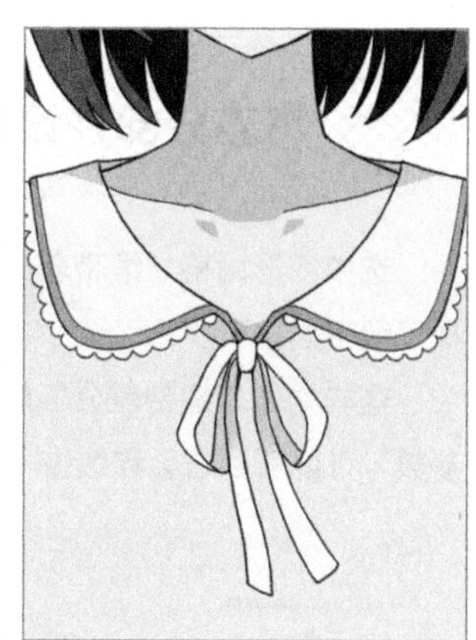

右端（最大值）

源文件：4-6-01_CN.cmo3

要点　摇摆用的参数

这次制作摇摆动作时，我们只用了一个参数。但是对于某个物体，我们可以绑定两个参数分别制作*X*、*Y*方向的摇摆动作，制作完成后进行四角形状合成。使用这种方法即可制作出更加复杂的摇摆动作。

步骤 2 制作部件的差分

利用参数制作部件的差分。

这里顺带讲一下使用参数制作差分部件的方法。我们可以在参数的关键点上设置物体的不透明度，利用这一点通过参数在不同的部件差分间进行切换。

01 显示差分部件，作为创建好的变形器的子级

我们使用完成设置前的文件（4-6-01_CN.cmo3）来学习设置差分的顺序。

在“部件”面板中单击眼睛标记（❶），显示缎带差分。这样模型工作区中就会显示出两个缎带（❷）。

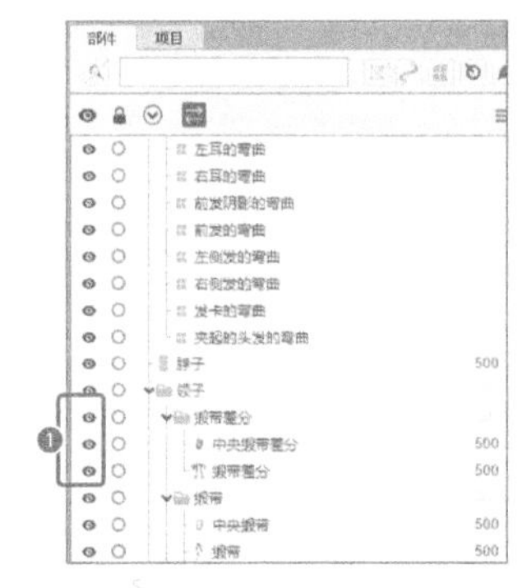

02 将差分部件设置为“缎带弯曲”变形器的子级

选中图形网格“缎带差分”，在“检视面板”面板的“变形器”下拉菜单中（❶）选择“缎带摇摆”。

这样物体“缎带差分”就会成为“缎带摇摆”弯曲变形器的子级。改变“缎带摇摆”参数，可以看到它会和缎带本体一样发生变化（❷）。

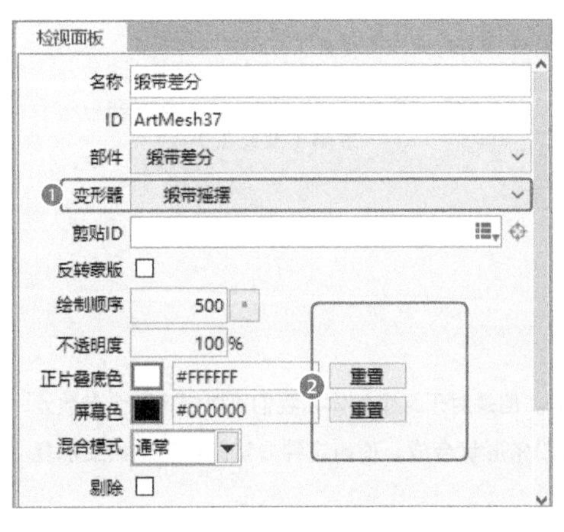

03 创建新参数

在“参数”面板中单击“创建新参数”图标，按照下述内容创建新参数。

- 名称：缎带切换
- ID：ParamRibbonChange
- 范围：最小值0、默认0、最大值1

04 为物体绑定参数，为关键点设置不透明度

在“部件”面板中选中构成各个缎带的图形网格“缎带”“中央缎带”“缎带差分”“中央缎带差分”，为“缎带切换”参数追加两个关键点。

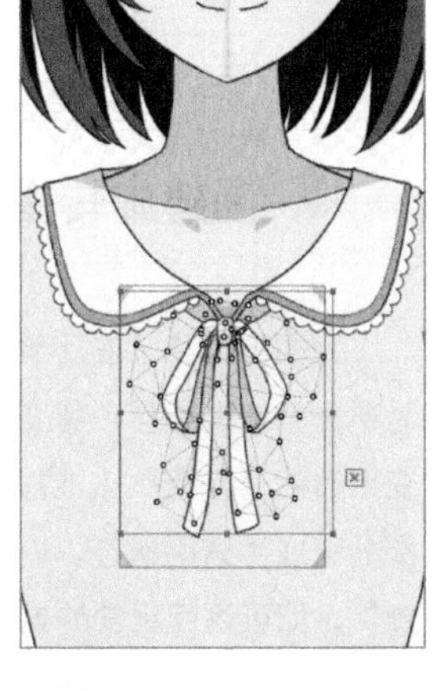

首先选中“缎带切换”参数的左端（最小值），选中差分的图形网格“缎带差分”“中央缎带差分”，然后在“检视面板”面板中将“不透明度”（❶）设为“0%”。这样在“缎带切换”参数的左端（最小值）就只会显示出原本的缎带。

接下来，选中“缎带切换”参数的右端（最大值），选中原本的缎带图形网格“缎带”“中央缎带”，然后在“检视面板”中将“不透明度”设为“0%”。这样在“缎带切换”参数的右端（最大值）就只会显示出差分的缎带。

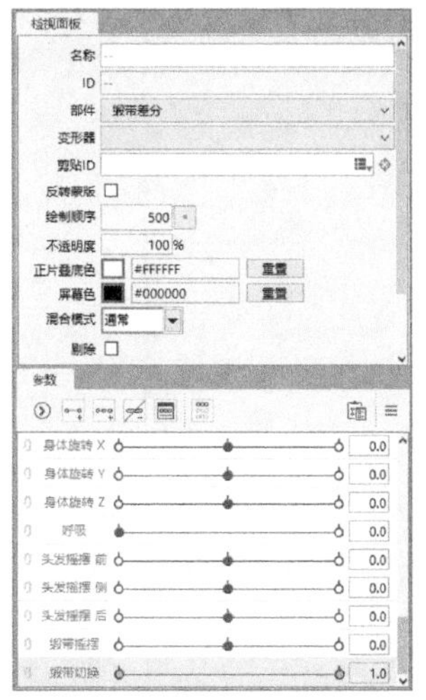

现在改变参数的值，会发现两个缎带之间的切换速度很慢，显得很不自然。但是在下一章中制作动作时，我们可以让差分瞬间完成切换。

■ 源文件：4-6-02_CN.cmo3

4.7 设置⑦身体的其他部分

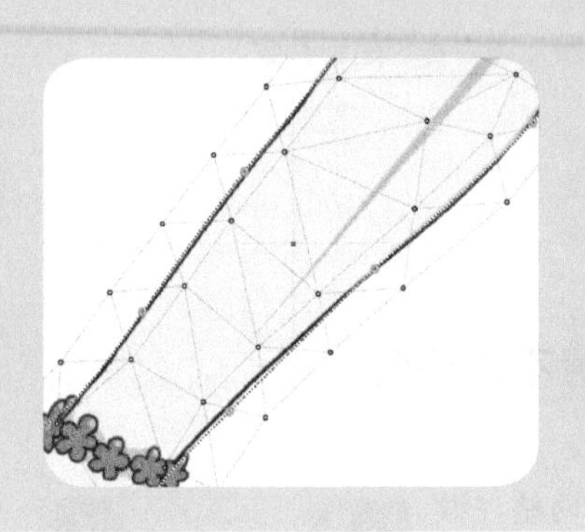

制作身体其他部分的动作。在本节中，我们为手臂相关的各个物体创建旋转变形器，以制作顺滑的动作。

01 创建旋转变形器，作为右臂的旋转变形器的子级

为图形网格“右小臂”“右手”创建父级变形器“右小臂的旋转”。按住Ctrl键的同时单击并拖曳鼠标，将变形器移动到手肘位置。此时在菜单中选择“显示”→“突出显示变形器的子元素”（或按Ctrl+ Shift+D组合键），即可将选中的变形器及其子物体以外的部分变成半透明状态，以便进行后续操作。再次单击“显示”→“突出显示变形器的子元素”，即可返回正常的显示模式。

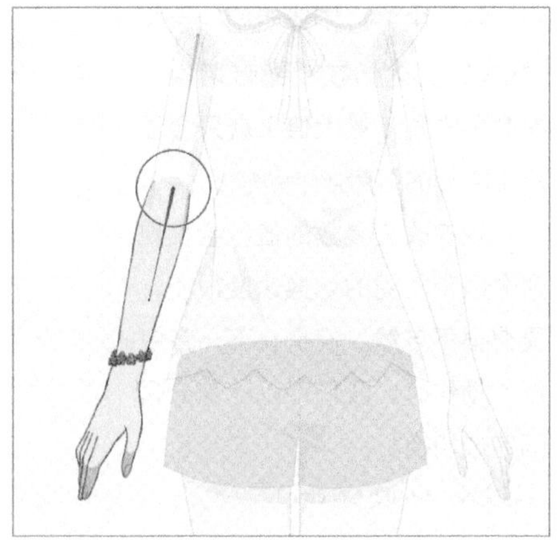

02 再创建旋转变形器，作为右小臂的旋转变形器的子级

为图形网格“右手”创建父级变形器“右手的旋转”，并将其作为“右小臂的旋转”变形器的子级。

按住Ctrl键的同时单击并拖曳鼠标，将变形器移动到手腕位置。此时，确认一下它们是否形成了嵌套结构（❶）。

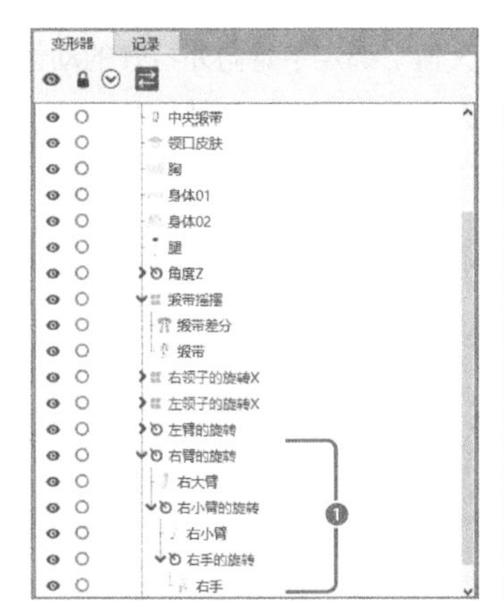

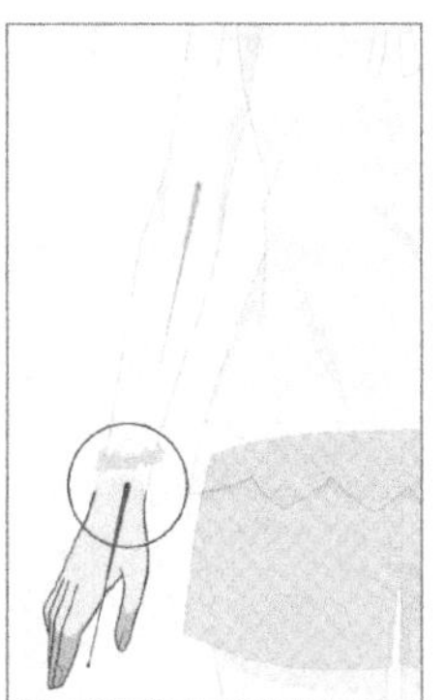

03 创建新参数，分别绑定手臂各部分的旋转动作

和创建缎带摇摆参数时相同（参见P155），我们创建一个新参数“右臂的旋转”。

- 名称：右臂的旋转
- ID：ParamArmRA
- 范围：最小值-10、默认0、最大值10

接下来在“变形器”面板中，选中各手臂部件的旋转变形器“右臂的旋转”“右小臂的旋转”“右手的旋转”，在“参数”面板中为“右臂的旋转”参数追加3个关键点。

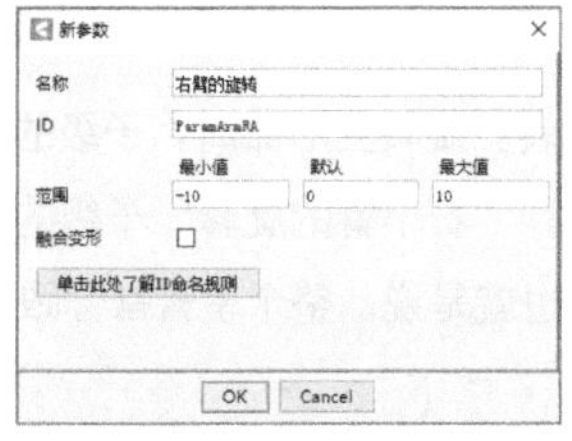

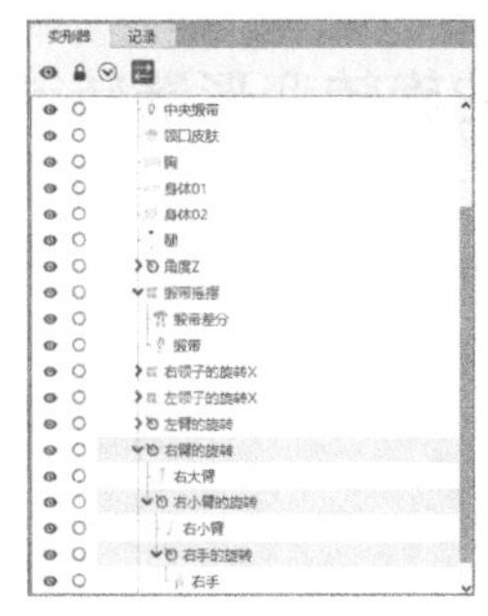

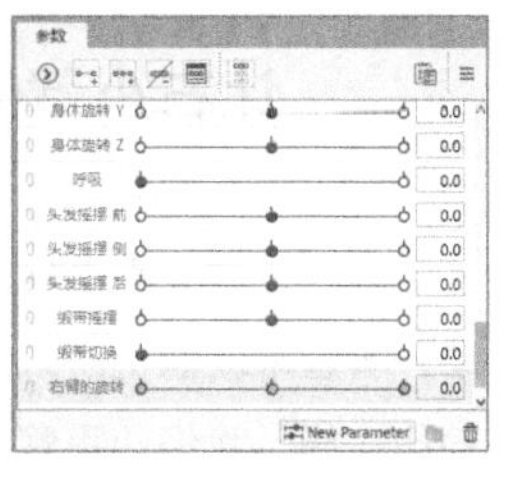

要点 标准参数列表

官方有一张标准参数列表，列出了参数的通用ID和数值。你可以在本书的附赠资源中找到它。

按照这张列表将参数设置为通用标准，在替换、复用时会很方便。如果没有特殊需要，推荐按照标准参数列表来制作模型。我们的“右臂的旋转”参数就是按照标准参数列表设置的。

04 制作手臂整体向外打开的动作

为参数的右端（最大值）绑定手臂向外打开的动作。在“参数”面板中选中“右臂的旋转”参数的右端（最大值），在视图区域中转动“右臂的旋转”旋转变形器，让右臂向外打开。

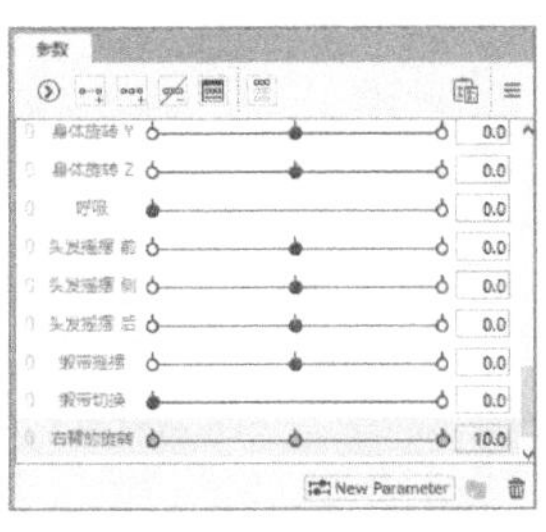

转动“右臂的旋转”旋转变形器时，子级的图形网格“右大臂”和旋转变形器“右小臂的旋转”会同步运动，“右小臂的旋转”子级的图形网格“右小臂”和旋转变形器“手的旋转”也会同步运动。也就是说，整个手臂都会跟着“右臂的旋转”旋转变形器一起运动。

05 让右小臂的旋转变形器转动

现在手臂会笔直地转动，看起来就像机器人的动作一样。我们让手臂的各个部件分别进行旋转，以制作出自然的动作。

选中“右臂的旋转”参数的右端（最大值），转动“右小臂的旋转”旋转变形器，让右小臂向外打开。

有时候，手臂旋转后可能会出现断开的情况（❶），此时可以使用变形路径工具进行修正。

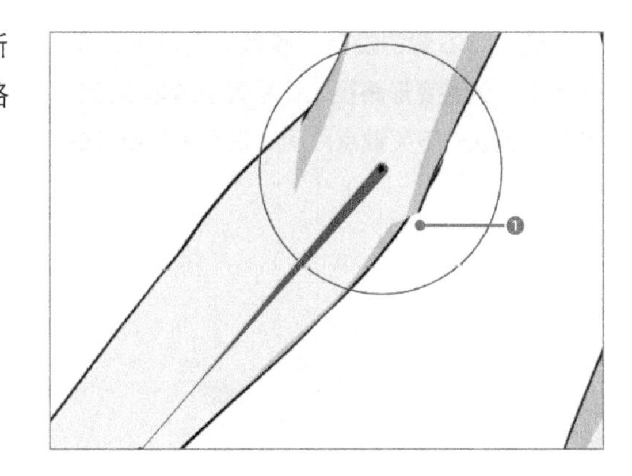

首先在“参数”面板中，让“右臂的旋转”参数回到默认值位置（❷）。和变形表情时一样，在工具栏中选择“变形路径工具”（❸），围绕图形网格“右小臂”设置一周变形路径。

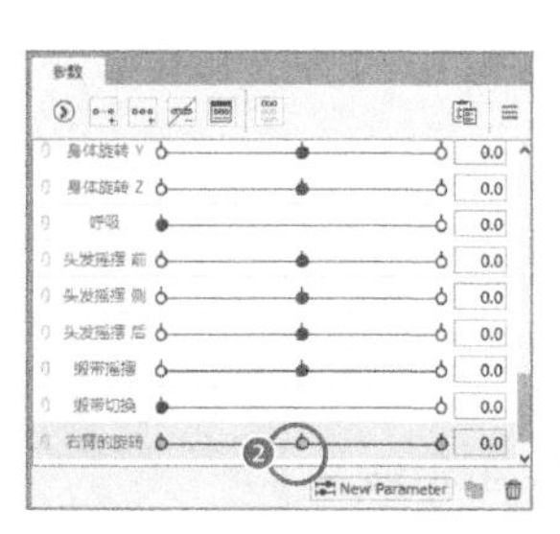

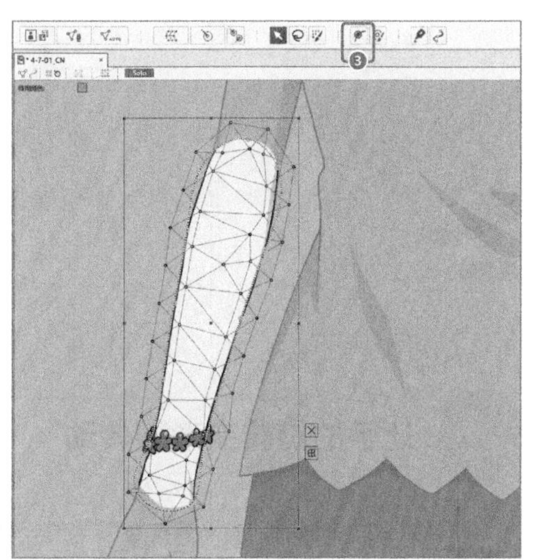

变形路径的设置（单独显示模式）

在“部件”面板中选中“右小臂”，在“变形器”面板中为“右臂的旋转”参数追加3个关键点（❹）。

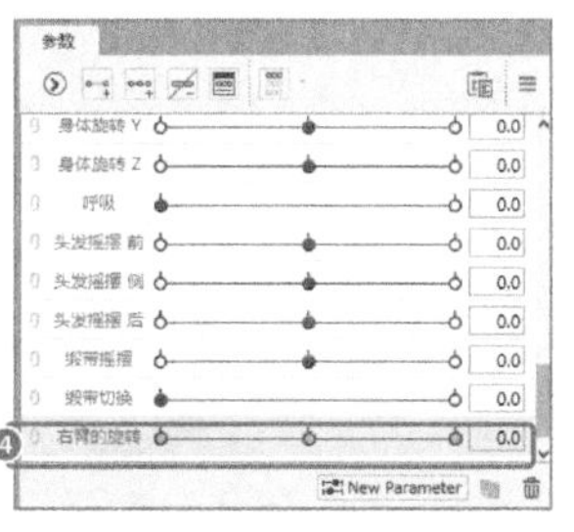

选中“右臂的旋转”参数右端的关键点（最大值）（❺），调整变形路径，让手臂顺滑地连接在一起。改变参数，确认一下关键点之间有没有手臂断开的情况。

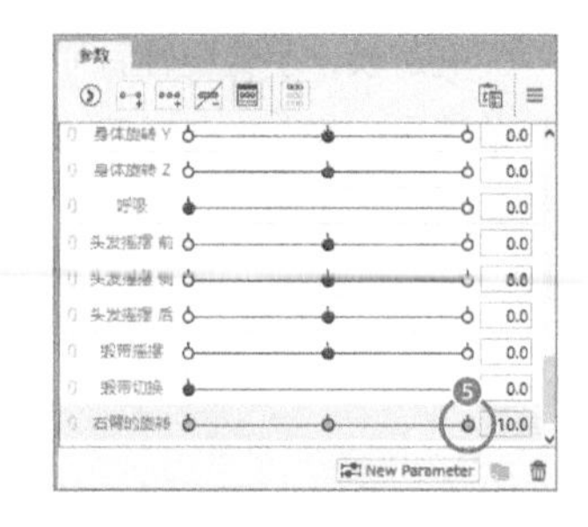

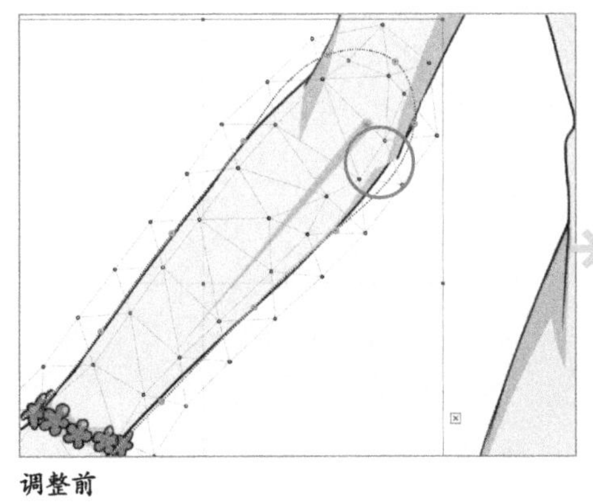

调整前

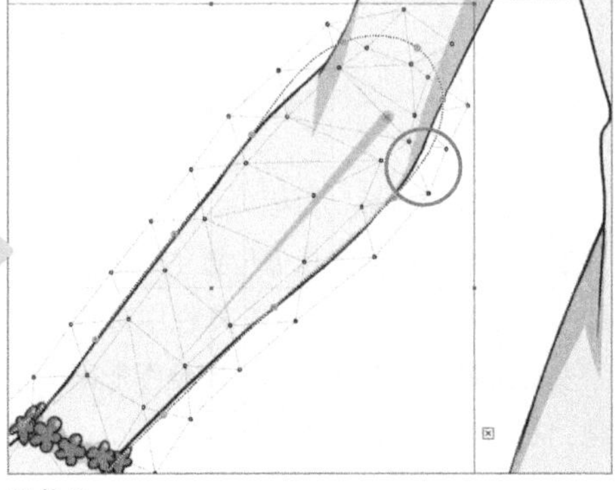

调整后

06 让手的旋转变形器转动

和设置旋转变形器“右小臂的旋转”时一样，我们也让手的旋转变形器进行转动。在“参数”面板中选中“右臂的旋转”参数的右端（最大值）（❶），转动“手的旋转”旋转变形器，让手向外打开。

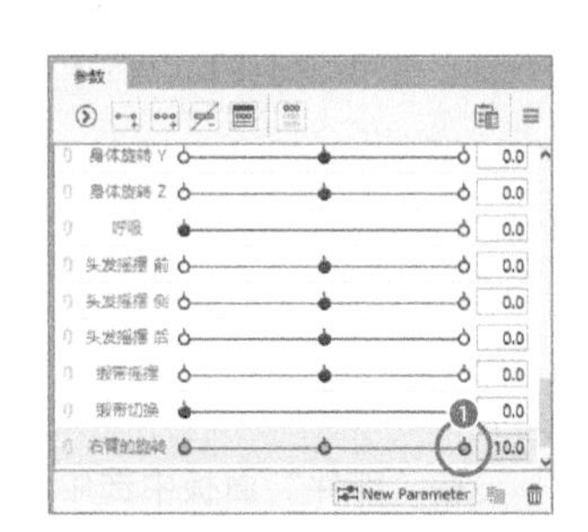

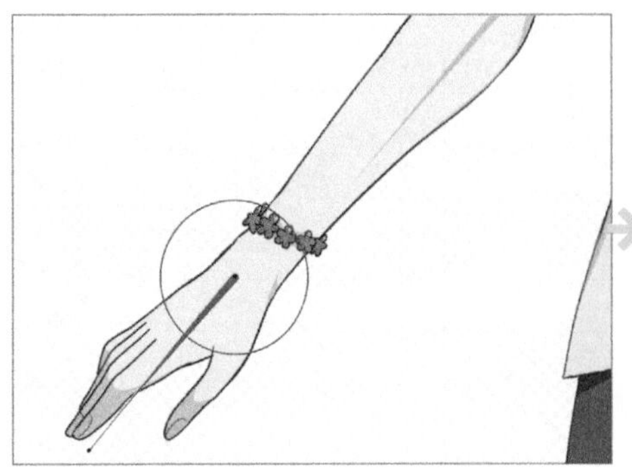

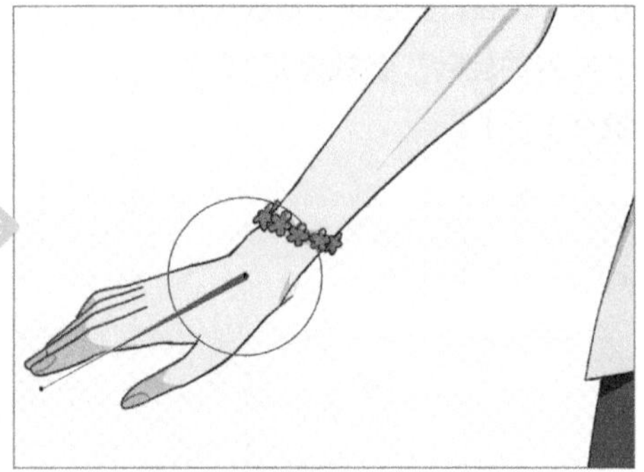

和小臂一样，修补一下图形网格中断开的线条。首先在“参数”面板中，让“右臂的旋转”参数回到默认值位置，然后围绕图形网格“右小臂”设置一周变形路径。

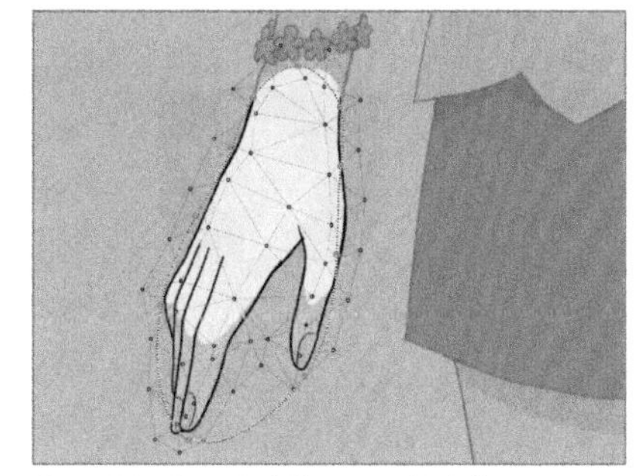

变形路径的设置（单独显示模式）

在“部件”面板中选中图形网格“右手”，在“变形器”面板中为“右臂的旋转”参数追加3个关键点（❷）。

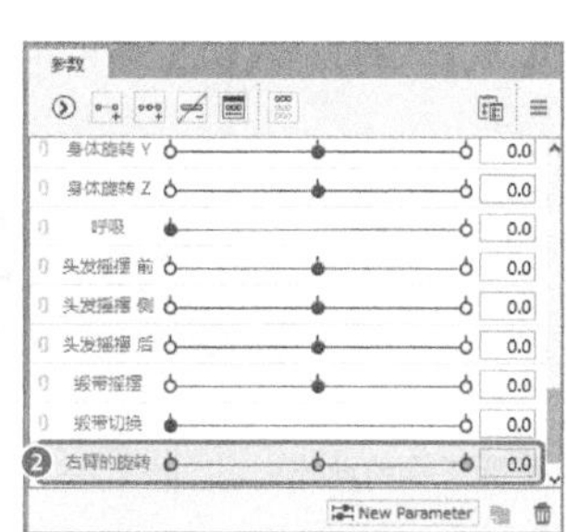

选中“右臂的旋转”参数右端的关键点（最大值）（❸），调整变形路径，让手腕顺滑地连接在一起。改变参数，确认一下关键点之间有没有手臂断开的情况。

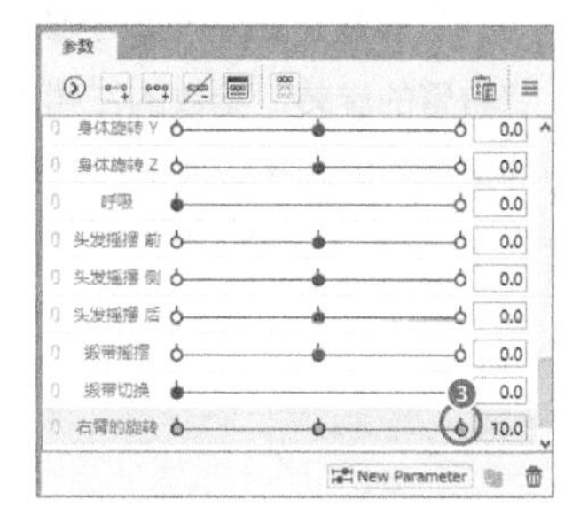

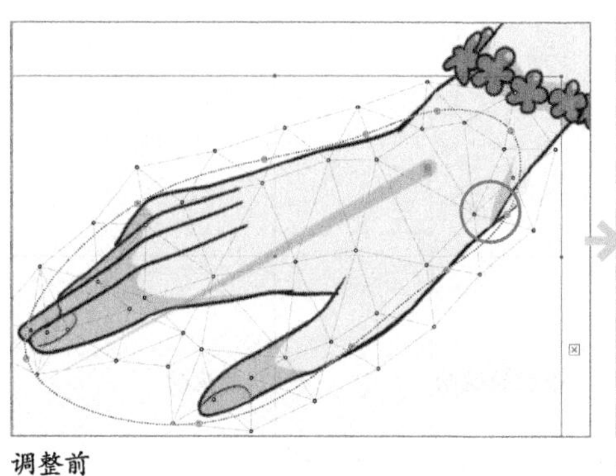

调整前

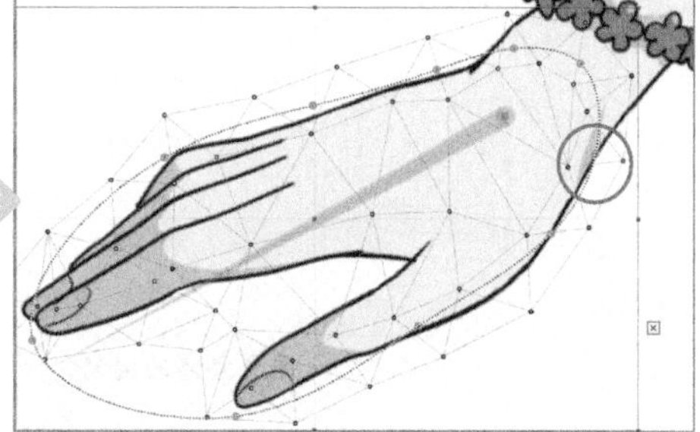

调整后

整体的运动效果如下。

手臂下垂的状态

手臂向外打开的状态

07 制作手臂向内收拢的动作

为参数的左端（最小值）绑定手臂向内收拢的动作。和右端（最大值）一样，选中“右臂的旋转”参数的左端（最小值）（❶），按照“手臂整体的运动→小臂的运动→手的运动”的顺序依次进行制作。

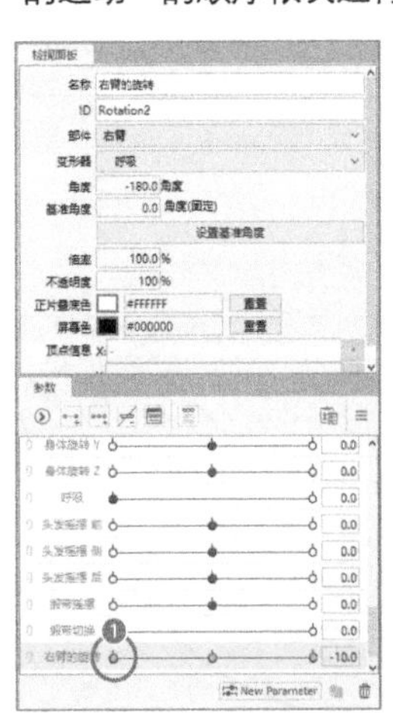

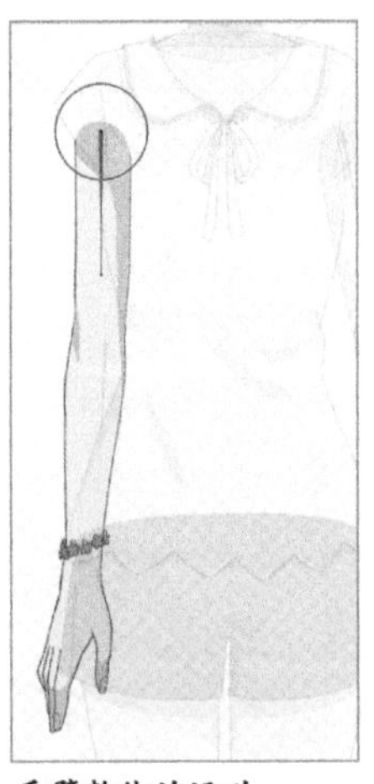

手臂整体的运动

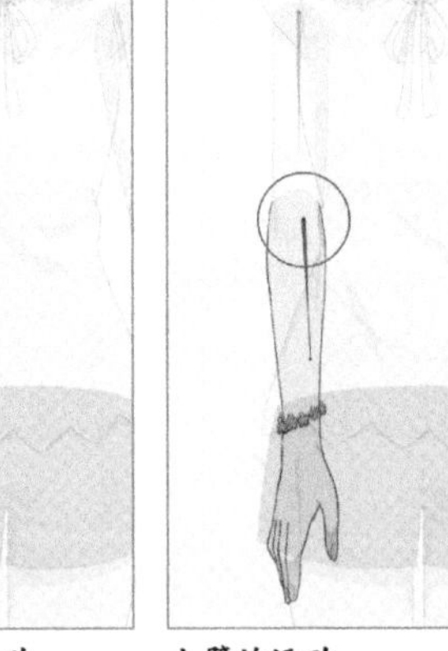

小臂的运动

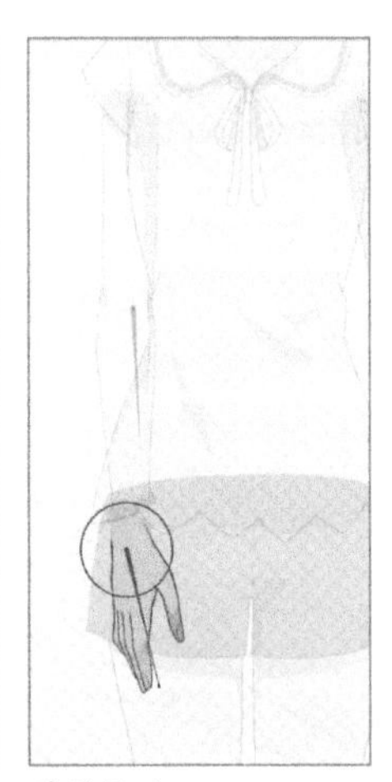

手的运动

在制作过程中，手臂会被隐藏在身体后方，所以为了方便观察，我们从菜单中选择“显示”→“突出显示变形器的子元素”（或按Ctrl+Shift+D组合键）。

08 用同样的方法制作左臂的动作

用和制作右臂动作时一样的方法，我们也为“左臂的旋转”参数绑定动作。至此，我们这次的建模工作就完成了。可以组合使用各个参数，制作各种姿势和表情。

通过改变“角度Z”“眼珠XY”“身体旋转Z”“右臂的旋转”“左臂的旋转”等参数，我们可以制作下面这些动作。

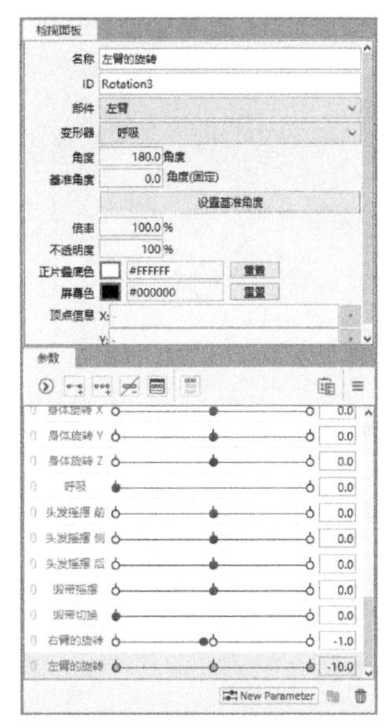

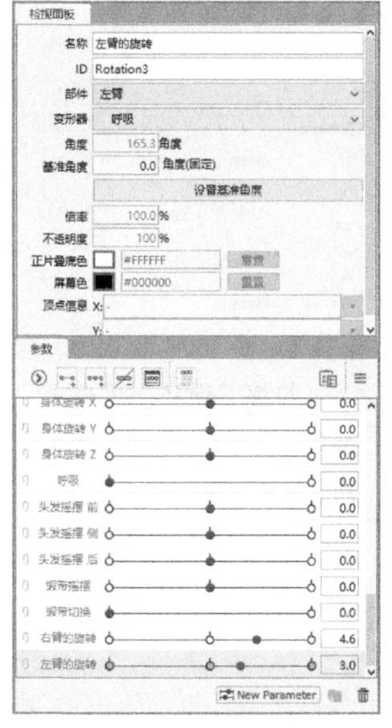

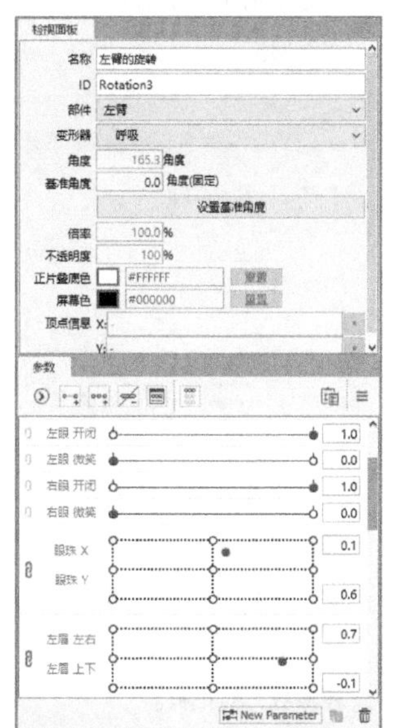

■ 源文件：4-7-01_CN.cmo3

提示 循环参数

通常，参数只能在左端（最小值）到右端（最大值）之间来回变化。

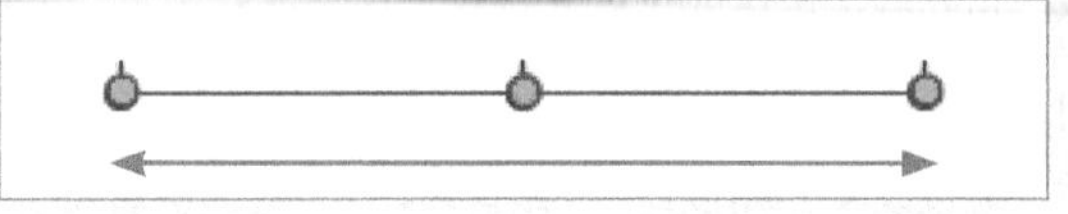

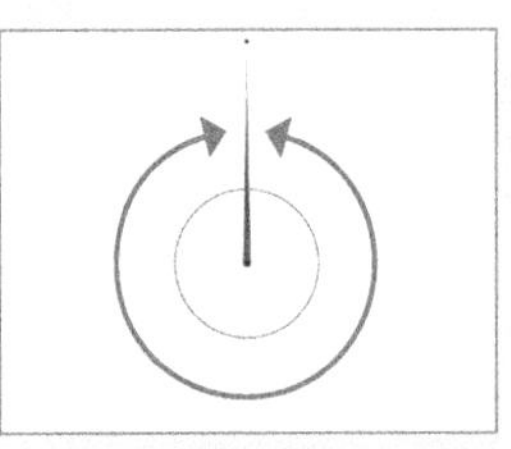

比如，如果旋转变形器的左端（最小值）为0度，右端（最大值）为360度。那么从参数的左端（最小值）到右端（最大值），它的指针会顺时针旋转一周；再从右端（最大值）到左端（最小值），逆时针旋转一周返回。

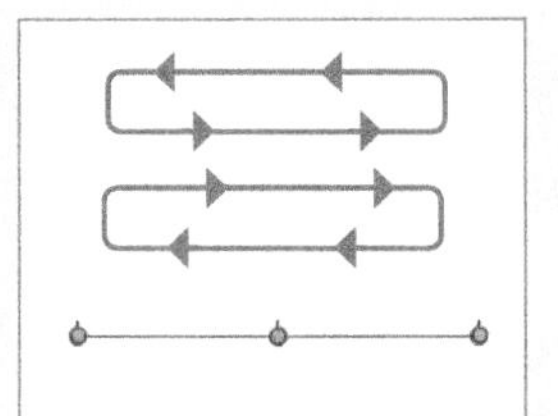

如果设置了循环，参数从左端（最小值）运动到右端（最大值）后，则可以直接返回左端（最小值）。

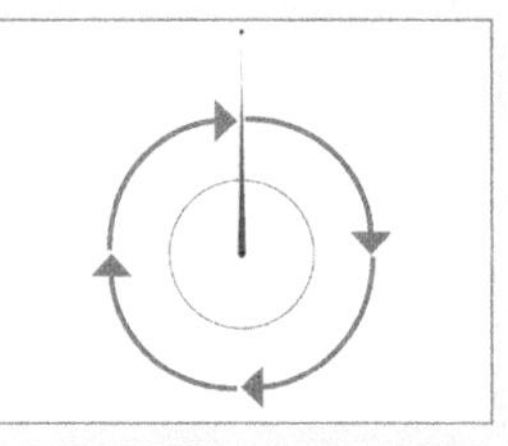

为旋转变形器绑定的参数开启循环后，即可制作出朝固定方向不断旋转的动作。

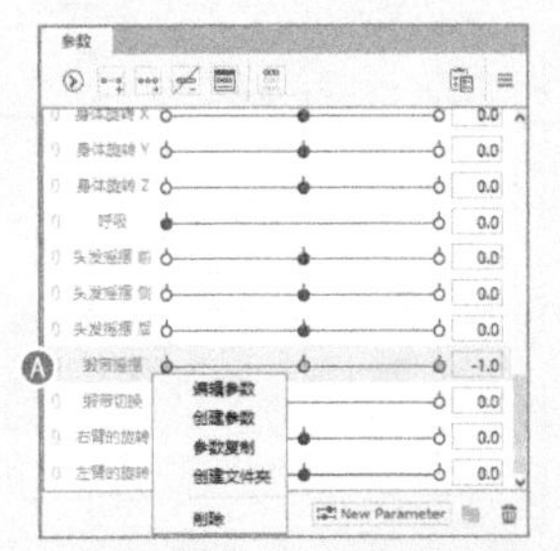

令参数循环的方法是在参数名（Ⓐ）处单击鼠标右键，在弹出的快捷菜单中选择“编辑参数”，打开“编辑参数”对话框。

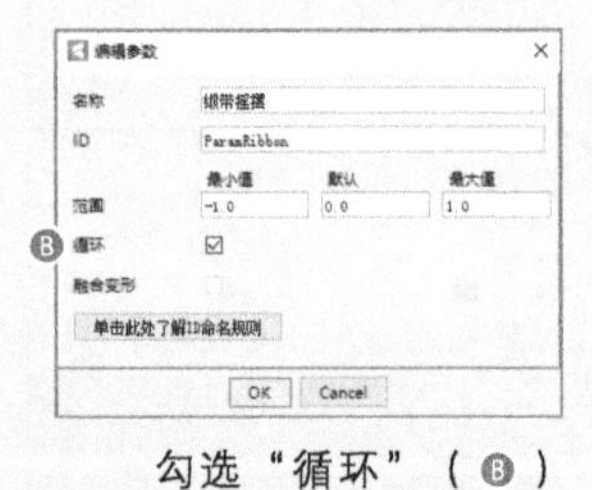

勾选“循环”（Ⓑ）并单击“OK”按钮，即可将其设置为循环参数。

设置为循环参数后，参数上的标记点会变为浅蓝色。

为了避免循环参数干扰其他调用参数值的功能，SDK的框架限制了循环参数的使用。在面部捕捉软件或其他软件产品中使用Live2D模型时，请事先检查它们是否支持循环参数。

第5章

制作动画

5.1 制作动画的准备工作

完成模型的制作后，我们切换到动画工作区。本节先介绍一下动画工作区。

步骤 1 了解动画工作区的界面

了解动画工作区中各部分的名称等。

在打开模型的状态下，单击切换工作区图标（❶），选择“Animation”即可。

下面介绍一下动画工作区内各面板的名称。至于它们的使用方法，我们会在步骤2以及之后讲解。在介绍时略去了和模型工作区相同的部分。

● “场景”面板

列出了所有的“场景”。在动画工作区中，我们会在“场景”中制作动作，并在此处管理它们。

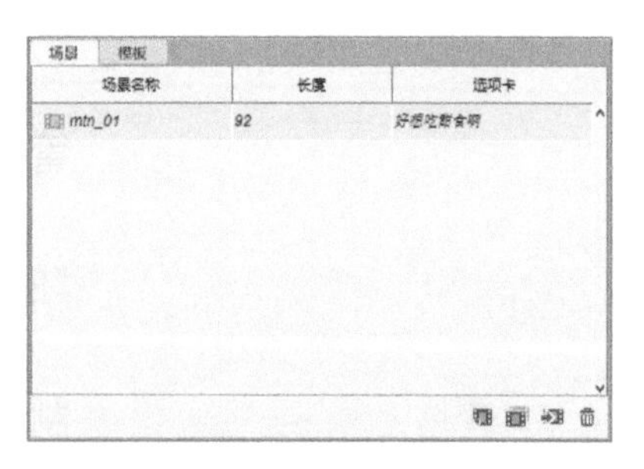

● “模板”面板

列出了所有的“模板”。在动画工作区中，我们可以把动作保存为“动画模板”，并应用在其他时间线中。

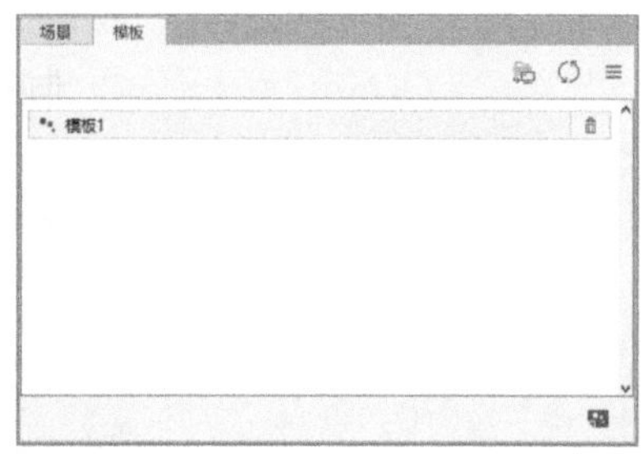

● “时间线”面板

可以为角色制作动态（动作）并播放它。

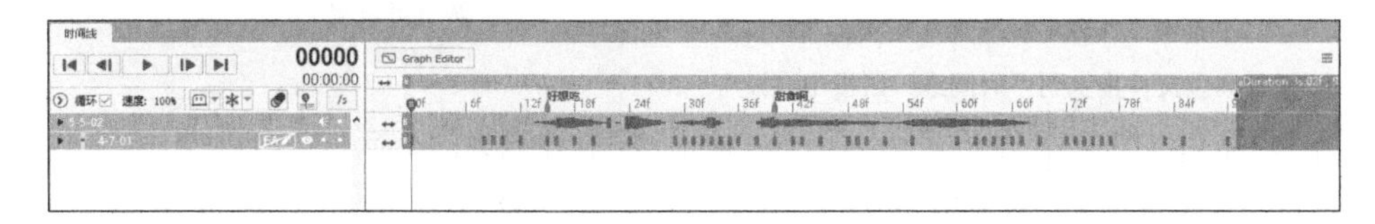

步骤2 制作动画前的准备

制作动画前要先导入模型。

01 导入模型

在“项目”面板中找到模型（❶），将其拖曳到动画工作区的“时间线”面板上。

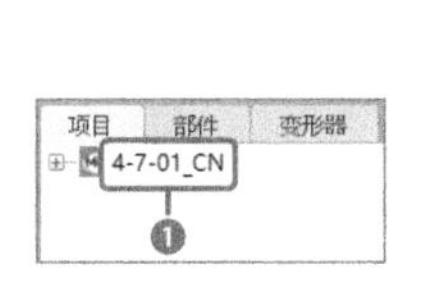

拖曳后会弹出“动画的目标版本选择”对话框（❷）。

当需要将动画嵌入游戏中时，选择“SDK（Unity）”或“SDK（其他）”；若要制作视频用的动画，则选择“视频”；若要在Adobe After Effects中使用，则选择“AE插件”。这次我们选择“SDK（Unity）”（❸）。单击“OK”按钮（❹）后，界面的状态如下。

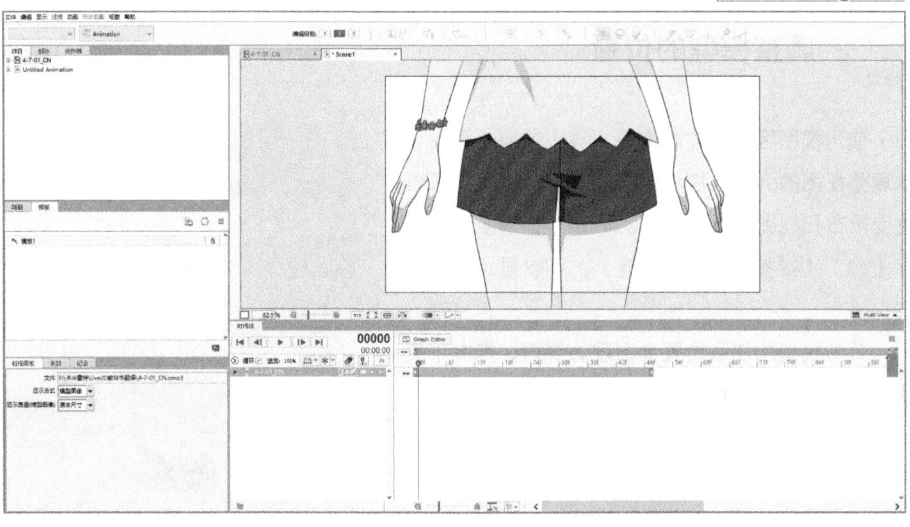

要点 **其他导入方法**

在动画工作区中没有打开任何文件时，直接将模型文件拖曳到“时间线”面板中，即可新建场景。

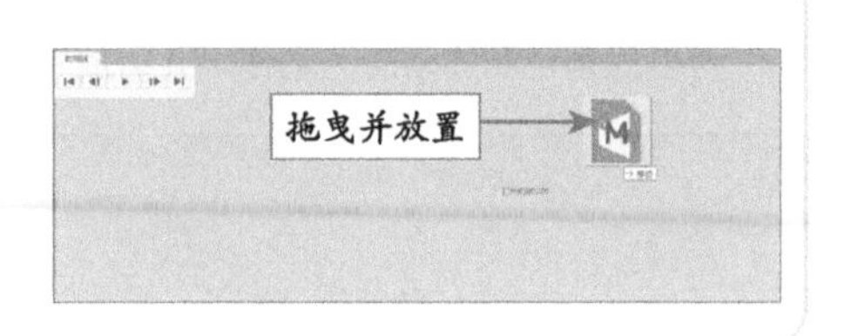

02 设置场景的信息

在“场景”面板中单击场景名（❶），即可在“检视面板”（❷）面板中查看场景的信息。

为了方便排列顺序，“场景名称”（❸）最好设置为英文+数字。在“标签”处可以输入台词等信息。至于尺寸，取消勾选“固定纵横比”后，将“尺寸（宽度）”设置为“2000”，将“尺寸（高度）”设置为“2200”（❹）。

“帧率”（❺）则代表1秒内的帧数（张数）。如果没有特殊需求，则保持默认的30帧即可。

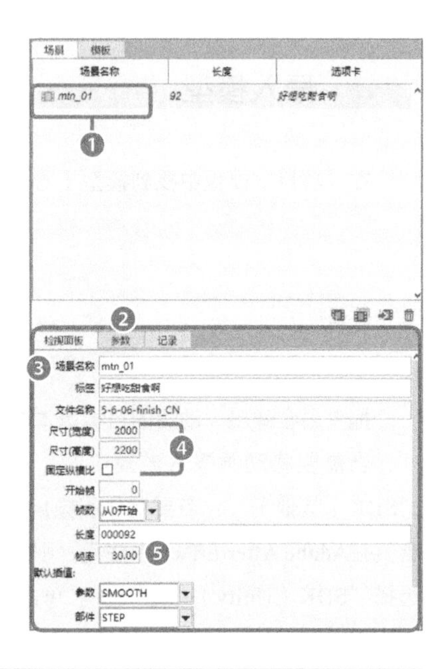

03 调整模型的位置

使用视图区域的缩放滑块（❶）或鼠标滚轮可以调整视图的大小。按住空格键并拖曳鼠标，可以改变画布和视图的相对位置。单击“显示全部”图标（❷）（或按Ctrl+0组合键），可以显示整个画布。

单击模型的任意位置会出现边界框，拖曳中央的点（❸），即可移动模型。

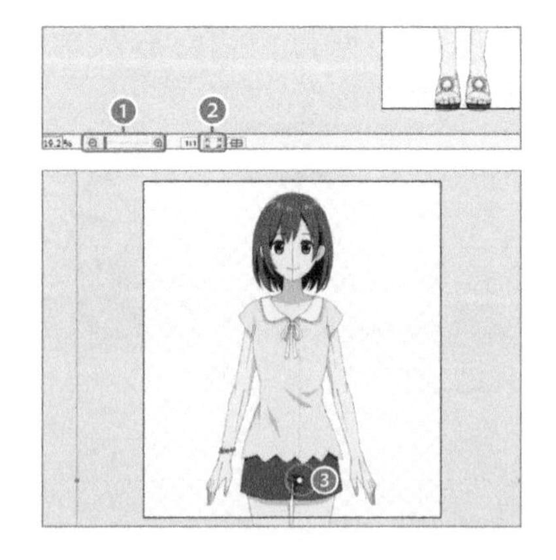

04 切换编辑级别

如果没有变更过“编辑级别”（❶），当前编辑级别就应该为“2”。单击切换为“3”，即可隐藏变形器。请在需要的时候切换。

❶ 编辑级别：1 2 3

05 保存文件

在菜单中选择“文件”→“保存”（或按Ctrl+S组合键），即可创建扩展名为“.can3”的文件。这个文件会和模型文件相互关联，因此，请把它和模型文件放在同一个文件夹中。

■ 源文件：5-1-01_CN.can3

提示 重新加载、替换模型

在对模型进行修改后，请重新加载模型。

在“项目”面板中展开动画文件（Ⓐ），即可看到其中放置的模型（Ⓑ）。用鼠标右键单击文件名，选择“重新加载数据”，即可应用修改。

项目 部件 变形器
5-1-01_CN Ⓐ
4-7-01_CN.cmo3 Ⓑ

当希望替换模型文件时，在上述的右键菜单中选择“替换数据”，在弹出的对话框中选中用于替换的文件，单击“打开”按钮，即可完成替换。

当参数设置相同时，其他模型也可以用这种方式直接使用做好的动画，非常方便。

5.2 管理场景

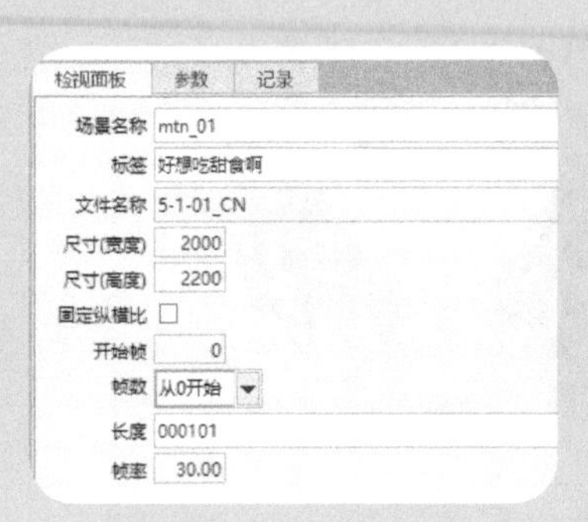

在模型工作区中制作的动作可以在动画工作区中被整合为“场景”，这样就能进一步制作动画了。本节介绍一下“场景”。

步骤 1 查看“场景”面板

这里可以查看创建的动画场景列表。

在Live2D Cubism中，我们可以在“场景”面板中管理动画场景，也可以在一个文件中创建多个动画场景后，在“场景”面板中查看创建的动画场景列表。“场景”面板中各个图标的含义如下。

- 创建的场景（❶）
- 创建新场景（❷）：可以创建新的场景
- 复制所选场景（❸）：可以复制所选的场景
- 插入场景（❹）：可以将编辑中的场景作为轨道插入其他场景中
- 删除所选场景（❺）：可以删除所选的场景

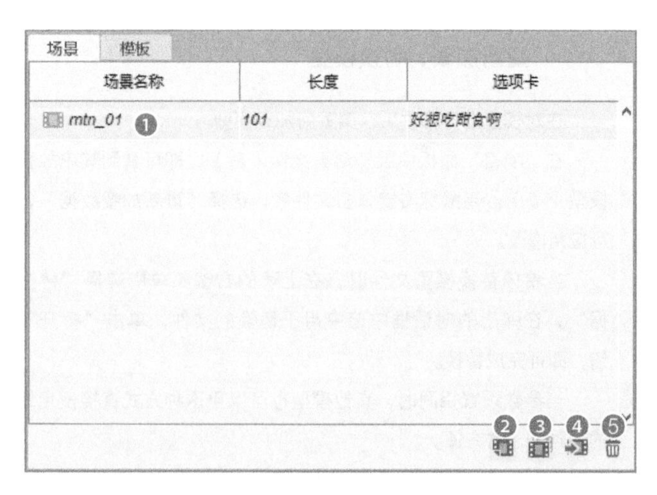

步骤 2 设置场景

在“检视面板”面板中设置场景。

在“检视面板”面板中可以详细设置场景，其中各选项的含义如下。

- 场景名称（❶）：可以输入场景的名称
- 标签（❷）：可以输入标签
- 文件名（❸）：显示can3文件的名称
- 尺寸（宽度）/（高度）（❹）：可以设置画布的尺寸
- 固定纵横比（❺）：勾选该选项后，在变更尺寸时，纵横比不会变化
- 长度（❻）：可以改变结束帧的位置（工作区的长度）
- 帧率（❼）：可以输入帧速率。如无特殊需求，设为30帧即可

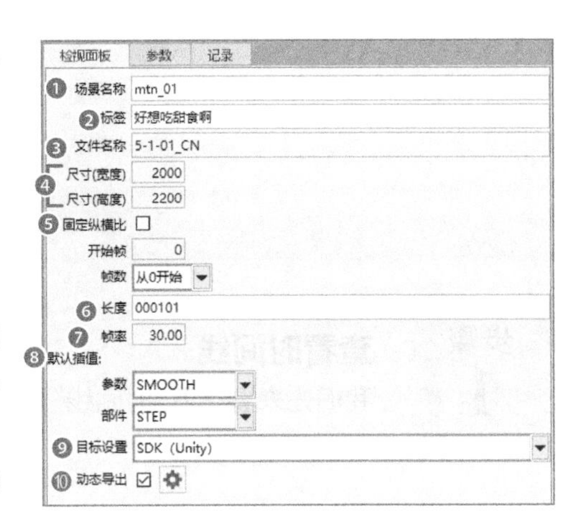

说明：以下部分在现阶段不需要修改。

- 默认插值（❽）：在“参数”处，可以选择参数在图表编辑器（参见P267）内的默认插值方式。在“部件”处，可以选择部件在图表编辑器内的默认插值方式
- 目标设置（❾）：当创建的动画需要嵌入SDK时，可以将贝塞尔曲线手柄转化为最合适的长度
- 动态导出（❿）：单击齿轮图标会弹出“动态导出设置”对话框，在此可以任意选择想要导出的动态

提示　嵌入到SDK时的注意事项

在Unity中使用Live2D Cubism的SDK时，只能修改图表编辑器中贝塞尔曲线手柄的方向（因为需要配合游戏引擎只能读取角度的机制）。在更改目标设置时，所有控制点的位置都会根据SDK的机制进行变化，这可能导致曲线的形状发生变化。

5.3 “时间线”面板的操作方式

在“时间线”面板中，我们可以精细地编辑动画。本节先介绍一下“时间线”面板的界面和功能。

步骤 1 查看时间线

我们先来看一下“时间线”面板显示的内容。

01 时间线上显示的帧数/时间码

时间线横轴上的数字（❶）表示动画的时间，在初始状态下，时间线上会显示为时间码（秒数+帧数）。举例来说，“1:00”代表1秒，“1:10”代表1秒+10帧。因为当前的“帧率”（❷）为30，所以1秒等于30帧。

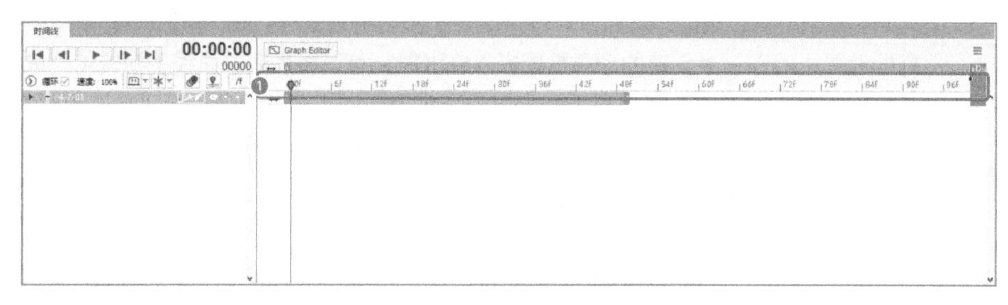

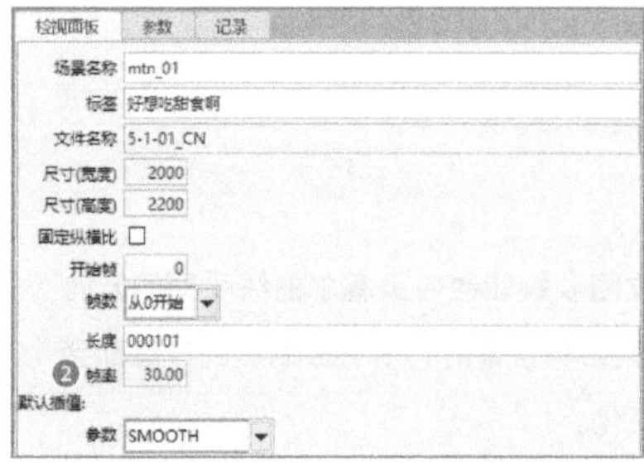

02 切换帧数/时间码的显示方式

单击“切换帧数/时间码”图标（❶），即可将时间线的显示方式在时间码和帧数之间切换。初始状态下，时间码会以大字形式显示，帧数会在下方以小字形式显示（❷）。切换之后则相反，帧数会以大字形式显示，时间码会在下方以小字形式显示（❸）。在本书中，时间码会以默认状态下的大字形式显示。

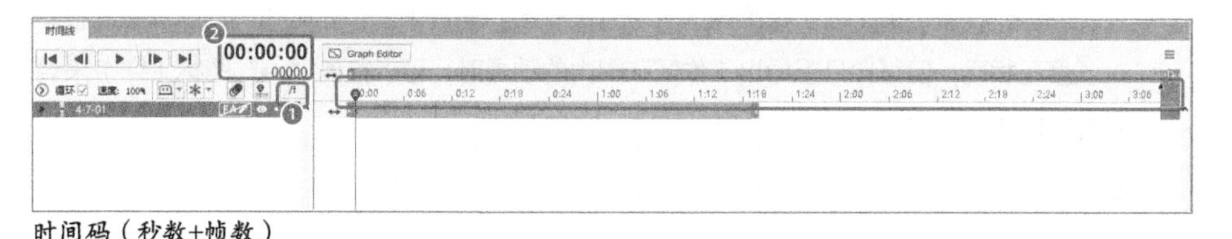

时间码（秒数+帧数）

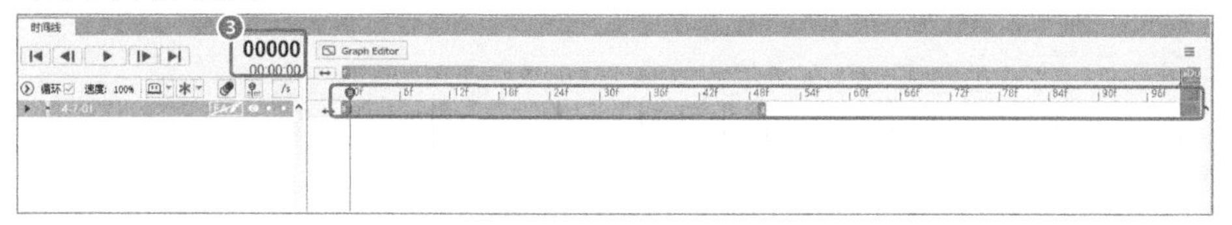

帧数

步骤 2 查看动画场景的总长度和工作区

我们来查看一下动画场景的总长度和工作区。

01 时间线的操作方式

时间线各部分的操作方式如下。

- 使用手形标记移动时间线：将鼠标光标放在紫色条上，按下鼠标滚轮（即按鼠标中键）并拖曳
- 横向滚动时间线：拖曳横向滚动条（❶），或者按住Shift键并滚动滚轮
- 缩放时间线：拖曳缩放滑块（❷），或者按住Alt键并滚动滚轮

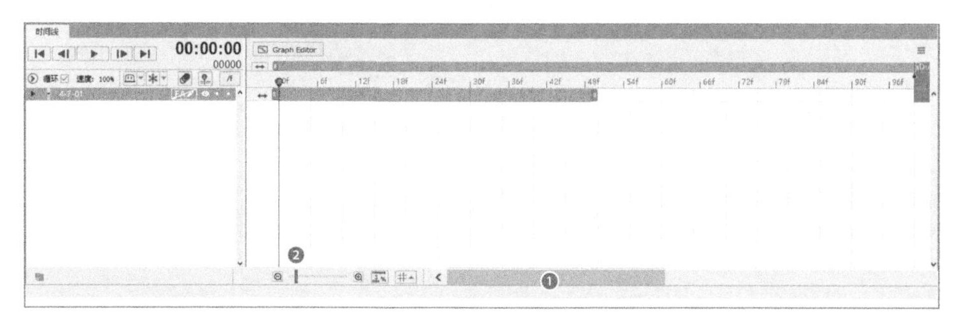

02 查看动画场景的整体长度和工作区

下面介绍动画场景的整体长度和工作区。

- 位置：指示器（❶）标示了时间线上的当前位置。
- 动画场景的整体长度：拖曳写着Duration（时长）的灰色部分的分界线（❷），即可调整动画场景的整体长度。
- 工作区：在橙色条（❸）范围内的区域为工作区。通常来说，它应和“动画场景的整体长度”相同，但当你只想导出工作区范围内的动画时，可以拖曳“↔”图标（❹）来调整它。

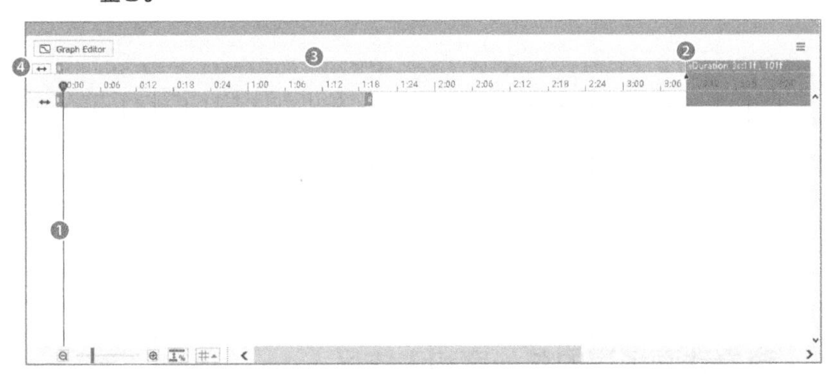

步骤3 认识轨道

理解轨道相关的知识。

01 了解轨道

导入的模型等内容会变为用紫色条（❶）表示的轨道。在轨道范围内，导入的模型或音频文件会被播放。在下图的例子中，模型从开始到1秒20帧为止会显示，在1秒20帧之后则不再显示。

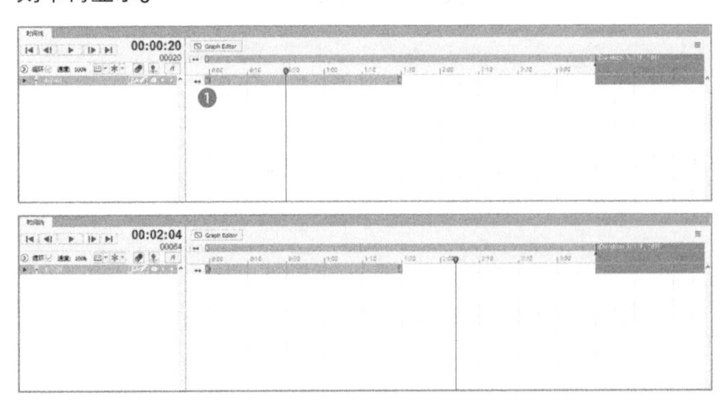

02 属性组

单击轨道左侧的三角形图标（❶），即可展开各项属性。我们展开"4-7-01"→"Live2D参数"，设置参数的方式与在模型文件中设置参数的方式相同，只要改变各项属性，即可制作出细腻的动作。

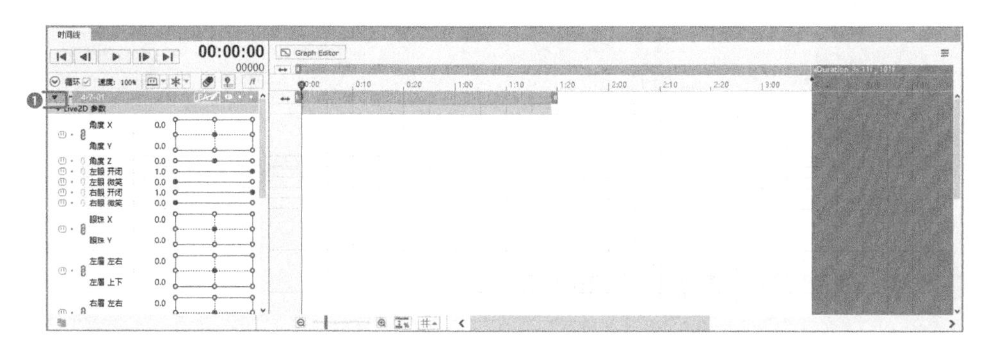

步骤4 认识属性

通过实际操作理解关键帧的功能。

01 创建关键帧

单击第10帧处（❶），将指示器（用于标示当前位置的红色竖线）放置在该位置。

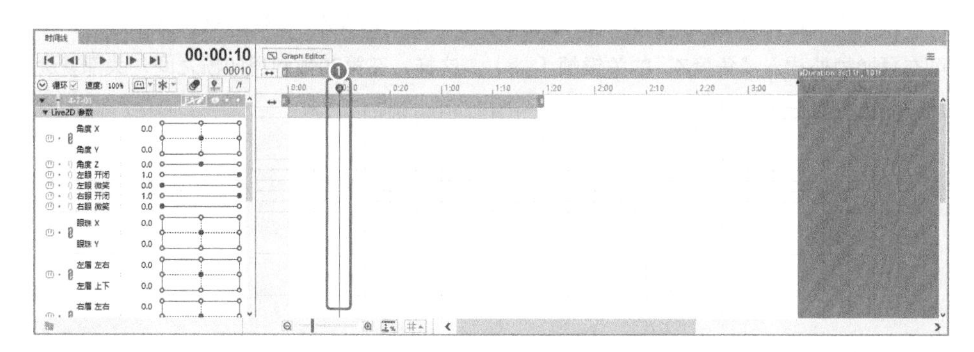

在此状态下用鼠标右键单击“角度Z”参数的默认值（❷），即可在第10帧处插入角度Z的关键帧（❸）。这样，从开始到第10帧为止，角度Z都会保持默认值（即脖子伸直的状态）。另外，和模型工作区中一样，单击鼠标左键时，可以选中任何参数值；单击鼠标右键时，则只会选中关键点。

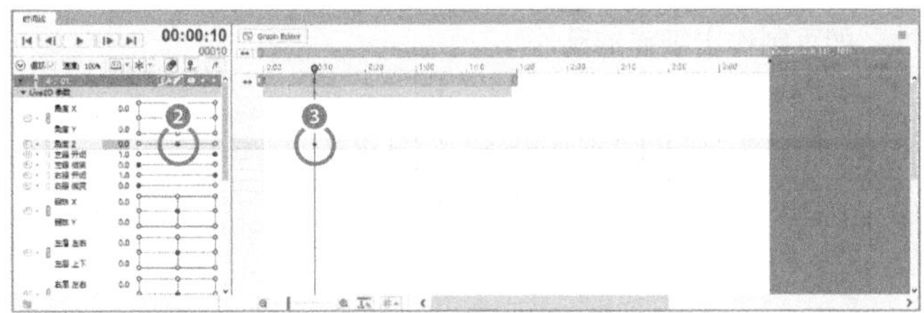

02 创建多个关键帧并制作动作

首先单击第20帧（❶）处，然后用鼠标右键单击“角度Z”参数的最大值（❷）或者在数值栏里输入30，即可在第20帧处插入“角度Z”的关键帧（❸）。这样，在第10帧到第20帧之间，头部就会向一侧倾斜。

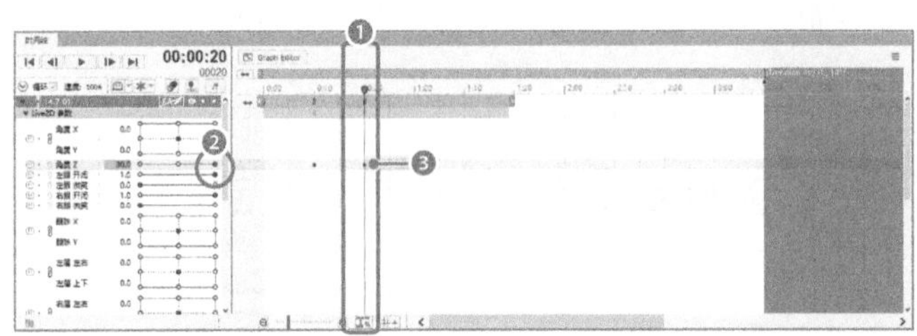

接下来单击1:00位置（❹）后，用鼠标右键单击“角度Z”参数的默认值（❺），即可在1秒0帧处插入“角度Z”的关键帧（❻）。这样，在第20帧到1秒0帧之间，头部就会从倾斜状态回正。

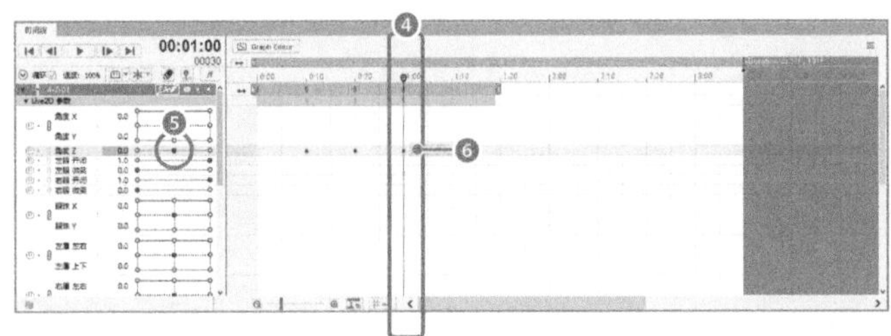

03 预览并检查动作

单击“时间线”面板中的播放按钮（❶），即可播放工作区内的内容。头部是否做出了先偏向一侧，再回正的动作呢？再次单击该按钮，即可停止播放。

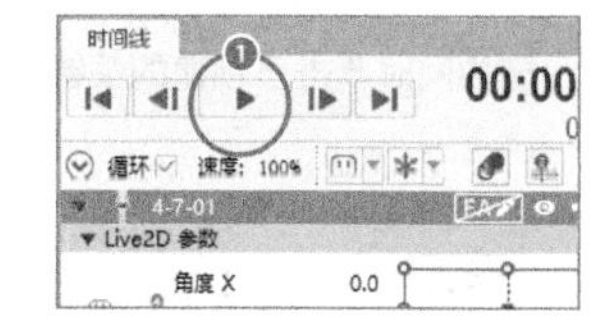

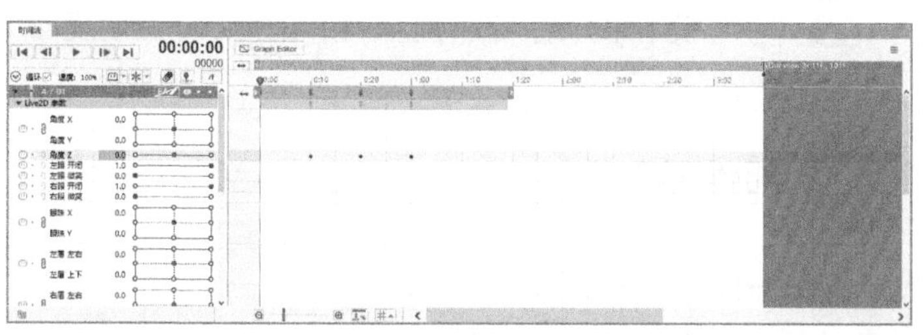

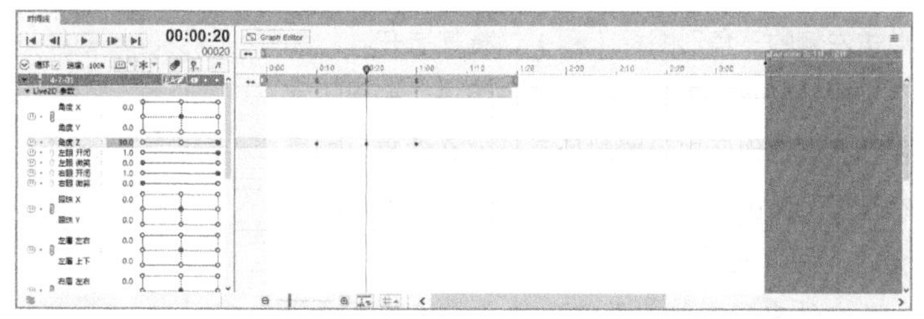

像上面这样，给希望发生变化的参数打上关键帧，即可完成动作的制作。

提示 使用“洋葱皮设置”对话框检查动作

打开“洋葱皮设置”对话框后，除所选关键帧（或关键点，下同）外的关键帧间的动作会以半透明的方式被显示出来。在菜单中选择“显示”→“洋葱皮”→“洋葱皮设置”后，会弹出“洋葱皮设置”对话框。

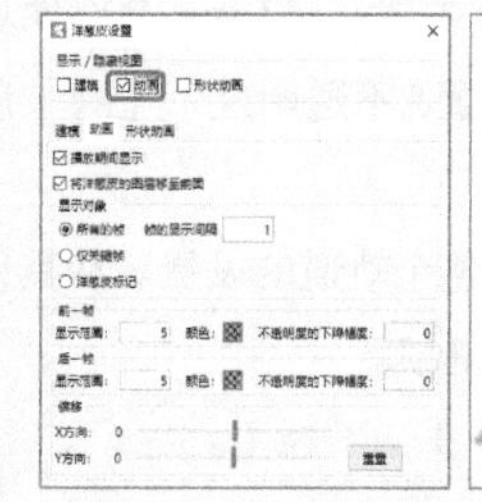

在“显示/隐藏视图”一栏勾选“动画”，即可在动画工作区内启用洋葱皮显示。

在“显示对象”一栏，可以设置显示洋葱皮的对象帧。选择“所有的帧”时，所有可见的帧都会作为显示对象。设置“帧的显示间隔”可以改变显示洋葱皮的帧数间隔。例如，如果当前位置之前有10帧，我们将“帧的显示间隔”设置为5，那么由于在10帧中要以5帧为间隔显示洋葱皮，在当前位置之前就会显示两个洋葱皮。当选中“仅关键帧”时，当前选中的轨道上的关键帧就会作为洋葱皮的显示对象。

提示 创建关键帧的其他方法

按住Ctrl键的同时在时间线的任意位置单击，即可在对应位置插入关键帧。同样，按住Ctrl键的同时单击已创建的关键帧，即可将它删除。

步骤5 认识“部件显示”和“配置&不透明度”

接下来介绍“部件显示”和“配置&不透明度”。

01 部件显示

拖曳“时间线”面板中纵向的滚动条（❶）或者滚动鼠标滚轮，找到“Live2D部件显示”并单击左侧的三角形图标（❷），将其展开。

在“Live2D部件显示”属性组中，列出了我们在模型工作区中设置的所有部件文件夹。如果在模型工作区中没有创建任何文件夹，这里就不会显示任何内容。

文件夹名右侧的数值（❸）代表其不透明度。和之前“Live2D参数”中的属性一样，我们可以通过关键帧来设置各部件的不透明度。

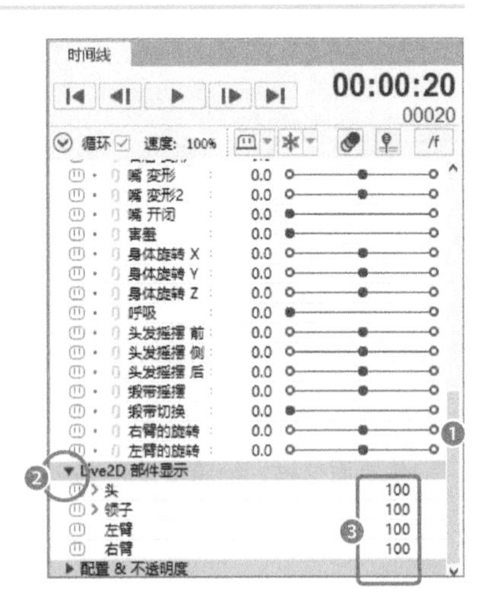

02 配置&不透明度

在“时间线”面板中展开“Live2D部件显示”属性组下方的“配置&不透明度”（❶）属性组。

此处显示的项目为整个轨道的设置。和其他属性一样，可以设置关键帧。

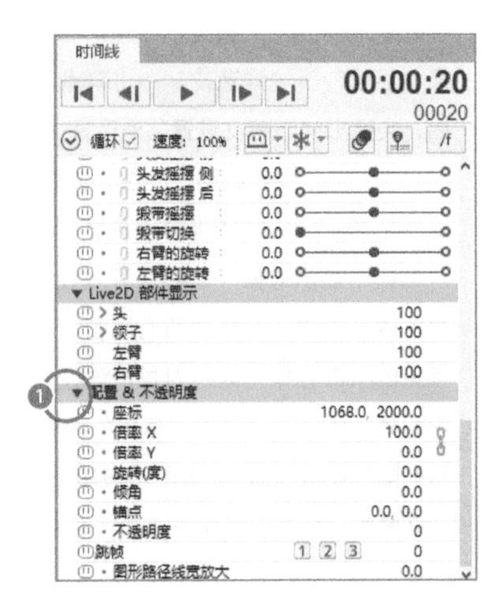

我们在5.1节对模型进行过调整，因此现在第0帧处（❷）已经创建了关键帧。

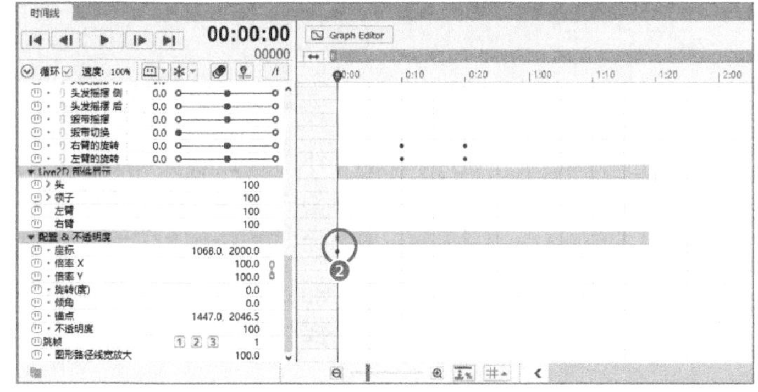

■ 源文件：5-3-01_CN.can3

提示　隐藏属性功能

由于有大量的属性项目，如果每次都要来回滚动鼠标以寻找想要的项目，就会非常麻烦，此时“隐藏属性功能”就很有用。

利用“隐藏属性功能”可以暂时隐藏不需要操作的项目。首先单击“角度Z”前的隐藏属性按钮（Ⓐ），然后单击轨道上方的“使用‘隐藏’属性显示/隐藏物体”图标（Ⓑ），即可隐藏“角度Z”参数。再次单击轨道上方的“使用‘隐藏’属性显示/隐藏物体”图标，即可显示被隐藏的属性。

举例来说，在编辑身体的关键帧时，如果希望隐藏不需要操作的与表情相关的参数，使用这个功能就很方便。

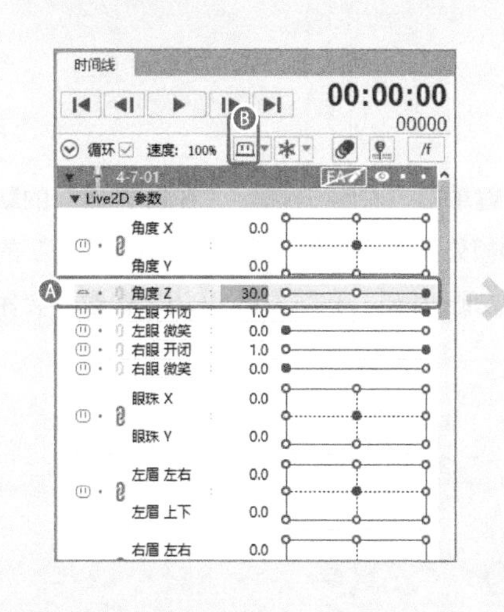

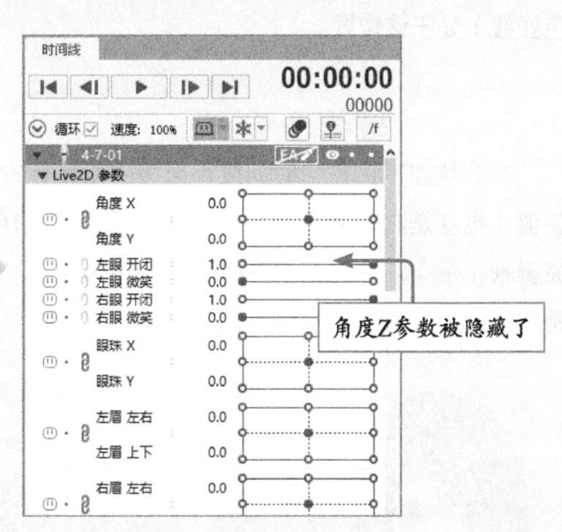

5.4 制作眨眼动作

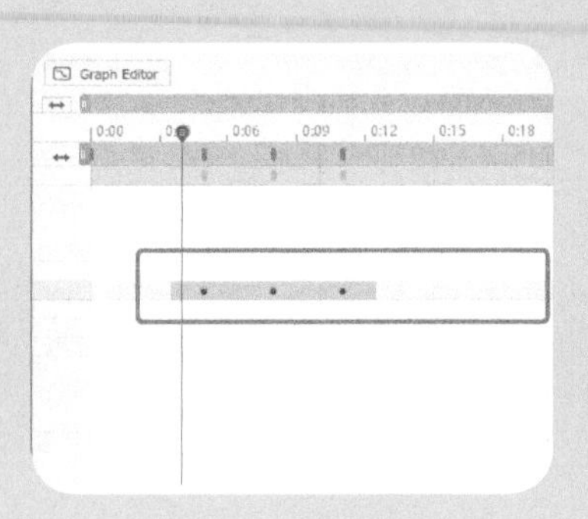

在“时间线”面板中编辑各个参数，为角色制作各种各样的动作。

首先删除之前创建的头部倾斜动作。在“时间线”面板中进行拖曳框选，同时选中头部倾斜的三个关键帧（参见左图），然后在菜单中选择“编辑”→“削除”，即可删除关键帧。

步骤 1 制作双眼眨眼动作

在“时间线”面板中设置关键帧。

01 设置关键帧

在“时间线”面板中单击第10帧（❶）处，让指示器（用于标示当前位置的红色竖线）处于该位置。

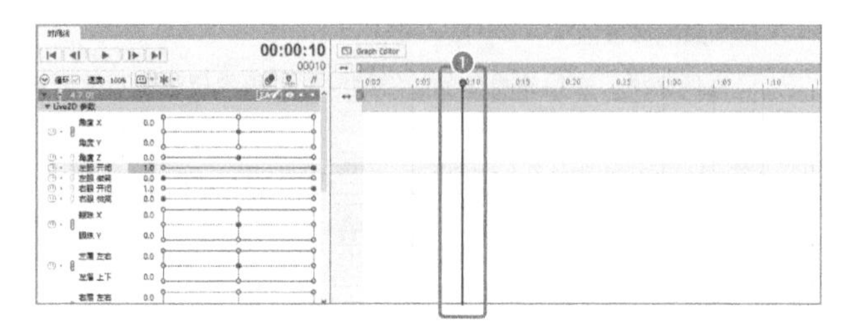

在此状态下，在“时间线”面板中用鼠标右键单击“左眼 开闭”“右眼 开闭”的默认值（也就是右端/最大值）（❷），即可在第10帧处插入“左眼 开闭”“右眼 开闭”的关键帧（❸）。这样，从开始到第10帧为止，“左眼 开闭”和“右眼 开闭”参数都会保持默认值（眼睛睁开的状态）。

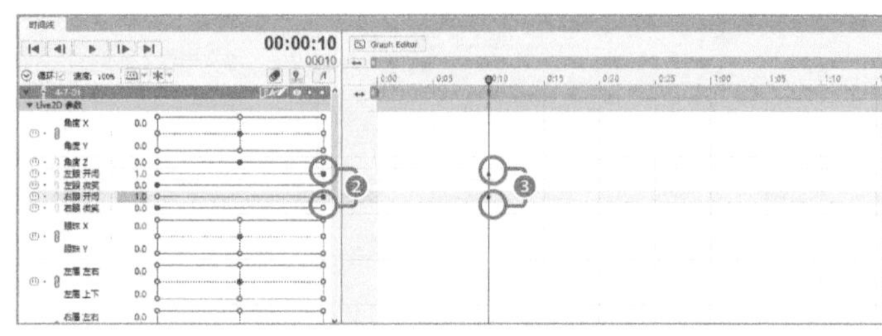

02 设置多个关键帧并制作动作

同样，在“时间线”面板中单击第13帧（❶）处，并用鼠标右键单击“左眼 开闭”“右眼 开闭”的左端（最小值）（❷），或在数值栏中输入“0”，即可在第13帧处插入“左眼 开闭”“右眼 开闭”的关键帧（❸）。当前位置可在时间码（❹）处确认。这样，我们就在第10帧到第13帧之间制作了闭上眼睛的动作。

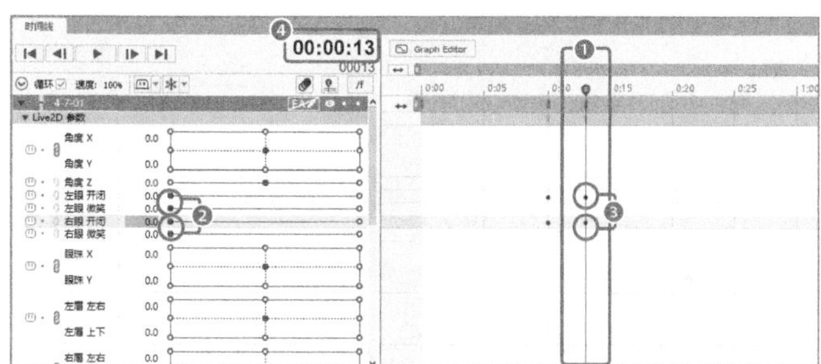

接下来，单击第16帧（❺）处，并用鼠标右键单击“左眼 开闭”“右眼 开闭”的默认值（也就是右端/最大值）（❻），即可在第16帧处插入“左眼 开闭”“右眼 开闭”的关键帧（❼）。

这样，我们就在第13帧到第16帧之间制作了睁开眼睛的动作。

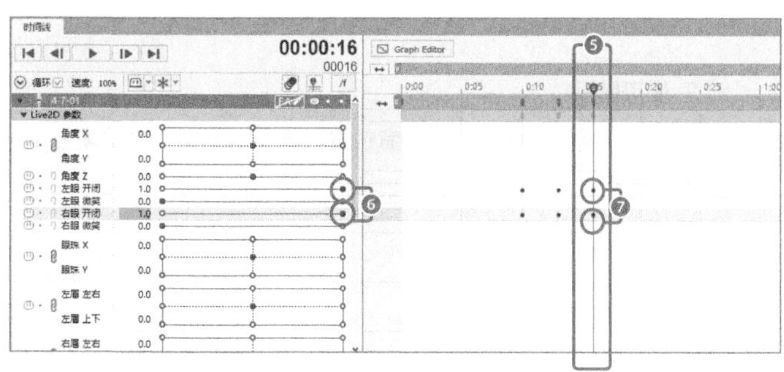

03 预览并检查动作

单击时间线上的播放按钮，一边预览，一边微调动画。如果希望眨眼的速度更慢，则可以增加眼睛开闭之间的帧数。如果希望眨眼的速度更快，则可以减少眼睛开闭之间的帧数。

提示 将经常使用的动作添加为动画模板

在制作动画的过程中，把经常使用的动作添加为模板会更方便后面使用。

1. 选中想要添加为模板的关键帧

在“时间线”面板中拖曳并选中刚才创建的6个关键帧。

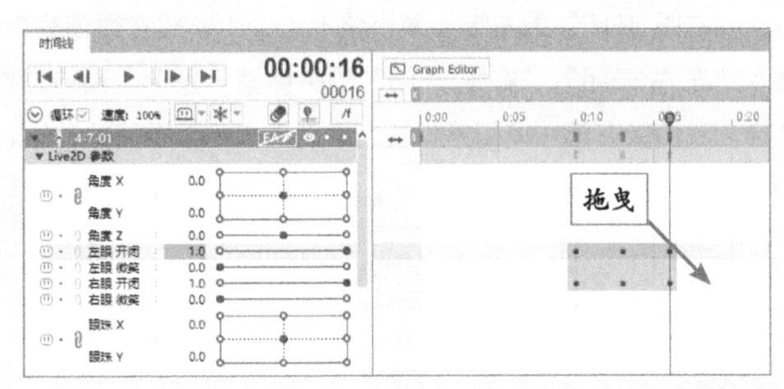

2. 添加模板

单击切换到“模板”面板（Ⓐ）。单击“新模板”图标（Ⓑ）并输入一个方便我们辨识的名字，即可完成模板的添加。这里命名为“眨眼”。

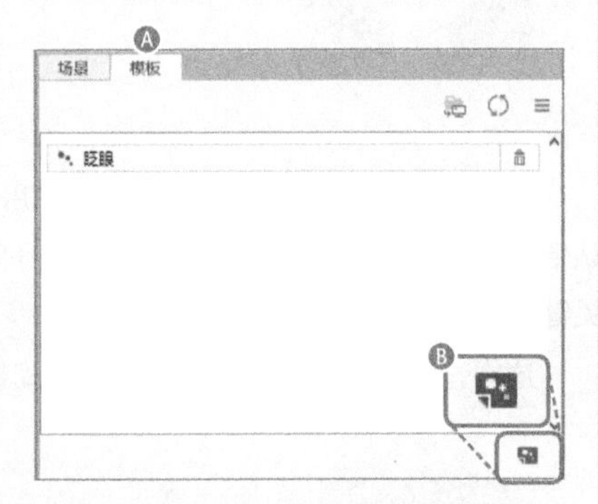

3. 使用模板

单击“时间线”面板中的任意位置，再单击刚刚创建的模板（Ⓒ），即可在当前位置插入添加的关键帧。

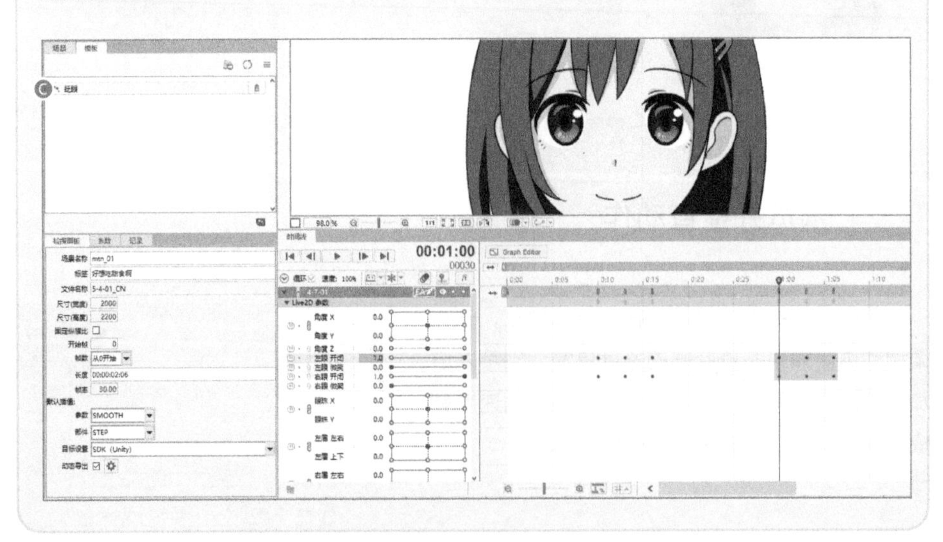

步骤 2

制作单眼眨眼动作

制作单眼眨眼动作，并体会该动作与双眼眨眼之间的区别。

01 创建多个关键帧，并制作动作

和前面制作眨眼动作时的方法相同，按照下述方式插入关键帧。

- 在1秒0帧（即1:00）处，为“左眼 开闭”的默认值（即右端/最大值）插入关键帧（❶）
- 在1秒5帧（即1:05）处，为“左眼 开闭”的左端最小值插入关键帧（❷）
- 在1秒12帧（即1:12）处，为“左眼 开闭”的左端最小值插入关键帧（❸）
- 在1秒17帧（即1:17）处，为“左眼 开闭”的默认值（即右端/最大值）插入关键帧（❹）

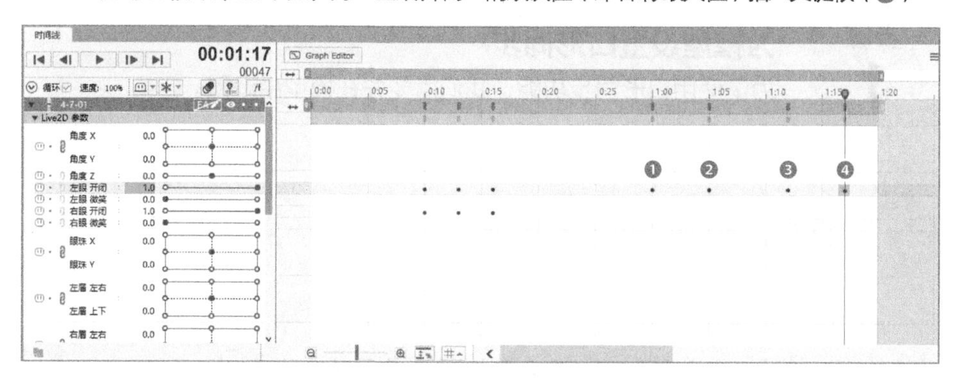

02 预览并检查动作

在“时间线”面板中单击播放按钮（❶），预览并查看动作（按Enter键）。如图所示，和眨眼相比，眼睛闭合的时间要更长一些。再加上歪头的动作，就会更有单眼眨眼的效果。

源文件：5-4-01_CN.can3

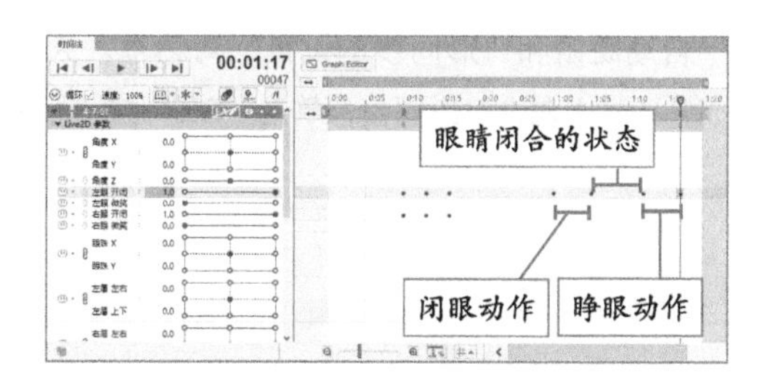

要点 关键帧的移动

可以拖曳并移动关键帧。在调整关键帧间的间隔时，推荐多用这种方法。

5.5 制作口形

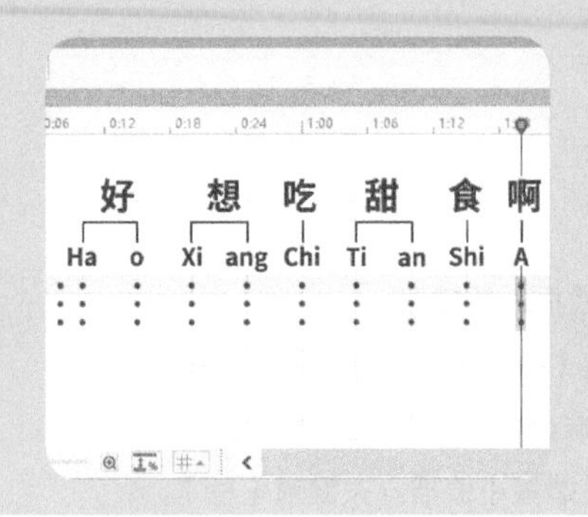

口形同步是利用导入的音频自动生成嘴的开闭动作的一种功能。如果我们事先准备好了音频文件，使用这个功能就会非常方便。

本节就来讲解一下口形同步功能。（请先删除之前制作的眨眼和单眼眨眼的关键帧。）

步骤 1 为模型设置口形同步

为了使用口形同步功能，我们需要先在模型中设置。

01 打开在动画中使用的模型

在“项目”面板中展开动画文件名，即可看到正在使用的模型名称（❶），在这里双击即可打开模型文件。也可以将关联的模型拖曳到视图区域内并打开。

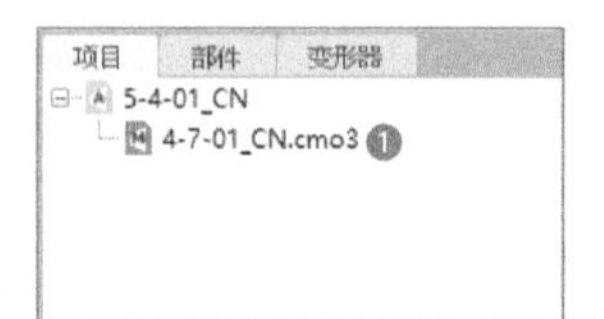

02 设置口形同步

打开模型后，在菜单中选择“建模”→“参数”→“自动眨眼和口形同步的设置”，即可打开“自动眨眼和口形同步的设置”对话框。为“嘴 开闭”（❶）勾选口形同步，单击“OK”按钮即可。

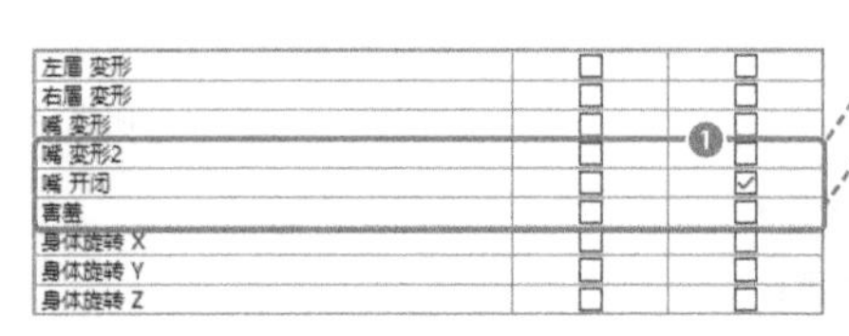

03 保存模型，并在动画工作区中重新加载

保存模型后（保存后的文件名：5-5-01_CN.cmo3），单击位于显示面板上的标签（❶），切换到动画工作区。

在“项目”面板中，用鼠标右键单击动画文件名（❷）下方的模型文件名（❸），在弹出的菜单中选择“重新加载数据”，即可重新读取修改后的模型文件。

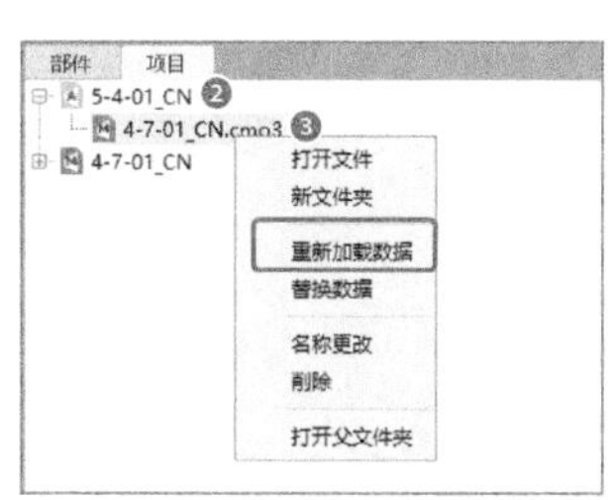

展开模型轨道，在口形同步属性（❹）上追加关键帧即可。

步骤 2 导入音频文件，调整场景的长度

导入音频文件并设置在时间线上。

01 导入音频文件

将WAV格式的音频文件拖曳到“项目”面板中，即可读取音频文件（❶），并放置在动画文件名的下方，这里使用的台词是“好想吃甜食啊”。

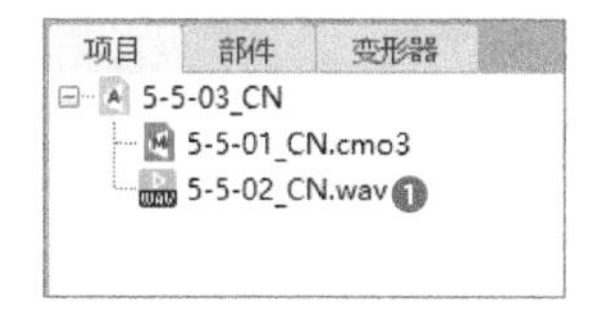

配音：夏卜卜

要点 可用的音频文件

背景音乐、音频等文件必须为WAV格式，不支持MP3格式，而且即便是WAV格式，也只支持特定的形式，否则可能无法读取。无法读取时将音频文件重新编码为“WAV格式（16位，44100Hz）”，即可导入。

02 创建音频轨道

在“项目”面板中，将导入的音频文件拖曳到时间线上，即可创建音频文件的轨道（❶）。

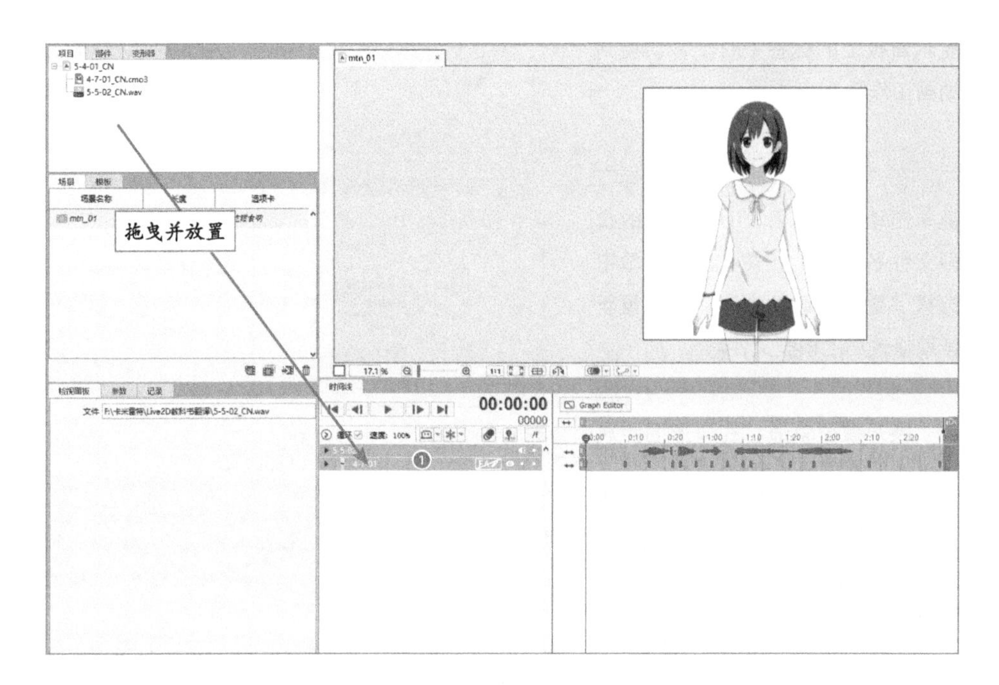

03 调整场景的整体长度和工作区

结合导入的音频文件，调整场景的整体长度和工作区。拖曳写着Duration（时长）的灰色部分的分界线（❶），将场景的整体长度调整到和音频文件一致即可。

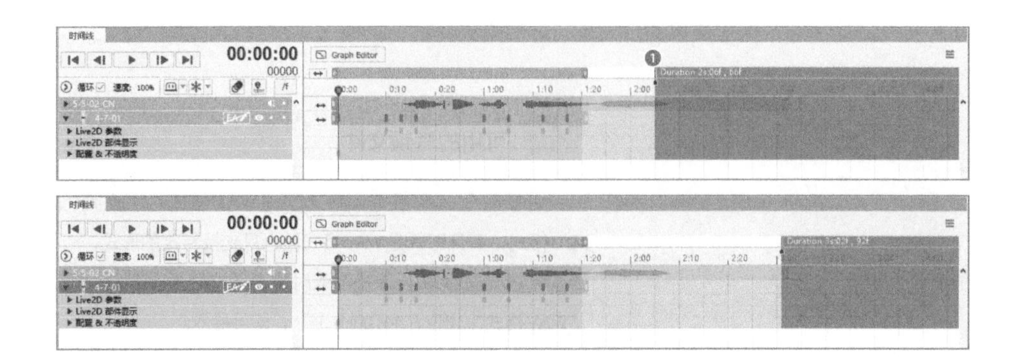

拖曳橙色条的右端（❷），让工作区的长度和音频文件的长度一致。

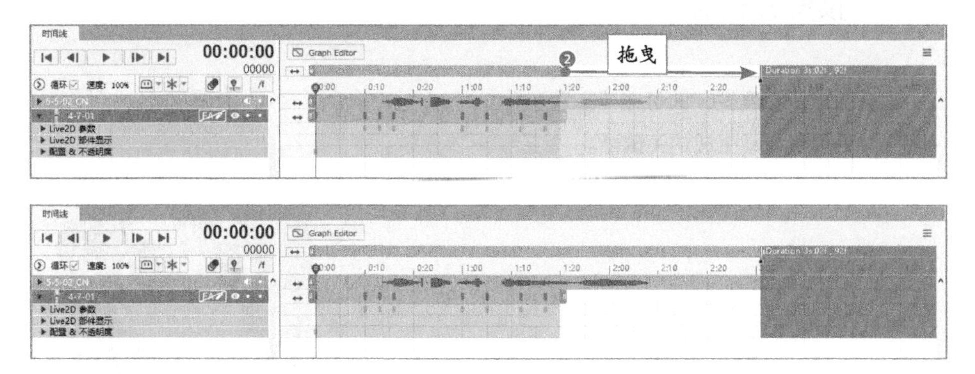

拖曳模型轨道的右端（❸），让模型轨道的长度和音频文件的长度一致。

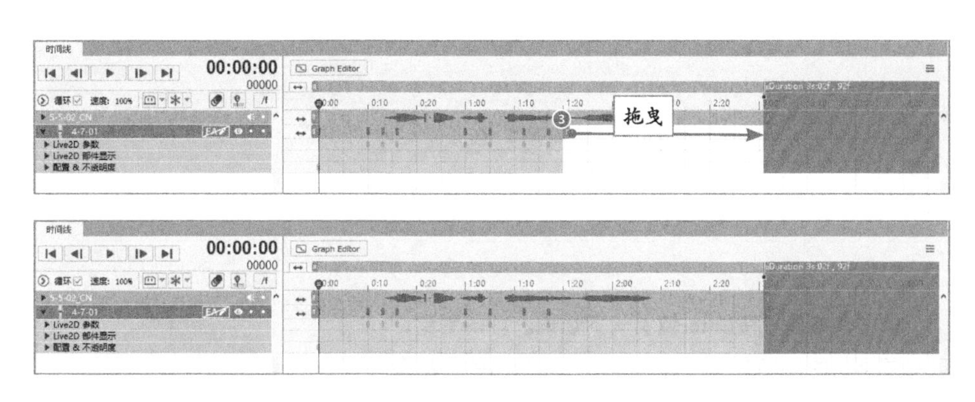

步骤 3

基于音频文件生成口形同步动作

生成口形同步动作。

01 生成口形同步动作

从菜单中选择“动画”→“轨道”→“用音轨生成口形同步”，即可打开“口形同步”对话框。检查“选择模型”和“选择音轨”处是否为这次使用的文件后，单击“OK”按钮即可。

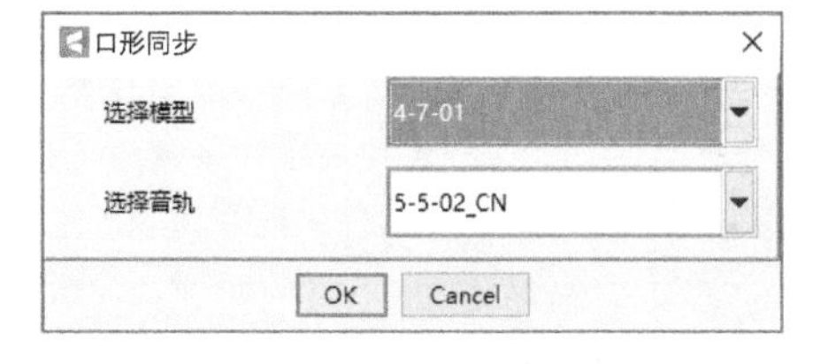

02 预览并检查

展开口形同步属性，即可在“音量（❶）”处看到自动生成的关键帧。

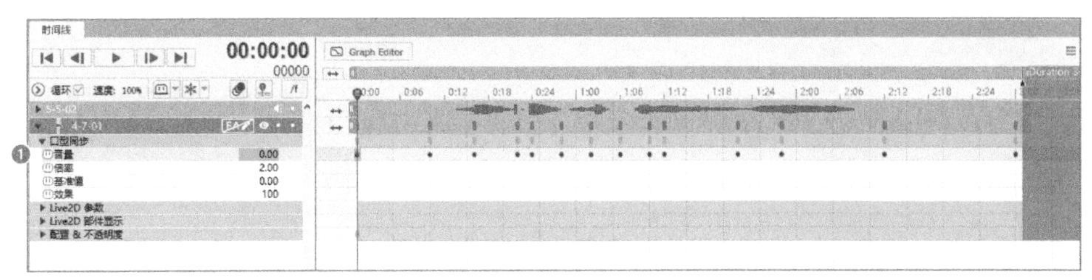

接下来播放（按Enter键）一下场景。可以看到，虽然前半句的口形基本符合台词，但后半句的“甜食啊”3个字给人感觉嘴是一直张着的。这是因为口形同步动作是根据“音量”来生成关键帧的，发生这种情况时就需要手动调整。

在“音量”属性的左端（最小值）为0.00，右端（最大值）为1.00。而台词“甜食啊”附近的关键帧（❷）一直保持在0.50左右（❸），所以看起来会感觉嘴是一直张着的。

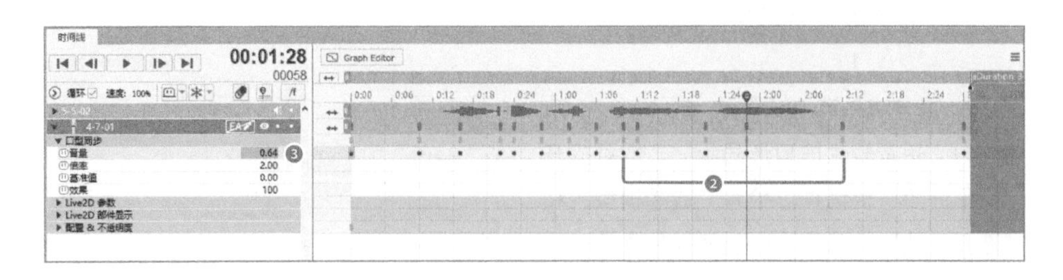

■ 源文件：5-5-03_CN.can3

03 调整口形同步的关键帧

为了让后半句台词的口形与实际口形匹配，我们要考虑实际的发音。在发音时，元音“i”对应的口形应比较接近闭嘴的状态，这样才能更自然地表现说话的感觉。

因此，我们将“甜”字对应的口形变小一些。将1秒10帧和1秒22帧处的音量的关键帧（❶）降低到0.10。

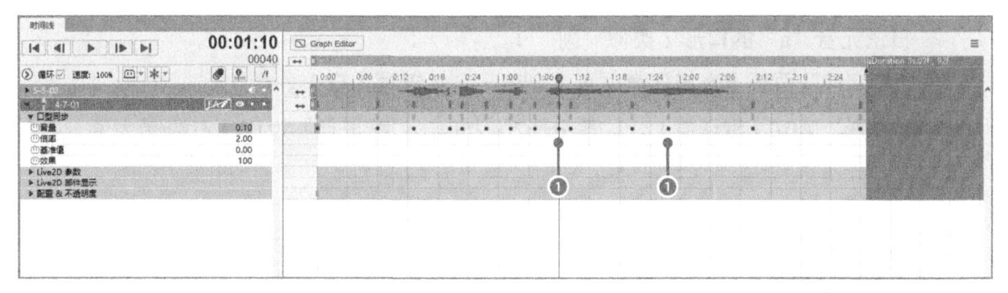

另外，“想”字附近的口形有些夸张，我们将0秒24帧处的音量的关键帧（❷）降低到0.35。

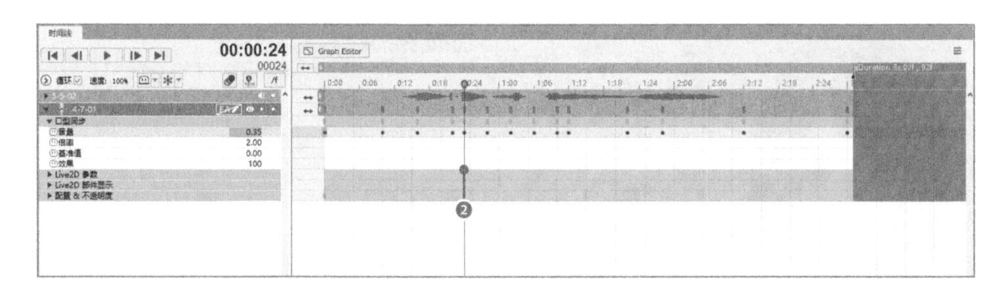

源文件：5-5-04_CN.can3

步骤 4 手动设置所有的口形

我们来学习一下根据元音※手动设置所有口形的方法。

※译注：此处的元音指日语中的元音“a、i、u、e、o”，读音大致为汉字的“阿、衣、乌、诶、哦”。为避免超出原书内容，我们仍按日语的元音学习口形的制作。实际制作时，你可以用同样的方式制作汉语元音对应的口形。

01 制作基于元音的口形

● 日语元音“a”的口形（类似“阿”）

在“时间线”面板上选择任意位置，创建下列关键帧（❶）。

“嘴 变形”为0.0（默认值），“嘴 变形2”为0.4，“嘴 开闭”为1.0（右端/最大值）。

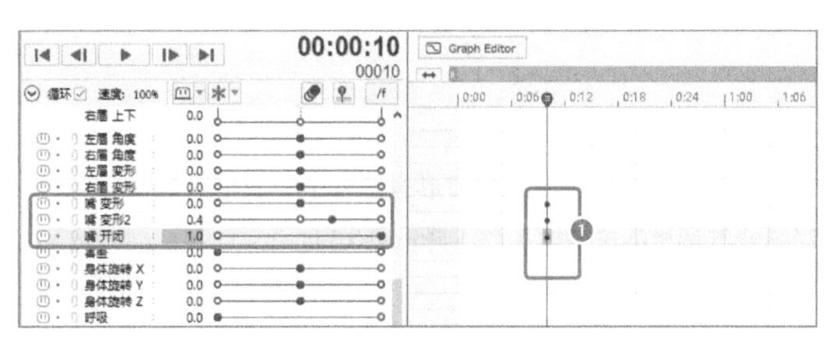

● 日语元音“i”的口形（类似“衣”）

在“时间线”面板上选择其他任意位置，创建下列关键帧（❷）。

“嘴 变形”为-0.3（默认值），“嘴 变形2”为0.6，“嘴 开闭”为0.5（右端/最大值）。

同样，制作日语元音“u、e、o”的口形。

● 日语元音“u”的口形（类似“乌”）

“嘴 变形”为0.0，“嘴 变形2”为-1.0，“嘴 开闭”为1.0。

00:00:20
00020
Graph Editor
循环 速度: 100%
右眉 上下 0.0
左眉 角度 0.0
右眉 角度 0.0
左眉 变形 0.0
右眉 变形 0.0
嘴 变形 0.0
嘴 变形2 -1.0
嘴 开闭 1.0
害羞 0.0
身体旋转 X 0.0
身体旋转 Y 0.0
身体旋转 Z 0.0
呼吸 0.0
0:00 0:06 0:12 0:18 0:24 1:00 1:06

● 日语元音“e”的口形（类似“诶”）

“嘴 变形”为0.0，“嘴 变形2”为-0.5，“嘴 开闭”为1.0。

00:00:25
00025
Graph Editor
循环 速度: 100%
右眉 上下 0.0
左眉 角度 0.0
右眉 角度 0.0
左眉 变形 0.0
右眉 变形 0.0
嘴 变形 0.0
嘴 变形2 -0.5
嘴 开闭 1.0
害羞 0.0
身体旋转 X 0.0
身体旋转 Y 0.0
身体旋转 Z 0.0
呼吸 0.0
0:00 0:06 0:12 0:18 0:24 1:00 1:06

● 日语元音“o”的口形（类似“哦”）

“嘴 变形”为0.0，“嘴 变形2”为-0.8，“嘴 开闭”为1.0。

00:01:00
00030
Graph Editor
循环 速度: 100%
右眉 上下 0.0
左眉 角度 0.0
右眉 角度 0.0
左眉 变形 0.0
右眉 变形 0.0
嘴 变形 0.0
嘴 变形2 -0.8
嘴 开闭 1.0
害羞 0.0
身体旋转 X 0.0
身体旋转 Y 0.0
身体旋转 Z 0.0
呼吸 0.0
0:00 0:06 0:12 0:18 0:24 1:00 1:06

另外，也制作一下嘴闭合状态下的关键帧（❸）。

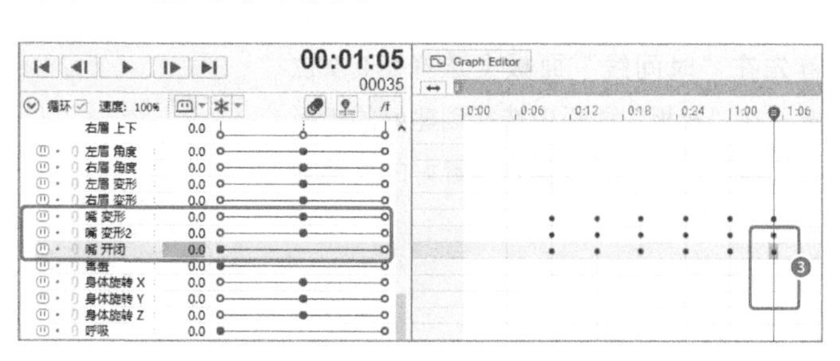

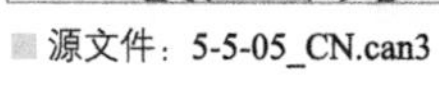
源文件：5-5-05_CN.can3

02 将各个口形分别添加为模板

选中日语元音“a”口形对应的关键帧（❶），在“模板”面板中单击“新模板”图标（❷）后，会弹出“输入”对话框。

这里输入“日语元音a”并单击“OK”按钮，即可创建新模板（❸）。

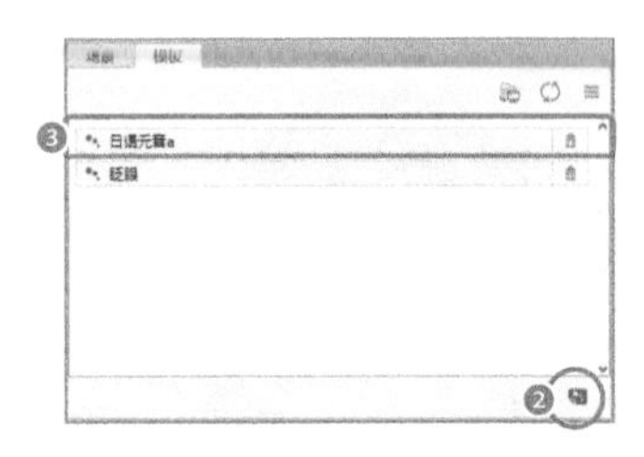

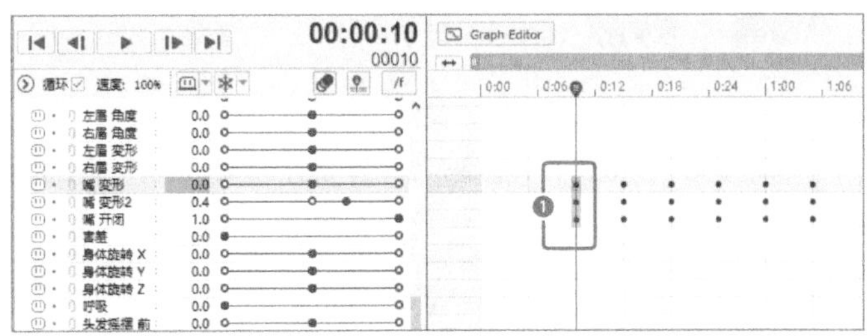

同样，将其他口形也分别添加为模板。

添加完成后删除创建的关键点即可。

03 结合音频应用模板

下面结合音频应用刚才创建的模板。首先在“时间线”面板上选择第0帧位置，在“模板”面板中选择创建好的模板“闭嘴”（❶），以插入设置好的关键帧（❷）。

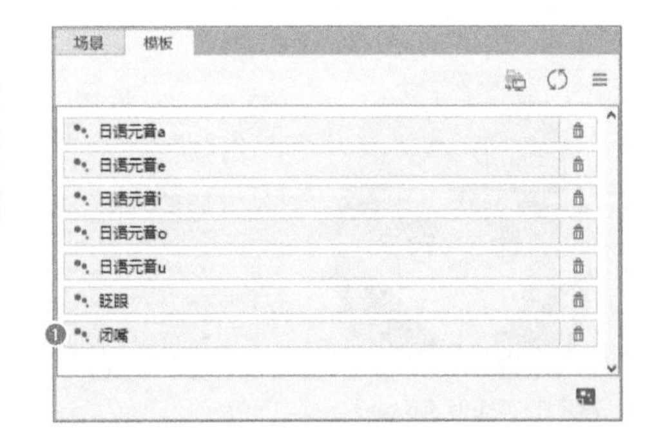

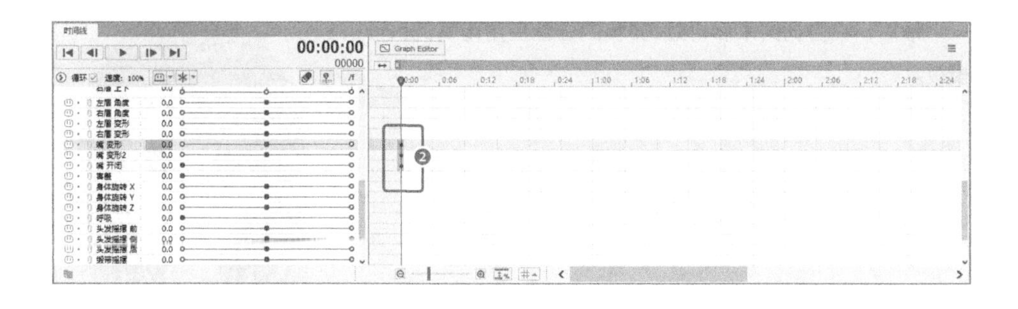

同样，选择发音前的帧（第8帧）（❸），单击模板“闭嘴”插入同样的关键帧。这样从开始到第8帧为止，嘴就会处于闭合状态。

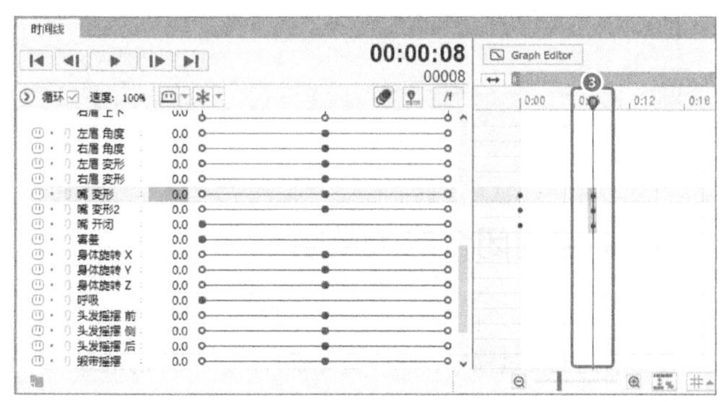

接下来按照台词“好想吃甜食啊”的元音※（Ha，o，Xi，ang，Chi，Ti，an，Shi，A）应用对应的口形模板。通常来说，人的语速大约是5帧1个音。因为之后我们还会仔细调整，所以此处先每隔5帧应用1次模板即可。

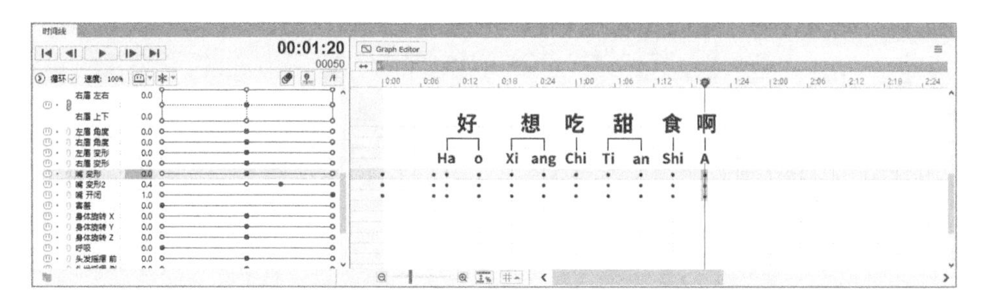

※译注：虽然此前我们制作的是日语元音，但是将日语元音的口形应用到拼音中的“a、i、u、e、o”处，效果也是可以接受的。在本书的案例中，我们就先用这种方法来匹配元音。

最后，在台词结束后再过约5帧的位置应用闭嘴的口形模板。

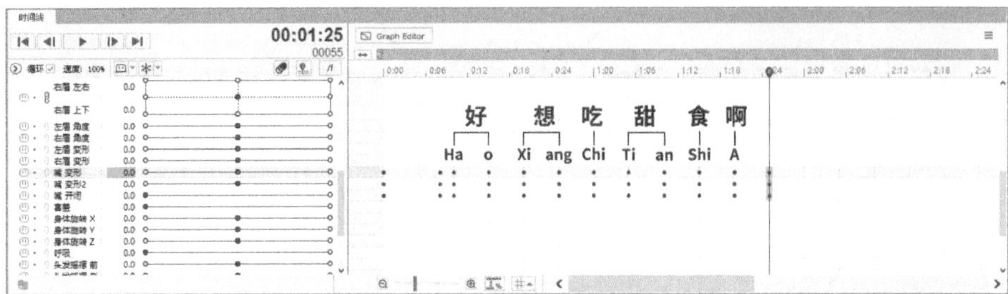

04 追加嘴闭合的关键帧

在当前的发音过程中，嘴一直是张开的。和之前的思路同理，我们需要追加插入一些嘴闭合的关键帧。这次，我们在“吃”“甜”“食”3个字之间插入嘴巴闭合的关键帧（❶）。

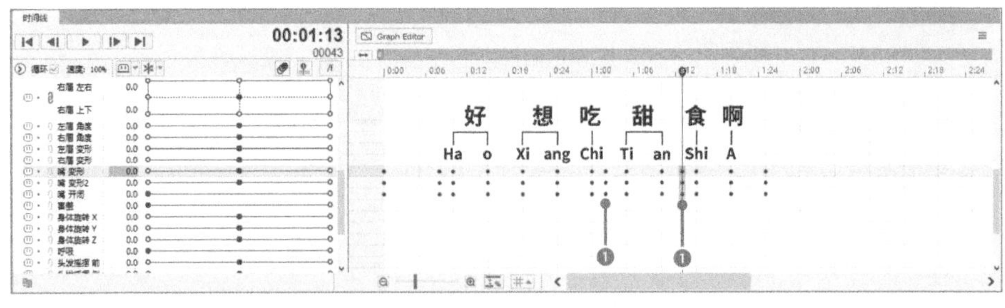

源文件：5-5-06_CN.can3

05 调整细节

插入这些关键帧后，我们需要预览并调整细节。播放（按Enter键）并检查后，我们做了下述调整。

- 发音时机有些错位，将“想”的“ang”音提前了一些（❶），将“食”的“Shi”音延后了一些（❷），将“啊”的“a”音也延后了一些（❸）。
- 由于“甜”字附近的口形变化幅度太大，因此将“甜”的“an”音处的口形缩小了一些（减少了开闭的值）（❹）。
- 句尾的“啊”发音时间较长，可以在“a”音后再加一组“a”音，以延长口形的持续时间（❺）。

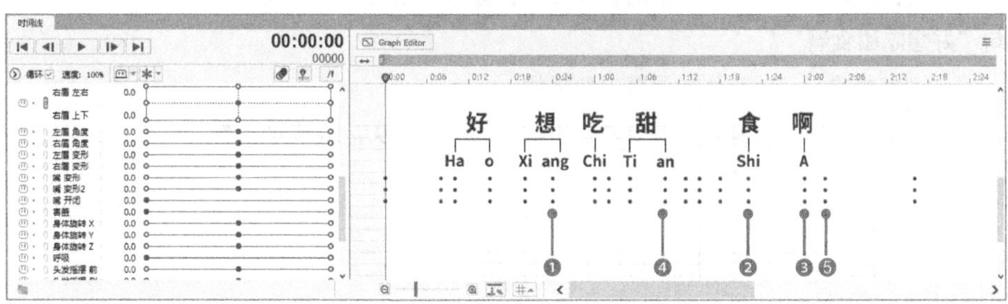

这样我们就手动设置好了嘴形。

源文件：5-5-07_CN.can3

> **要点** 从大致的口形开始制作
>
> 先大致设置好整体的关键帧，再调整细节。

5.6 制作动态

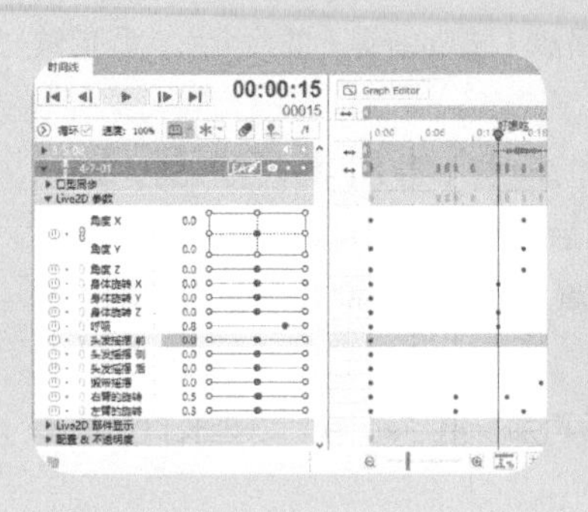

本节的内容是为各个属性打上关键帧并制作一长串动作。要点是先制作整体的动作，再制作表情和头发摇摆等细节动作。
注意，要考虑人运动时的预备动作和惯性，这样才可以把动作制作得更自然。

步骤1 构思动作

下面基于绘制插画时的构想，更加具体地构思动作。

01 决定头、身体等大部件的动作

在有台词时，结合说台词的时机制作动作效果会很好。这次我们使用制作口形时的那句“好想吃甜食啊”。

- “好想吃”：让身体向屏幕右侧摇摆。
- “甜食啊”：让身体向屏幕左侧摇摆，同时低下头，眼睛向上看。

02 决定手臂等随动部件的动作

结合大部件的动作，以及角色的心情或故事情节决定手臂动作。

- “好想吃”：让手臂转到身体后方。
- “甜食啊”：让手臂向外打开。

03 添加标记

标记是可以添加在时间线上的记号。将标记添加在台词或动作的分界处，可以在后续编辑过程中作为参考。

在“时间线”面板中写着帧数/时间码的地方单击鼠标右键，在弹出的菜单中选择“追加标记”（❶）。此时会弹出“标记”对话框，在此可以输入标记的名称。输入方便我们辨识的名字后，单击“OK”按钮（❷），即可创建标记。我们在“好想吃”和“甜食啊”开始的位置分别创建了标记（❸）。

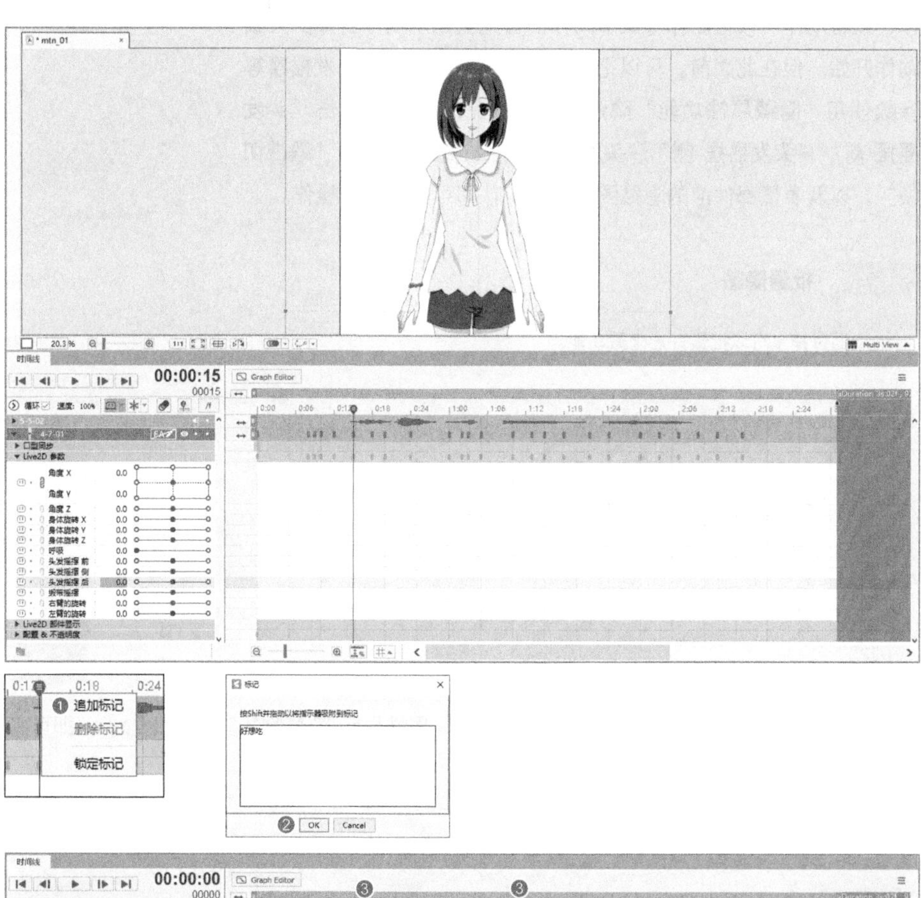

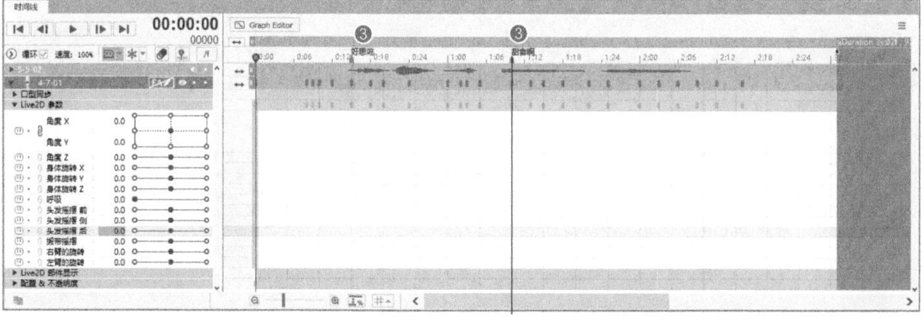

步骤 2

制作大致的动作

就像绘制插画时要先画草稿那样，我们先制作角色大致的动作。

01 制作身体的大致动作

就像绘制插画时要先画草稿那样，在制作Live2D动画时，我们也要先从制作大致的动作开始，再逐步添加表情和头发的摇摆动作、预备动作、惯性动作等细节动作。首先我们从制作身体的大致动作开始。但在此之前，可以把现阶段用不到的表情、头发摇摆等参数使用“隐藏属性功能”隐藏起来（参见P179）。单击“头发摇摆 前”“头发摇摆 侧”“头发摇摆 后”“缎带摇摆”“缎带切换”，以及表情部件前的隐藏图标（❶），即可完成隐藏操作。

要点 **批量隐藏**

通过拖曳可以批量开启隐藏功能。

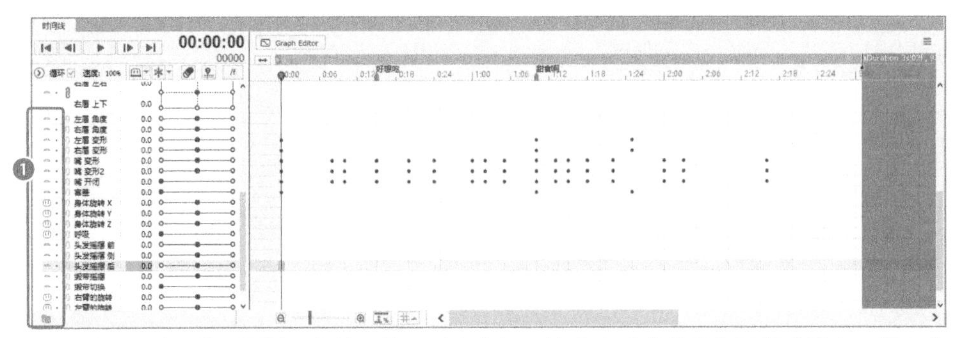

单击“时间线”面板上方的“使用‘隐藏’属性显示/隐藏物体”图标（❷），即可隐藏指定的参数，便于后续编辑。

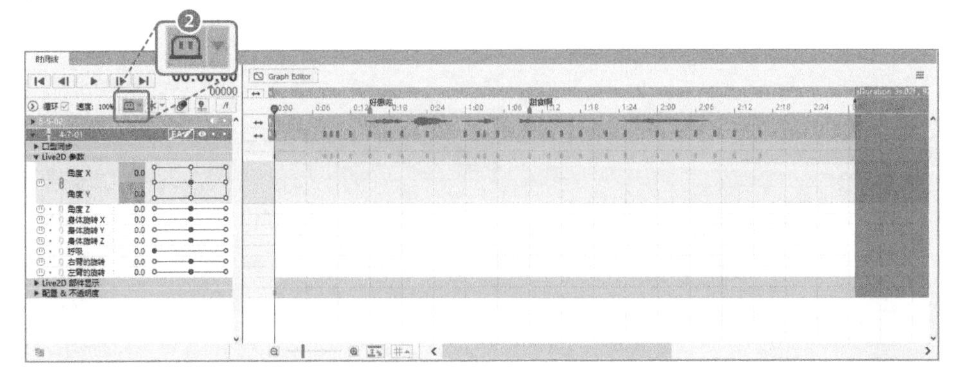

结合台词“好想吃”，让身体向屏幕右侧摇摆。在第0帧处为“身体旋转Z”打上数值为0.0（默认值）的关键帧（在后文中，我们直接使用“0帧‘身体旋转 Z’0.0”这样的形式表示关键帧的位置和数值）。

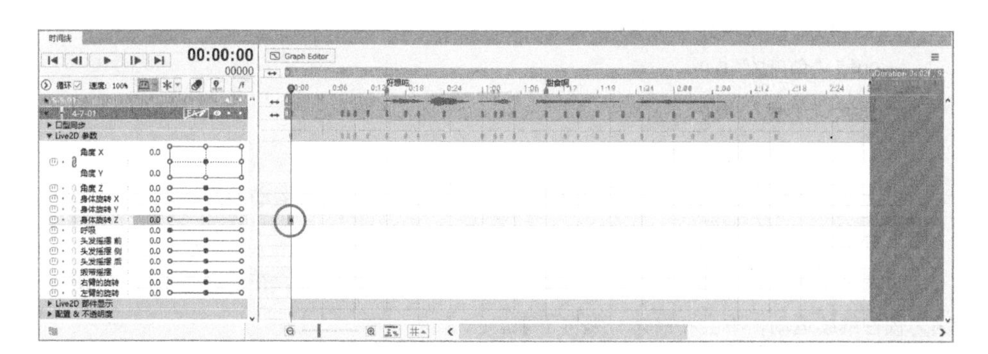

接下来创建以下关键帧，让角色在说台词之前处于立正姿势，在说出“好想吃”的同时，身体向屏幕右侧略微倾斜。

- 15帧“身体旋转Z”0.0
- 1秒“身体旋转Z”4.0

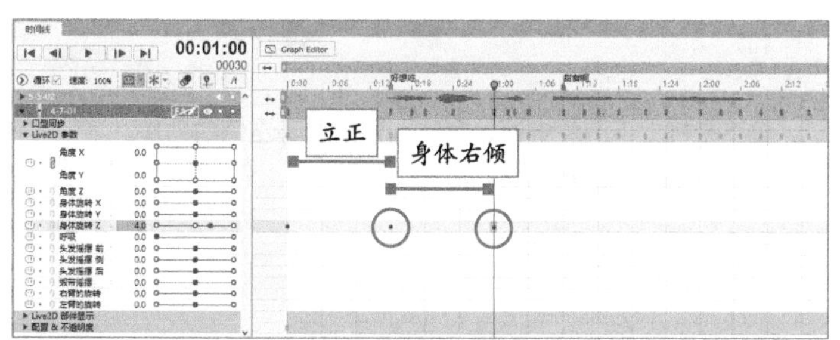

接下来结合台词“甜食啊”制作身体向左的摇摆动作。创建以下关键帧，让身体从屏幕右侧摆向屏幕左侧。

- 2秒“身体旋转Z”-10.0

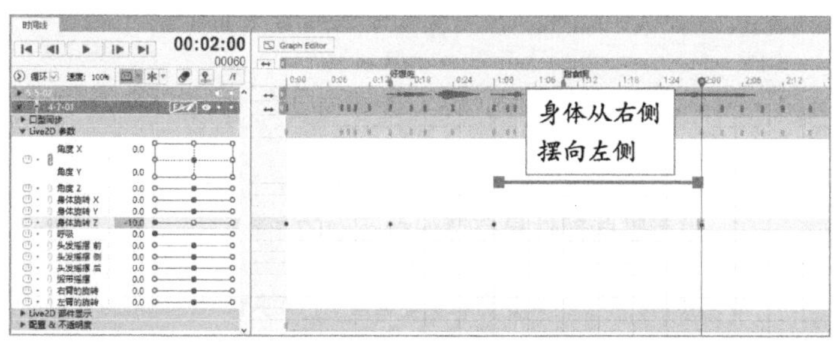

因为接下来还要进行微调，所以在这个阶段只需确认大致的动作没有问题，即可继续推进。

02 制作头部的大致动作

让头部也配合身体的运动倾斜。

- 00帧“角度Z”0.0
- 18帧“角度Z”0.0
- 1秒03帧“角度Z”14.0

打上上述关键帧。这里相对于身体的运动（❶）来说，头部运动的开始（❷）和结束（❸）都要更晚一些。

这是为了表现在运动开始后，头部跟随身体进行运动的效果。在运动结束后，头部会因为惯性继续运动，不会和身体一起停下来。

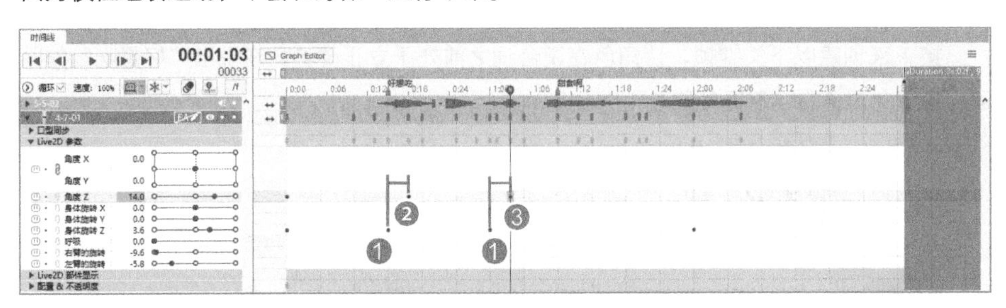

接下来打上下列关键帧，制作头偏向屏幕左侧的动作。

- 2秒03帧“角度Z”-25.0

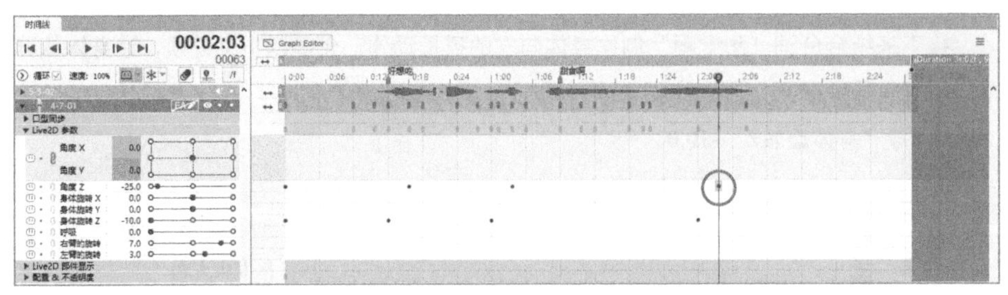

提示 思考哪些部件是有意识地运动的

在上述情况下，身体是有意识地运动的，而头部只是跟随身体运动，所以动作会慢一拍。这里举一个相反的例子，请思考一下“背后响起了很大的声音，于是转头”时的动作。

因为角色看不到声音传来的方向，所以会有意识地转头。具体地说，是按照“眼睛→头部→身体”的顺序运动的（虽然它们看上去几乎是同时运动的）。

03 制作手臂的大致动作

我们在台词“好想吃”处让手臂转到身体后方，在台词“甜食啊”处让手臂向外打开。因此要打上以下关键帧。

- 00帧“右臂的旋转”0.0
- 13帧“右臂的旋转”0.0
- 1秒01帧“右臂的旋转”-10.0
- 1秒22帧“右臂的旋转”7.0
- 00帧“左臂的旋转”0.0
- 13帧“左臂的旋转”0.0
- 1秒01帧“左臂的旋转”-6.0
- 1秒22帧“左臂的旋转”3.0

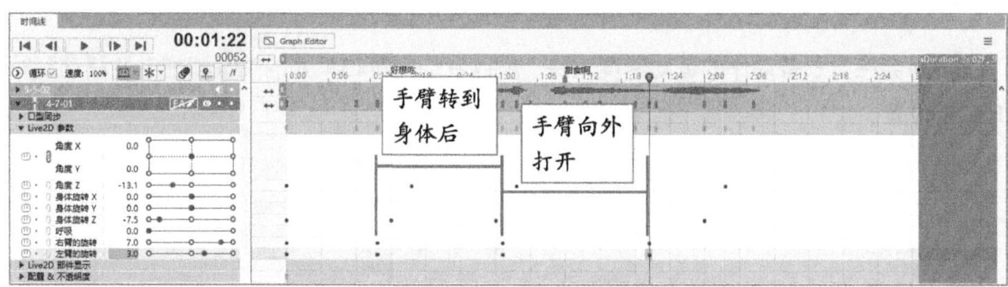

制作手臂动作的要点在于，要和身体、头部的动作稍稍错开。这样动作会更自然，也更接近真人。

源文件：5-6-01_CN.can3

要点 让运动更真实

虽然之前提到要让部件的动作之间有些时间差，但也不是说部件就不能同时运动。比如，在角色处于紧张等状态时，动作会变得僵硬，像机器人一样。在这种情况下，就不要考虑之前说的惯性问题，而要让部件同时运动，这样才能让动作更自然。

步骤3 制作预备动作与惯性动作

下面制作预备动作和惯性动作，让运动表现得更真实。

01 制作手臂的预备动作

我们举一个预备动作的例子，请思考一下投球时的准备动作。在投球的瞬间，虽然手臂会向前挥动，但在此之前手臂会有向后收的动作。投球动作属于幅度较大的动作，但其实幅度较小的动作也有这样的预备动作，将它们做出来，能让角色的运动表现得更加活灵活现。接下来我们将制作手臂的预备动作。

制作手臂转向身体后方前向反方向的预备动作。

- 16帧“右臂的旋转”0.5
- 16帧“左臂的旋转”0.5

按照上述方式打上关键帧，即可让手臂转向身体后方之前朝反方向打开一些。

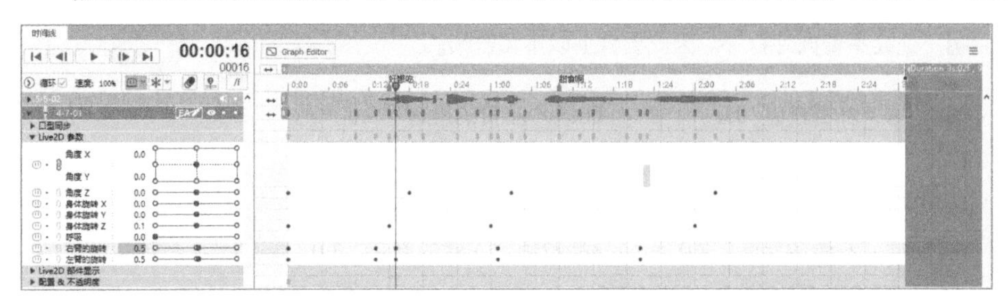

此时会感觉预备动作的运动速度太快，所以我们把第13帧处的关键帧拖曳并移动到第10帧的位置。

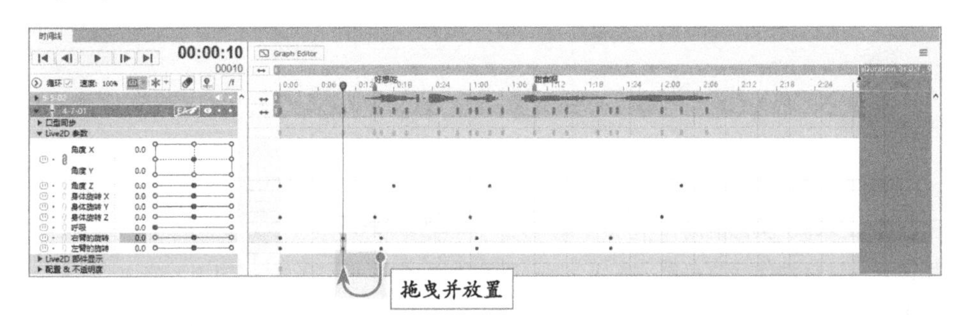

因为这次的动作很快，所以我们没有为身体添加预备动作。当有需要时，从身体开始添加预备动作会比较好。

要点　有关预备动作的幅度

对于常规的运动来说，做到“如果注意观察就能发现”的程度即可。但制作战斗场景或者要帅的动作幅度很大的角色等时，要视情况而定。

02 制作手臂的惯性动作

因为这次手臂没有用力，只是在自然摆动，所以受到惯性的影响较大。

按照下述方式打上关键帧，即可制作出手臂因为惯性向外侧打开后，再自然地回到原位置的动作。

- 1秒19帧“右臂的旋转”8.0
- 1秒19帧“左臂的旋转”4.0

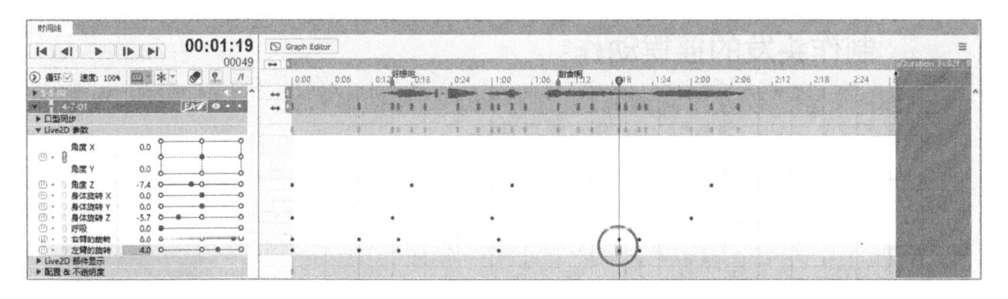

当前状态下会感觉到手臂因惯性原因导致移动速度过快，所以我们将1秒22帧处的关键帧拖曳到1秒28帧处。

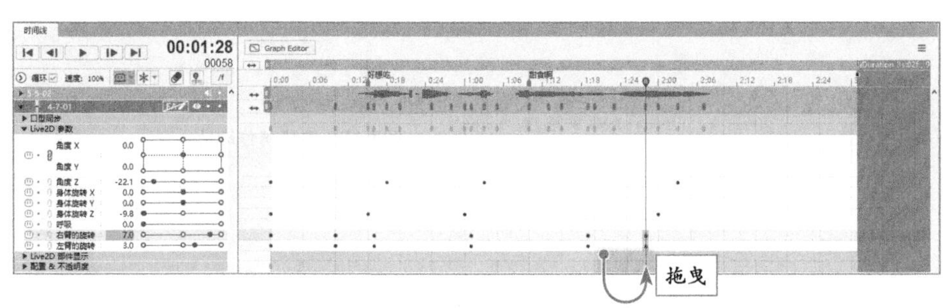

源文件：5-6-02_CN.can3

步骤4 制作头发和小物件的摇摆动作

下面制作头发和小物件等细节部分的摇摆动作。

01 重新显示用隐藏功能隐藏起来的参数

在“时间线”面板中单击“使用‘隐藏’属性显示/隐藏物体”图标（❶），即可重新显示被隐藏的表情等部件的参数。首先单击这次需要运动的“头发摇摆 前”“头发摇摆 侧”“头发摇摆 后”“缎带摇摆”参数前的“隐藏”图标（❷），再次单击“使用‘隐藏’属性显示/隐藏物体”图标（❶）。这样就可以隐藏表情参数，并保留头发摇摆等参数的显示状态。

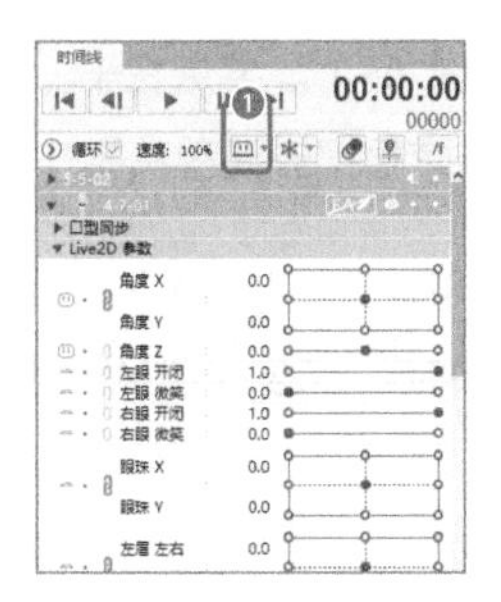

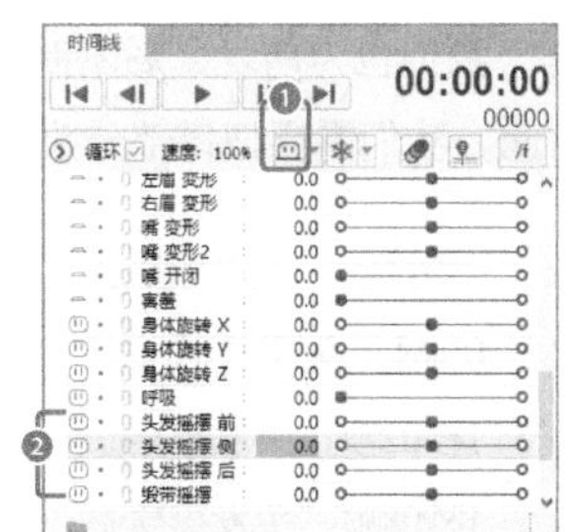

02 制作头发的摇摆动作

根据头部的运动和惯性制作头发的摇摆动作。

- 00帧“头发摇摆 侧”0.0
- 1秒“头发摇摆 侧”0.0
- 1秒06帧“头发摇摆 侧”1.0

按照上述方式打上关键帧。要点在于，在头部倾斜的过程中，头发会跟随头部一起运动。但在头部停止运动后，头发还会因为惯性向同一方向继续稍作运动。

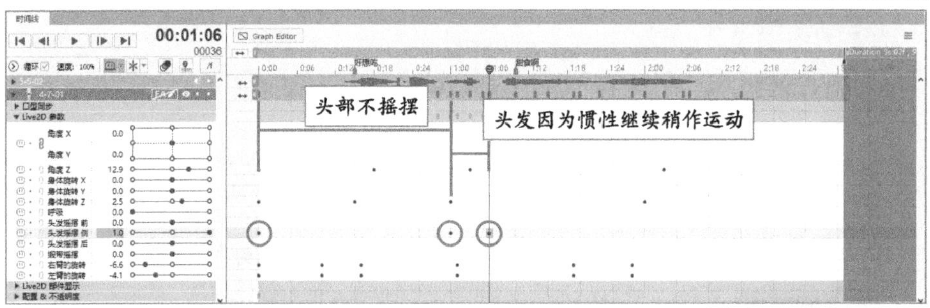

接下来打上以下关键帧。

- 2秒06帧“头发摇摆 侧”-1.0
- 2秒06帧“头发摇摆 侧”-0.6

要点在于，在头部停止运动后，头发会因为惯性向同一方向继续稍作运动，之后会再反向摇摆回到原始状态。

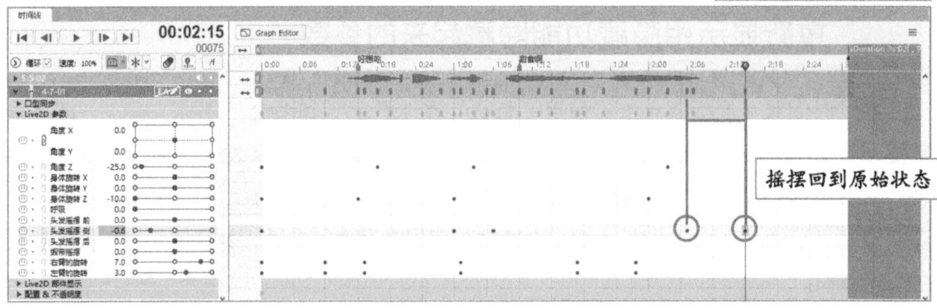

和制作侧发的运动时一样，我们也为前发、后发制作运动（见P205）。要点在于，要让头发有随机摇摆的感觉。为此，我们需要把每部分头发的开始/结束摇摆时间稍稍错开。

- 00帧“头发摇摆 前”0.0
- 29 帧“头发摇摆 前”0.0
- 1秒05帧“头发摇摆前”1.0
- 2秒05帧“头发摇摆前”-1.0
- 2秒14帧“头发摇摆前”-0.6
- 00帧“头发摇摆 后”0.0
- 1秒02帧“头发摇摆后”0.0
- 1秒08帧“头发摇摆后”1.0
- 2秒08帧“头发摇摆后”-1.0
- 2秒17帧“头发摇摆后”-0.4

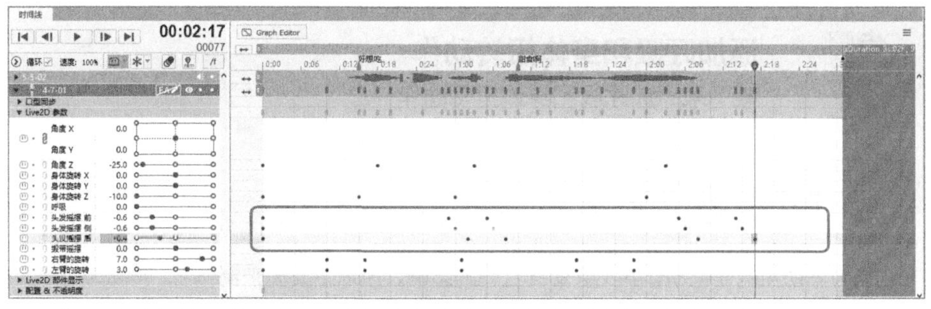

为了让后发的运动更明显，我们会在后发运动结束后让它再摇摆一次。

- 2秒25帧“头发摇摆 后”-0.6

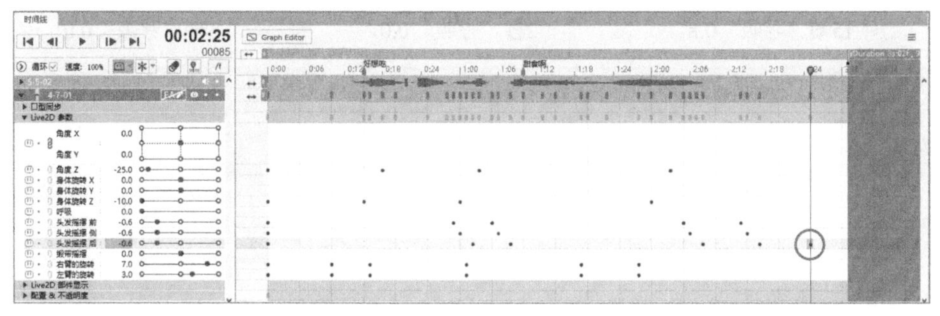

源文件：5-6-03_CN.can3

03 制作缎带的摇摆动作

和头发的摇摆动作一样，我们根据身体的运动情况制作缎带的摇摆动作。

- 00帧“缎带摇摆”0.0
- 20帧“缎带摇摆”0.0
- 1秒06帧“缎带摇摆”0.2
- 2秒06帧“缎带摇摆”-0.3
- 2秒15帧“缎带摇摆”-0.2

因为身体摇摆的幅度并没有头部那么大，所以缎带的摇摆幅度也会比头发小一些。

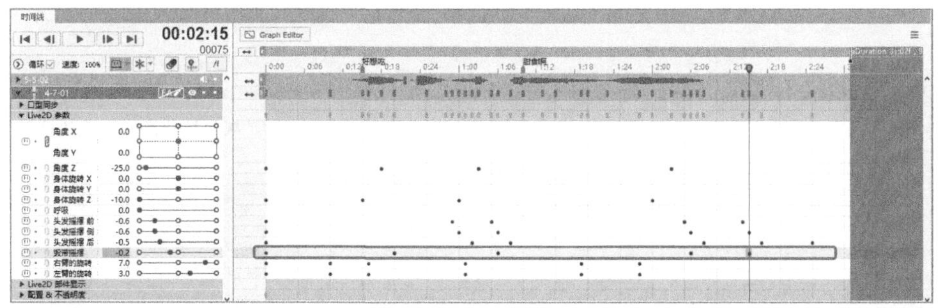

源文件：5-6-03_CN.can3

步骤5 添加呼吸和身体扭转动作

接下来添加呼吸和身体扭转动作。

01 制作呼吸动作

因为辅助用的呼吸动作并不会受到台词的影响，所以下面先来制作它。呼吸动作做到勉强能看出来的程度即可。

- 00帧 “呼吸” 0.0
- 15帧 “呼吸” 0.8
- 1秒 “呼吸” 0.0
- 2秒 “呼吸” 0.0
- 2秒15帧 “呼吸” 0.8
- 3秒 “呼吸” 0.0

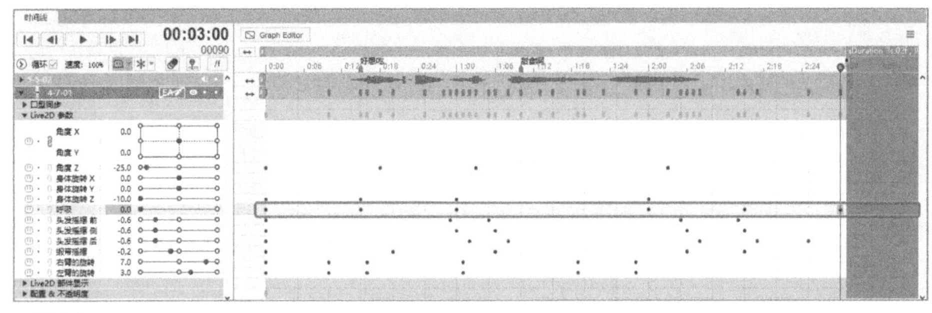

源文件：5-6-04_CN.can3

02 制作身体的扭转和伸缩动作

编辑“身体旋转X”增加身体的扭转动作。结合“身体旋转Z”，在身体摆向屏幕右侧时让左半身转向深处；在身体摆向屏幕左侧时，让右半身转向屏幕深处。

- 00帧 “身体旋转X” 0.0
- 15帧 “身体旋转X” 0.0
- 1秒 “身体旋转X” 8.0
- 1秒20帧 “身体旋转X” -10.0
- 2秒04帧 “身体旋转X” -5.0

要点在于要表现出运动的反作用力，在1秒20帧到2秒04帧之间，身体向回归默认位置的方向扭转。

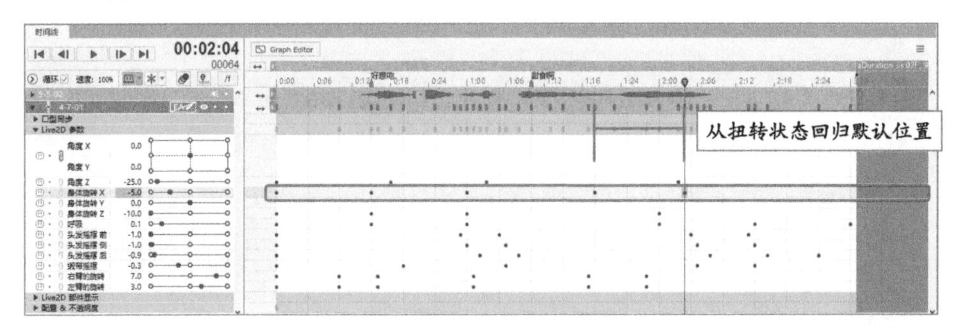

接下来编辑“身体旋转Y”为身体添加伸缩动作。结合“身体旋转Z”，在身体从屏幕右侧向左倾斜的过程中，在身体伸直的那一刻（1秒20帧）让身体伸展，在身体倾斜度最大的那一刻（2秒）让身体收缩。这只是辅助动作，无须做得太过明显。

- 00帧“身体旋转Y”0.0
- 1秒“身体旋转Y”0.0
- 1秒12帧“身体旋转Y”3.0
- 2秒“身体旋转Y”-2.0

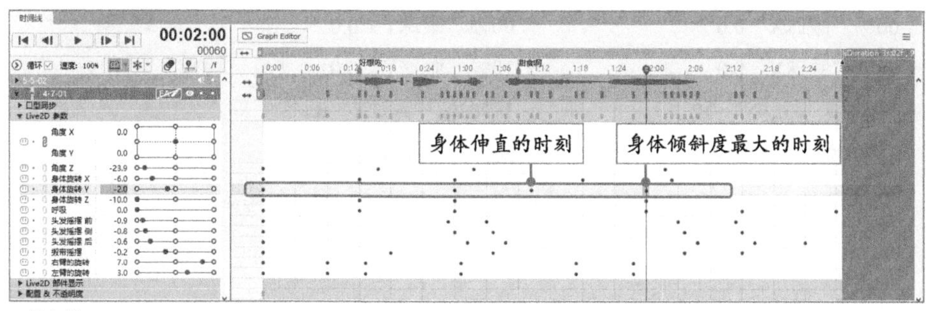

源文件：5-6-04_CN.can3

03 为脸部添加旋转动作

和制作身体的扭转动作时一样，我们也为脸部添加“角度XY”对应方向的角度。结合“角度Z”，当头部摆向屏幕右侧时让脸向左转，当头部摆向屏幕左侧时让脸向右转。

- 00帧“角度X”0.0
- 18帧“角度X”0.0
- 1秒03帧“角度X”10.0
- 2秒03帧“角度X”-5.0
- 00帧“角度Y”0.0
- 18帧“角度Y”0.0
- 1秒03帧“角度Y”-10.0
- 2秒03帧“角度Y”-27.0

由于我们希望运动结束后眼睛是向上看的，因此，在2秒03帧处给“角度Y”较大的负值。

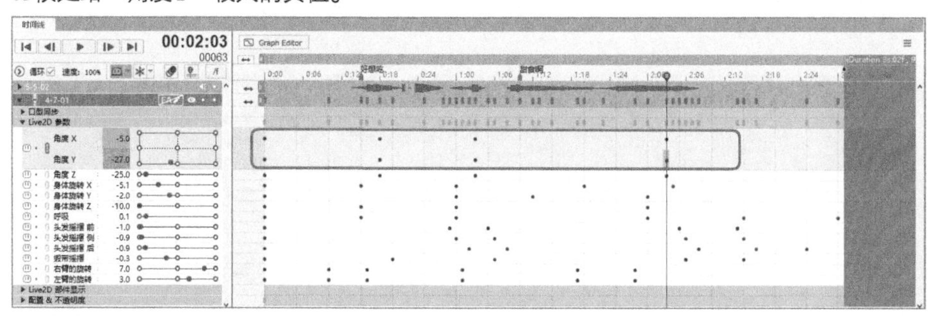

源文件：5-6-04_CN.can3

步骤6 制作表情和眨眼动作

接下来制作脸上的表情和眨眼动作。

01 制作视线

在“时间线”面板中单击“使用‘隐藏’属性显示/隐藏物体”图标，即可重新显示被隐藏的所有参数。这次我们选择常见的眼睛看向镜头的设置方式。结合头部的动作，为“眼珠X”“眼珠Y”创建关键帧。

- 00帧“眼珠X”0.0
- 18帧“眼珠X”0.0
- 1秒03帧“眼珠X”-0.2
- 2秒03帧“眼珠X”-0.1
- 00帧“眼珠Y”0.0
- 18帧“眼珠Y”0.0
- 1秒03帧“眼珠Y”0.1
- 2秒03帧“眼珠Y”0.3

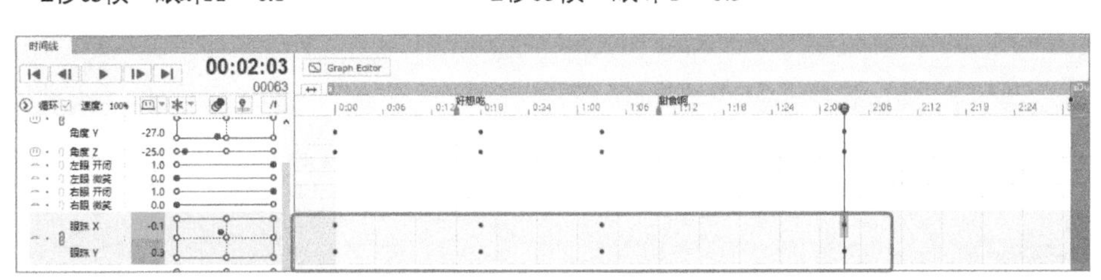

源文件：5-6-05_CN.can3

02 制作表情的变化动作

在台词“甜食啊”处，让表情变化为有一些困扰或害羞的感觉。这次我们只让眉毛变形，因此为“右眉（左眉）变形”打了关键帧。你根据喜好让“右眉（左眉）上下（左右）”“右眉（左眉） 角度”一起变化也是可以的。

- 00帧“左眉 变形”0.0
- 1秒10帧“左眉 变形”0.0
- 1秒25帧“左眉 变形”-0.5
- 00帧“右眉 变形”0.0
- 1秒10帧“右眉 变形”0.0
- 1秒25帧“右眉 变形”-0.5

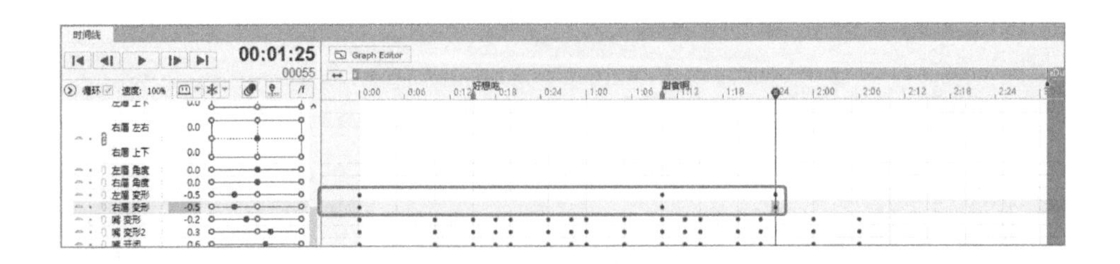

结合眉毛的角度调整脸颊红晕。

- 00帧“害羞”0.0
- 1秒10帧“害羞”0.0
- 1秒25帧“害羞”1.0

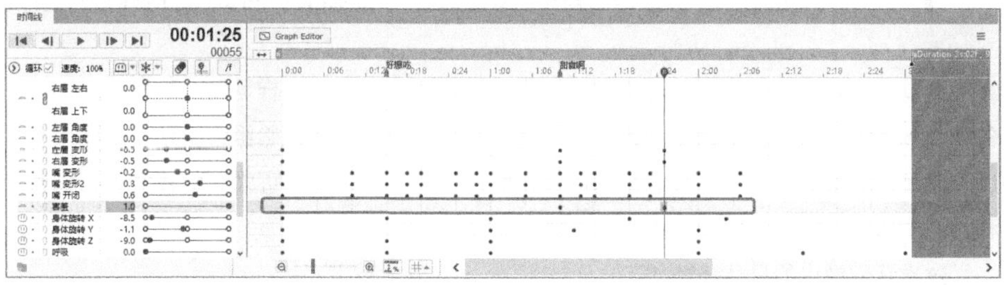

源文件：5-6-05_CN.can3

03 制作眨眼动作

人在做大幅度动作之前往往会眨眼。这次我们在身体倾斜之前添加眨眼动作，在第09帧处添加1次眨眼动作。如果已经做好了模板，则单击“模板”面板上的按钮（❶），即可应用它。

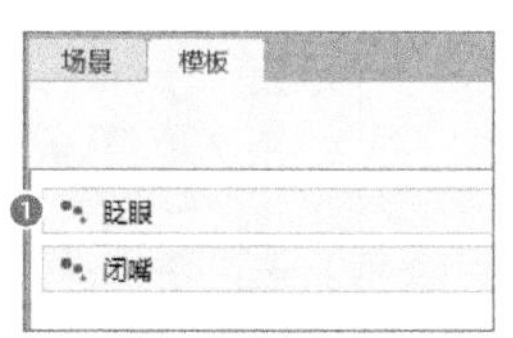

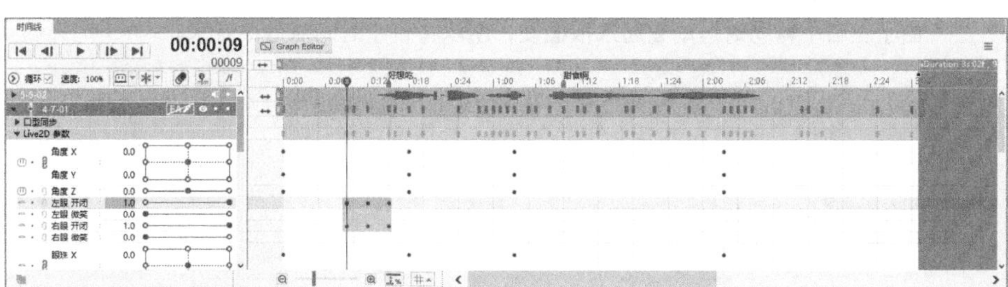

源文件：5-6-05_CN.can3

如果未制作模板，就需要打上以下关键帧。

- 09帧“左眼 开闭”1.0
- 09帧“右眼 开闭”1.0
- 12帧“左眼 开闭”0.0
- 12帧“右眼 开闭”0.0
- 15帧“左眼 开闭”1.0
- 15帧“右眼 开闭”1.0

你可以根据喜好，在运动结束后再插入1次眨眼动作。

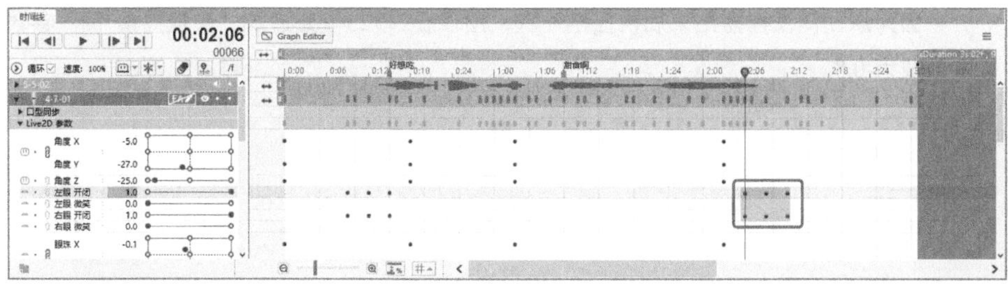

源文件：5-6-05_CN.can3

步骤 7 最终调整

下面播放并检查是否有不协调的动作，看看能不能做出更有魅力的动作。

至此为止，我们基本是按照类似“因为这样的理由，所以这样运动”的理论来制作预备动作和惯性动作等的。依据理论进行思考，有助于我们从零开始组合出动作。然而在最后阶段还是要根据类似“这样看起来比较自然、比较帅气或不够可爱”的直觉进行调整。和绘画的形变一样，我们没必要完全依据现实情况制作。

这次我们做出的具体调整如下。

- 因为希望手臂结束运动时的动作轻盈一些，所以将1秒28帧处的“右（左）臂的旋转”关键帧移动到2秒02帧处（❶），并在2秒13帧处追加“右臂的旋转”参数值为7.3、“左臂的旋转”参数值为3.3（❷）。

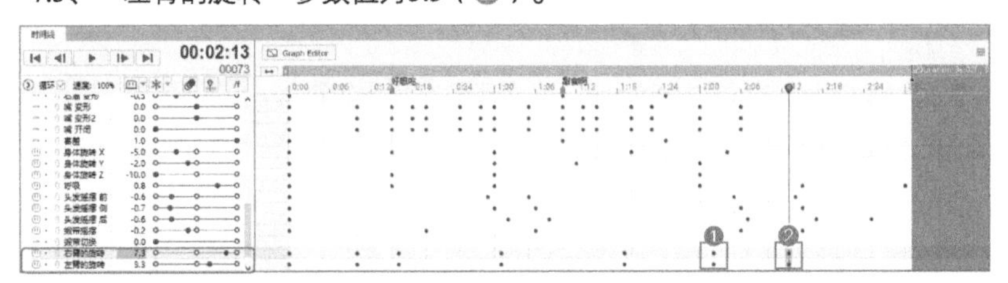

- 由于左右手臂同时运动看起来很僵硬，所以将各个时间点分离开来。

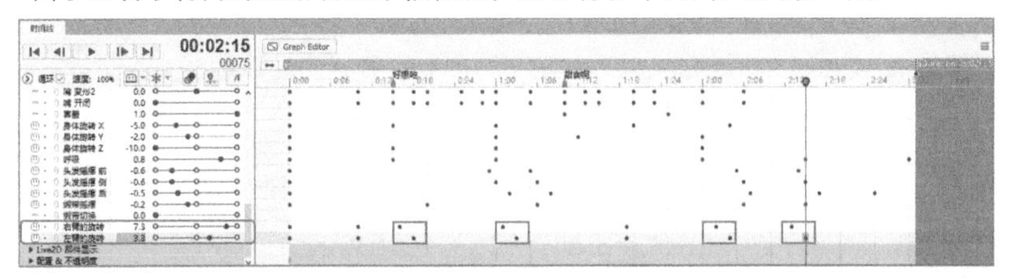

- 因为想做出手臂运动到身体后方时停顿一下的感觉，所以在1秒04帧处追加“右臂的旋转”参数值为-10.0，在1秒05帧处追加“左臂的旋转”参数值为-0.6。

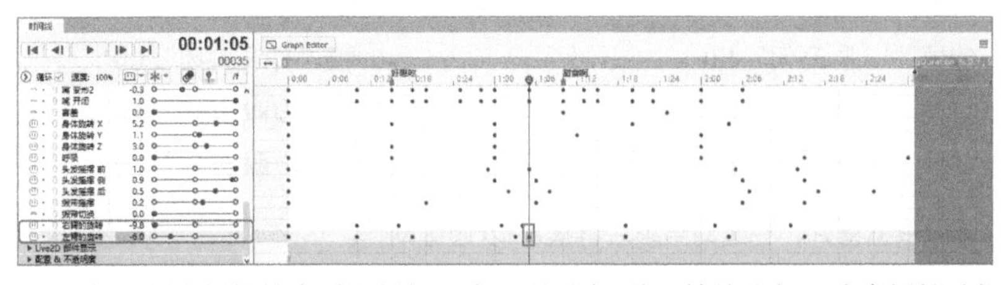

- 因为想让侧发摇摆结束后再摇摆一次，所以在2秒23帧处追加“头发摇摆 侧”参数值为-0.8。

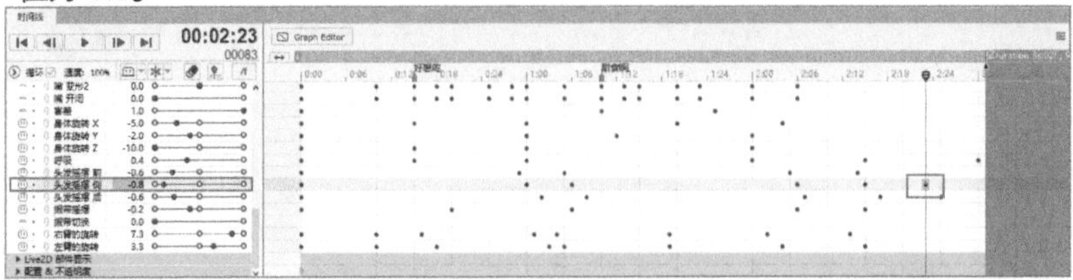

■ 源文件：5-6-06-finish_CN.can3

第6章 导出文件

6.1 导出图片/视频文件

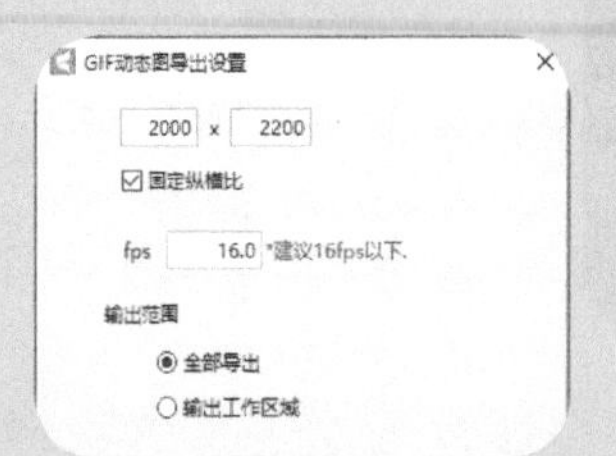

完成动画文件的制作后，我们就可以根据用途导出文件。模型可以导出为PNG/JPG、PSD格式的文件。动画可以导出为 GIF动态图、图片(连序)、MP4/MOV格式的文件。

步骤1 从模型文件中导出图片或PSD文件

导出视图区域中显示的模型。

01 导出PNG/JPG格式文件

在模型工作区中可以导出PNG或JPG格式的文件。

如果当前工作区为“Animation”，那么在视图区域内双击模型，即可切换到模型工作区并打开模型。

在“参数”面板中调整好姿势和表情参数后，在菜单中选择“文件”→“导出图像/视频”→“图片”，即可进行导出操作。

在弹出的“PNG图片导出设置”对话框（1）中，可以设置尺寸等项目。单击“OK”按钮后会弹出“保存”对话框，在“文件类型”处选择PNG或JPG格式后，单击“保存”按钮，即可导出图片。

■ 导出的文件：6-1-01.png

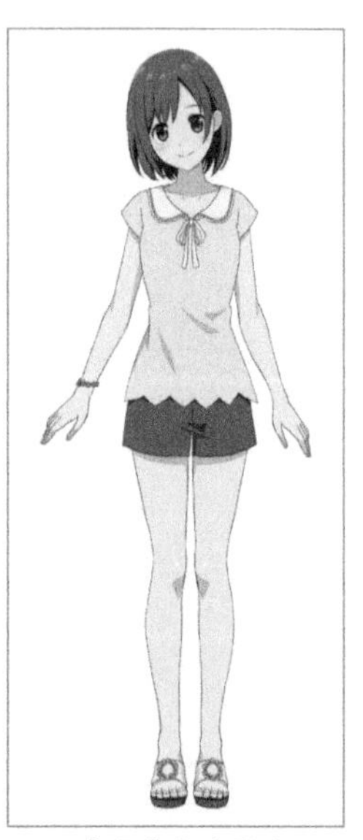

实际导出的图片

要点 关于导出为PNG/JPG、PSD格式文件

只有在模型工作区中，才能导出PNG/JPG或PSD格式文件。

提示 **关于背景色**

导出PNG格式文件时，背景呈透明状态。如果希望背景是不透明的，则在菜单中选择“文件”→“设置”→“画布背景颜色”→“背景颜色”，即可打开“背景色设置”对话框。在“画布背景颜色”旁边的矩形（Ⓐ）上单击，即可打开“变更背景颜色”对话框，在此可以调整背景颜色。通过移动右侧的条（Ⓑ）可以改变不透明度。

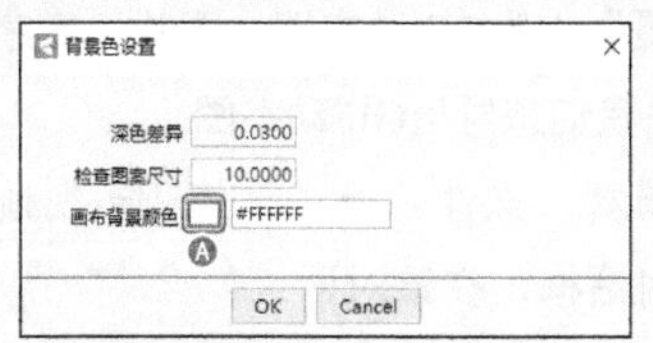

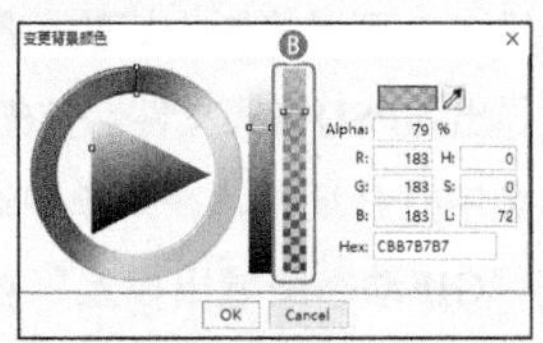

02 导出PSD格式文件

在模型工作区中，当模型显示在视图区域中时，从菜单中选择“文件”→“导出图像/视频”→“导出PSD（β）”，即可打开“导出PSD（beta）”对话框。

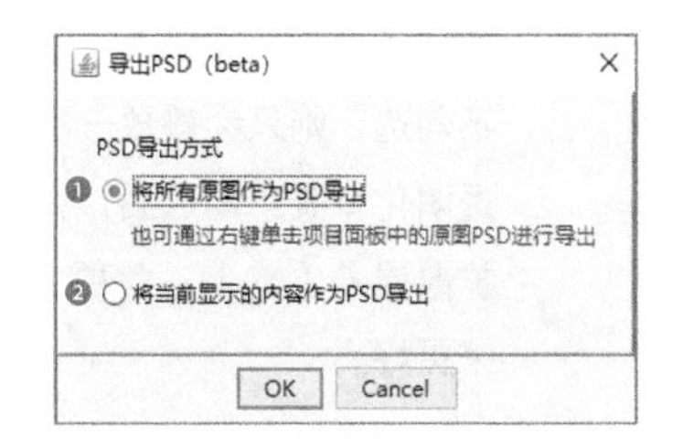

- 将所有原图作为PSD导出（❶）：导出所有的部件，包括被隐藏的部件。
- 将当前显示的内容作为PSD导出（❷）：不会导出被隐藏的部件。若希望控制文件大小，请选择这一项。

和导出PNG/JPG格式文件时相同，可以在参数数值发生变化的状态下导出PSD格式文件。各部件会以分图层的状态被导出。

■ 导出的文件：6-1-02_CN.psd

要点 **剪贴蒙版功能/蒙皮功能**

在使用剪贴蒙版功能时，导出的PSD格式文件和原始图像的外观可能会有差异。使用蒙皮功能（参见P282）时，导出的PSD格式文件中图形网格被分割的地方就会出现白线。请在删减蒙皮设置的状态下使用“导出PSD（beta）”功能。

步骤2 从动画文件中导出图片或视频

导出GIF动态图、图片或MP4/MOV格式文件。

01 导出GIF动态图

在动画工作区中，可以将制作好的场景导出为GIF动态图、图片（连序）或MP4/MOV格式文件，无法导出为PSD格式文件。首先我们来导出GIF动态图。

在动画工作区中打开场景，在菜单中选择“文件”→“导出图像/视频”→“GIF动态图”，即可打开“GIF动态图导出设置”对话框，在该对话框中可以设置尺寸等项目。

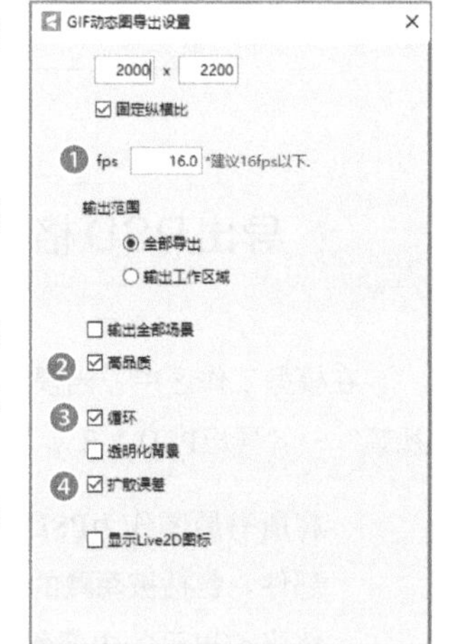

- 尺寸：可以设置想导出的尺寸。
- fps（❶）：可以设置帧率。如果没有特殊需求，则设为16.0即可。
- 高品质（❷）：勾选后可以导出高画质的GIF动态图，但文件会更大。如果没有牺牲画质来压缩文件大小的需要或其他特殊原因，则勾选此项即可。
- 循环（❸）：勾选后，GIF动态图会循环播放。如果不勾选，则只会播放一次。
- 透明化背景：勾选后，背景会以透明状态被导出。
- 扩散误差（❹）：此项会明显影响渐变的效果。通常来说，勾选此项会让画质看起来更好。

■ 导出的文件：6-1-03.gif

02 导出连序的静态图片

我们可以将指定的场景导出为连序的PNG或JPG格式文件。在需要将场景嵌入到视频等中使用时非常方便。

在动画工作区中打开场景，在菜单中选择“文件”→“导出图像/视频”→“图片（连序）”，即可打开“图片（连序）导出设置”对话框，在该对话框中可以设置尺寸等项目。

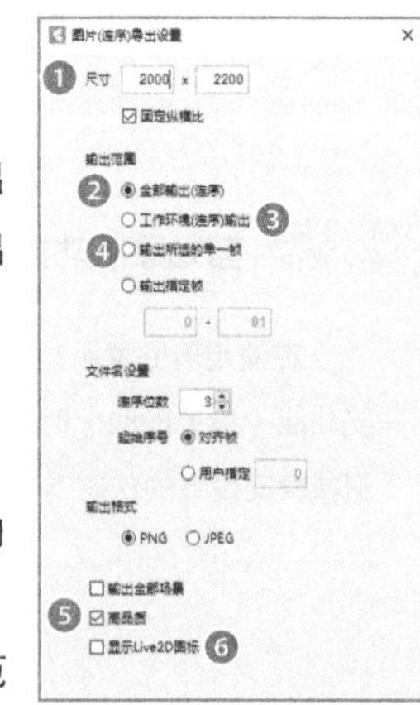

- 尺寸（❶）：可以设置想导出的尺寸。
- 输出范围：
  - 全部输出（连序）（❷）：会导出到结束帧为止的内容。
  - 工作环境（连序）输出（❸）：会导出场景中工作区范

围内的部分。

- 输出所选的单一帧（❹）：会导出“时间线”面板中当前位置（显示中的位置）的一帧。

- 高品质（❺）：勾选后可以导出高画质的图片。
- 显示Live2D图标（❻）：可以导出带有Live2D图标的文件。

■ 源文件：6-1-04文件夹

完成设置后单击“OK”按钮，即可选择保存位置，并在“文件类型”处选择PNG或JPG格式。单击“保存”按钮后，每一帧都会以PNG或JPG格式被导出。

03 导出视频

在动画工作区中打开场景，在菜单中选择“文件”→“导出图像/视频”→“视频”，即可打开“视频导出设置”对话框，在该对话框中可以设置尺寸等项目。

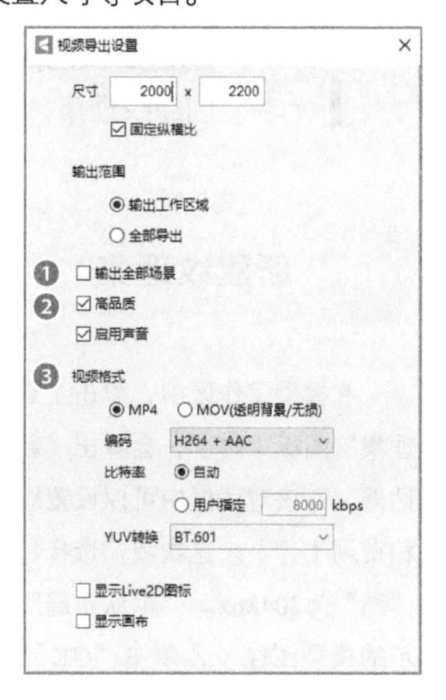

- 尺寸：可以设置想导出的尺寸。
- 输出范围：
  - 输出工作区域：会导出场景中工作区范围内的部分。
  - 全部导出：会导出到结束帧为止的内容。
- 输出全部场景（❶）：创建了多个场景时，可以勾选此项，以导出全部场景※。
- 高品质（❷）：勾选后，可以导出高画质的GIF动态图，但文件会更大。如果没有牺牲画质来压缩文件大小的需要或其他特殊原因，则勾选此项即可。
- 启用声音：勾选后，音频会一同被导出。
- 视频格式（❸）：可以选择以MP4或MOV格式导出。MOV是支持透明背景的无损压缩格式，画质高，但文件很大。音频的压缩格式可以通过下拉菜单选择。
- 显示Live2D图标：可以导出带有Live2D图标的视频文件。
- 显示画布：勾选后，画布会作为背景被导出。

■ 导出的文件：6-1-05_CN.mp4

※译注：勾选“输中全部场景”后，所有的场景都会以此处设置的尺寸导出。如果某场景的纵横比和当前场景不同，则导出的视频会被拉伸。

要点 视频的导出尺寸

视频的导出尺寸最小可以为16像素×16像素，最大可以为9.4MP（MegaPixel，百万像素）。在Live2D Cubism免费版中，导出尺寸被限制为0.94MP（相当于1280像素×720像素）以下。

6.2 导出嵌入式文件

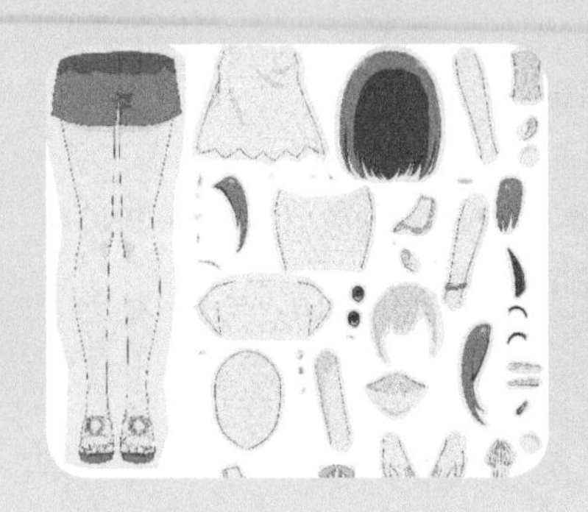

在将Live2D模型嵌入游戏等时，就需要准备能被其他软件读取的文件。而“纹理集”就是上述文件的一部分。
纹理集指的是，将模型的各部分拆分开，并排列在同一个平面所构成的图像上。通过编辑纹理集，可以添加或删除纹理，并改变各部分的尺寸等。

步骤 1 创建纹理集

创建纹理集，并合理放置纹理。

01 新建纹理集

在模型工作区中，单击工具栏中的“编辑纹理集”图标（❶），会弹出“新纹理集设置”对话框，在该对话框中可以设置纹理的名称、尺寸和布局（❷）。这次我们选择“宽”为2048px、“高”为2048px。“默认布局”（❸）选择“显示的模型图像”，单击“OK”按钮。另外，纹理的尺寸和张数需要根据开发环境更改，创建之前请务必先确认好。

提示 **使用嵌入的Live2D Cubism素材时的注意事项**

使用“自动编排”功能（详见本节后文）时，如果纹理的尺寸较大，在编排时倍率就会被缩小。这可能导致嵌入后的图像变模糊。换句话说，在倍率为100%以下时，导出的模型的分辨率会降低。但你可以单独降低不重要部分的倍率，以减少纹理的尺寸和张数（如脸部部分100%、身体70%、腿50%）。

若要检查用纹理集输出的模型的状态，可以在模型工作区中按T键切换到“显示纹理Atlas（显示纹理集）”模式，这样即可查看实际使用环境下的效果。

02 放置纹理

打开“编辑纹理集”对话框，在该对话框中，左侧（❶）会显示被称为纹理集的文件，现在其中已经放置了纹理。

首先把所有需要的纹理放置上去。在“模型图像列表”（❷）的下拉菜单中选择“未放置的物体”后，即可显示出还未放置在纹理集中的纹理的列表※（❸）。因为我们在创建纹理集时选择了“显示的模型图像”，所以被隐藏的图形网格“中央缎带差分”和“缎带差分”未被放置。选择这两项后单击鼠标右键，选择“将选定元素放置到纹理集”即可。

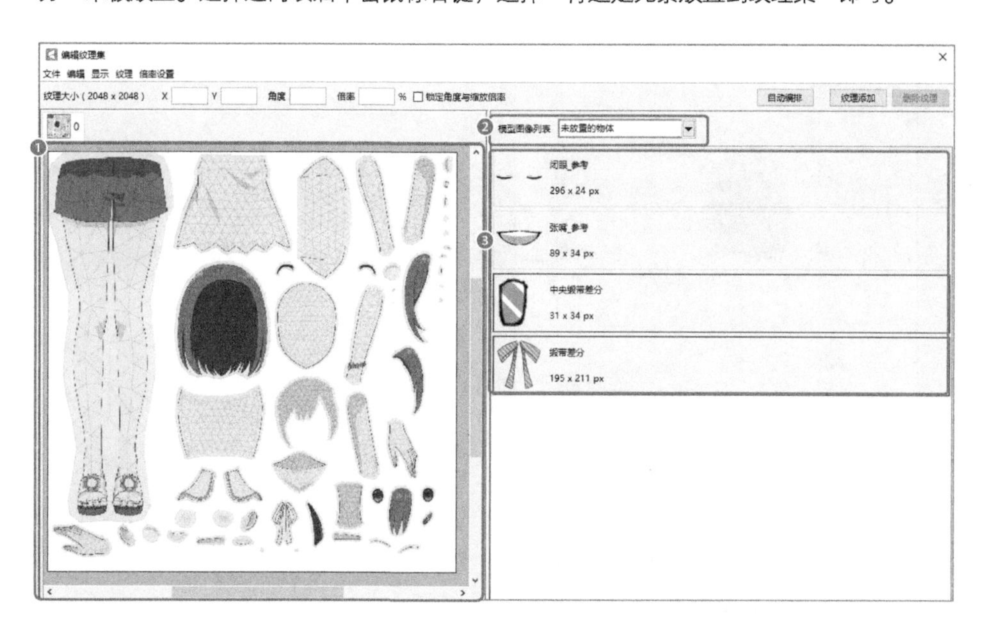

此时“中央缎带差分”“缎带差分”已经被放置在屏幕左侧的纹理集中了（❹）。由于“闭眼_参考”“张嘴_参考”实际不会被使用，保持未放置的状态即可（❺）。

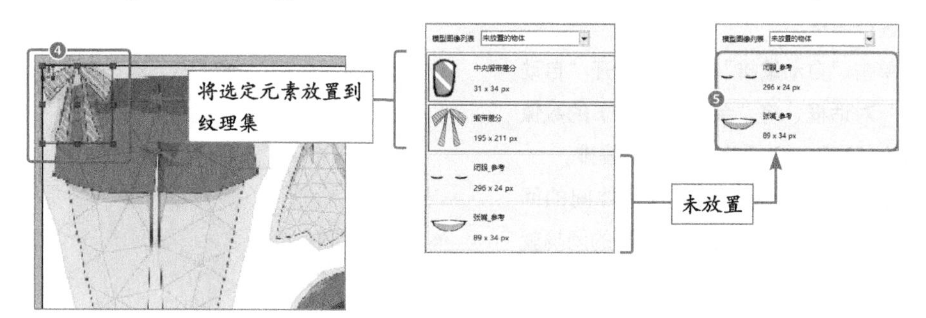

※译注：列表中各部分的名称为PSD格式文件中的图层名。因为无法替换原始PSD格式文件，所以使用本书中文版附赠资源文件进行这一步操作时，此处仍会显示日文名称。

03 检查纹理之间是否有重叠

接下来单击右上方的“自动编排”图标（❶），打开“自动编排”对话框。单击“OK”按钮，即可让纹理以几乎不会相互重叠的方式重新排布。

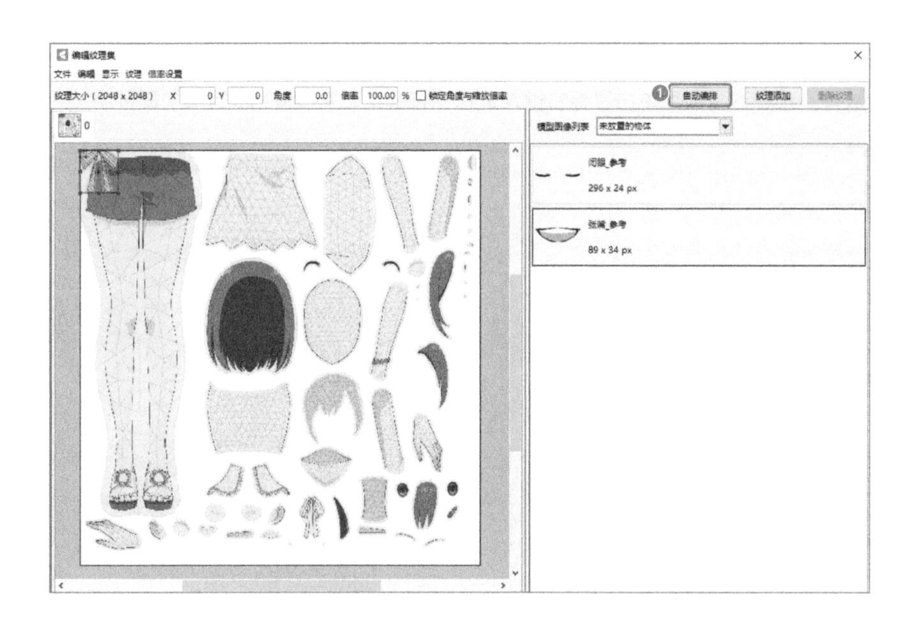

此时，不能让纹理超出边框，也不能让纹理相互重叠。如果有超出边框或相互重叠的情况，模型的外观就会出现破绽。如果发现有右图这样相互重叠的部分，请再次进行调整。

单击“自动编排”图标，打开“自动编排”对话框，将“余量”（❷）的数值设置为“20”，并再次执行自动编排。

余量指的是被放置的各物体间的间隔。这个数值越大，各物体之间的间隔就越大，这样即可消除重叠问题。

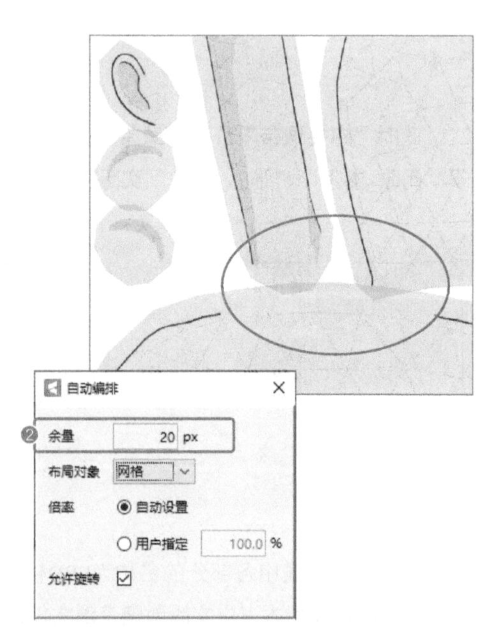

如果仍然存在重叠的纹理，则可以再次增加“自动编排”的余量值，也可以拖曳重合纹理的边界框中心（❸）移动它们，使其不再重叠。用这个方法可以单独移动纹理。

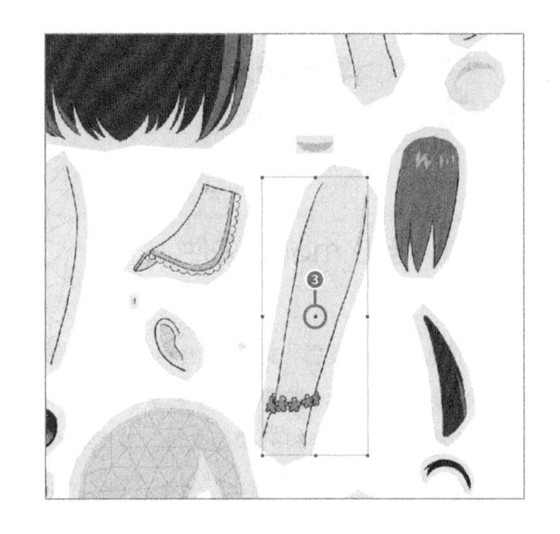

放置好所有需要的纹理，并确定纹理间没有重叠后，单击“OK”按钮（❹），即可完成对纹理集的编辑。

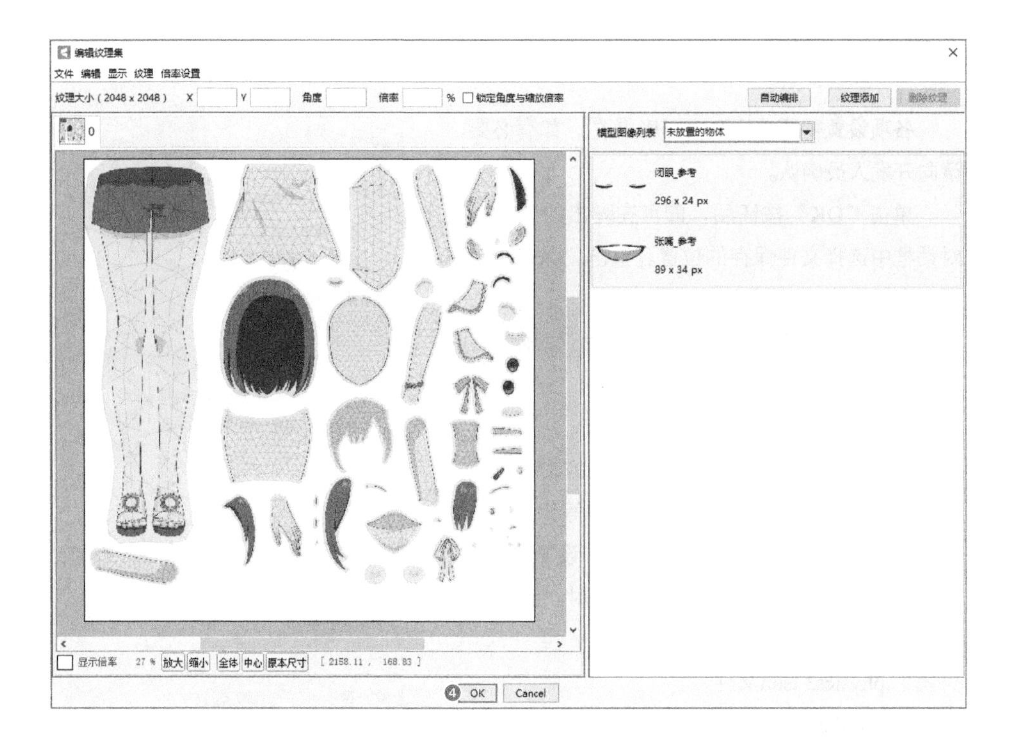

步骤 2

导出嵌入式文件

讲解moc3文件和动态文件的导出方法。

01 导出 moc3文件

创建完纹理集后，即可导出用于游戏等的嵌入式文件，大体有“导出moc3文件”和“导出动态文件”两种情况。下面首先讲解moc3文件的导出方式。

在模型工作区中打开模型文件。在菜单中选择“文件”→“导出运行时文件”→“导出为 moc3文件”后，会弹出“导出设置”对话框。

要点 导出显示信息文件

勾选“导出显示信息文件（cdi3.json）”并导出文件后，在使用AE插件时，可以在AE中显示部件和参数的名称。

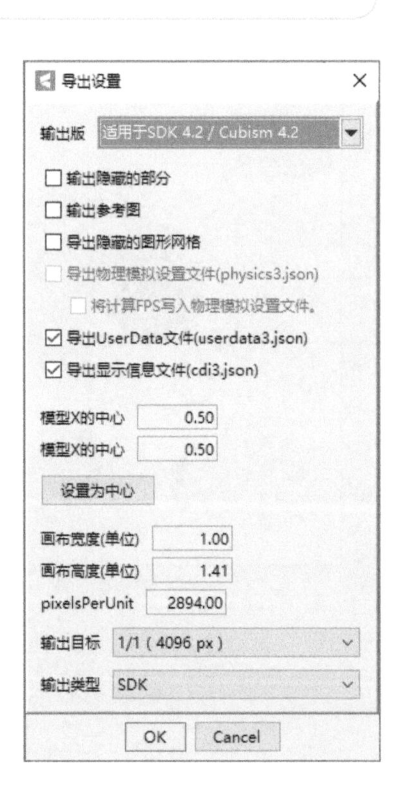

各项设置需要根据开发环境更改。如有必要，请向开发人员确认。

单击“OK”按钮后，即可在弹出的“保存”对话框中选择文件保存的位置。单击“保存”按钮后，会导出以下3份文件。

- 放在文件夹里的PNG格式图片（之前创建的纹理集）
- .moc3文件
- .model3.json文件（JSON格式的文件，用于记录moc3文件、链接的纹理集等信息）

另外，勾选了导出物理模拟设置文件或UserData（用户信息）※文件的选项时，会输出以下文件。

- .physics3.json文件
- .userdata3.json文件

源文件：6-2-01文件夹

※译注：你可以在“检视面板”面板中为图形网格添加“用户信息”，添加的内容会被写入用户信息文件。在将模型嵌入到其他软件后，可以使用这些信息定位特定的图形网格。

02 导出动态

在动画工作区中打开场景。在菜单中选择“文件”→“导出运行时文件”→“导出动态文件”后，如出现“确认”对话框，单击“OK”按钮，即可弹出“动态数据设置”对话框。

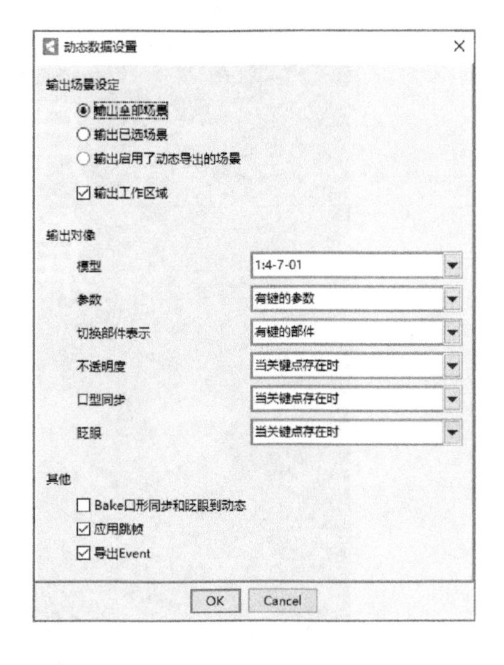

要点 应用跳帧※

从Live2D 4.0版本开始新增了“应用跳帧”。勾选该选项后，输出时，如果动态数据设置了跳帧（参见P273、P338），就会以不连续的状态被导出。

※译注：本节中的“跳帧”与“抽帧”含义相同。

各项设置需要根据开发环境更改。如有必要，请向开发人员确认。

单击“OK”按钮后，即可导出名为“~.motion3.json”的文件（在动画工作区中设置的各场景对应的动态文件）。

■ 源文件：6-2-02.motion3.json

提示 出售自制模型？！

“nizima” ※是可以买卖原创Live2D模型和插画作品的平台。你可以找到兽耳角色、妖精、偶像等各种类型的作品，也可以直接联系中意的画师并约稿。请务必打开看看，也许你能在这里找到自己想要的东西。详情见附赠资源。

※译注：该网站当前仅支持日文。

应用篇

在应用篇中，我们会借助有目的的制作过程，进行更具实践性的讲解。
本篇使用的插画都是插画师根据我们的构想制作的。

第7章 制作立绘用的动画

7.1 准备插画并构思动作

在本节中，我们将为摆姿势的立绘制作动作。所谓“立绘”，指的是在游戏的对话场景或欢迎界面中显示朝向正面站立的角色插画。在对话场景中，往往需要根据台词播放符合角色感情的动作。

步骤1 绘制角色的草稿

先来绘制角色的草稿。

01 绘制基础姿势的草稿

先来绘制基础姿势下立绘的草稿。在游戏的对话场景中，往往需要包含膝盖以上部分或者全身的立绘。这次我们准备了一张稍微摆了姿势的角色的全身立绘。

■ 源文件：7-1-01.jpg

天宫紬/插画师：梦野Rote

基础姿势的草稿

02 准备一套表情和动作的草稿

接下来，思考一下绘画场景中需要的表情。通常来说，我们需要“平常”“喜”“怒”“哀”“乐”“其他”等表情。这次我们准备了“平常”“开心”“生气”“悲伤”“害羞”“惊吓”“喜剧性的1”“喜剧性的2”这些表情。以下就是我们准备的一套表情和动作的草稿，共有11种。在后续制作过程中，我们会根据这些草稿来制作动作。

一套表情和动作草稿，共11种（部分动作有两幅草稿）

■ 源文件：7-1-02文件夹

提示 表情的草稿是必要的吗？

虽然可以省略表情的草稿，但如果在一开始就制作模型，则容易把表情做得很粗糙。准备好草稿后，即可按照草稿的感觉制作模型，这样可以把表情制作得更细腻。

另外，如果绘制插画和制作模型要由不同的人完成，则准备草稿就有助于传达构想。

步骤2 制作基础插画

完成基础姿势下的插画。

基于之前绘制的基础姿势的草稿完成插画。在此过程中，也要完善一下表情草稿（可以将表情草稿导入Live2D Cubism中作为参考图）。

为了之后拆分时更加方便，在绘画时请尽可能将图层分得细一些。

■ 源文件：7-1-03文件夹

步骤3 制作差分部件

在其他图层中绘制表情和身体的差分部件。

01 表情的差分部件

准备在特殊表情下会使用的差分部件。这次我们准备了“眼泪”、“汗”、“脸颊红晕”两种、“喜剧性的1”眼睛、“喜剧性的2”眼睛这些差分部件。

对于“喜剧性的1”表情，我们希望制作眼睛在多个状态间切换的动画，所以准备了3种差分部件。

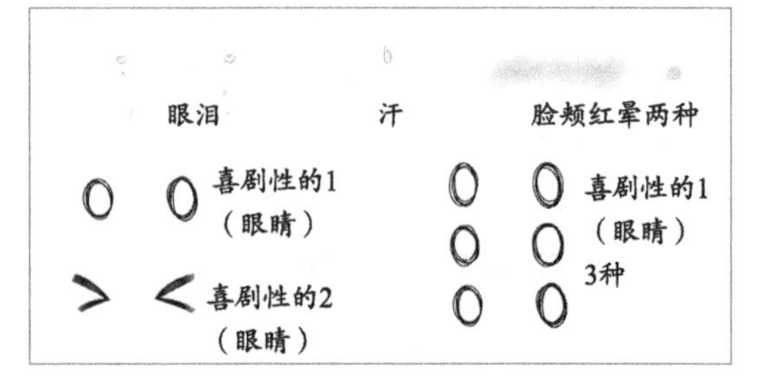

02 表情以外的差分部件

除了表情，我们还准备了“呆毛”“手臂B”“手臂C”这些差分部件。

其中“呆毛”是头发的差分部件，“手臂B”“手臂C”是小臂的差分部件。

“手臂B”的小臂向外侧打开，“手臂C”的小臂向内侧收拢，大臂部分则是通用的。由于“向下转的手臂”和“向上转的手臂”的手肘形状和手腕的正反两面的画法均不同，因此很难用同一个部件来表现，这时就需要准备好差分部件。这次我们准备的就是“向下转的手臂”差分部件。

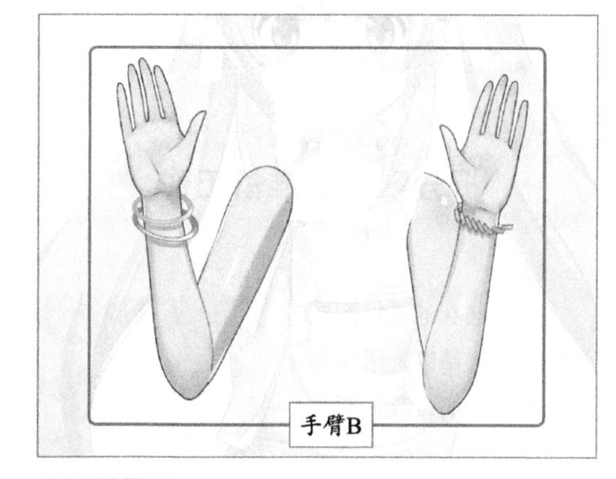

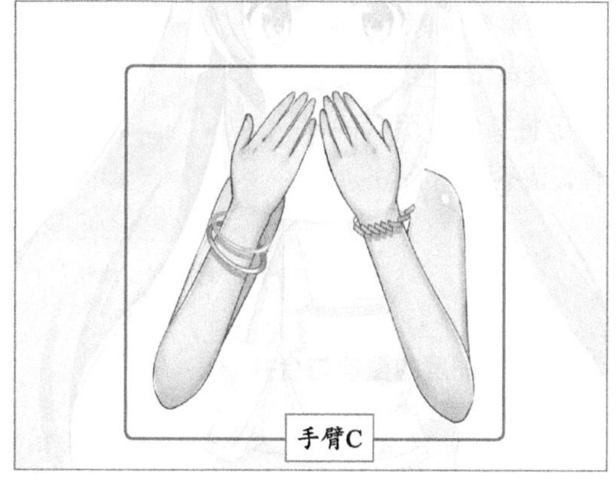

这样我们就完成了插画素材的制作。

7.2 情感表现① 拆分素材

接下来制作角色的情感表现。和基础篇一样，我们首先要整理图层，制作导入Live2D Cubism用的PSD格式文件。

步骤 1 拆分插画素材

按照部件整理图层。

01 拆分素材的准备工作

因为这次的文件图层划分得比较精细，所以在拆分素材之前，我们要先合并一些图层，将各个部位都合并到只剩“线稿”和“颜色”图层。注意，对于将要作为阴影的部件，请不要进行合并。

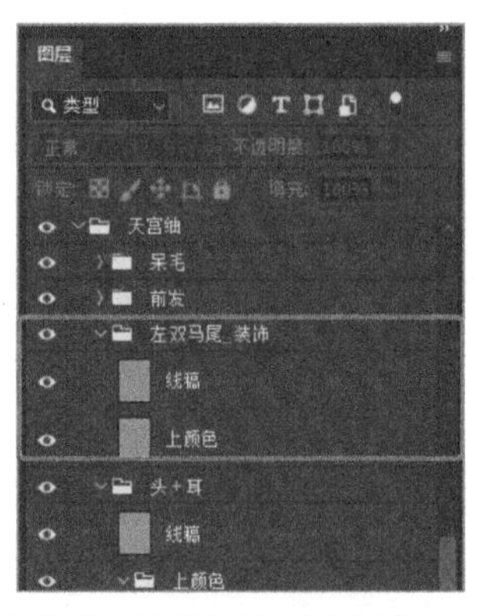

合并到只剩“线稿”和“颜色”图层

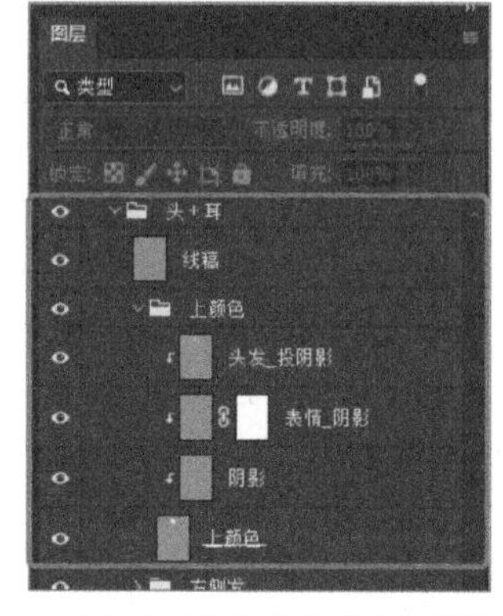

不要合并将要作为阴影的部件

提示 图层的整理与合并

有时候我们会遇到图层未经整理且数量很多的情况，对于这种情况，如果不先合并图层就进行拆分，可能就会因为图层数太多导致卡顿。另外，在使用CLIP STUDIO PAINT拆分素材时，图层数有上限（999个图层）。你可以先另存一份原始插画作为备份，再合并图层到适用于Live2D Cubism的状态。

02 拆分素材

整理、合并图层到一定程度后，我们开始拆分素材，需要分别为“线稿”和“颜色”图层新建补画用的图层。

要点 补画时使用单独的图层

如果直接在原画上补画，之后就无法再修改。因此，请新建图层用来补画。

为了表现女性角色的魅力，需要仔细将头发等摇摆物拆分为图层或图层组。

在拆分头发的时候，我们要按照发束进行拆分（❶~❺），发卡也要单独拆分出来（❻❼）。

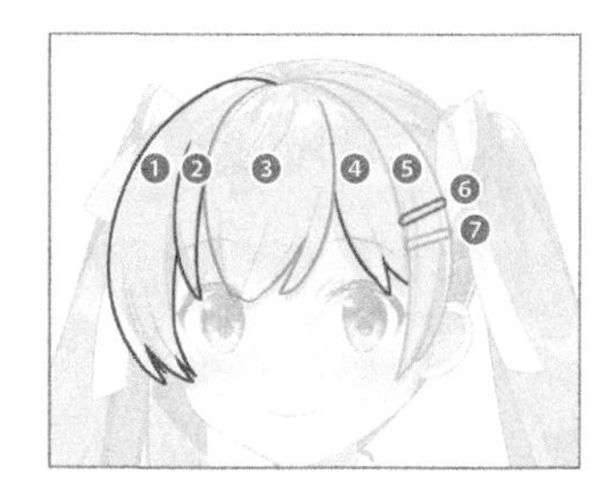

完成补画后的状态

另外，在这个阶段中，我们也分图层绘制了一套表情和身体的草稿，之后可以作为参考图。按照部位进行拆分并调整图层顺序后的文件如下。

■ 源文件：7-2-02_CN.psd

步骤 2 清除污点

清除图层周围残留的小污点。

01 将所有部位放入图层组

下面借助Photoshop中的图层样式“描边”进行污点清除的工作。利用这个功能，可以轻松发现小污点和忘记擦除的图像部分。

首先为了能给图层组设置“描边”，需要先把所有的部位放在一个图层组中。

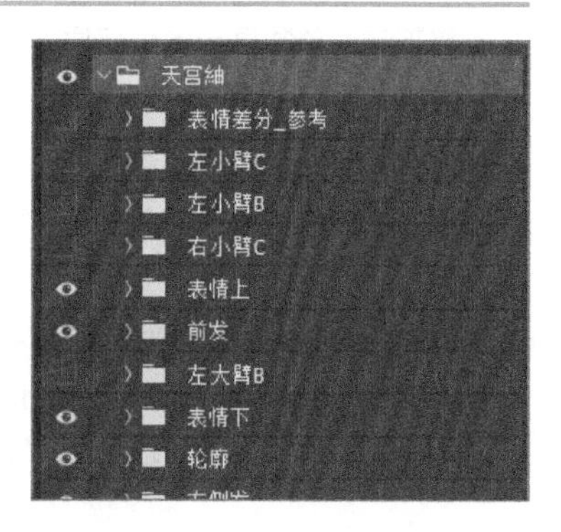

02 为图层组应用描边

在放入了所有部位的图层组处单击鼠标右键（❶），选择“混合选项”（❷）后，会弹出“图层样式”对话框。勾选“描边”（❸）并设置以下项目。

- 大小（S）（❹）：5~10像素（此处设置为7像素）
- 位置（P）（❺）：外部
- 颜色（❻）：黑色

设置完成后单击“确定”按钮（❼），此时人物的周围就会出现一圈黑色的描边（❽）。

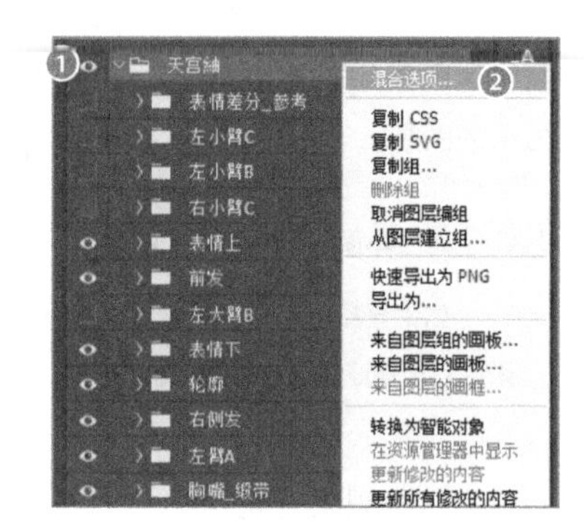

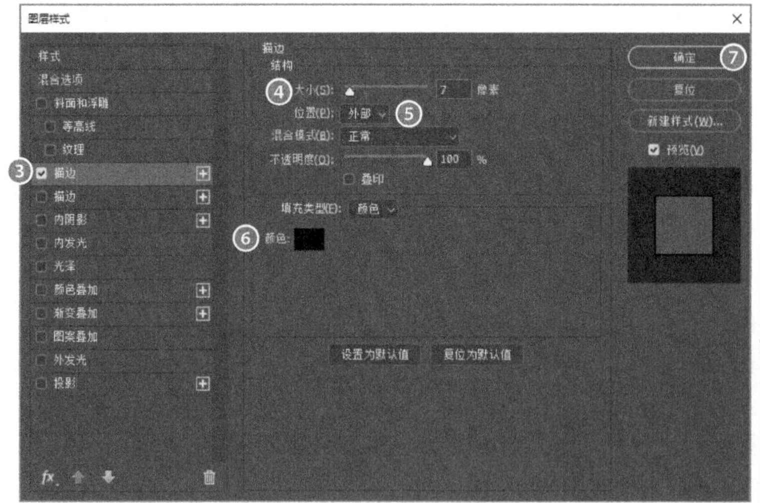

03 擦除污点

接下来，单独显示各个部位并擦除污点。如果一次显示多个部位，则可能无法发现污点，因此，请务必逐一单独显示各个部位。各部位周围“黑色的点”即为污点（❶）。

寻找各部位的污点并擦除它们。全部擦除完毕后，取消选择最上层的图层组即可。

这样我们就完成了擦除污点的工作。

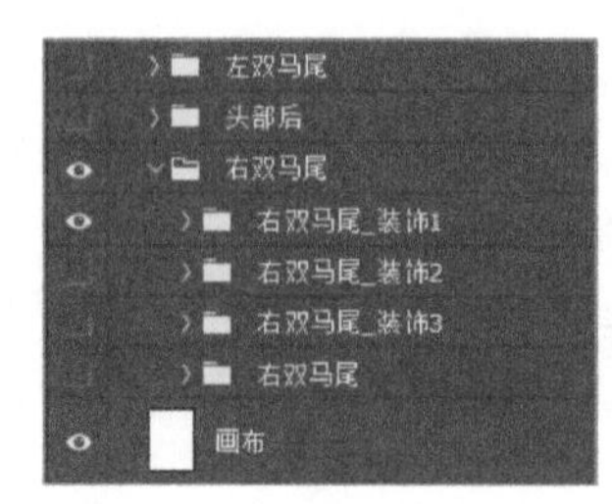

在“右双马尾”上发现的污点

步骤3 制作导入用的文件

制作用于导入Live2D Cubism的文件。

01 按部位合并图层

在应用篇中，我们将使用Photoshop脚本“Live2D_Preprocess”按部位合并图层。在使用这个脚本时，如果图层组的名称前带有“*”（星号），则不会被合并。因此，在使用脚本前，应在不想被合并的图层组的名称前加上“*”。

做好准备后，在菜单中选择“文件”→“脚本”→“浏览”，执行“Live2D_Preprocess”脚本。处理完成后，我们就完成了图层的合并工作。

■ 源文件：7-2-03_CN.psd

要点 脚本“Live2D_Preprocess”

可在Live2D官方手册中找到这个脚本。脚本的详细使用方法请参阅官方手册。

02 删除不需要的图层

删除剩余图层中不需要的部分。由于背景图层不需要导入，则可以在此时将其删除。表情等参考图层则保留原样。

这样我们就准备好了用于导入Live2D Cubism的PSD素材。

要点 参考图层

表情、姿势等的参考图层可以单独保存为图片文件，之后再导入Live2D Cubism中。

这次我们是将参考图层和插画放在同一个文件中一起导入的。

■ 源文件：7-2-04-import_CN.psd

7.3 情感表现② 设置参数

用Photoshop完成插画素材后，就可以在Live2D Cubism的模型工作区中导入PSD格式文件。

和基础篇类似，我们要设置变形器和参数以完成建模。

步骤1 设置模型

在开始制作之前，我们先来设置一下模型。

01 设置模型的规格

首先决定模型的大致规格。这次准备制作用于游戏对话场景的标准立绘模型。因此，我们要按照以下规格制作。

- 多边形（三角形）数量：5000个以下
- 弯曲变形器转换的分裂数量（纵向×横向）：5×5
- 剪贴蒙版：有（眼睛和部分阴影）
- 物理模拟：有
- 自动眨眼/口形同步设置：有自动眨眼和口形同步
- 手臂的替换：显示/隐藏部件

要点 尽可能减少负载

随着多边形数、弯曲变形器转换的分裂数量、剪贴蒙版的用量增加，模型放入游戏中后会产生更大的负载。因此，请将它们控制在必要的范围内。

02 设置需要创建的参数

根据不同的图形网格、胶水、变形器设置，需要为模型创建的参数也会不同。

为了避免之后在修改时引发问题，我们应先设想需要哪些参数。这次除了标准参数，我们还创建了右侧的这些参数。

- 头发摇摆
- 裙子摇摆
- 耸肩
- 伸展身体
- 手臂上下转动
- 左手、右手（控制手指张开的参数）

步骤 2 创建图形网格

按照多边形数量在5000个以下的标准创建图形网格。

01 自动生成网格

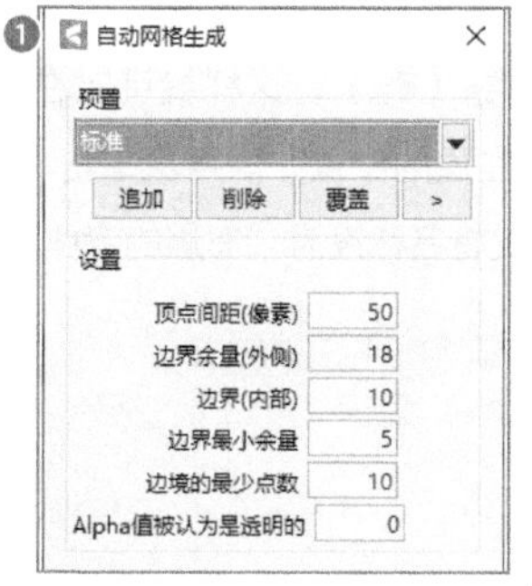

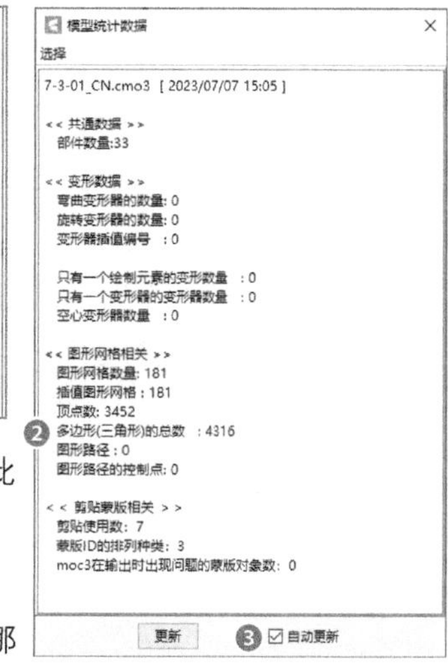

选中所有的图形网格后，单击工具栏中的“自动网格生成”图标，就会弹出对话框（❶）。此时为了确认多边形的数量，在菜单中选择“文件”→“模型统计数据”。这样我们可以一边确认“多边形（三角形）的总数”（❷），一边调整“顶点间距（像素）”点值。此时，勾选“自动更新”会更方便确认。

如果此时“多边形（三角形）的总数”已经很多了，在后续仔细调整网格的过程中，它将可能超过5000个，那么此时就应按照规格进行调整，将它维持在5000个以下。

02 调整网格

对模型的网格进行调整。将需要精细变形的图形网格上的点调整得更紧密一些，将几乎不需变形的图形网格上的点调整得更稀疏一些。对于表情等尤其需要精细变形的部分，应手动编辑网格（手动编辑网格相关的问题参见P52）。

这样我们就为所有的图形创建好了网格。当前的多边形数量约为4000个。

■ 源文件：7-3-01_CN.cmo3

步骤 3 设置变形器

为整个模型设置弯曲变形器和旋转变形器。

在基础篇中，为了方便理解，我们是按照“创建变形器→设置参数”的顺序制作的。但这次我们要先为整个模型创建好弯曲变形器和旋转变形器，之后再为它们一一绑定参数。像这次在立绘的表情和姿势参数很多的情况下，先创建好所有的变形器，再绑定参数会更高效。

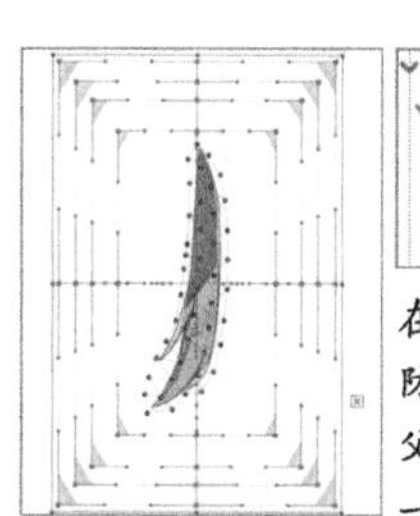

在创建变形器时，为防止子级变形器超出父级变形器，要留出一定的间隔

下面为整个模型设置弯曲变形器和旋转变形器。我们先设置脸部的变形器。通常来说，贝塞尔分区的数量为“2×2”或“3×3”，转换的分裂数量为“5×5”。

眉毛　左右分别进行制作

在“部件”面板中选中图形网格“左眉”，在工具栏中单击“创建弯曲变形器”图标。在弹出的“创建弯曲变形器”对话框中，首先将“部分插入位置”（❶）设置为“*眉毛”，“名称”（❷）设置为“左眉的角度”，在“追加”（❸）处选择“设为选定物体的父物体”。然后单击“连续创建”按钮（❹），这样就可以在弯曲变形器外继续创建弯曲变形器。将新对话框中的名称设为“左眉的位置”。再次单击“连续创建”按钮，即可再次打开“创建弯曲变形器”对话框，这次将名称设为“左眉的弯曲”，完成后单击“创建”按钮。

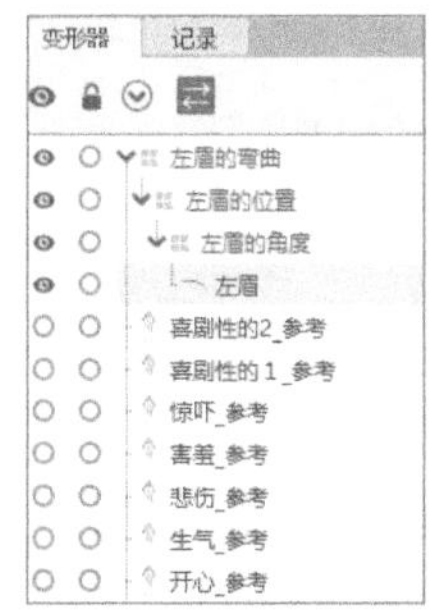

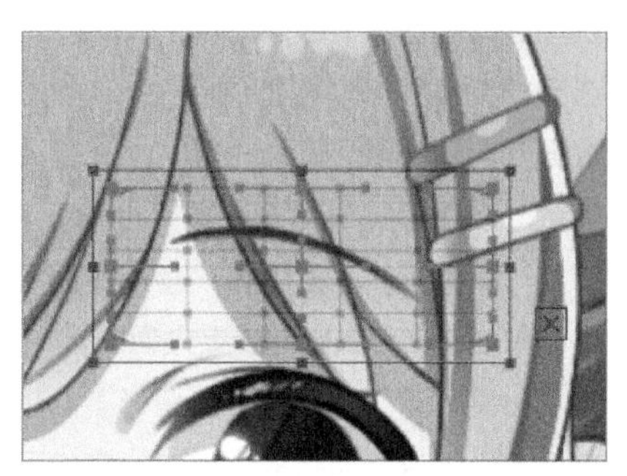

若只是这样，子级变形器会偏大一些，变形之后可能超出父级变形器，因此需要分别调节上述3个弯曲变形器的大小。

左眉的角度

左眉的位置

左眉的弯曲

按照同样的设置方式，给其他的图形网格和变形器设置弯曲变形器和旋转变形器。

变形器可以大体按照“脸部部件”“头”“手臂”“身体”“腿”的顺序创建。对于“眼睛”“耳朵”“侧发”“双马尾”“手臂”“腿”，要为左右两侧分别创建变形器。

至于变形器的具体设置，可以参照本书附赠资源使用相同的设置。

■ 源文件：7-3-02_CN.cmo3

步骤4 创建表情参数

创建表情用的相关参数。

首先，像在基础篇中那样，为面部的图形网格和变形器设置右侧所示的参数。

设置好面部部件的参数后，接下来根据表情参考图，对参数进行精细调整。为各部件寻找接近参考图的参数值，并在这个值上做对应的表情。此时，将表情参考图的不透明度设置为50%，即可方便地按照参考图调整形状。

默认的表情是“平常”。除此之外，我们这次还要制作“开心”“生气”“悲伤”“害羞”“惊吓”“喜剧性的1”“喜剧性的2”这些表情。

- 眉毛 变形（左右）
- 眉毛 角度（左右）
- 眉毛 位置（左右）
- 眼睛 开闭（左右）
- 眼珠X
- 眼珠Y
- 嘴 变形
- 嘴 开闭

01 设置眼睛的参数

首先设置与眼睛相关的参数。在“眼睛 开闭（左右）”参数中寻找与参考图的形状相近的值。

惊讶

目前“左眼 开闭”“右眼 开闭”的最大值为“1.0”。因为我们希望眼睛能睁得更大，所以需要改变最大值。在想要变更的参数上单击鼠标右键，在弹出的菜单中选择“编辑参数”后，会弹出“编辑参数”对话框（❶），在此可以将最大值增加到“1.2”（❷）。

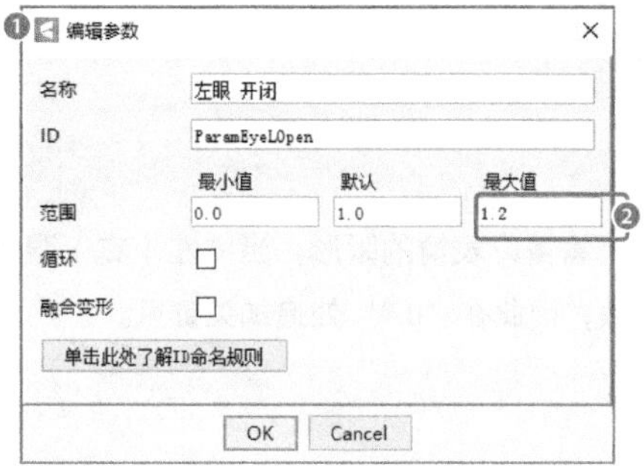

❶ 编辑参数

名称　左眼 开闭

ID　ParamEyeLOpen

范围　最小值 0.0　默认 1.0　最大值 1.2 ❷

循环 ☐

融合变形 ☐

单击此处了解ID命名规则

OK　Cancel

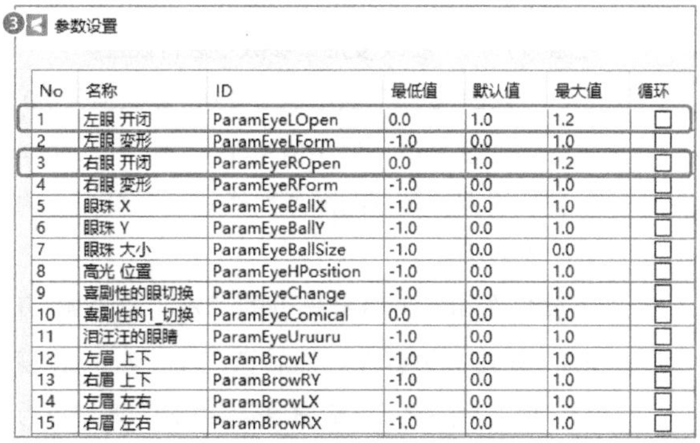

❸ 参数设置

No	名称	ID	最低值	默认值	最大值	循环
1	左眼 开闭	ParamEyeLOpen	0.0	1.0	1.2	☐
2	左眼 变形	ParamEyeLForm	-1.0	0.0	1.0	☐
3	右眼 开闭	ParamEyeROpen	0.0	1.0	1.2	☐
4	右眼 变形	ParamEyeRForm	-1.0	0.0	1.0	☐
5	眼珠 X	ParamEyeBallX	-1.0	0.0	1.0	☐
6	眼珠 Y	ParamEyeBallY	-1.0	0.0	1.0	☐
7	眼珠 大小	ParamEyeBallSize	-1.0	0.0	0.0	☐
8	高光 位置	ParamEyeHPosition	-1.0	0.0	1.0	☐
9	喜剧性的眼切换	ParamEyeChange	-1.0	0.0	1.0	☐
10	喜剧性的1_切换	ParamEyeComical	0.0	0.0	1.0	☐
11	泪汪汪的眼睛	ParamEyeUruuru	-1.0	0.0	1.0	☐
12	左眉 上下	ParamBrowLY	-1.0	0.0	1.0	☐
13	右眉 上下	ParamBrowRY	-1.0	0.0	1.0	☐
14	左眉 左右	ParamBrowLX	-1.0	0.0	1.0	☐
15	右眉 左右	ParamBrowRX	-1.0	0.0	1.0	☐

要点 查看参数的数值和ID列表

在“参数”面板右上角的下拉菜单中可以打开“参数设置”对话框（❸），在此可以查看参数的数值和ID列表。

修改好最大值后，在“参数”面板中为“左眼 开闭”“右眼 开闭”在数值“1.2”处追加关键点（❹）。

接下来根据“惊讶”的参考图制作眼睛的形状。由于没有“眼珠”和“高光”用的参数，我们分别创建“眼珠 大小”和“高光 位置”参数，并按以下方法设置（❺）。

- “眼珠 大小”最小值为-1.0、默认值为0.0、最大值为0.0

选中变形器“左（右）眼珠大小”，并追加两个关键点以修改眼珠的大小。在“最大值”处让眼珠保持原大小，在“最小值”处将眼珠缩小。

- “高光 位置”最小值为-1.0、默认值为0.0、最大值为1.0

选中变形器“左（右）眼黑_高光1的位置”，并追加3个关键点以修改高光的位置。在“最大值”处让高光向右侧移动。

虽然我们可以根据表情需要来改变最大值和最小值，但为了让任何表情都表现得比较自然，在需要制作特殊动作时，尽量不要直接在“眼睛 开闭”参数中进行设置，应使用其他参数。

参数设置

No	名称	ID	最小值	默认值	最大值	循环	融合变形
1	左眼 开闭	ParamEyeLOpen	0.0	1.0	1.2		
2	左眼 变形	ParamEyeLForm	-1.0	0.0	1.0		
3	右眼 开闭	ParamEyeROpen	0.0	1.0	1.2		
4	右眼 变形	ParamEyeRForm	-1.0	0.0	1.0		
5	眼珠 X	ParamEyeBallX	-1.0	0.0	1.0		
6	眼珠 Y	ParamEyeBallY	-1.0	0.0	1.0		
7	眼珠 大小	ParamEyeBallSize	-1.0	0.0	0.0		
8	高光 位置	ParamEyeHPosition	-1.0	0.0	1.0		
9	喜剧性的眼切换	ParamEyeChange	-1.0	0.0	1.0		

害羞

对于“害羞”表情的眼形，当“左（右）眼 开闭”的数值为“0.9”时，眼形和参考图基本一致，因此在“0.9”处追加关键点。

生气

对于“生气”表情的眼形，由于需要改变眼睛的形状，我们在“左眼 变形”“右眼 变形”参数中进行设置。

- “左眼 变形”最小值为-1.0、默认值为0.0、最大值为1.0
- “右眼 变形”最小值为-1.0、默认值为0.0、最大值为1.0

需要设置关键点的图形网格和“左眼 开闭”“右眼 开闭”参数相同。

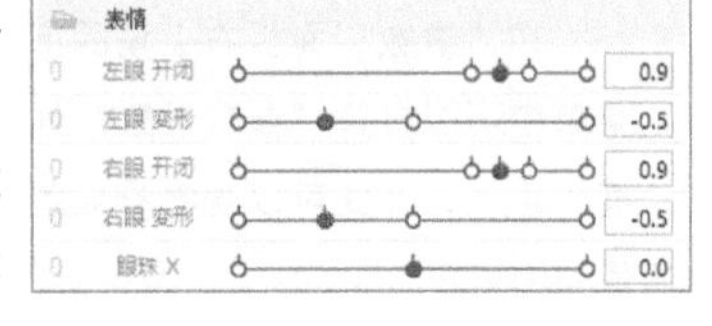

首先在和参考图最接近的“左（右）眼 开闭”的“0.9”处追加关键点。然后在“左（右）眼 变形”的“0.5”处追加关键点，最后根据参考图对眼睛进行变形。

悲伤

同样，首先在和参考图最接近的“左（右）眼 开闭”的“0.8”处追加关键点。然后在“左（右）眼 变形”的“-1.0”处追加关键点。最后根据参考图对眼睛进行变形。

表情
左眼 开闭 0.8
左眼 变形 -1.0
右眼 开闭 0.8
右眼 变形 -1.0

开心

由于“开心”时的眼睛是完全闭合的，我们首先在“左（右）眼 开闭”的“0.0”处追加关键点。然后在“左（右）眼 变形”的“1.0”处追加关键点。最后根据参考图对眼睛进行变形。

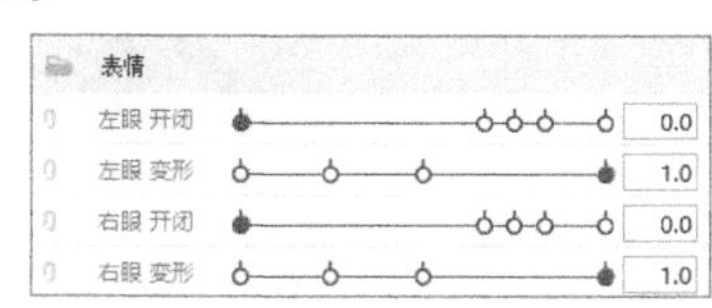

喜剧性的1/喜剧性的2

制作“喜剧性的1”“喜剧性的2”表情的眼形。因为眼睛的形状会发生大幅度变化，因此需要创建替换眼睛用的参数“喜剧性的眼切换”。

- “喜剧性的眼切换”最小值为-1.0、默认值为0.0、最大值为1.0

需要绑定关键点的图形网格为“左（右）眼1_喜剧性的1”“左（右）眼2_喜剧性的1”“左（右）眼1_喜剧性的1”“左（右）眼_喜剧性的2”。我们令参数值为“1.0”时显示“喜剧性的1”，参数值为“-1.0”时显示“喜剧性的2”。至于“平常”表情的眼形，修改弯曲变形器的不透明度，将它整体隐藏起来即可。

02 设置眉毛的参数

在根据参考图制作眉毛的形状时，我们要用到“左右”“上下”“角度”“变形”4个参数。制作过程是：首先用做好的“左右”“上下”“角度”参数匹配表情参考图中眉毛的位置。若匹配后与眉毛的形状不符，接下来则根据参考图制作“变形”参数。

由于“害羞”“惊吓”“喜剧性的1”“喜剧性的2”表情的眉毛形状基本不需要变化，下面设置其他几个表情的眉毛。

开心

对于“开心”表情的眉毛，我们首先在“左（右）眉 变形”的“1.0”处追加关键点，然后根据参考图进行变形。

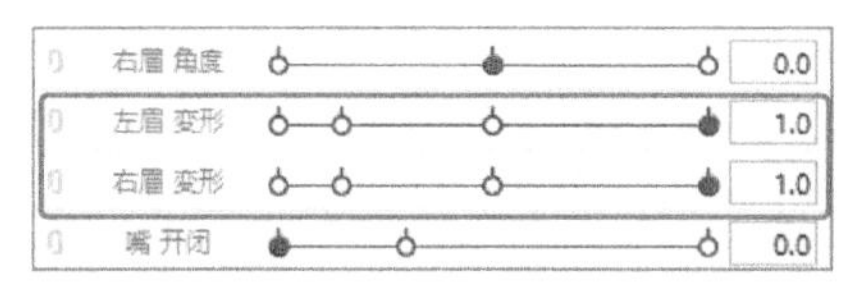

生气

首先在“左（右）眉 变形”的“-1.0”处追加关键点，制作和“1.0”处相反的眉形。

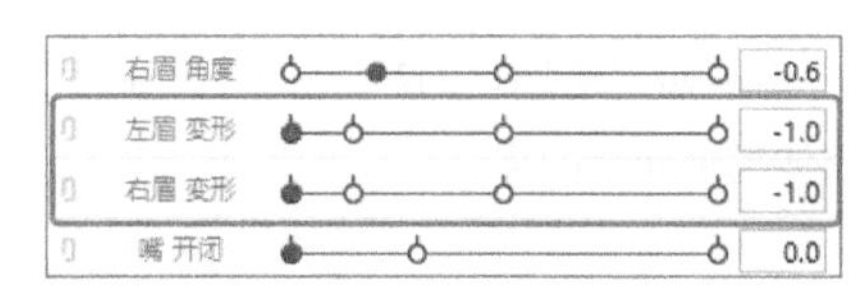

然后根据“生气”表情的参考图，在参数中寻找眉毛接近直线状态的值。

因为当值为“-0.7”时最接近直线状态，我们在此处追加关键点，并对眉毛的形状进行微调。

右眉 角度 -0.6
左眉 变形 -0.7
右眉 变形 -0.7
嘴 开闭 0.0

悲伤

最后制作“悲伤”表情的眉毛。因为眉心附近的眉毛内角会稍稍下垂，这和之前的变形方式均不一致，所以新建“左眉 变形2”“右眉 变形2”参数。这里顺便将“左眉 变形”“右眉 变形”更名为“左眉 变形1”（ParamBrowLForm1）、“右眉 变形1”（ParamBrowRForm1）。

- “左眉 变形2”最小值为-1.0、默认值为0.0、最大值为1.0
- “右眉 变形2”最小值为-1.0、默认值为0.0、最大值为1.0

需要设置关键点的图形网格和“左（右）眉 变形1”参数相同。

18	左眉 变形1	ParamBrowLForm1	-1.0	0.0	1.0
19	左眉 变形2	ParamBrowLForm2	-1.0	0.0	1.0
20	右眉 变形1	ParamBrowRForm1	-1.0	0.0	1.0
21	右眉 变形2	ParamBrowRForm2	-1.0	0.0	1.0

这次我们在“左眉 变形1”的“-1.0”、“左眉 变形2”的“-1.0”处，以及“右眉 变形1”的“-0.7”、“右眉 变形2”的“-1.0”处追加关键点，并调整“悲伤”表情的眉毛的形状。

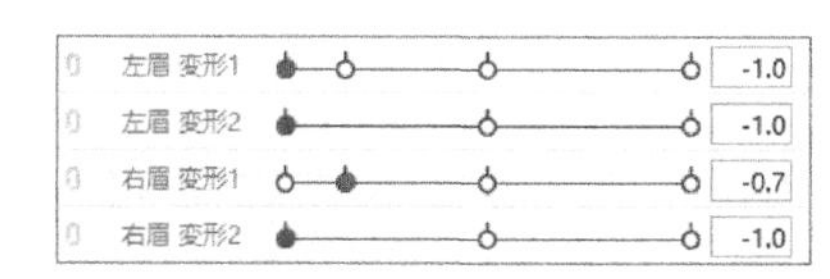

03 设置嘴巴的参数

接下来设置嘴巴的参数。

开心

在“嘴 开闭”的“1.0”处和“嘴 变形”的“1.0”处追加关键点，并根据参考图进行变形。

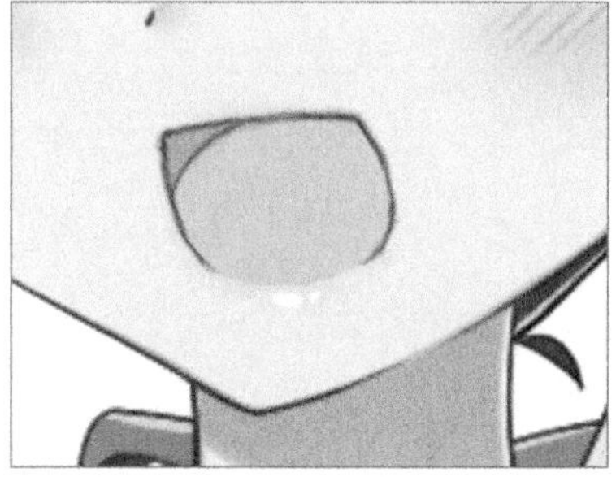

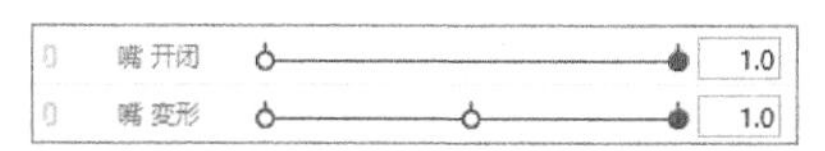

生气

在“嘴 开闭”的“1.0”处和“嘴 变形”的“-1.0”处追加关键点，并根据参考图进行变形。

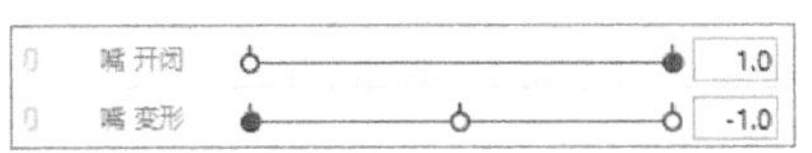

悲伤

“悲伤”表情的口形和“生气”表情的口形比较接近，因此，在“嘴 开闭”的“0.3”处和“嘴 变形”的“-1.0”处追加关键点，并根据参考图进行变形即可。

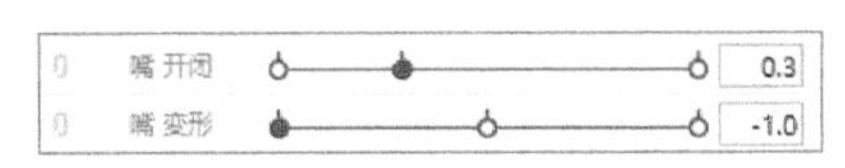

惊吓

“惊吓”表情比起“开心”表情的嘴要张得更大，因此，我们首先把“嘴 变形”的最大值增加到“1.3”。然后在“嘴 开闭”的“1.0”处和“嘴 变形”的“1.3”处追加关键点，并根据参考图进行变形。

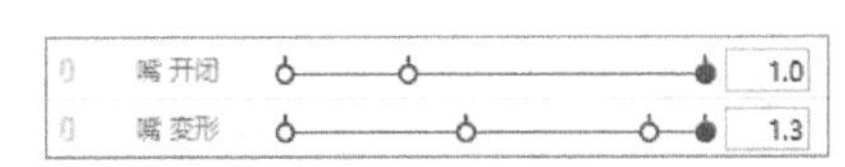

喜剧性的1/喜剧性的2

“喜剧性的2”表情的口形和“惊吓”表情的口形接近，为了进一步变形，我们新建“嘴 变形2”参数。这里将之前的“嘴 变形”的名称更改为“嘴 变形1”（ParamMouthForm1）。

- “嘴 变形2”最小值为-1.0、默认值为0.0、最大值为1.0

需要设置关键点的图形网格和“嘴 变形1”参数相同。

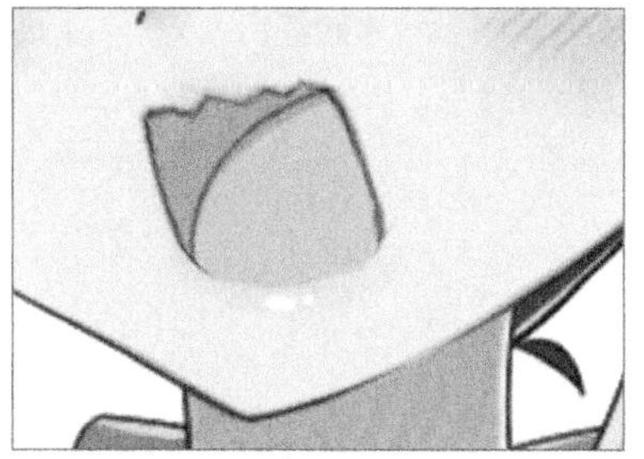

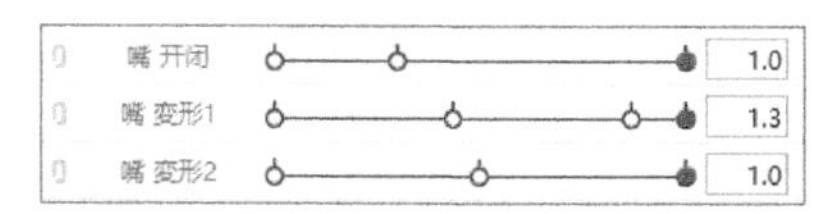

另外，“喜剧性的1”表情的嘴是“喜剧性的2”表情的嘴闭合时的样子。

- 对于“喜剧性的1”，在“嘴 开闭”的“0.0”、“嘴 变形1”的“1.3”、“嘴 变形2”的“1.0”处
- 对于“喜剧性的2”，在“嘴 开闭”的“1.0”、“嘴 变形1”的“1.3”、“嘴 变形2”的“1.0”处

追加上述关键点，并根据参考图进行变形。

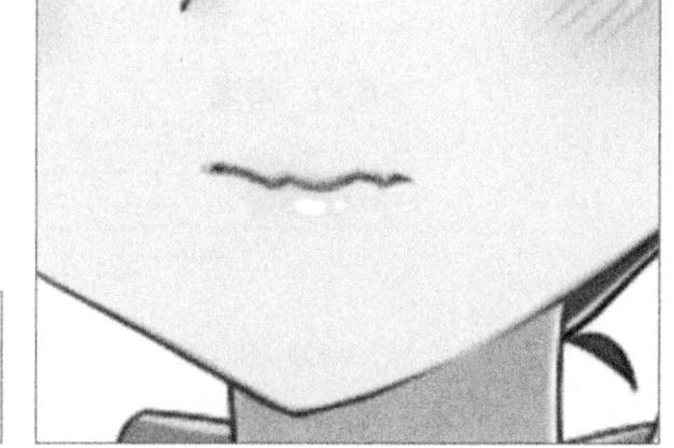

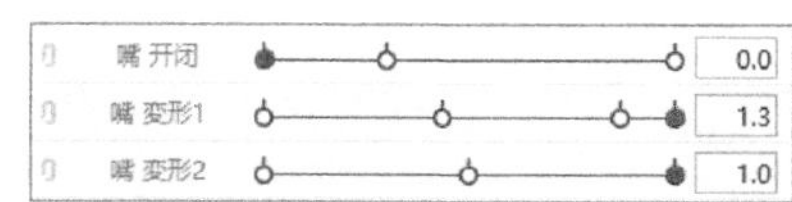

最后，为了让表情变化更流畅，我们需要改变各个参数，检查各个关键点之间的动作是否会出现破绽。如果感觉有不协调的地方，就适当调整一下形状。

04 设置差分用的参数

接下来设置其他表情差分用的参数。

脸颊红晕

新建一个“害羞”参数。

- “害羞”最小值为0.0、默认值为0.0、最大值为1.0

需要绑定关键点的图形网格有“脸红_害羞_耳”“脸红_害羞”“左（右）脸红1”“左（右）脸红2”。

追加“0.0”“0.5”“1.0”3个关键点，在参数中对应地设置“脸红1”→“脸红2”→“脸红_害羞”的转换过程。为了实现更平滑的切换，我们也稍微进行了变形。

●脸红1

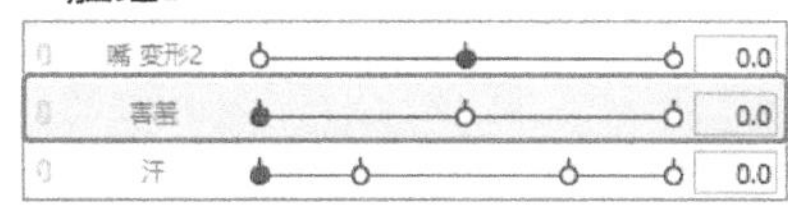

●脸红2

嘴 变形2 0.0
害羞 0.5
汗 0.0

●脸红_害羞

嘴 变形2 0.0
害羞 1.0
汗 0.0

汗

制作汗水出现并往下滴的动作。

新建一个“汗”参数。

● “汗”最小值为0.0、默认值为0.0、最大值为1.0

需要绑定关键点的图形网格为“汗”。首先在参数中设置“0.0”和“1.0”处的关键点，让汗水可以上下移动。

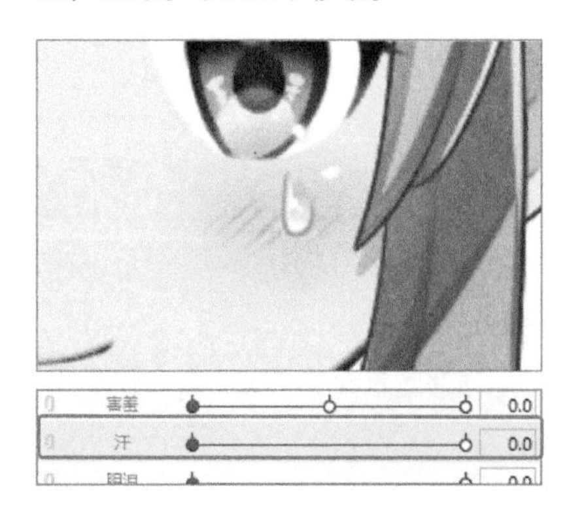

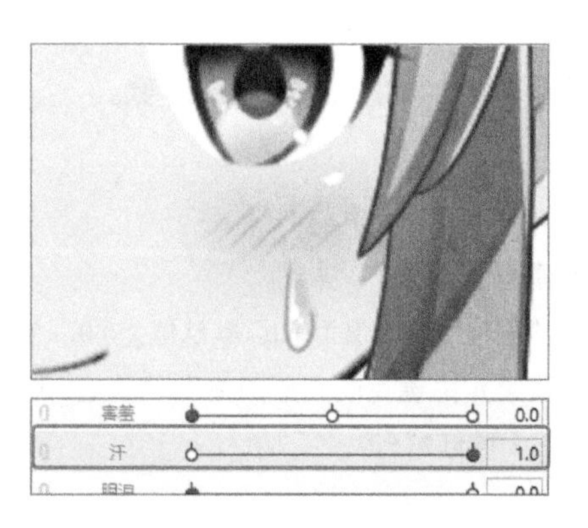

接下来设置不透明度，让汗水在关键点“0.0”到“0.25”之间出现，在关键点“0.75”到“1.0”之间消失。

最后在“0.25”和“0.75”处追加关键点，并将“0.0”和“1.0”处“汗”的不透明度设置为“0%”。

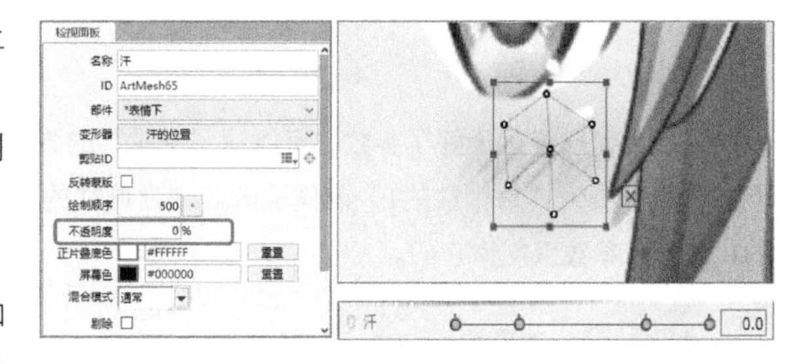

眼泪

新建一个“眼泪”参数。

- “眼泪”最小值为0.0、默认值为0.0、最大值为1.0

需要绑定关键点的变形器为“左（右）眼泪切换”。通过设置变形器“左（右）眼泪切换”的透明度，让“0.0”处为隐藏状态，“1.0”处为显示状态。

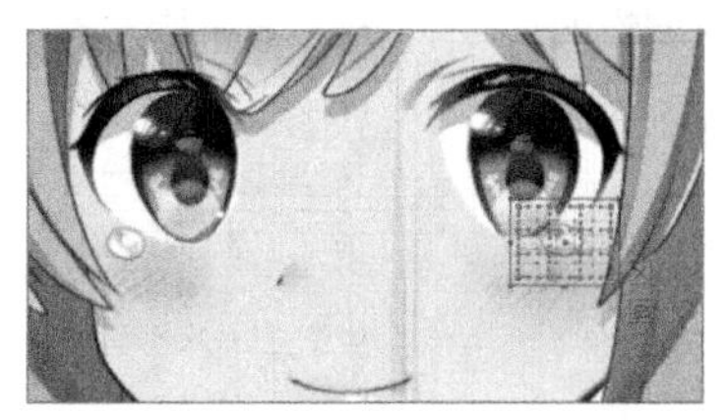

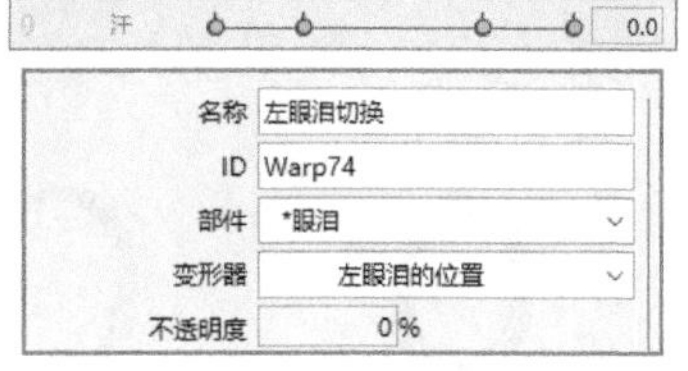

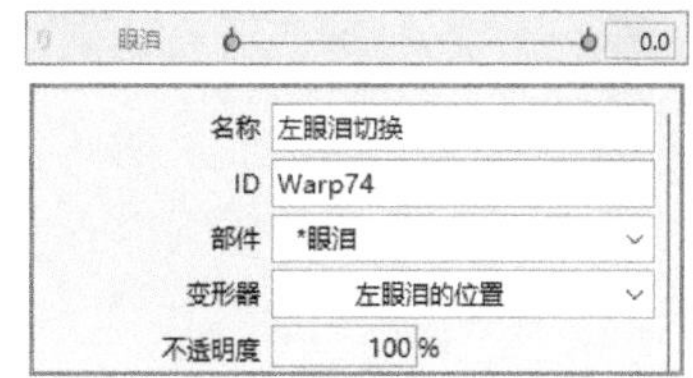

另外，为了表现眼泪的“水润感”，需要新建“泪汪汪的眼睛”参数。

- “泪汪汪的眼睛”最小值为-1.0、默认值为0.0、最大值为1.0

需要绑定关键点的图形网格为“左（右）眼黑_高光1”“左（右）眼黑_高光2”“左（右）眼泪”。这次我们要制作最简单的“水润感”效果。在“泪汪汪的眼睛”参数中追加3个关键点，在“1.0”和“-1.0”处对图形网格进行变形，做出高光和眼泪左右移动的效果。

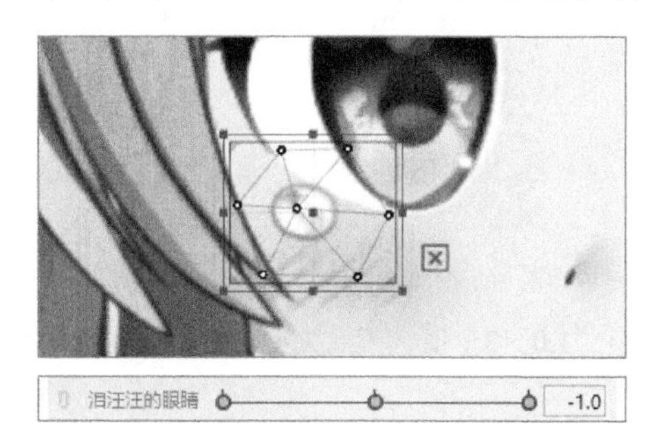

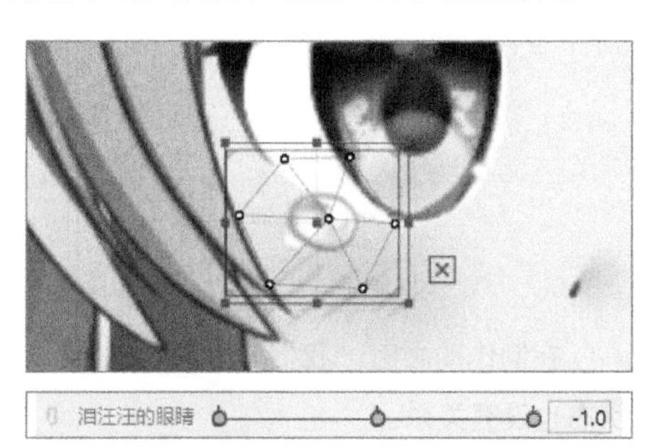

喜剧性的1

现在我们已经设置好了参数，可以让“平常”的眼睛和“喜剧性”的眼睛相互切换，但还要进一步为“喜剧性的1”制作差分。“喜剧性的1”有3种差分，新建一个“喜剧性的1_切换”参数来制作它们。

9	喜剧性的眼切换	ParamEyeChange	-1.0	0.0	1.0
10	喜剧性的1_切换	ParamEyeComical	0.0	0.0	1.0
11	泪汪汪的眼睛	ParamEyeUruuru	-1.0	0.0	1.0
12	左眉 上下	ParamBrowLY	-1.0	0.0	1.0

● “喜剧性的1_切换”最小值为0.0、默认值为0.0、最大值为1.0

需要绑定关键点的图形网格为“左（右）眼1_喜剧性的1”“左（右）眼2_喜剧性的1”“左（右）眼3_喜剧性的1”。

追加3个关键点“0.0”“0.5”“1.0”，并分别绑定“左（右）眼1_喜剧性的1”、“左（右）眼2_喜剧性的1”、“左（右）眼3_喜剧性的1”3种状态。

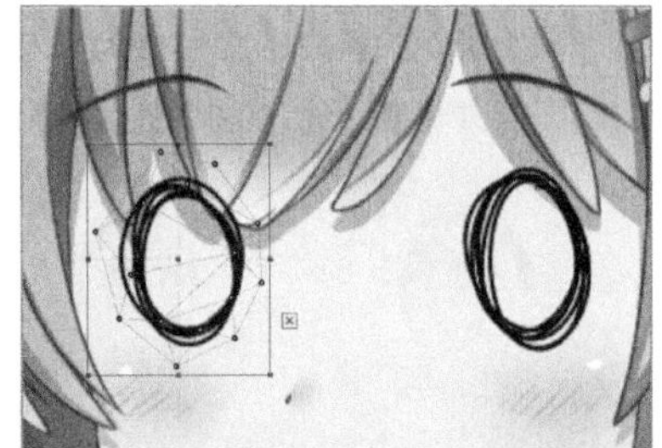

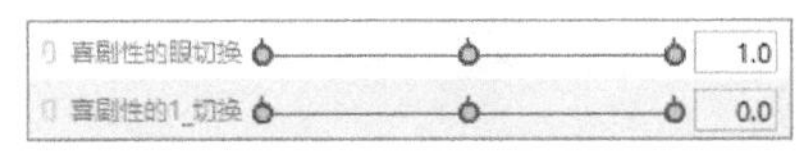

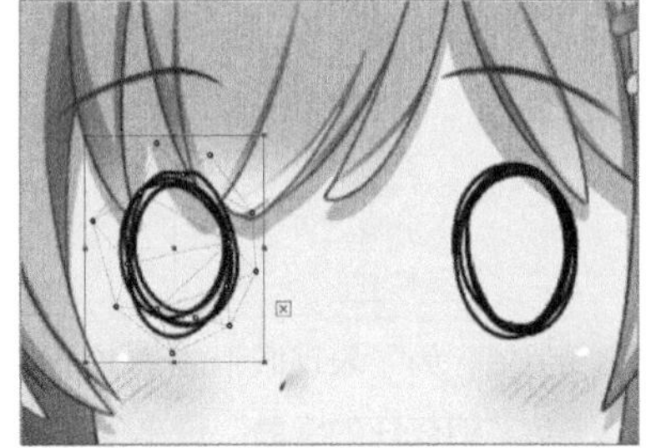

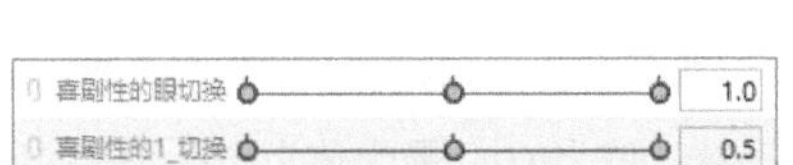

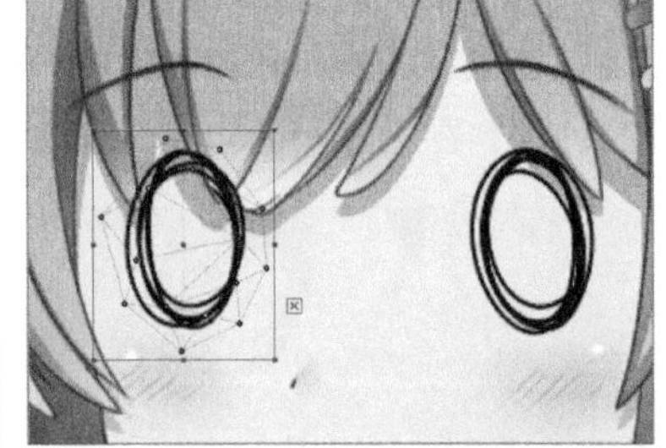

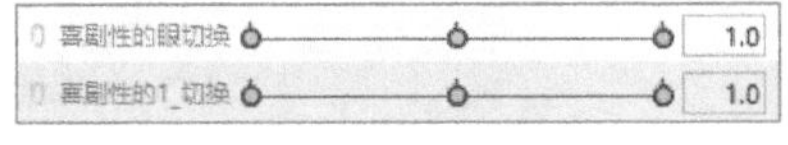

在制作动画时，我们只会使用“0.0”“0.5”“1.0”3个值，因此关键点之间呈半透明状态也没有关系。

呆毛

首先，新建一个“呆毛 切换”参数。

27	眼泪	ParamTear	0.0	0.0	1.0
28	呆毛 切换	ParamHairTopChange	0.0	0.0	1.0
29	呆毛 变形	ParamHairTopForm	-1.0	0.0	1.0

- “呆毛 切换”最小值为0.0、默认值为0.0、最人值为1.0

需要绑定关键点的变形器为“呆毛_1切换”“呆毛_2切换”。

不要单纯地通过改变不透明度进行切换，而要制作成一边运动一边切换的效果。在“0.5”处让“呆毛_1”显示出来，在“0.6”处让“呆毛_2”显示出来。

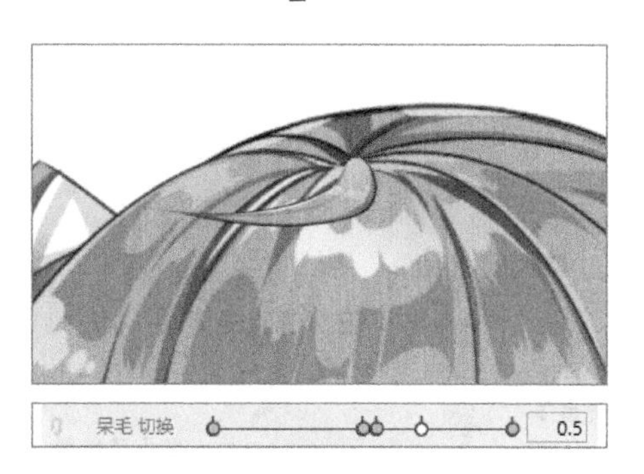

呆毛 切换 0.5

呆毛 切换 0.6

要点　让差分的切换没有不协调的感觉

如果“切换前”和“切换后”部件的形状在一定程度上一致，通过改变不透明度进行切换时，就能制作出部件自然切换的效果。

然后，新建一个“呆毛 变形”参数。

- “呆毛 变形”最小值为-1.0、默认值为0.0、最大值为1.0

28	呆毛 切换	ParamHairTopChange	0.0	0.0	1.0
29	呆毛 变形	ParamHairTopForm	-1.0	0.0	1.0
30	角度 X	ParamAngleX	-30.0	0.0	30.0

需要绑定关键点的图形网格为“呆毛_2”。在“1.0”处制作“生气”状态的呆毛。

呆毛 变形 1.0

这样我们就制作好了所有的表情参数。

■ 源文件：7-3-03_CN.cmo3

步骤5 使用“胶水”功能设置参数

利用“胶水”功能设置手臂A的参数。

接下来，我们要设置身体的参数，但在此之前，先来讲解一下“胶水”功能。

“胶水”是可以将图形网格的顶点绑定在一起，并让它们自动吸附的功能。对于手臂和肩膀这种运动时图形网格会错开的情况，使用胶水功能就能让它们自动变形并补全错开的部分。通过调整胶水的权重（吸附比例），可以对衔接处的形状进行微调。下面通过设置“左大臂A”参数的实例介绍参数设置方法。

01 设置手臂A的参数①

新建一个“左大臂A”参数。

- “左大臂A”最小值为-10.0、默认值为0.0、最大值为10.0

需要绑定关键点的图形网格和变形器分别为“左大臂A”和“左大臂A的旋转”。

单击“追加3点”图标后，首先用旋转变形器制作旋转动作，此时手臂的一部分会和身体错开。

在这种情况下，通常我们会对弯曲变形器或图形网格进行变形，以修补错位的问题。

使用这个方法后，虽然手臂在旋转时看起来没有问题，但是当受到“身体的弯曲X”“身体的弯曲Y”“身体的弯曲Z”“呼吸的弯曲”等其他变形器影响时，手臂也会运动，可能导致再次和身体发生错位。为避免这种情况，我们要使用“胶水”功能。

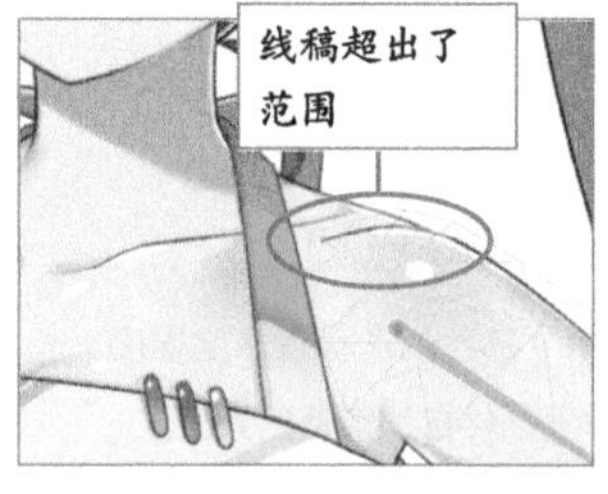

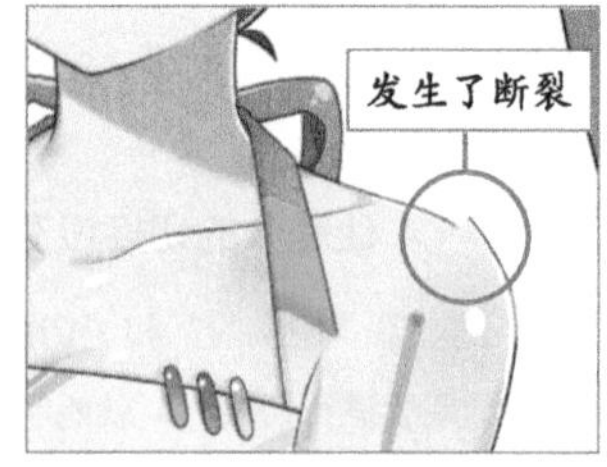

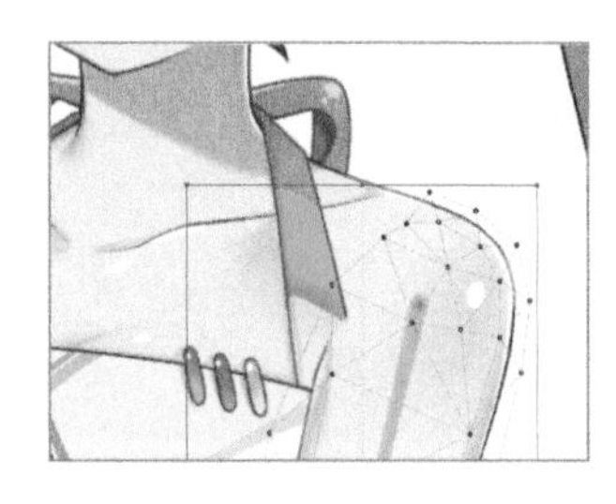

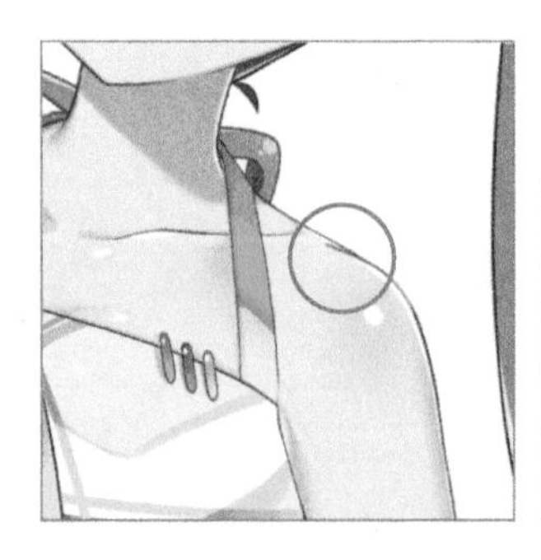

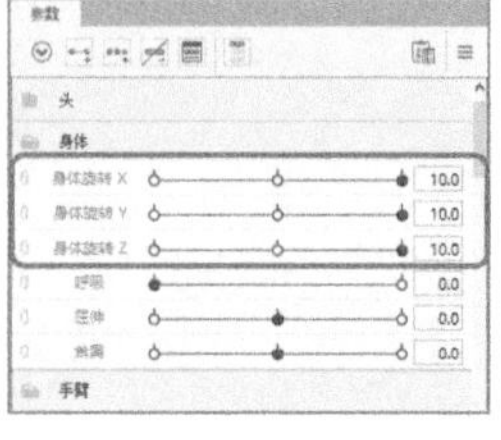

02 制作适用于胶水的网格形状①

首先选中“左大臂A”和“身体”的图形网格。在此状态下，在工具栏中单击“手动编辑网格”图标（或按Ctrl+E组合键），进入“手动编辑网格”模式。

“左大臂A”和“身体”的图形网格会以不同的颜色显示出来。

首先将想要添加胶水的部分的顶点删除，然后追加新的顶点。在此状态下追加顶点时，可以为两个图形网格同时追加顶点（可以创建“两两重合的顶点”）。

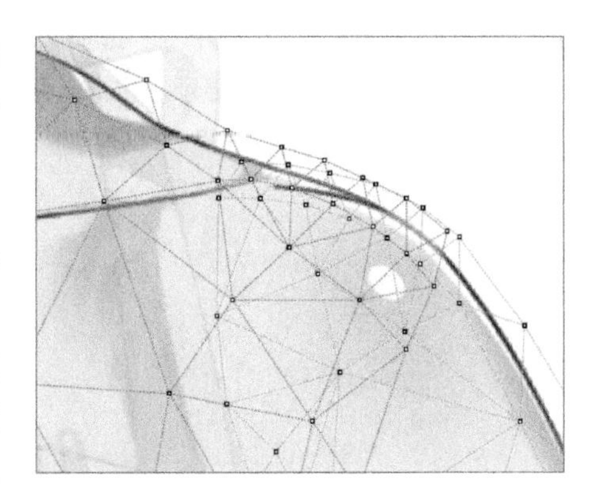

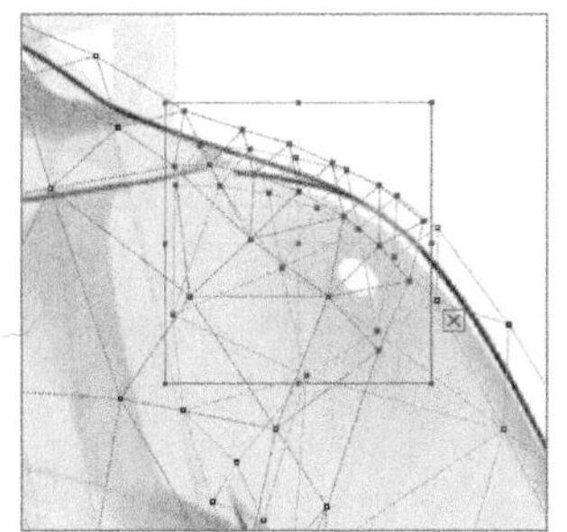

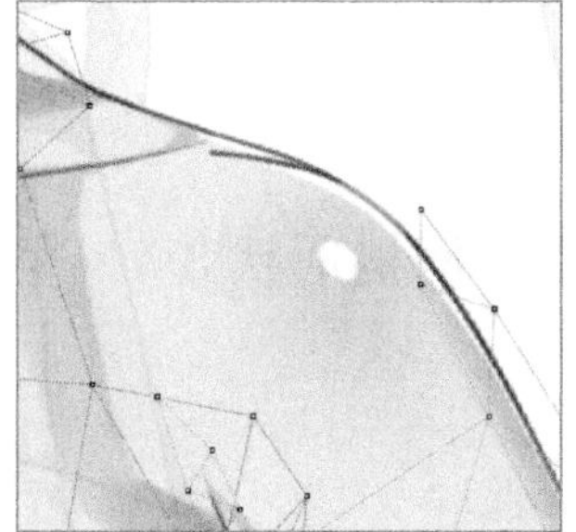

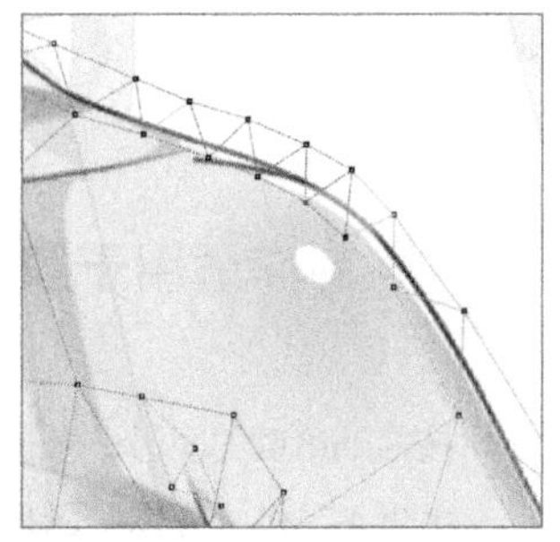

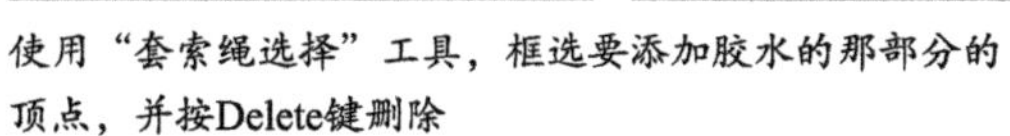

使用“套索绳选择”工具，框选要添加胶水的那部分的顶点，并按Delete键删除

在删除后的地方追加新的顶点

现在网格的外边缘并没有完成连接，为了执行自动连接，我们需要取消勾选（在下拉菜单中）“保持网格的轮廓”（❶）。然而，若在这个状态下执行自动连接，那么不必要的部分也会被边（线）连接，从而产生不必要的边。

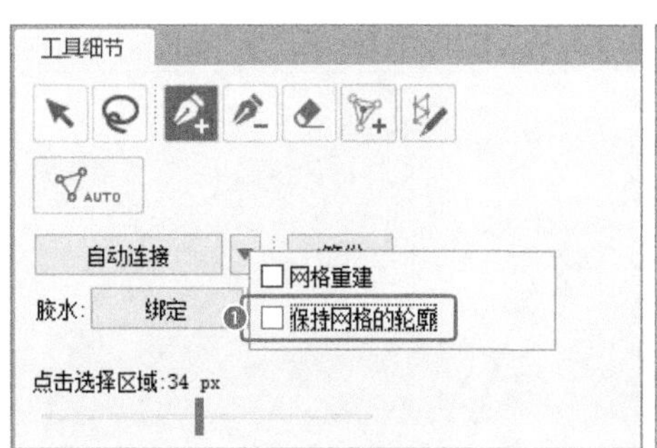

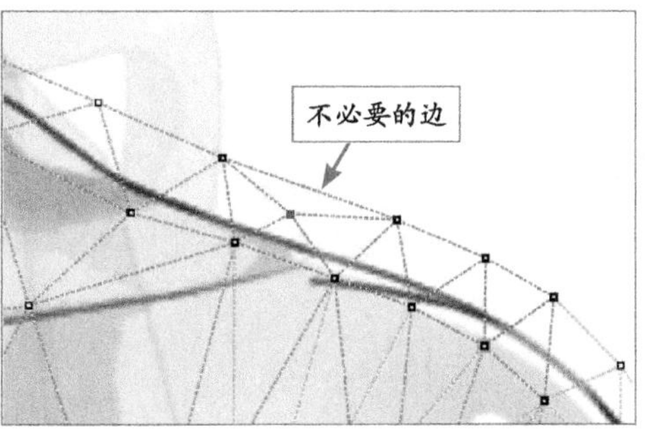

03 制作适用于胶水的网格形状②

选择“工具细节”面板中的“选择”工具后，单击“左大臂A”的图形网格，“左大臂A”就会单独以高亮状态显示。将未闭合的边衔接起来后，即可执行自动连接。

对“身体”进行同样的操作，让顶点闭合起来。

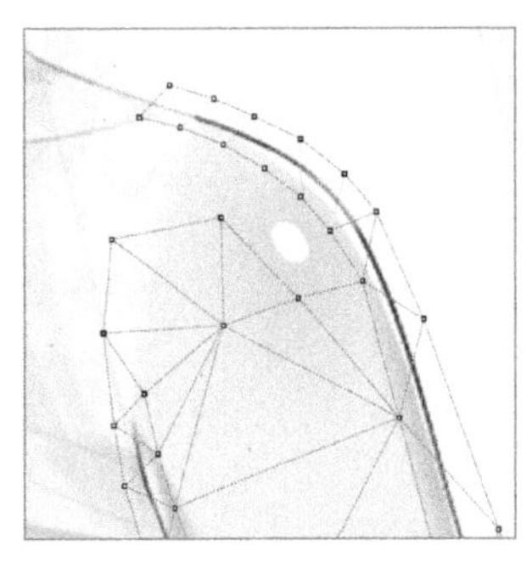

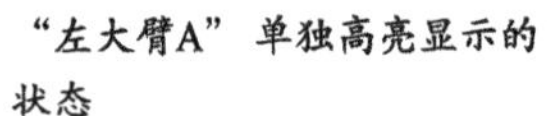
“左大臂A”单独高亮显示的状态

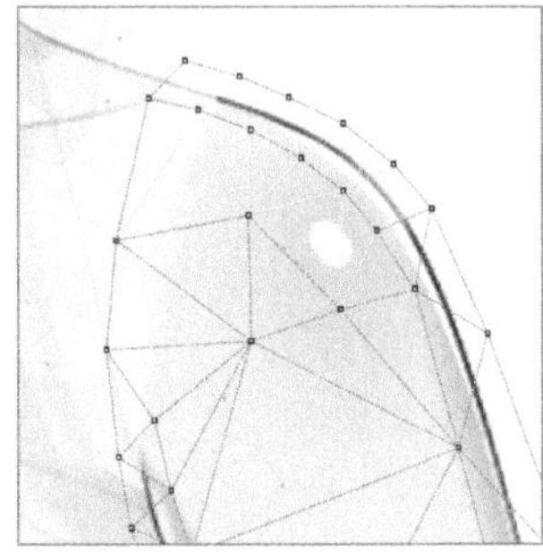
衔接未闭合的边

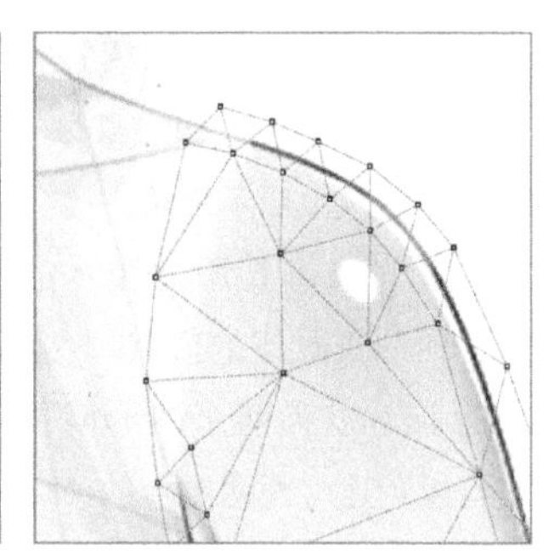
执行自动连接

04 制作适用于胶水的网格形状③

按住Shift键的同时，单击“左大臂A”和“身体”图形网格，再次回到选中两个图形网格的状态。

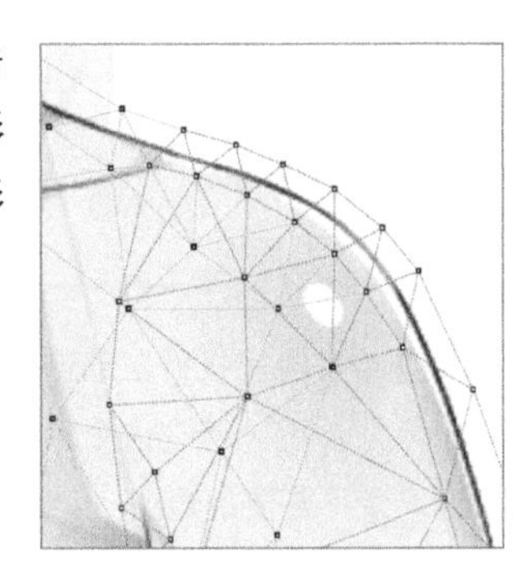

选中想要添加胶水的顶点，在“工具细节”面板中单击“绑定”。这样我们就设置好了胶水，此时顶点的颜色会发生变化。

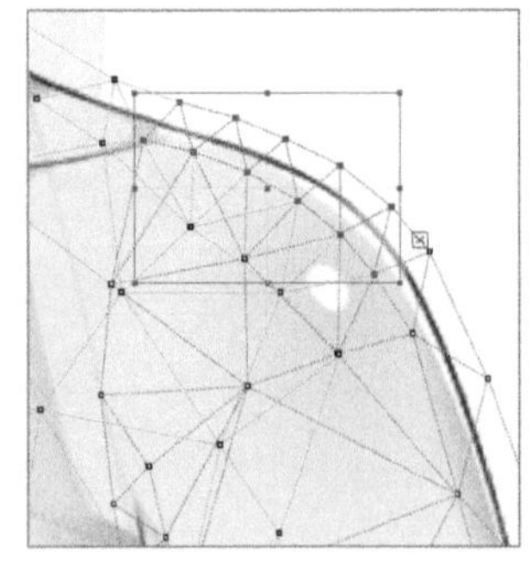

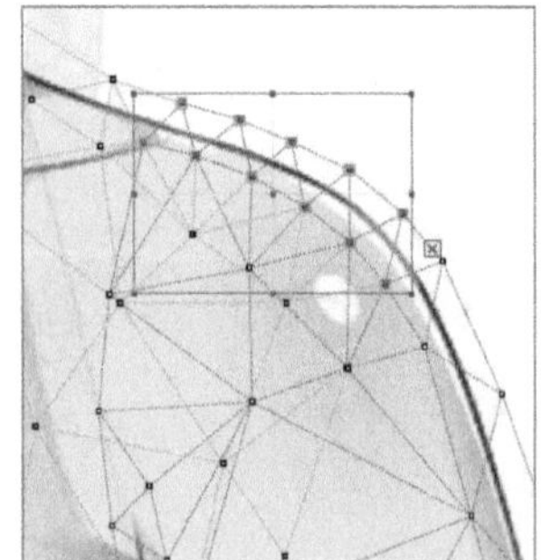

改变“左大臂A”参数，检查设置好胶水的状态。

在当前状态下，由于形状会像右侧这样断裂，因此我们需要调整胶水的权重（吸附比例）。

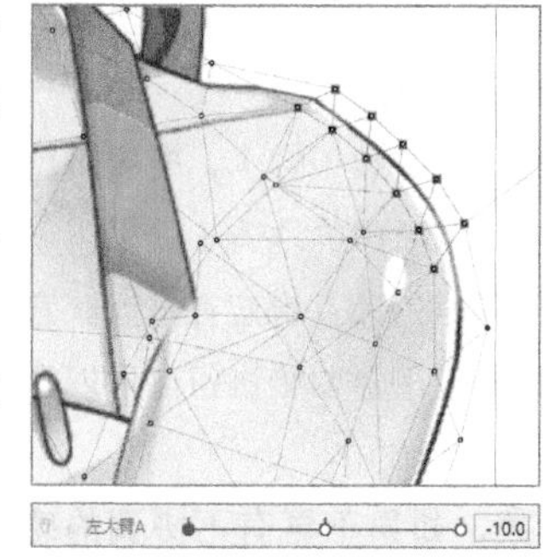

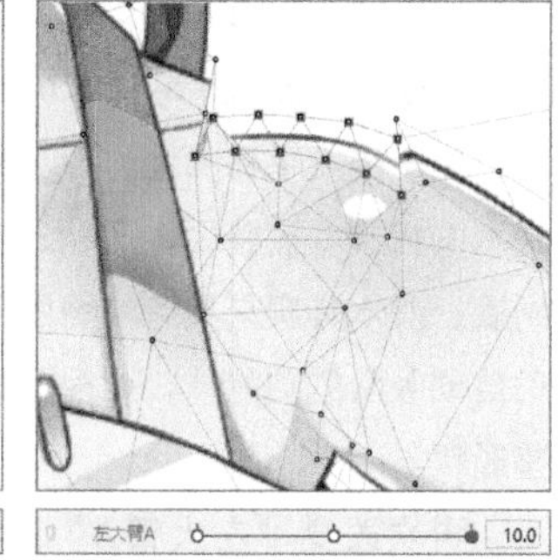

05 调整胶水的权重（吸附比例）

单击选中图形网格“左大臂A”，在屏幕的一侧会出现“Glue”（胶水）标签（❶）。单击这个标签，就会进入“权重调整”模式。

调整“左大臂A”参数值为“-10.0”时的胶水权重。在“工具细节”面板中使用“胶水权重A:B”工具（❷），调整形状断裂的部分。因为现在手臂旋转的时候，身体的顶点会跟着移动，所以我们将这部分调整为不会移动的状态。

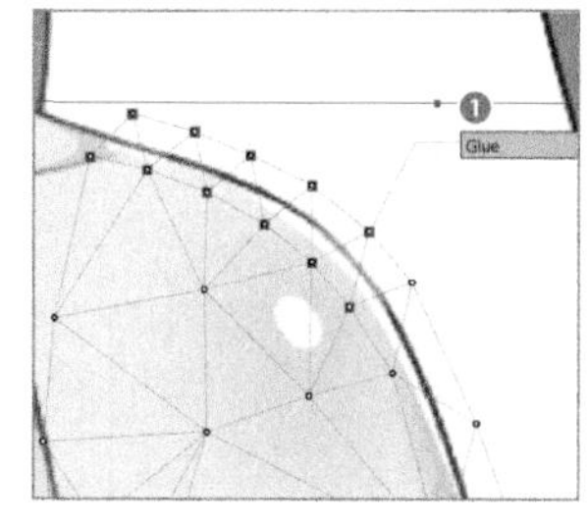

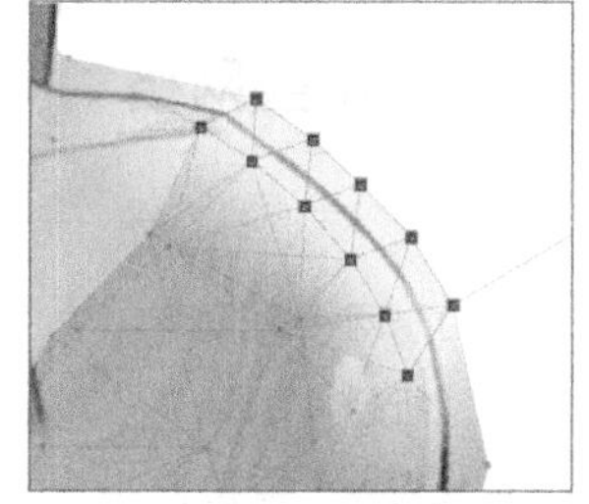

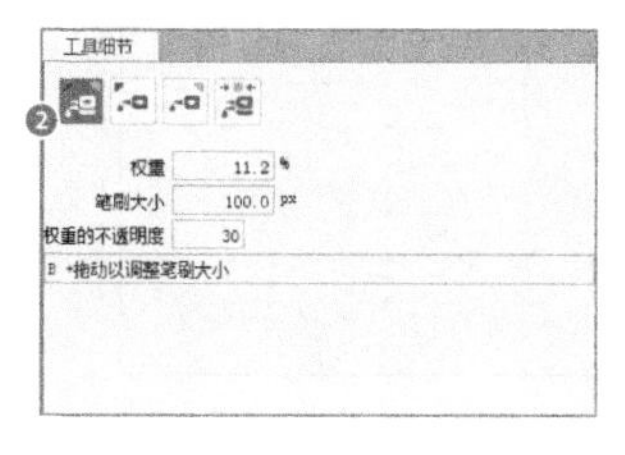

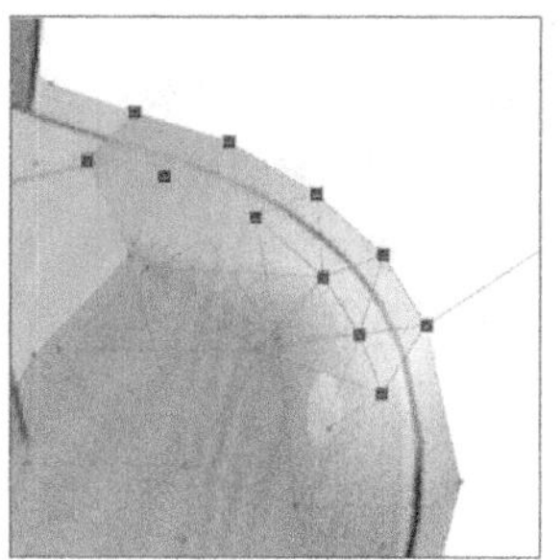

提示 什么是“胶水权重A:B”？

激活“胶水权重A:B”工具后拖曳鼠标，图形网格A（红色的网格）的权重会增加，图形网格B（绿色的网格）的权重会减少。按住Shift键并拖曳鼠标，图形网格A的权重会减少，图形网格B的权重会增加。和某个图形网格对应的颜色越接近的地方，那个图形网格的权重（影响度）就越大。

如果觉得根据颜色调整比较困难，则可以一边查看顶点的移动方式，一边调整，这样就容易一些。

改变“左大臂A”参数，如果移动起来不再有不协调的感觉，就将参数值改为“10.0”继续观察。

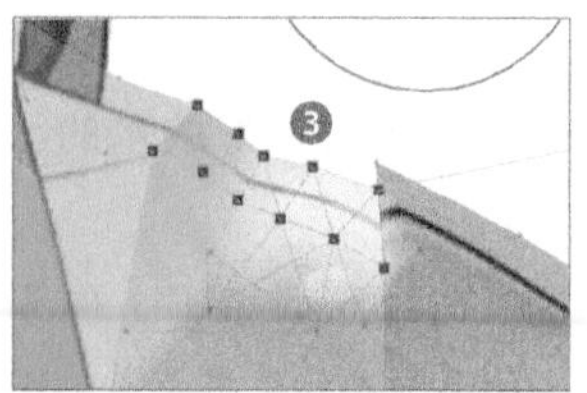

由于接近手臂的地方形状出现了断裂（③），需要调整胶水的权重。调整后，形状还有一些断裂的地方（④）。说到底，胶水其实只具有“将图形网格的顶点绑定在一起让它们自动吸附的功能”，此时应直接对图形网格进行变形以调整形状。

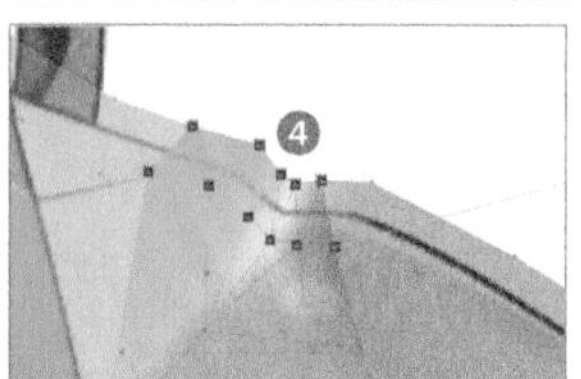

再次改变“左大臂A”参数，如果不再有不协调的感觉，对胶水权重的调整就完成了。在工具栏中单击“选择工具”图标后，在视图的任意空白位置处单击，即可退出调整胶水权重的模式。

06 调整网格

由于网格的形状发生了断裂，我们在“左大臂A”参数上绑定关键点并调整形状。调整好发生断裂的部分后，就完成了“左大臂A”参数的设置。

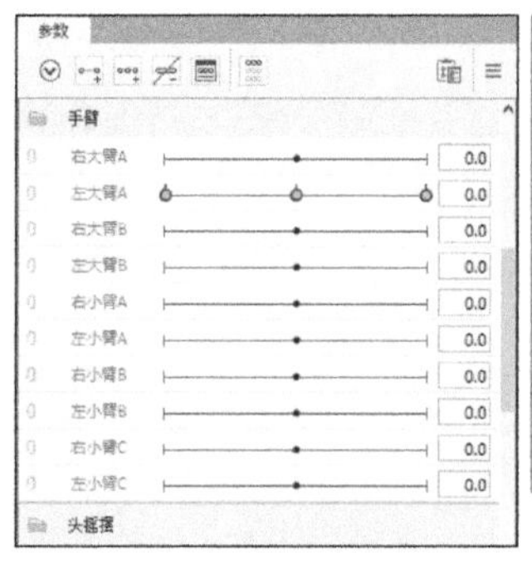

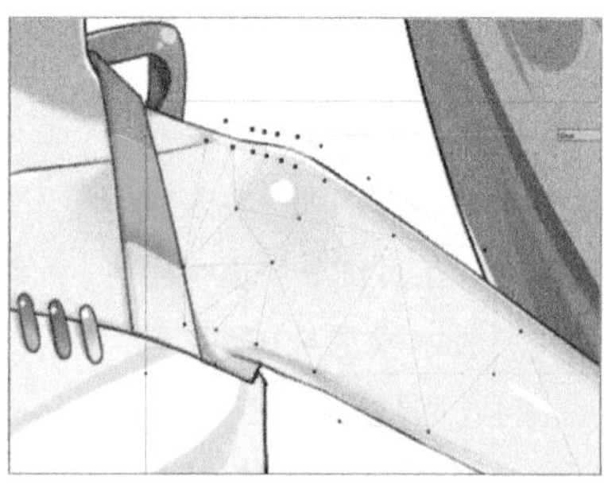

提示 复制部分顶点

你可以复制并粘贴网格上的部分顶点，这样在设置胶水时会很方便。

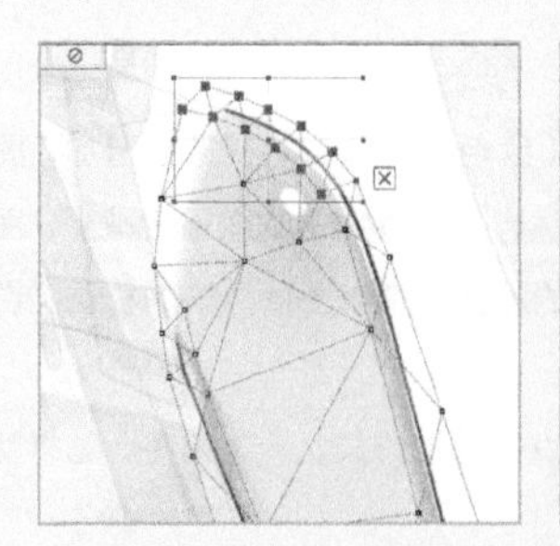

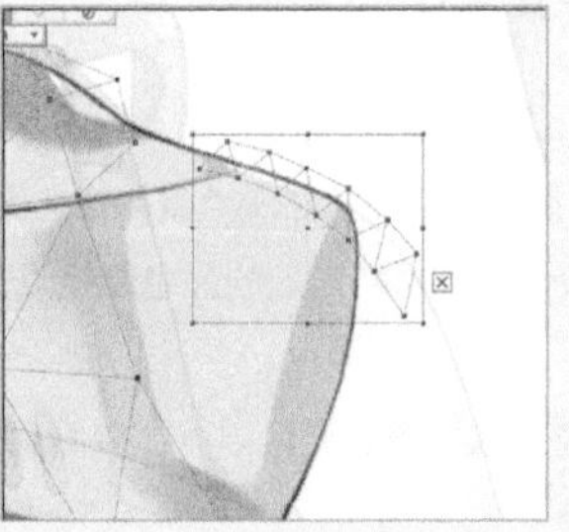

步骤 6 设置手臂的参数

接下来我们继续设置与手臂相关的参数。

01 设置手臂A的参数②

前面我们已经制作完成了“左大臂A”，接下来设置与手臂相关的其他参数。首先创建“左小臂A”参数。

- “左小臂A”最小值为-10.0、默认值为0.0、最大值为10.0

需要绑定关键点的图形网格和变形器分别为“左小臂A”和“左小臂A的旋转”。

因为在插画中“小臂”的姿势已经呈伸直的状态，因此我们只制作向内弯曲的动作。

在“左小臂A”参数位于“-10.0”处时，手臂显得不太自然，需要调整网格。

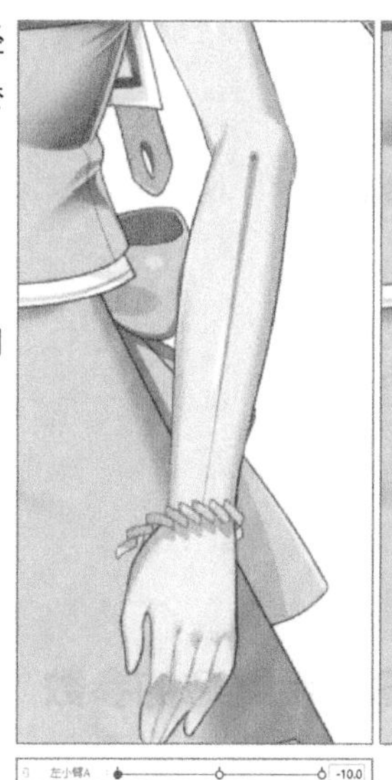

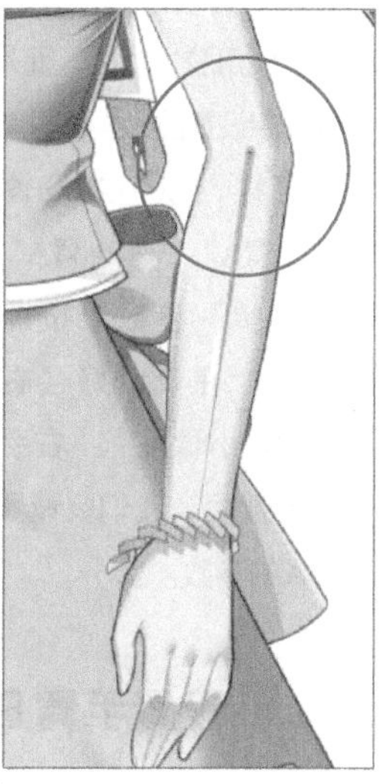

要点 手臂的差分部件

对于手臂的差分部件，我们可以直接显示或隐藏它，因此，不需要创建替换手臂用的参数。

提示 必须使用“胶水”功能吗?

在手臂、腿等关节部分可以使用胶水功能。但对于“小臂”，因为“运动幅度不大”“不受其他参数的影响”等原因，可以不使用胶水功能。因此，胶水功能虽然并不是必须使用的，但在有必要时使用此功能，可以更高效地推进制作过程。

02 设置手臂A的参数③

创建“左手A旋转”参数。

- “左手A旋转”最小值为-10.0、默认值为0.0、最大值为10.0

需要绑定关键点的图形网格为“左手A”，变形器为“左手A旋转”“左手的弯曲”。

当手臂伸直时，手腕通常不会大幅转动，因此我们没有设置很大的运动幅度。

另外，我们也要让“左手A_装饰”和手一起小幅度运动。和刚才制作“小臂”动作时一样，不使用胶水功能，而是直接在参数中设置图形网格。

这样，我们就设置好了“左大臂A”“左小臂A”“左手A旋转”参数。按照同样的顺序，在设置好“右大臂A”“右小臂A”“右手A旋转”参数后，我们就设置完了手臂A的参数。

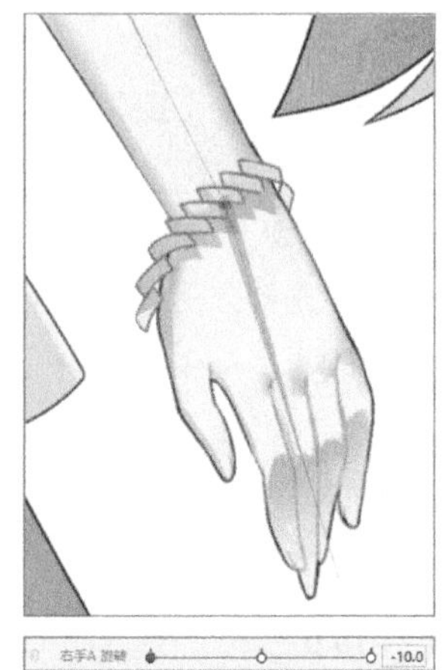

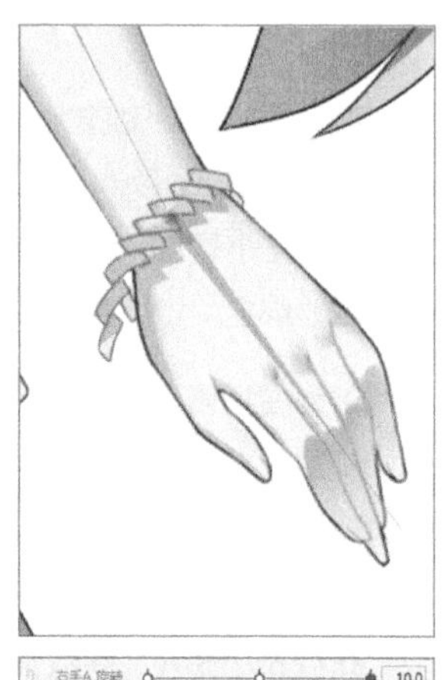

03 设置手臂B、手臂C的参数

接下来按照和设置手臂A时同样的顺序设置以下参数。

- “左大臂B”最小值为-10.0、默认值为0.0、最大值为10.0

需要绑定关键点的图形网格为“左大臂B”，变形器为“左臂B的旋转”“左大臂B的弯曲”。

- “左小臂B”最小值为-10.0、默认值为0.0、最大值为10.0

需要绑定关键点的图形网格和变形器分别为“左小臂B”“左小臂B的旋转”。

- “左手B旋转”最小值为-10.0、默认值为0.0、最大值为10.0

需要绑定关键点的图形网格和变形器分别为“左手B”“左手B的旋转”。

接下来，创建让左大臂上下运动的参数“左大臂B上下”。

- “左大臂B上下”最小值为-10.0、默认值为0.0、最大值为10.0

需要绑定关键点的图形网格为“左大臂B”，变形器为“左大臂B的位置”“左大臂B的弯曲”“左大臂B上下”“左大臂C的位置”“左大臂C的弯曲”。

这里要制作的是类似让大臂伸缩的动作。我们让参数的"-10.0"和"0.0"处维持现状，让"10.0"处的大臂缩短。

这样我们就设置了让手臂上扬的参数。完成后，组合"左大臂B"和"左大臂B 上下"参数的各个数值，调整形状，以免出现破绽。

要点　改变其他参数并检查

肩膀和身体周围比较容易出现形状断裂的问题。要检查在"身体旋转X"等其他参数发生变化时它们是否会出现问题，这样才能制作出漂亮的模型。

04 设置手B、手C的参数

创建参数"左手"，制作手指轻微张开的动作。

- "左手"最小值为-1.0、默认值为0.0、最大值为1.0

需要绑定关键点的图形网格和变形器为"左手B""左手指B_1""左手指B_2""左手指B_3""左手指B_4""左手指B_5""左手C""左手指C_1""左手指C_2""左手指C_3""左手指C_4""左手指C_5""左小臂C"。

下面为手指的图形网格和手掌的弯曲变形器设置关键点处的参数。在参数的"1.0"处让手指张开，在"-1.0"处让手指收拢。

要点在于，为了表现手的柔软感，要为手掌的弯曲变形器也制作动作。和"左手B"一样，也要在"左手"参数中为"左手C"制作动作。在参数的"1.0"处让手指张开，在"-1.0"处让手指收拢。

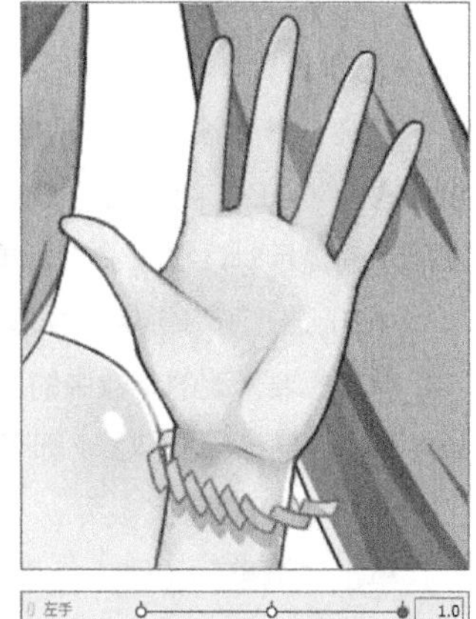

先按照同样的顺序为"右臂B"设置参数。再按照同样的顺序为"右臂C"设置参数。

这样我们就设置完了所有的手臂参数。

■ 源文件：7-3-04_CN.cmo3

步骤 7

设置其他参数

设置其他部件的参数。

01 设置头发蓬松参数

为头发创建参数“头发蓬松”。

- “头发蓬松”最小值为-1.0、默认值为0.0、最大值为1.0

需要绑定关键点的变形器的名称均带有“蓬松”，包括“呆毛_1蓬松”“右侧发蓬松”“前发1蓬松”“前发2蓬松”“前发3蓬松”“前发4蓬松”“前发5蓬松”“左侧发蓬松”“前发1_阴影蓬松”“前发2_阴影蓬松”“前发3_阴影蓬松”“前发4_阴影蓬松”“前发5_阴影蓬松”。

在参数值为“1.0”时，制作头发从中间向两侧散开的动作。在参数值为“-1.0”时，制作头发向内收缩的动作，虽然这个动作看起来不太自然，但是可以用于表现头发返回原位置时的“反作用力”。另外，由于“-1.0”处的变化度（移动距离）比“1.0”处要小，我们按照以下步骤将作为最小值的关键点改到“-0.4”处。

（1）设置参数

打开“参数设置”对话框，将“头发蓬松”的最小值改为“–0.4”并单击“OK”按钮，此时会弹出右图所示的提示对话框（❶），单击“是”按钮。

（2）选择所有绑定的物体

单击想要修改的参数中的滑块，在弹窗中的下拉菜单中单击“选择”（❷），即可选中绑定的所有物体。

（3）进行调整

单击“调整”（❸），即可调整参数值。这次我们把“原始值”为“-1.0”的那一行的“更换后值”设为“-0.4”（❹）。单击“OK”按钮后，就完成了对最小值的更改。

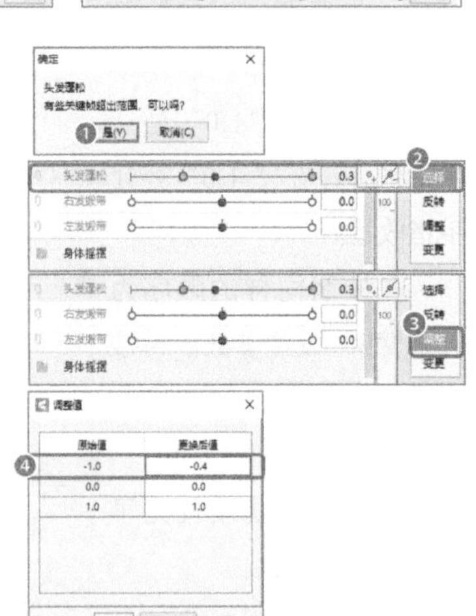

提示 调整参数以制作更自然的动画

为了制作更自然的动画，参数的最大值和最小值需要根据动作的幅度改变。例如，对于手臂的旋转，如果要在最大值“10.0”处让手臂从默认的0°（Ⓐ）变为-40°（Ⓑ），就需要对应地在最小值“–10.0”处将手臂从默认的0°变为40°（Ⓒ）。

如果要让手臂在最大值“10.0”处从默认的0°变为-40°，并在最小值处让手臂从默认的0°变为20°（Ⓓ），就需要将参数的最小值变更为“-5.0”。

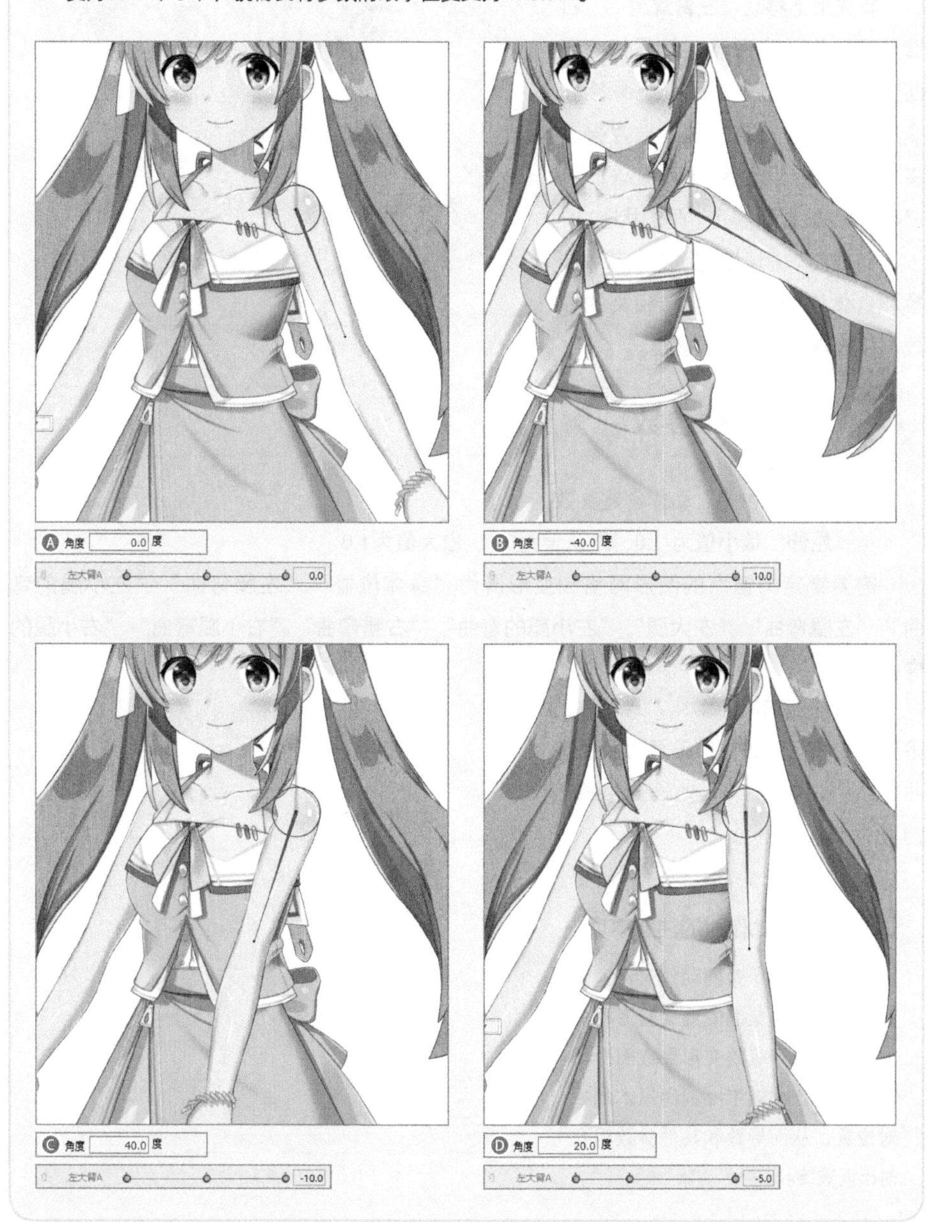

02 设置耸肩参数

创建参数“耸肩”。

- “耸肩”最小值为-1.0、默认值为0.0、最大值为1.0

需要绑定关键点的图形网格和变形器为“左臂耸肩”“左大臂B的弯曲”“左大臂A”“右臂耸肩”“右大臂B_耸肩”“右大臂A”。

首先上下移动“左臂耸肩”“右臂耸肩”旋转变形器，然后使用弯曲变形器调整肩膀周围的图形网格和变形器，以设置自然的运动效果。将“1.0”处设置为耸肩状态，将“-1.0”处设置为肩膀下垂的状态。

完成后，同时改变“耸肩”参数和身体旋转、手臂旋转相关的参数，并检查是否会出现破绽。

03 设置屈伸参数

为膝盖的“屈伸”动作创建参数。

- “屈伸”最小值为-1.0、默认值为0.0、最大值为1.0

需要绑定关键点的图形网格和变形器为“身体位置”“左腿弯曲”“左小腿的弯曲”“左腿弯曲”“左大腿”“左小腿的弯曲”“右腿弯曲”“右小腿弯曲”“右小腿的弯曲”。

配合膝盖的屈伸动作，身体会上下移动。将“–1.0”处设置为膝盖弯曲的状态，将“1.0”处设置为膝盖伸直的状态。

要点　制作动作时的注意事项

制作腿和手臂的动作时，请注意，要先移动父级的旋转变形器。如果先移动子级的变形器或图形网格，就会让旋转中心偏离原本的相对位置，从而导致和其他参数组合时出现破绽。

04 设置裙子蓬松参数

创建参数“裙子蓝 蓬松”“裙子白 蓬松”。

- “裙子蓝 蓬松”最小值为-1.0、默认值为0.0、最大值为1.0

需要绑定关键点的变形器为“裙子蓝 蓬松”。

- “裙子白 蓬松”最小值为-1.0、默认值为0.0、最大值为1.0

需要绑定关键点的变形器为“裙子白 蓬松”。

让裙子的内侧（白色）和外侧（蓝色）分别运动，可以制作出更加蓬松的效果，因此我们创建了两个参数。

和设置“头发蓬松”时一样，将“1.0”处设置为向外扩张的状态，将“-1.0”处设置为向里收缩的状态。

要点 复制参数

在参数名上单击鼠标右键，选择“复制参数”，即可进行复制。

裙子蓝 蓬松	1.0
裙子白 蓬松	1.0

裙子蓝 蓬松	-1.0
裙子白 蓬松	-1.0

05 设置其他参数

到此，我们就设置好了所有用于表现情感的参数。接下来设置剩下的脸部和身体的参数即可。

这样我们就完成了所有的建模工作。当需要导出嵌入式文件时，我们要让包含差分在内的所有部件处于显示状态。

■ 源文件：7-3-05_CN.cmo3

角度 X	ParamAngleX	-30.0	0	30.0
角度 Y	ParamAngleY	-30.0	0	30.0
角度 Z	ParamAngleZ	-30.0	0	30.0
身体旋转 X	ParamBodyAngleX	-10.0	0	10.0
身体旋转 Y	ParamBodyAngleY	-10.0	0	10.0
身体旋转 Z	ParamBodyAngleZ	-10.0	0	10.0
呼吸	ParamBreath	0.0	0	1.0
头发摇摆 前	ParamHairFront	-1.0	0	1.0
头发摇摆 左侧	ParamHairSideL	-1.0	0	1.0
头发摇摆 右侧	ParamHairSideR	-1.0	0	1.0
头发摇摆 左后 1	ParamHairBackL1	-1.0	0	1.0
头发摇摆 左后 2	ParamHairBackL2	-1.0	0	1.0
头发摇摆 右后 1	ParamHairBackR1	-1.0	0	1.0
头发摇摆 右后 2	ParamHairBackR2	-1.0	0	1.0
右发缎带	ParamHairRibbonR	-1.0	0	1.0
左发缎带	ParamHairRibbonL	-1.0	0	1.0
服摇摆	ParamClothes	-1.0	0	1.0
胸口缎带	ParamBodyRibbon	-1.0	0	1.0
脖子后缎带	ParamNeckRibbon	-1.0	0	1.0
腿缎带	ParamLegRibbon	-1.0	0	1.0
裙子蓝 摇摆	ParamSkirtBlue	-1.0	0	1.0
裙子白 摇摆	ParamSkirtWhite	-1.0	0	1.0
裙子前缎带	ParamSkirtFrontRibbon	-1.0	0	1.0
裙子后缎带	ParamSkirtBackRibbon	-1.0	0	1.0
裙子装饰	ParamSkirtAcc	-1.0	0	1.0

显示全部内容

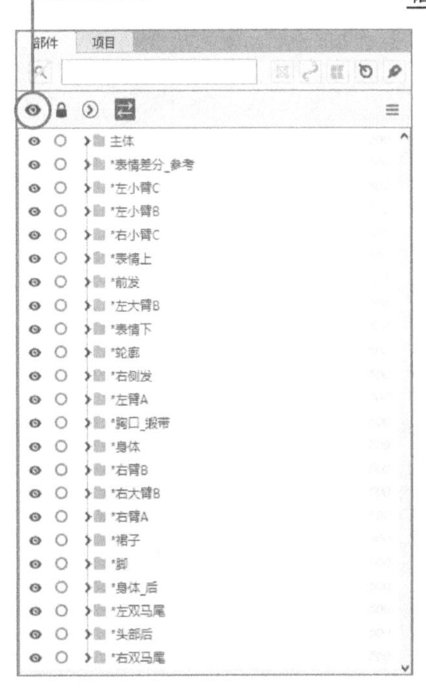

提示 扩展插值

在使用摇摆参数让物体摇摆时，物体长度在关键点之间看起来可能缩短了。若利用“扩展插值”功能，就可以轻松防止物体长度被缩短。这里为“头发摇摆 右后2”“头发摇摆 左后2”设置扩展插值。

●**查看运动状态**

查看制作好的在关键点“-1.0”“0.0”“1.0”之间的运动效果。

将“左双马尾”最前端的顶点的运动轨迹连接起来，就能看出在“0.0”处运动的方向改变了。

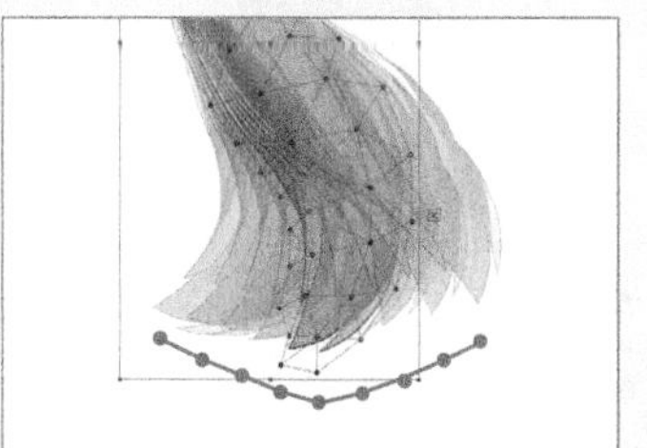

在当前状态下，在通过“0.0”处时运动会有不稳定的感觉

●**设置扩展插值**

使用“扩展插值”功能，即可制作出平滑的运动效果。首先在“头发摇摆 左后2”上单击“选择”图标，然后在“参数”面板的菜单中选择“扩展插值”。

- 插值方法：SNS插值
- 点数：5

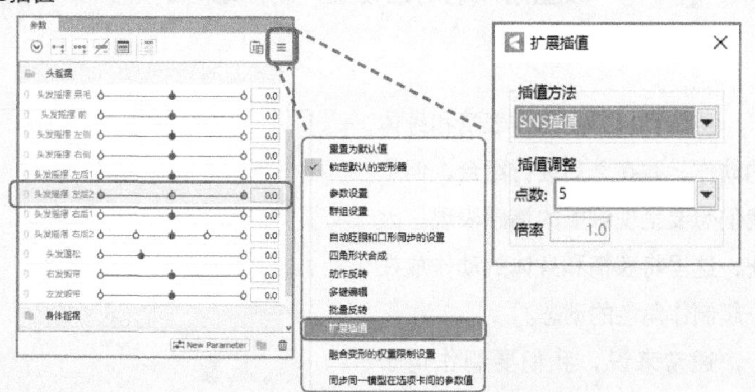

按上述方式进行设置后，再次查看“左双马尾”最前端的顶点的运动。和之前相比，运动的方向会缓缓变化，因此运动会变得平滑。

我们同样对“头发摇摆 右后2”进行设置后，就完成了扩展插值的设置。

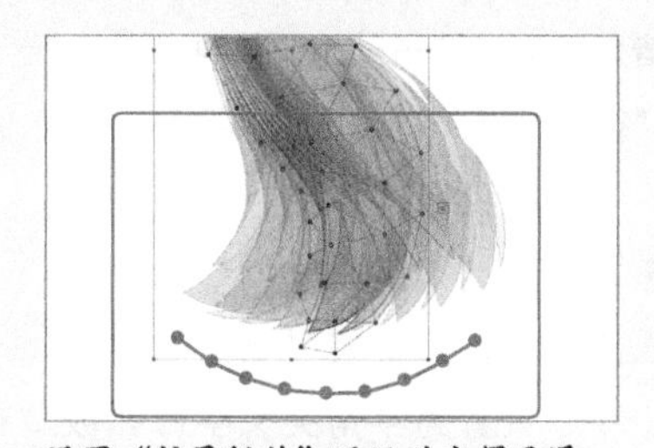

设置“扩展插值”后运动变得平滑

要点 “SNS插值”和“椭圆插值”

可以用“椭圆插值”代替“SNS插值”。在本步骤中，我们的目的是减少运动的不稳定感，并不需要让运动的轨道很精确，因此选择了“SNS插值”。如果希望运动更符合预期，就选择“椭圆插值”以进行更精细的调整。

7.4 情感表现③ 动态

接下来打开动画工作区，为各表情分别制作动态。在脑海中构思要制作游戏的对话场景，让表情和身体一起运动。
目标版本设置为“SDK(Unity)”。

步骤1 设置动态规格并制作动态

设置游戏的对话场景并制作动态。

虽然可以分别制作表情和身体的动作，并在之后进行组合，但是我们想要呈现细腻的情感表现，因此，这里将表情和身体的动作放在一起制作角色的动态。

通常来说，我们要制作用于呈现情感的“情感动态”和呈现表情之前的“待机动态”两种。其中“待机动态”有时是不必要的。

这次我们一共要制作12种动态，考虑到需要将它们导出为嵌入式文件，我们将“场景名称”（❶）设置为半角英文字母和数字的组合，将“选项卡”（标签）（❷）设置为中文名称。动态的规格也要在此时设置好。

❶ 场景名称	长度	❷ 选项卡
angry	61	生气
angry_idle	91	生气_待机
comical1	91	喜剧性的1
comical2	91	喜剧性的2
happy	61	开心
happy_idle	91	开心_待机
normal_idle	91	平常_待机
sad	76	悲伤
sad_idle	91	悲伤_待机
shy	101	害羞
shy_idle	91	害羞_待机
surprise	66	惊吓

动态的规格

- 动态的长度：
  “待机动态”3秒
  “情感动态”2~3秒左右
- 动态尺寸：宽度为2048像素、高度为3507像素
- 帧率：30fps
- 目标版本：SDK（Unity）

步骤 2 制作动态

开始制作角色的动态。

我们稍后会进行物理模拟设置。因此，对于“头发”“缎带”“裙子”等会根据人物的动作摇摆的部分，不需要制作动态，主要制作角色的动态即可。

01 制作动态① 平常

下面制作“平常_待机”动态。考虑到要在对话场景中使用角色，所以要避免待机动态的运动幅度过大，按照自然呼吸的感觉制作即可。

对于“平常_待机”动态，我们希望动作可以循环播放，因此要让动作中最初的关键帧和最后的关键帧一致。为此，要在第0帧和第90帧（结束帧）处追加同样的关键帧。这里要让姿势和原画基本相同，但因为在原画姿势下手臂抬得高了一些，考虑到和其他动态的兼容性，我们让手臂向下放一些。除此之外的关键帧都设置为默认值（通常为0.0）。

- 在第12帧处，增加“呼吸”参数为“0.0”的关键帧
- 在第52帧处，增加“呼吸”参数为“1.0”的关键帧

配合呼吸的节奏，在吸气过程中（0.0→1.0），身体会整体向上伸展，在呼气过程中，（1.0→0.0）身体会整体向下收缩。不论是什么数值，如果设置得太夸张，运动幅度就会很大，显得很不自然，因此要把运动幅度控制在一定范围内。有关更详细的待机动态的设置方法，我们会在第8章中进行讲解。

■ 源文件：7-4-01_CN.can3

02 制作动态② 开心

制作“开心”动态。按照能呈现出手臂稍微上抬、身体左右摇摆的效果，制作“开心”时的动作。该动态要比单纯“高兴”时的动态表现得更强烈。

在基础篇中，我们是先制作好身体整体的动作后，再制作表情和头发的摇摆等细节的。但这次我们采用的方法是，先制作几个主要时间点处的动作，再制作它们之间的动作。首先在第24帧处制作“开心”的表情和身体向（屏幕）左侧倾斜的姿势。

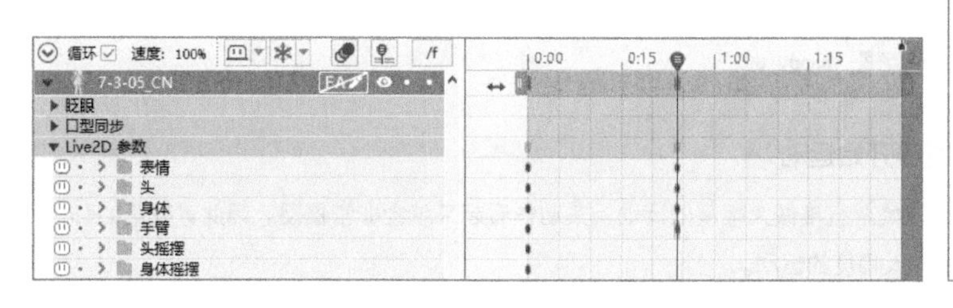

接下来在第47帧处，让表情不变，制作身体向（屏幕）右侧倾斜的姿势。

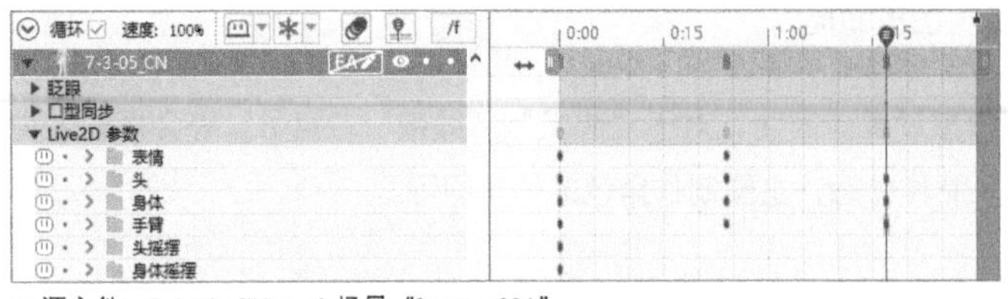

■ 源文件：7-4-02_CN.can3 场景“happy_001”

为了让第0~24帧之间的动作延长一些，我们在第15帧处制作预备动作，让角色表情为平常状态并向上略微伸展身体。

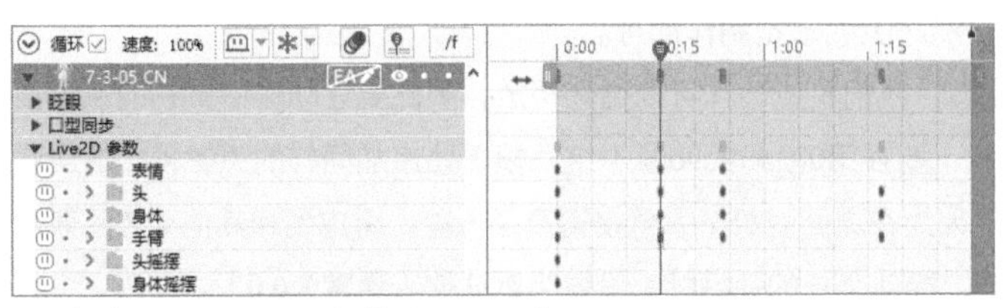

■ 源文件：7-4-02_CN.can3 场景“happy_002”

同样，为了让第24~47帧之间的动作延长一些，我们在第35帧处让角色向上略微伸展身体。

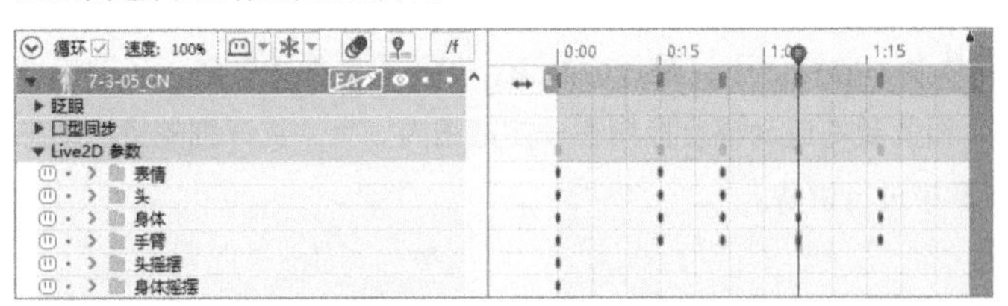

■ 源文件：7-4-02_CN.can3 场景“happy_003”

在结束帧处，根据动态的过渡方式和游戏的设置需要，插入关键帧的方式会大不相同。这次我们按照从“开心”到“开心_待机”过渡的目标来插入关键帧。由于在各待机动态中，不仅表情发生了变化，姿势也略微改变了，因此，我们让结束帧的姿势更接近默认姿势。

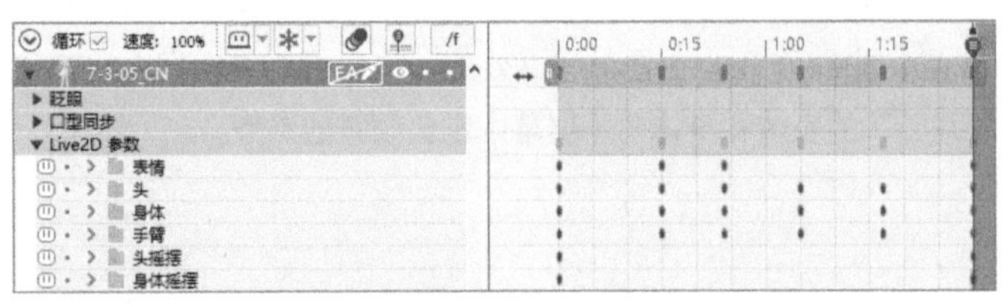

■ 源文件：7-4-02_CN.can3 场景“happy_003”

要点　从什么时候开始运动?

如果在动态一开始就直接做大幅度的运动，其动作看起来就会非常僵硬。因此，在第0~15帧之间尽量不要制作大幅度的运动。

此时，我们就基本制作完成了预想中的动作。接下来仔细调整各个关键帧，进一步优化动态即可。现在各部件的动作是同步的，显得不太自然。我们让关键帧稍微错开，即可让各部件的动作不再同步。

提示　将动作的关键帧错开

错开动作的关键帧可以提升动态的质量。

通常来说，距离重心较远的部件动作会更迟缓。具体地说，部件通常按照“身体→头部”“四肢→摇摆物”这样的顺序运动。但是在有些情况下，让动作同步反而会更好，这也是设置关键帧动画比较困难和深奥的地方。

为制作出更真实的动作，可微调关键帧的位置。

最后，为了呈现出动作的缓急感，再插入一些关键帧。微调后，我们就制作出了以下动态。另外，还需要用“开心”的结束帧制作“开心_待机”动态。

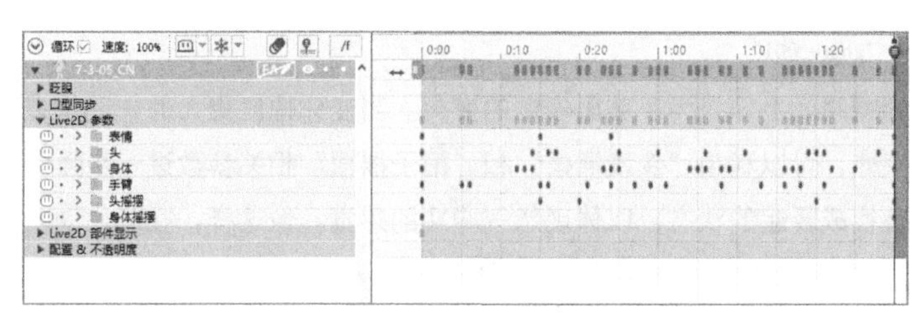

■ 源文件：7-4-02_CN.can3 场景“happy”“happy_idle”

虽然这次我们用的是“先制作几个主要时间点处的动作，再制作它们之间的动作”的方法，但在基础篇中讲解的“先制作好身体整体的动作后，再制作细节”的方法也很常用。对于后者，我们要按照“身体（全身的运动）→头和四肢→摇摆物”的顺序，先制作整体动作，再逐步制作各部件的细节动作。

03 制作动态③ 生气

制作“生气”动态。按照生气时耸肩的感觉来制作动作。至于表情，则让嘴张大，让角色的心情呈现出来，否则就会呈现生闷气的感觉。

首先在第25帧处制作“生气”的表情和耸肩的姿势。

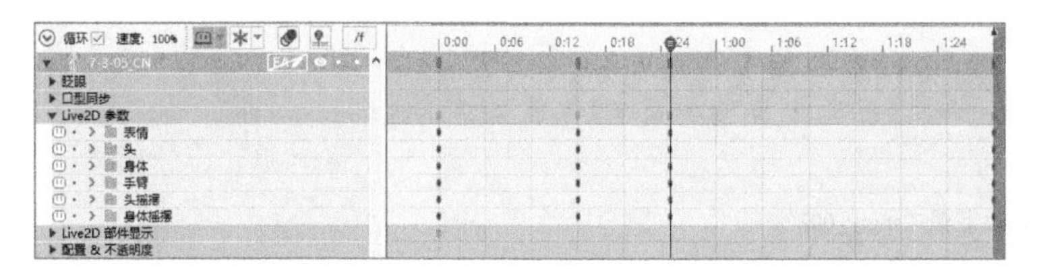

在第15帧处，按照闭眼、吸气、身体略微伸展的感觉制作姿势。

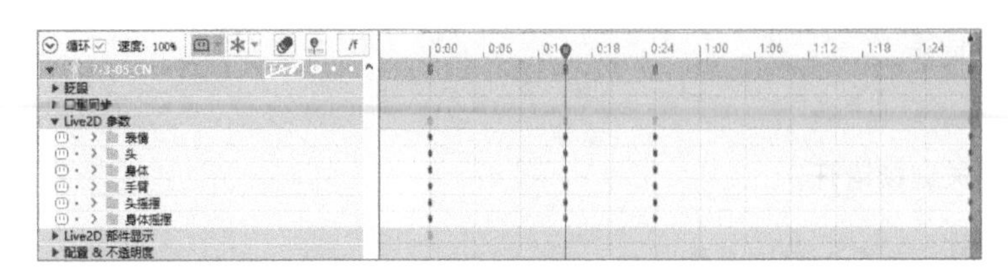

在结束帧处，让姿势向第25帧处的姿势回归一些。

■ 源文件：7-4-03_CN.can3 场景“angry_001”

之所以在第15帧处让眼睛闭上，是为了突出表情的变化。当变化幅度更大时，动作看起来会更夸张。在第25帧处，可以利用“头发摇摆”和“裙子摇摆”相关参数进一步强化情感表现。呆毛也可以替换成竖起的状态，以体现怒气冲冲的感觉。像这样，在制作动画时，现实中不会出现的动作也可以成为感情表现的一部分。

和制作“开心”动态时一样，制作好主要时间点处的动作后，还需要进一步调整。

首先，为了让第0~15帧之间的动作延长一些，我们在第8帧处让眼睛保持睁开的状态。

接下来，为了突出“生气”的状态，在第25~41帧之间让嘴巴和身体呈现振动的感觉。

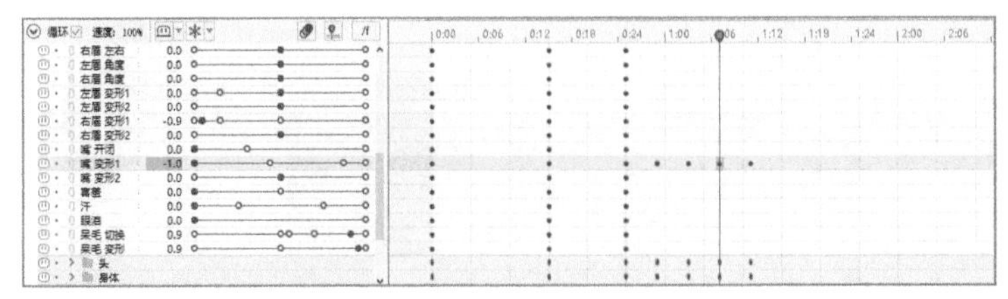

■ 源文件：7-4-03_CN.can3 场景“angry_002”

最后，调整动作的缓急感并错开关键帧。（指在时间线上调整关键帧的位置，让它们不再处于一条垂直线上。）

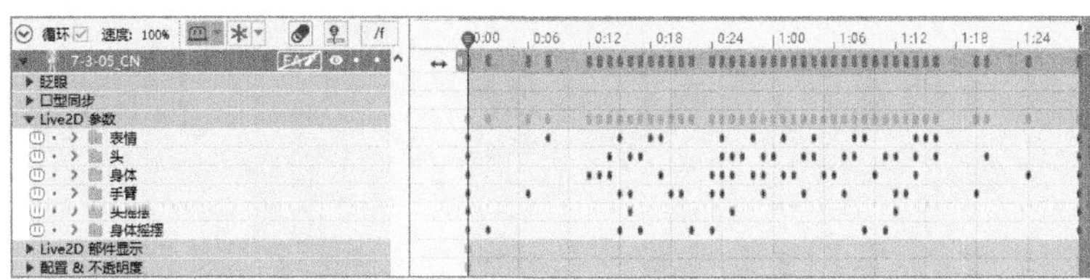

另外，在呆毛切换过程中的第15~25帧之间，为了让发生变形的呆毛不会被看到，需要插入关键帧进行仔细调整。和制作“开心”动态时一样，也要制作待机动态。

■ 源文件：7-4-03_CN.can3 场景“angry”“angry_idle”

04 制作动态④ 悲伤

制作“悲伤”动态。按照有些脱力、失落的感觉制作“悲伤”时的动作。和制作“生气”时的动作相反，我们希望表现低落的情感，因此动作幅度要比“生气”时的动作幅度舒缓一些。

首先，在第30帧处制作“悲伤”的表情，以及有瘫软、脱力感觉的姿势。

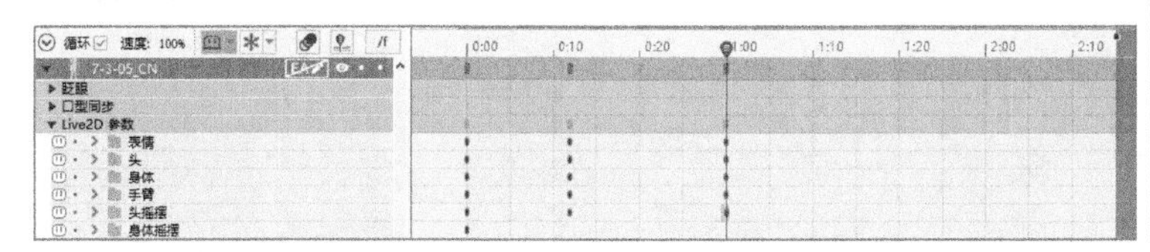

在第12帧处，制作“平常”的表情和身体稍微伸展的姿势。

■ 源文件：7-4-04_CN.can3 场景“sad_001”

在结束帧处，让姿势向第30帧处的姿势回归一些。

循环 速度: 100%
0:00 0:10 0:20 1:00 1:10 1:20 2:00 2:10
眨眼
口型同步
Live2D 参数
表情
头
身体
手臂
头摇摆
身体摇摆

因为我们希望让脱力的动作延长一些，所以在第40帧处动作的变化比第30帧处少即可。

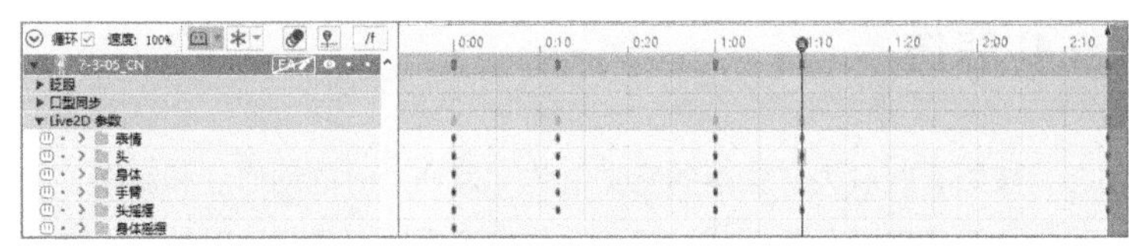

■源文件：7-4-04_CN.can3 场景“sad_002”

因为此处要使用为“悲伤”准备好的差分“眼泪”，所以需要决定眼泪出现的时机。这次我们想要制作出“闭眼的时候挤出眼泪”的效果，因此，在第40~60帧之间让眼睛闭合，并在闭眼的过程中插入关键帧，让眼泪出现。配合闭眼的动作，让嘴也跟着闭合。

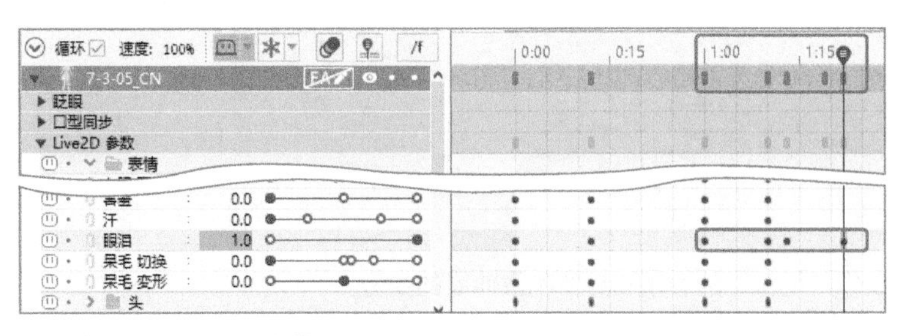

■源文件：7-4-04_CN.can3 场景“sad_003”

最后，调整动作的缓急感并错开关键帧，同时，也要制作待机动态。

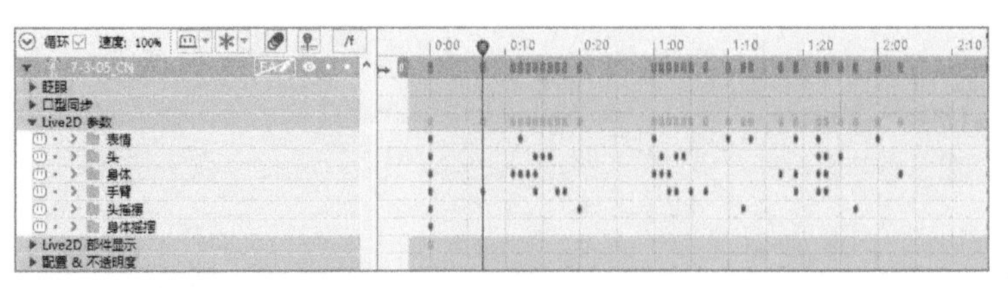

■源文件：7-4-04_CN.can3 场景“sad”“sad_idle”

提示 利用图表编辑器制作泪汪汪的眼睛

在“悲伤_待机”动态中，我们要使用“泪汪汪的眼睛”参数制作高光和眼泪移动的效果。在制作这类动作时，为避免关键帧太过单调，可以在图表中进行调整，让运动的幅度和周期略微变化，以呈现更自然的感觉。

选中“泪汪汪的眼睛”参数，单击“时间线”面板中的“Graph Editor”（图表编辑器）。

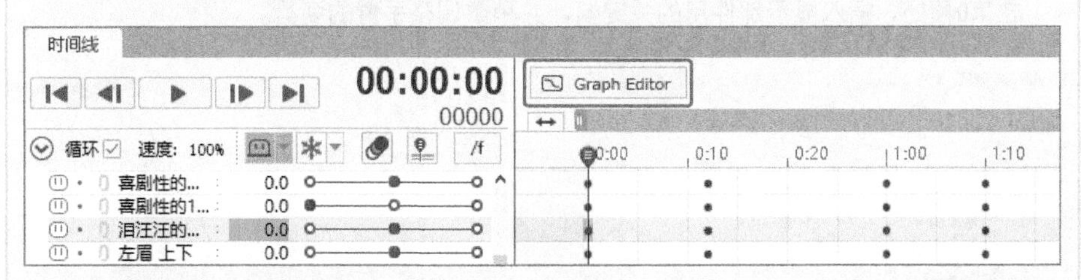

打开图表编辑器，可以很轻松地调整关键帧的幅度和周期。

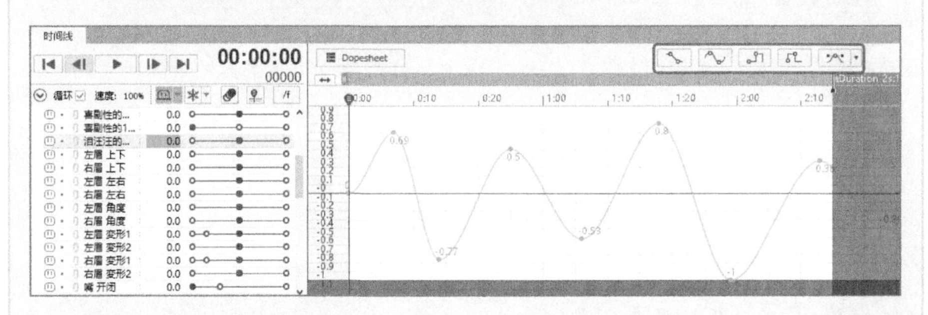

另外，在图表编辑器中还可以调整关键帧之间的播放速度。

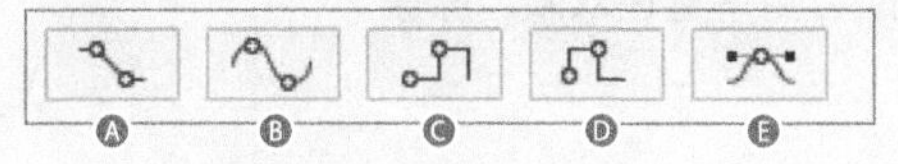

Ⓐ：将所选键※设为直线式插值

Ⓑ：将所选键设为平滑的曲线插值

Ⓒ：将所选键设为和前一个键一样的水平直线插值

Ⓓ：将所选键设为和后一个键一样的水平直线插值

Ⓔ：可以在面板中自由地设置插值

※译注：此处的“键”是“关键帧”的简称。这一简称在不限于此处的软件UI中经常使用。

请尝试各种播放方式，让运动表现出理想的感觉。

另外，利用同样的方法制作口形同步的运动效果会很有效。

05 制作动态⑤ 害羞

制作“害羞”动态。设置“手臂C”的参数，按照害羞并把脸遮起来的感觉制作动作。因此，我们需要替换掉手臂。使用部件的显示/隐藏功能进行切换时，如果在制作动态的中途进行切换，则效果看起来会很不自然，因此，我们把起始帧直接设置为替换手臂后的状态。

在第0帧处，插入显示部件用的关键帧，并稍微调整手臂的姿势。

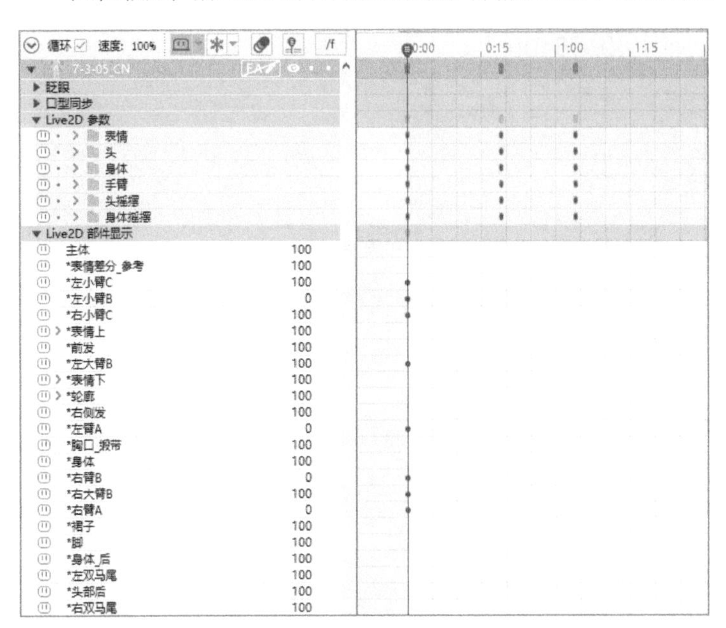

在第34帧处，制作“害羞”的表情，配合用手遮住双眼、膝盖稍微并拢的姿势。

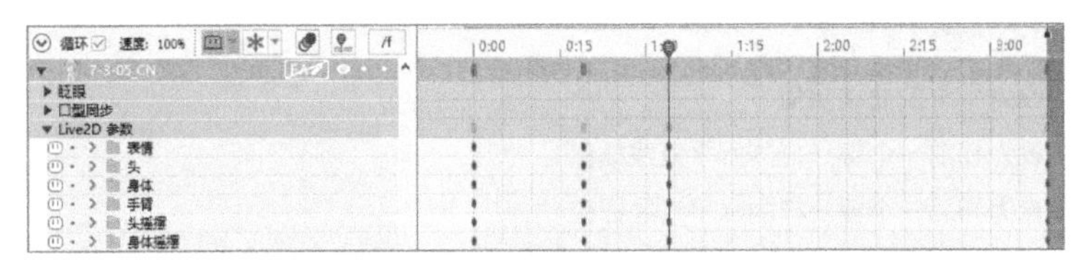

在第19帧处，制作有些惊讶的表情和姿势。因为手会遮住脸，如果在第34帧处插入“害羞”参数的关键帧，脸颊红晕就会被遮住，因此在第19帧处插入它。

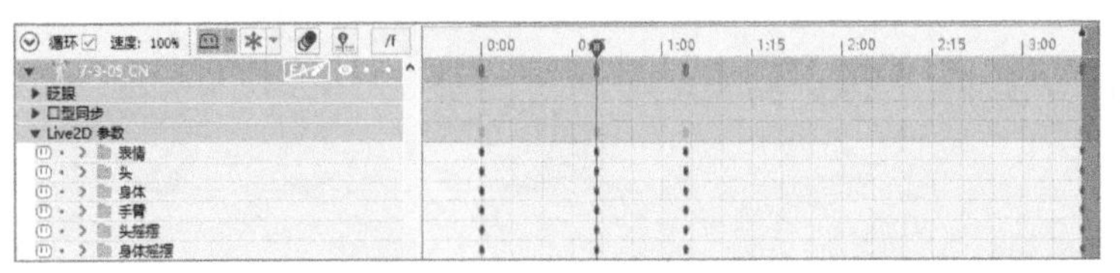

在结束帧处，让姿势向第34帧处的姿势回归一些，并让视线上移，变为看向镜头的方向。

在第19帧处制作有些惊讶的动作，是为了表现在进入“害羞”状态之前，角色遇到了意想之外的情况，并“哇——”地一下使情绪高涨的感觉。而有些角色在害羞时可能会转向一侧，像这样改变在“害羞”时会做出的反应，能表现不同的角色性格。

■ 源文件：7-4-05_CN.can3 场景“shy_001”

接下来在第34~76帧之间，制作从遮住脸到害羞地半遮住脸的动作。

■ 源文件：7-4-05_CN.can3 场景“shy_002”

最后，调整动作的缓急感并错开关键帧。

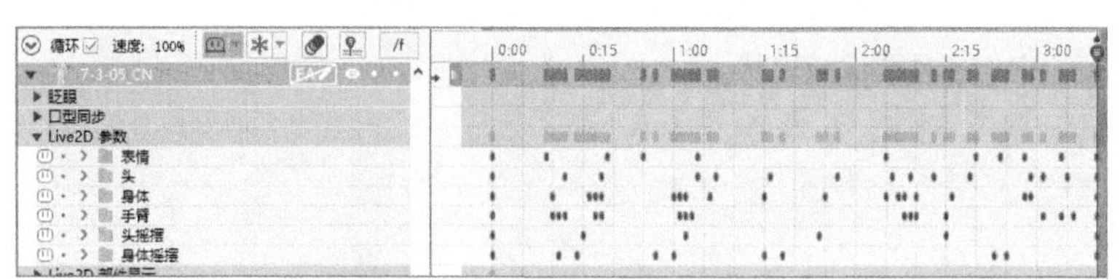

■ 源文件：7-4-05_CN.can3 场景“shy” “shy_idle”

提示 关于眨眼

对于眨眼的时机选择，随意选择眨眼时机并不是最佳方案，而是有一些“效果更好的时机”。人在视线方向大幅度变动（左右转眼）时，往往会眨眼。基于这个原因，这次在制作“害羞”表情中，让角色遮住脸并向上看向镜头的时候会眨眼。其他情况下也有这样“效果更好的时机”：在惊讶的时候眨眼频率往往会增加，在思考的时候眨眼频率往往会减少。用这种方式进行制作，就可以有效地利用眨眼动作，让角色的情感表现更有魅力。

06 制作动态⑥ 惊吓

制作“惊吓”动态。使用部件“手臂B”，按照惊讶地抬起手臂的感觉制作动作。和制作“害羞”动态时一样，我们在起始帧就制作部件替换后的状态。

在第0帧处插入显示部件用的关键帧，并微调全身的姿势。

在第12帧处，制作“惊讶”的表情，配合身体向上伸展并打开手臂的动作。

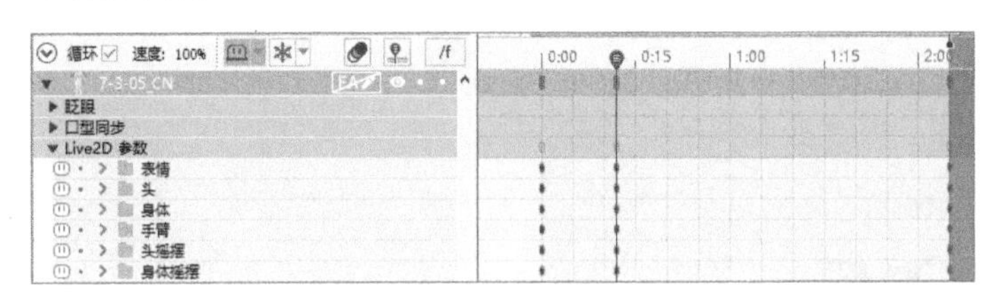

在结束帧处，插入“平常_待机”中的起始帧。但这不包括显示部件用的关键帧，它们还是要保持现状。

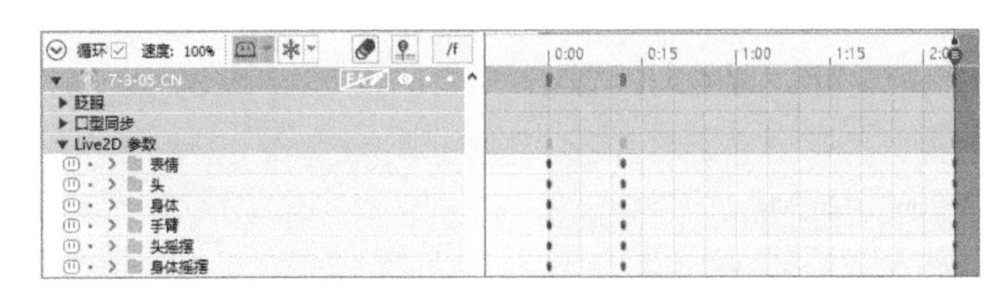

这次我们打算用“平常_待机”作为“惊讶”的待机动作，因此考虑到动态的过渡，我们在“惊讶”中加入了“平常_待机”的初始关键帧。在实际制作游戏时，如果有明确的过渡方案，就遵照对应的过渡方案。

动作会从第12帧持续到第65帧，在这个区间内要体现“维持一小段时间惊讶的姿势”和“回到自然状态”的动作，我们基于这一点创建关键帧。

■ 源文件：7-4-06_CN.can3 场景“surprise_001”

在第37帧处，让姿势相比第12帧处略微变化。

在第56帧处，制作回到初始姿势后因为后坐力产生的动作。

■源文件：7-4-06_CN.can3 场景“surprise_002”

最后，调整动作的缓急感并错开关键帧。

为了让眼睛的大小和高光的位置回到自然状态，我们在最后加入一次眨眼动作。

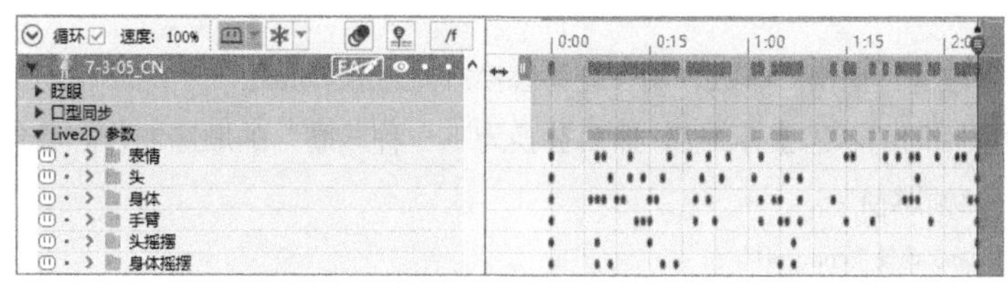

■源文件：7-4-06_CN.can3 场景“surprise”

提示 冻结功能

使用冻结功能，可以让时间线上的特定属性停止变化。在检查动态或位置等时，这个功能非常方便。

首先将指示器放在想要让动作停止的关键帧处，然后单击参数中的“小冻结”图标（Ⓐ），即可选定想要冻结的项目。再单击上方的“大冻结”图标（Ⓑ），即可开启冻结功能。

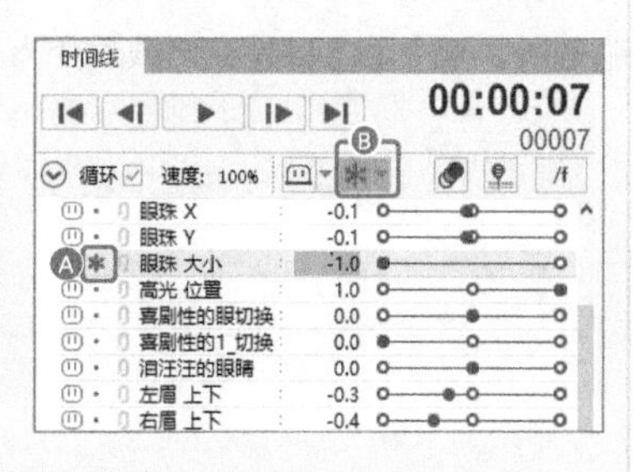

07 制作动态⑦ 喜剧性的1和2

制作动态“喜剧性的1”和“喜剧性的2”。针对这两个动态，我们讲解一下替换眼睛的操作。

通常来说，对于“喜剧性的1”“喜剧性的2”这类特殊的眼睛，最好在1帧内完成切换，以避免其变化过程被看到。但如果在眼睛睁开的状态下突然替换眼睛，给人感觉就会很不自然，所以我们要在眼睛闭合后替换它。

喜剧性的1

在眼睛从闭合到睁开的瞬间将眼睛替换为“喜剧性的1”。另外，配合脸和身体的动作，可以更自然地进行替换。

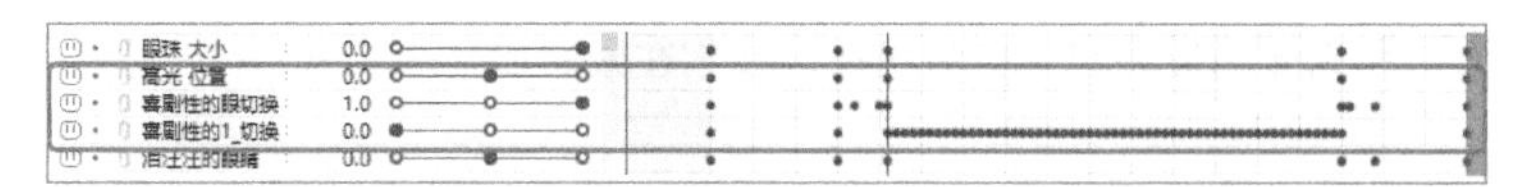

替换后使用“喜剧性的1_切换”参数，制作轮番替换3种眼睛的动画。

按照“每种眼睛以相同的状态显示3帧，然后替换为下一种眼睛”的顺序制作。我们将这种表现方法称为“3帧跳帧”。

■ 源文件：7-4-07-finish_CN.can3 场景“comical1”

喜剧性的2

在闭眼后延长动作并切换为“喜剧性的2”。“喜剧性的1”和睁开眼睛的形状相近，而“喜剧性的2”和闭眼的形状相近，所以切换的时机会稍有不同。最后回到“平常”的眼形时，两个动态都是在闭眼后变为正常眼形的。

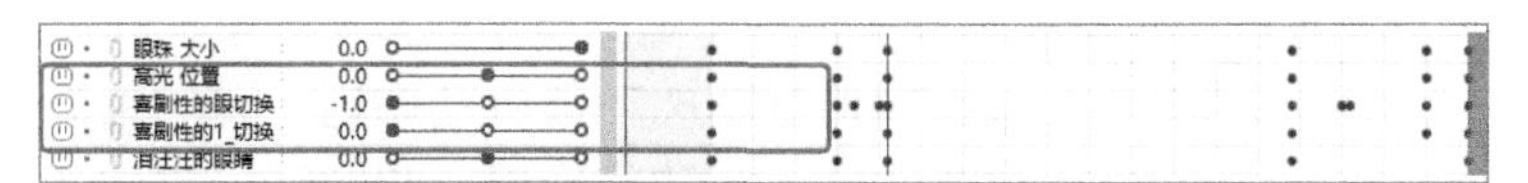

■源文件：7-4-07-finish_CN.can3 场景“comical2”

这样我们就制作好了所有的动态。

■源文件：7-4-07-finish_CN.can3

提示 **“跳帧”功能**

虽然这次我们并没有用到“跳帧”功能，但利用该功能可以轻松地做出跳帧效果。对于“跳帧”的讲解，可以参见P338。

“喜剧性的1_切换”要设置为每3个关键帧替换一次。

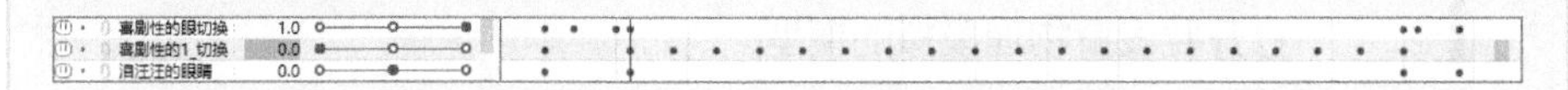

在当前状态下，关键帧之间会自动生成插值，从而导致半透明状态的帧出现。

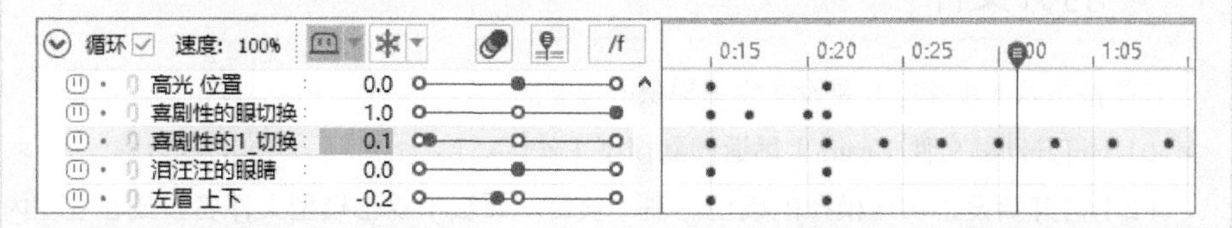

在“时间线”面板中，在表情参数左上方单击鼠标右键，选择“追加删除跳帧属性”。

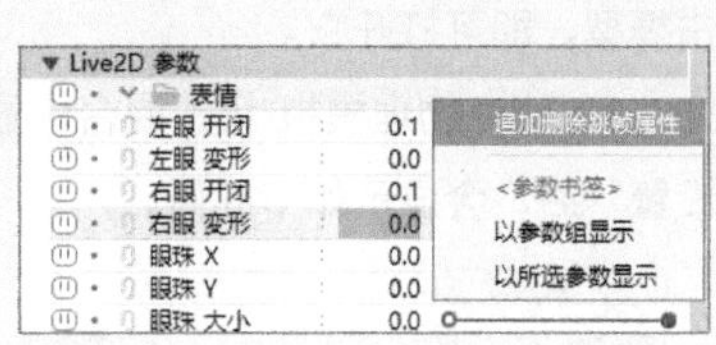

首先将指示器放在“喜剧性的1_切换”开始变换的第21帧处，然后单击属性组中追加的“跳帧”处的“3”图标。

这样，关键帧之间就会以“3帧跳帧”的方式表现出来。

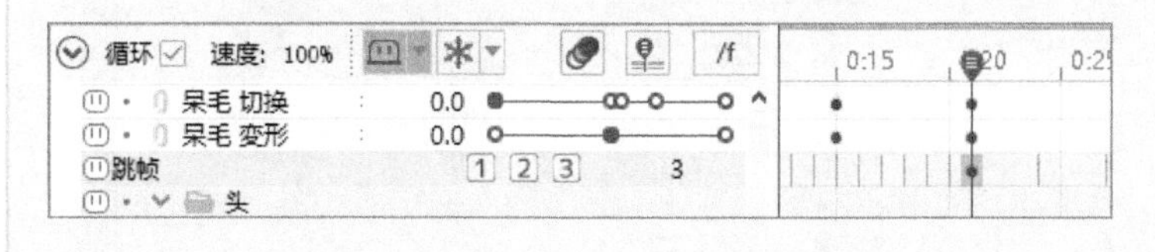

7.5 设置物理模拟

制作完情感动态和待机动态后，我们来为摇摆的部件创建物理组，并分别为它们设置“物理模拟”。设置物理模拟后，头发等部件即可基于物理运算呈现自然的摇摆。

步骤1 导入文件

打开要设置物理模拟的模型。

01 打开文件

首先按照以下步骤打开要设置物理模拟的模型。

（1）打开动画文件（can3）后返回到模型工作区。

（2）打开要设置物理模拟的模型。在“项目”面板中双击模型文件名，或在视图内双击模型，即可打开它。

（3）打开物理模拟/场景混合设置。在菜单中选择“建模”→“打开物理模拟/场景混合设置”后，会显示如下界面。

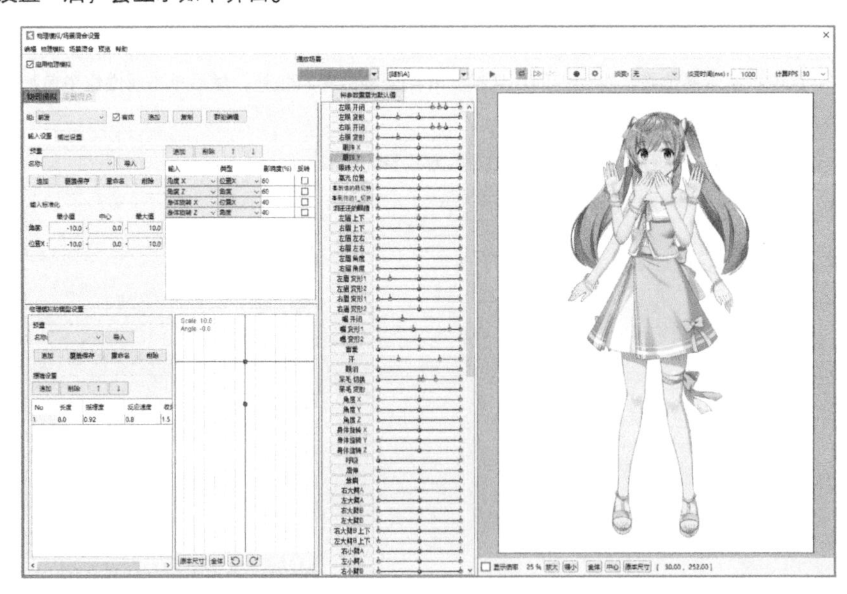

设置场景混合

首先，单击“场景混合”标签（❶），打开设置界面。然后，单击“播放列表”标签下的“追加”按钮（❷），并输入播放列表的名称（❸），这里我们命名为“检查用”。完成后，它会被增加到“播放列表”（❹）内。

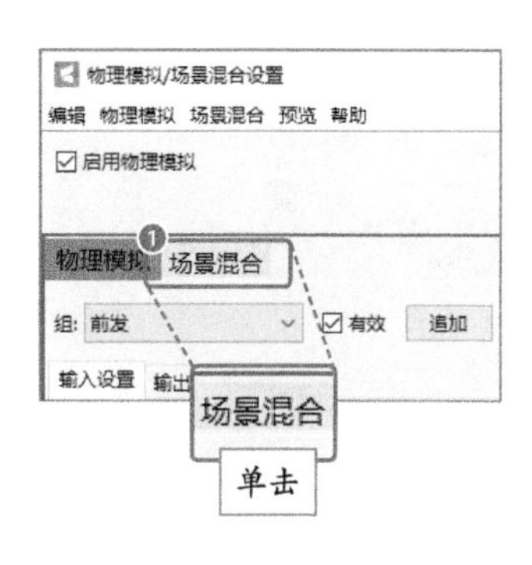

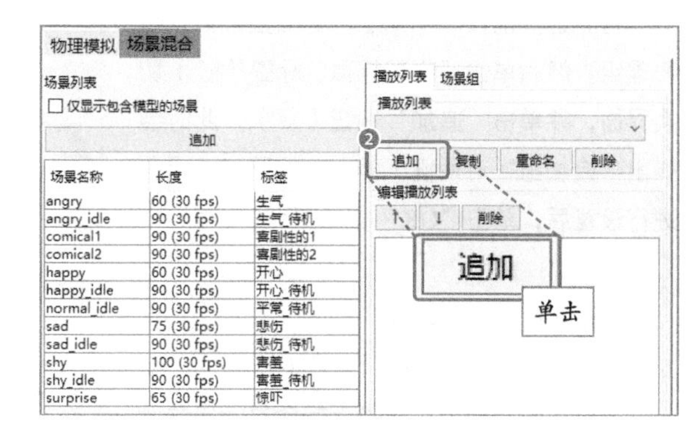

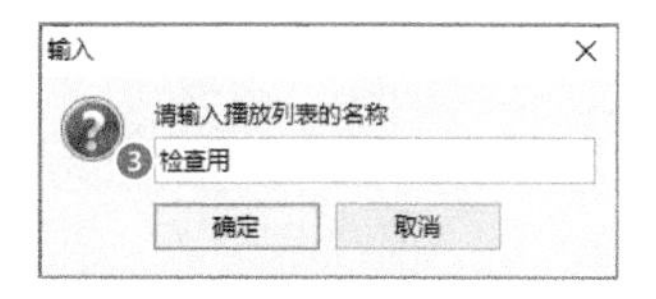

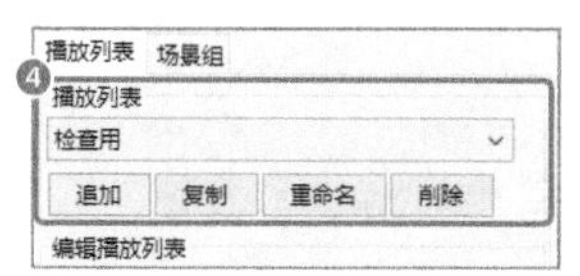

接下来选中“场景列表”中的所有动态，并单击上方的“追加”按钮（❺）。这样，我们就在“检查用”播放列表中追加了所有的动态（❻）。

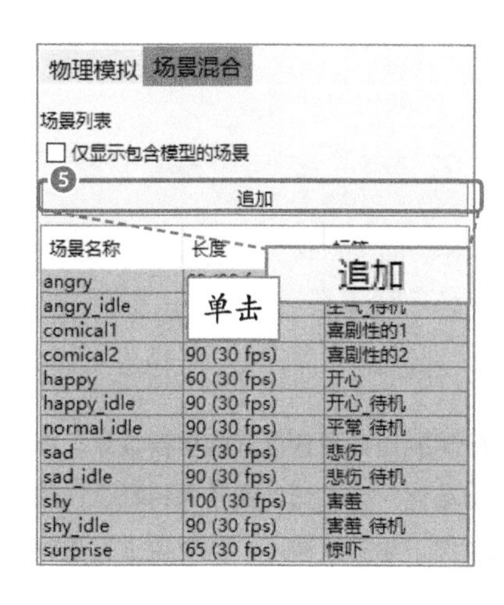

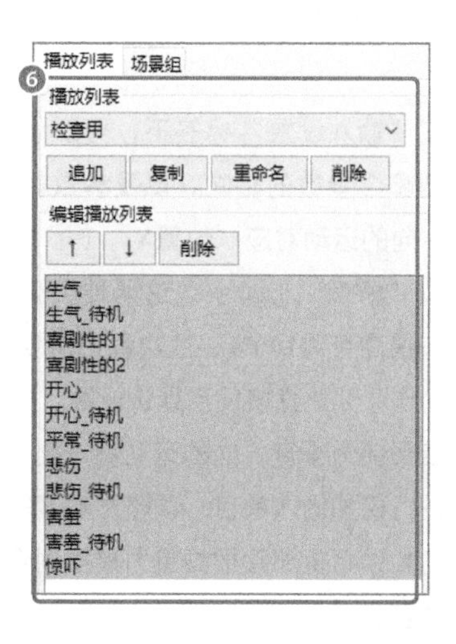

步骤 2

调整物理模拟设置

创建用于摇摆的物理组，并设置物理模拟。

01 创建物理组

首先为“前发”“裙子”等摇摆部件创建物理组。然后单击“物理模拟”标签（❶）切换界面，并单击“追加”按钮（❷），此时会弹出“追加组”对话框（❸），按照以下内容进行设置后，单击“OK”按钮即可。

- 名称：前发
- 输入预设：头输入
- 物理模拟模型预设：头发（长）

此时“物理模拟”标签下就会显示出预设的内容（❹）。

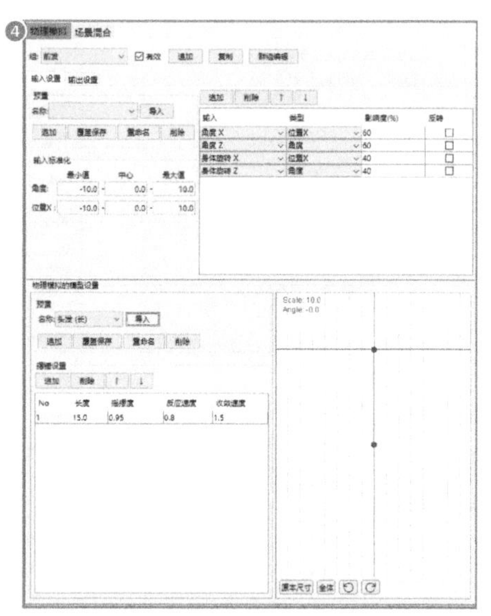

02 输入设置

在“输入设置”标签下，可以设置摇摆的部位受到哪个参数的影响，以及参数影响的程度。水平方向的运动对应“位置X”（❶），而倾斜运动对应“角度”（❷），这两种类型各自的影响度之和最高可为100%。这次我们想要制作标准的摇摆动作，因此直接使用默认设置。

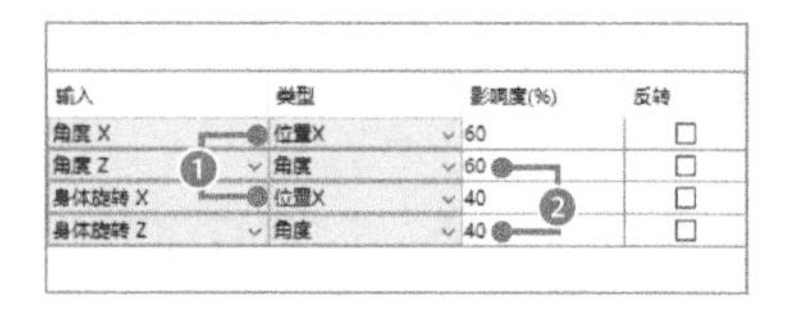

若想要为垂直方向的运动制作摇摆效果或想做出轻飘飘地向两侧展开的摇摆效果，就需要进行追加输入项目、调整影响度等操作。“输入标准化”相关选项通常保持默认设置即可。如果希望部件根据重力摇摆到合适的角度（如自然下垂的效果），就需要进行更细致的调整。

03 物理模拟的模型设置

在“物理模拟的模型设置”下，可以设置摆锤的长度和运动方式。具体可设置的项目如下。

- 长度：摆锤的长度。这个值越大，振幅就会越大，摆动也会更慢。
- 摇摆度：当这个值较大时，即便输入值较小，也能产生较大幅度的摇摆。这个值通常会设置在0.7~0.99之间。
- 反应速度：即对输入值的反应灵敏度，“1”是标准值。当数值小于“1”时，反应会更迟缓。相反，当数值大于“1”时，反应会更灵敏。
- 收敛速度：摇摆的整体速度。这个值越大，运动速度就会收敛得越快。

虽然保持默认值也可以实现运动，但这样所有的摇摆物都会同步运动。因此，我们通常需要对每个摇摆参数进行单独调整。

这部分设置稍后和“输出设置”一起调整。

04 输出设置

单击“输入设置”标签旁边的“输出设置”标签（❶），即可切换设置界面。在这里可以设置想要使其摆动的参数。

按照以下步骤追加想要使其摆动的参数即可。

首先单击“追加”按钮（❷），打开“输出参数”对话框，在这里可以选择要摇摆的参数。

这次想让“前发”摇摆，因此选中“头发摇摆 前”参数（❸）。然后单击“OK”按钮（❹）关闭对话框即可。

这样我们就在“输出参数”标签下追加好了参数（❺）。

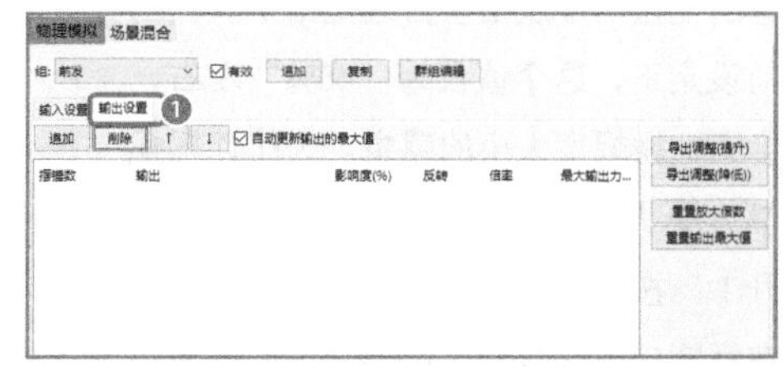

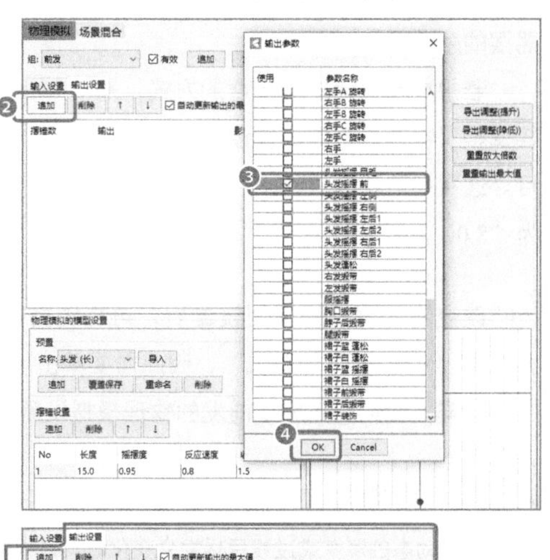

05 查看运动

设置好输入/输出参数后，即可查看运动情况。在屏幕上方的“播放场景”处，按以下方式进行设置，即可查看模型的运动情况。

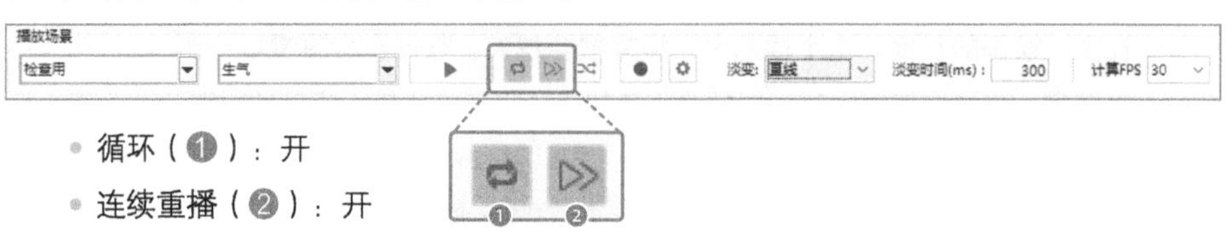

- 循环（①）：开
- 连续重播（②）：开
- 淡变：直线
- 淡变时间：300毫秒
- 计算FPS：30（帧每秒）

物理模拟的计算结果会随淡变和计算FPS的设置发生变化，因此每次调整时都要使用相同的设置。

单击播放按钮，等待动态播放完成1次后，即可测出摆锤的“最大输出力”（译注：此处的“最大输出力”指摆锤摇摆的幅度，用百分比表示。当“最大输出力”大于100%时，代表摆锤的摇摆幅度超出了合理范围）。在当前设定下，这个值仅为“40%”左右，会有摇摆幅度太小的感觉。为了让摇摆幅度更大一些，单击“导出调整（提升）”按钮（③），即可提升输出值。在视图中再次查看，你会发现现在更有摇摆的感觉了。

若想更精细地控制摇摆的方式，需要调整“物理模拟的模型设置”中的项目。这次把前发的“长度”（④）变更为“8.0”。

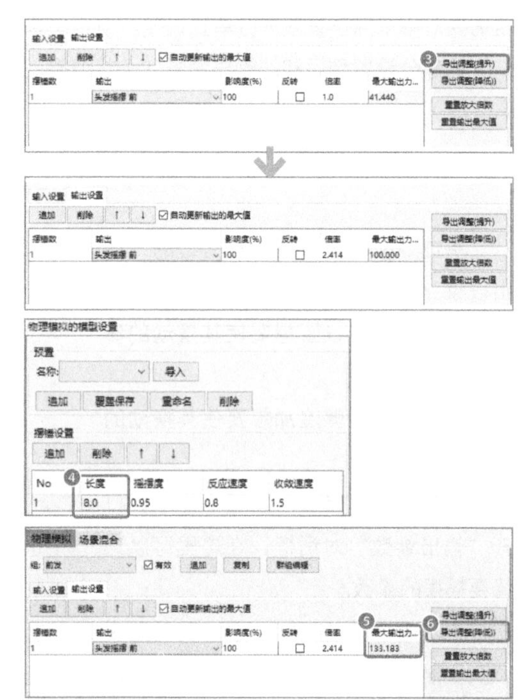

改变物理模拟的模型设置后，再次测量摆锤的“最大输出力”。现在的“最大输出力”（⑤）超过了“100%”，因此需要单击“导出调整（降低）”（⑥）。

这样，我们就完成了前发的物理模拟设置。

要点　调整倍率

当动态的淡变或过渡目标发生变化时，最大输出力也会改变，因此，在实际使用时可能会出现摇摆卡顿的问题。摇摆卡顿是因为最大输出力超过了100%，此时可以下调倍率。反之，如果觉得摇摆幅度不够大，也可以增加倍率。

步骤 3 创建并设置其他物理组

为前发以外的物理组也进行物理模拟的模型设置和输出的调整。

按照和设置前发时相同的步骤，创建并设置其他物理组。此处对于身体部分，输入预设要选择“身体输入”。

下面来讲解一下和前发的设置方式略微不同的物理组。

- 侧发
- 后发
- 呆毛
- 头发缎带
- 裙子白
- 裙子蓝
- 脖子缎带
- 胸口缎带
- 裙子后缎带
- 腿缎带

01 后发

和其他物理组不同，我们为后发使用“双段摆”作为输入预设。对于头发等较长的物体，使用多段摆锤可以实现更自然的摇摆效果。在创建多段摆锤时，需要准备好和摆锤数量相等的参数。这次要制作两段摆锤，所以准备了两个参数。

我们创建了两个参数，其中“头发摇摆 左后1”的摇摆中心在发根到头发中央之间，“头发摇摆 左后2”的摇摆中心在头发中央到发梢之间。

在“物理模拟的模型设置”中，首先导入预设“头发（双段摆）”，然后将“头发摇摆 左后1”的“摆锤数”设为“1”，将“头发摇摆 左后2”的“摆锤数”设为“2”。

之后按照和“前发”同样的方法调整物理模拟的模型设置和输出设置，即可得到如右图所示的结果。

摆锤设置

追加 删除 ↑ ↓

No	长度	摇摆度	反应速度	收敛速度
1	12.0	0.9	0.75	1.4
2	9.0	0.8	0.7	1.3

63	头发摇摆 左后1	ParamHairBackL1	-1.0	0.0	1.0
64	头发摇摆 左后2	ParamHairBackL2	-1.0	0.0	1.0

02 裙子

让“裙子蓝”和“裙子白”的设置略有不同，即可以让它们的摇摆方式也略有不同。

另外，把“裙子蓝”的“摆锤数2”设置为“裙子前缎带”，即可让它和“裙子蓝”摇摆的节奏大不相同。

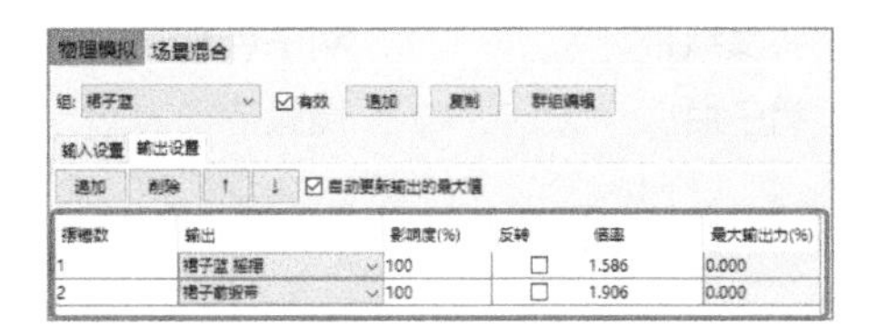

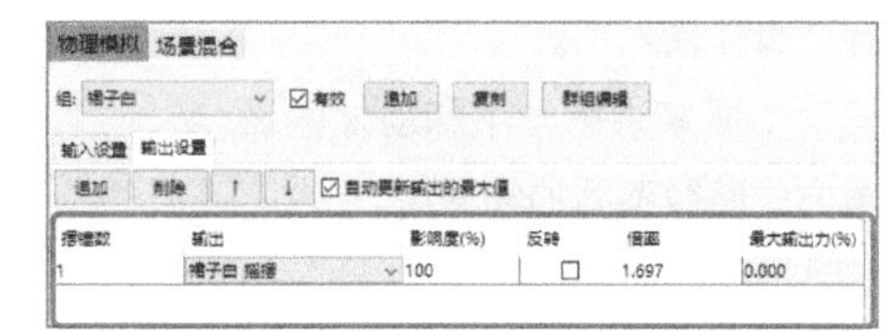

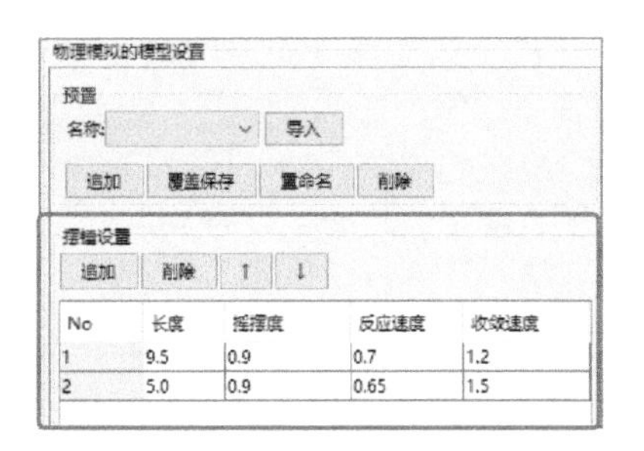

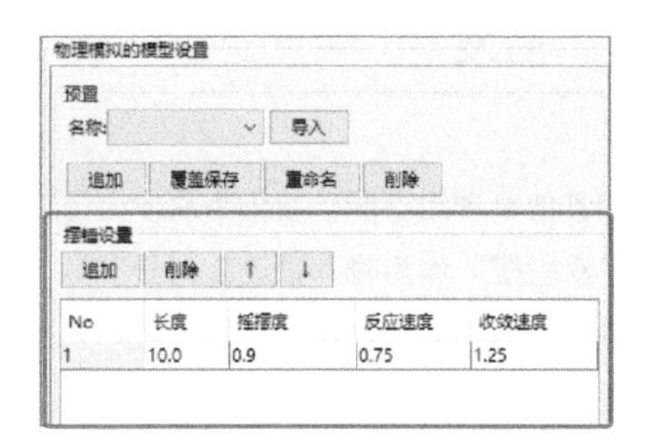

03 腿缎带

腿缎带的输入设置要额外用到参数“屈伸”。腿基本不会随其他参数运动，所以我们可以把对腿的运动影响最大的“屈伸”参数的影响度调得很高。

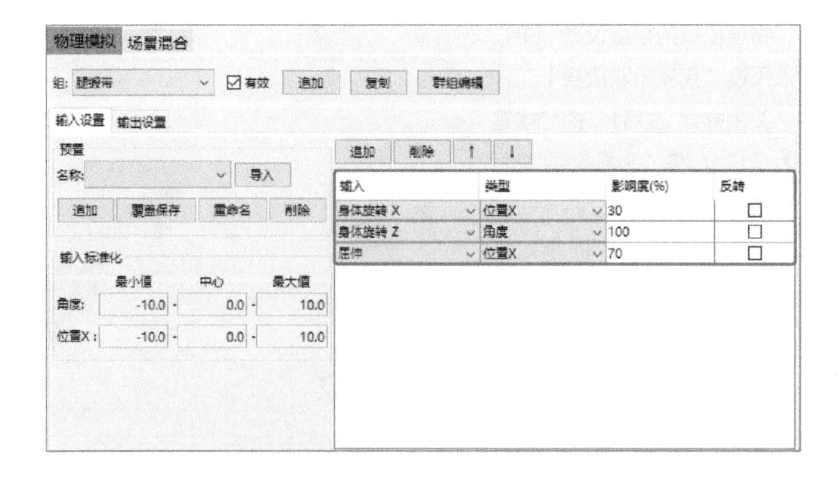

步骤 4 将物理模拟烘焙为动画

使用动画烘焙功能调整摇摆动作。

在动画工作区中，可以将之前设置的物理摇摆动作用动画烘焙功能烘焙为时间线上的关键帧。在“想要精细调整摇摆效果”“想把摇摆的效果做成视频”“想在制作图片时使用物理模拟效果”等情况下都可以使用这个功能。

在烘焙动画时，首先切换到动画工作区，然后选中想要应用物理模拟的模型，在菜单中选择“动画”→“轨道”→“物理模拟的动画烘焙”。

如果想在烘焙后调整关键帧，那么“关键帧插入”（❶）的方式要选择“自动创建最佳曲线”。除此之外的情况选择“每帧插入关键帧”即可。

这次选择“自动创建最佳曲线”，生成下图所示的关键帧。在必要时，可以此为基础再调整关键帧。

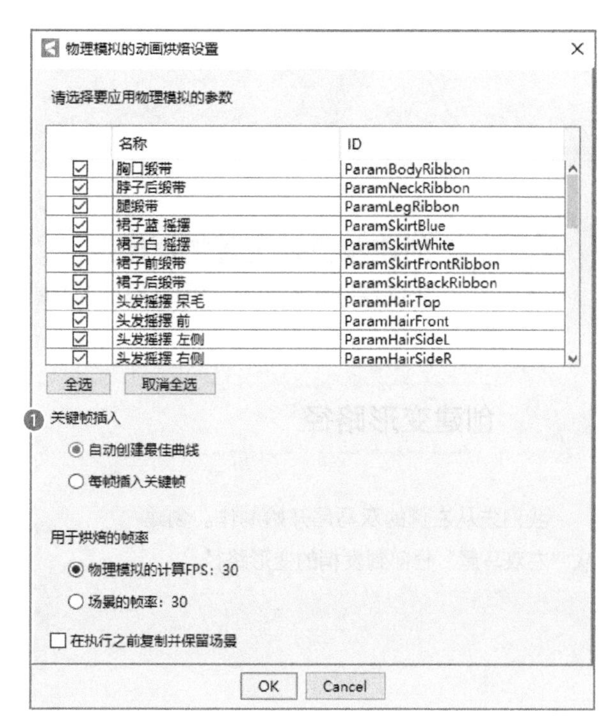

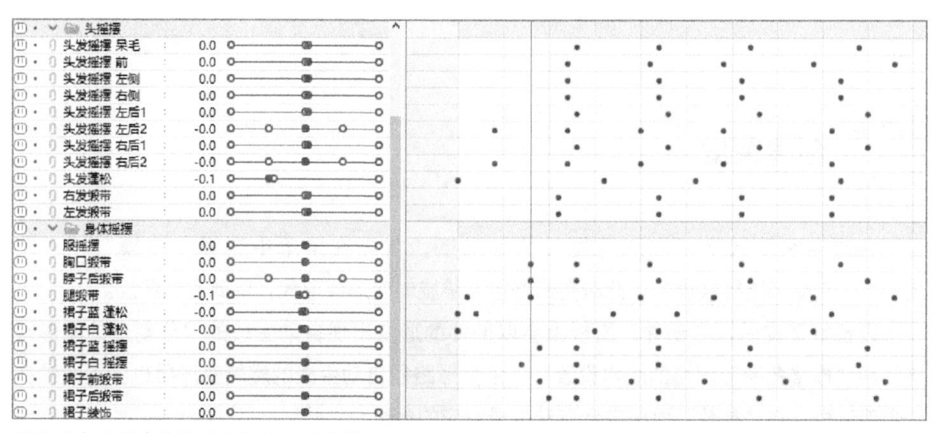

使用“自动创建最佳曲线”追加关键帧

7.6 设置蒙皮

使用蒙皮功能，可以为一个图形网格生成多个旋转变形器，以实现顺滑的变形。
这次我们使用变形路径功能对头发进行蒙皮设置。

步骤1 创建蒙皮并设置物理模拟

先创建好蒙皮，再使用物理模拟功能。

01 创建变形路径

我们先从左侧的双马尾开始制作。创建从“左双马尾”根部到发梢的变形路径。

02 创建蒙皮

在选中图形网格“左双马尾”的状态下，首先在菜单中选择“建模”→“蒙皮”→“沿变形路径蒙皮”。此时变形路径会被旋转变形器取代，以此完成蒙皮。

设置好蒙皮后，“部件”面板上会以部件的形式出现自动生成的“分割后的图形网格”和“连接各图形网格的胶水设置”。沿变形路径自动生成的旋转变形器也会被收纳在一个部件里。在“参数”面板中会自动生成对应的参数。

按照同样的步骤，为“右双马尾”也设置蒙皮。

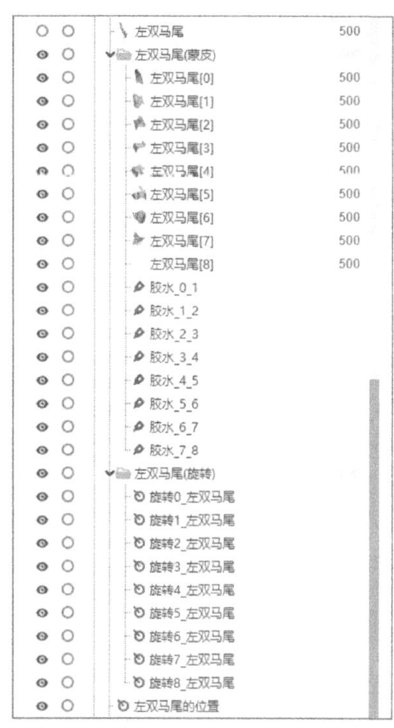

“部件”面板

沿变形路径自动生成的旋转变形器

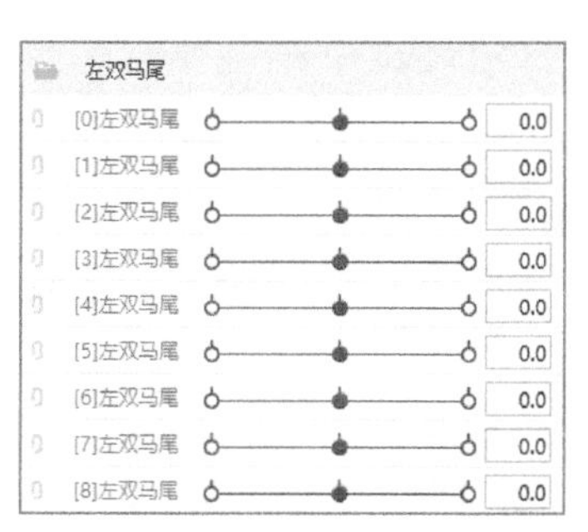

“参数”面板

03 设置物理模拟

由于手动为蒙皮的部分制作动作很困难，所以通常要使用物理模拟功能。

首先打开“物理模拟/场景混合设置”面板，并创建一个物理组。

创建完成后，在“物理模拟的模型设置”面板中追加需要的摆锤数量。这次“左双马尾”有9个参数，所以创建9个摆锤。

然后，在“输出设置”面板中添加参数。添加好需要的摆锤数量后，“摆锤数”就会被自动设置好，很方便。

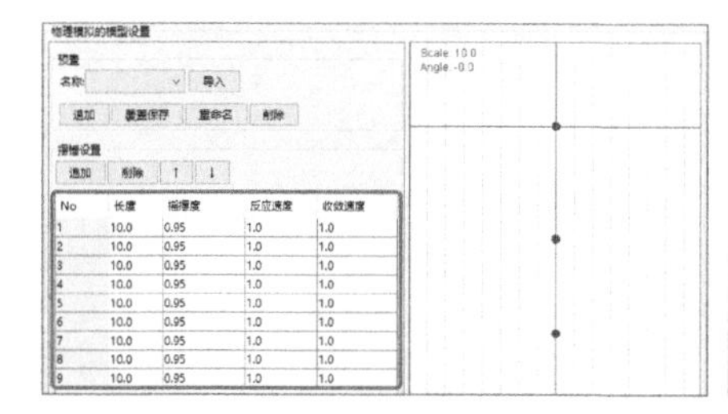

No	长度	摇摆度	反应速度	收敛速度
1	10.0	0.95	1.0	1.0
2	10.0	0.95	1.0	1.0
3	10.0	0.95	1.0	1.0
4	10.0	0.95	1.0	1.0
5	10.0	0.95	1.0	1.0
6	10.0	0.95	1.0	1.0
7	10.0	0.95	1.0	1.0
8	10.0	0.95	1.0	1.0
9	10.0	0.95	1.0	1.0

输入设置 输出设置

追加 削除 ↑ ↓ ☑自动更新输出的最大值

摆锤数	输出	影响度(%)	反转	倍率	最大输出力(%)
1	[0]左双马尾	100	☐	1.0	0.000
2	[1]左双马尾	100	☐	1.0	0.000
3	[2]左双马尾	100	☐	1.0	0.000
4	[3]左双马尾	100	☐	1.0	0.000
5	[4]左双马尾	100	☐	1.0	0.000
6	[5]左双马尾	100	☐	1.0	0.000
7	[6]左双马尾	100	☐	1.0	0.000
8	[7]左双马尾	100	☐	1.0	0.000
9	[8]左双马尾	100	☐	1.0	0.000

一边在视图中查看模型效果，一边调整“物理模拟的模型设置”和“输出设置”。

摆锤设置

追加 削除 ↑ ↓

No	长度	摇摆度	反应速度	收敛速度
1	12.0	0.85	0.85	1.5
2	10.0	0.85	1.0	1.5
3	10.0	0.85	1.0	1.5
4	10.0	0.85	1.0	1.4
5	10.0	0.85	1.0	1.4
6	10.0	0.85	1.0	1.4
7	10.0	0.85	0.95	1.3
8	10.0	0.85	0.95	1.3
9	8.0	0.85	0.9	1.2

输入设置 输出设置

追加 削除 ↑ ↓ ☑自动更新输出的最大值

摆锤数	输出	影响度(%)	反转	倍率	最大输出力(%)
1	[0]左双马尾	100	☐	10.0	0.000
2	[1]左双马尾	100	☐	10.0	0.000
3	[2]左双马尾	100	☐	15.0	0.000
4	[3]左双马尾	100	☐	15.0	0.000
5	[4]左双马尾	100	☐	15.0	0.000
6	[5]左双马尾	100	☐	15.0	0.000
7	[6]左双马尾	100	☐	15.0	0.000
8	[7]左双马尾	100	☐	20.0	0.000
9	[8]左双马尾	100	☐	20.0	0.000

按照发梢的运动幅度最大的感觉调整物理模拟的模型设置即可。对于输出设置中的倍率，如果让最大输出力达到100%，则摇摆的幅度就会过于剧烈。因此，我们要一边在视图中观察，一边手动调整。对于“右双马尾”，可以直接复制“左双马尾”的参数组，然后修改输出设置中的“输出”值，这样会很方便。

步骤 2

调整角度Z

最后追加新的旋转变形器，调整角度Z的动作。

设置蒙皮后，在创建图形网格的同时，会生成嵌套的旋转变形器。因为“左双马尾的弯曲Z”弯曲变形器（❶）无法应用于旋转变形器，所以无法再产生预期中的变形。为此，我们要新建旋转变形器“左双马尾的旋转”（❷）来取代弯曲变形器“左双马尾的弯曲Z”，用于调整“角度Z”的动作。

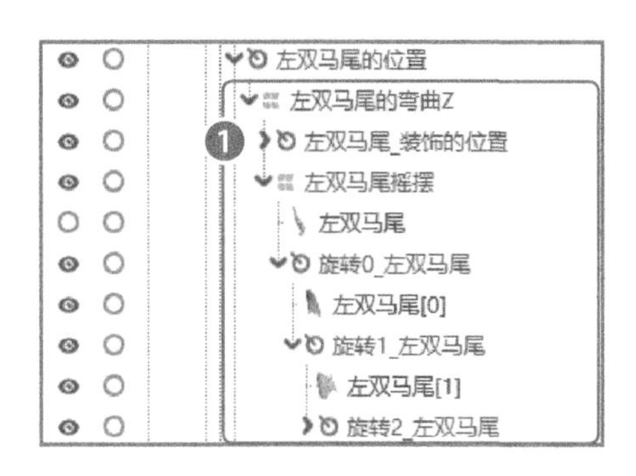

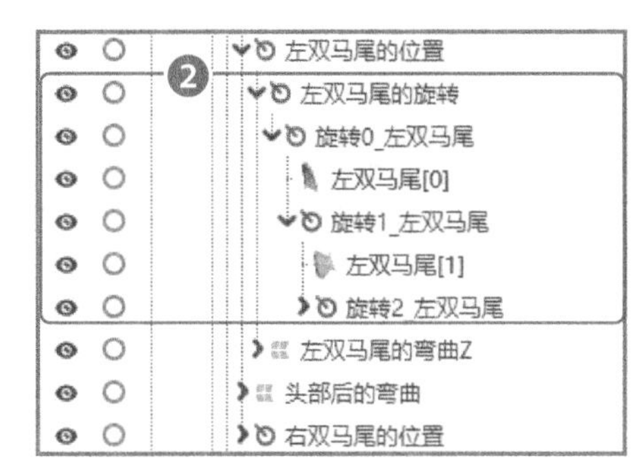

使用创建的旋转变形器制作头发沿重力下垂的动作即可。按照同样的步骤，也为“右双马尾”做调整。

这样我们就制作好了蒙皮。在为双马尾这种细长的部件制作摇摆效果时，使用蒙皮可以制作出更高质量的动作。

在动画工作区中再次读取做好的模型文件，然后使用7.5节中步骤4介绍的“动画烘焙”功能，为各场景追加关键帧。播放后若没有问题，文件就制作完成了。

■ 源文件：7-6-01_CN.cmo3、7-6-02-finish_CN.can3

角度 Z
-30.0

角度 Z
30.0

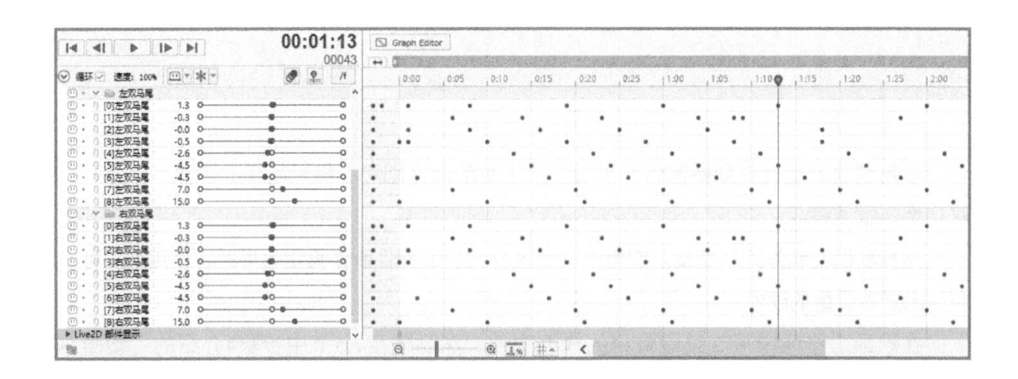
00:01:13
00043
Graph Editor
循环
左双马尾
[0]左双马尾 1.3
[1]左双马尾 -0.3
[2]左双马尾 -0.0
[3]左双马尾 -0.5
[4]左双马尾 -2.6
[5]左双马尾 -4.5
[6]左双马尾 -4.5
[7]左双马尾 7.0
[8]左双马尾 15.0
右双马尾
[0]右双马尾 1.3
[1]右双马尾 -0.3
[2]右双马尾 -0.0
[3]右双马尾 -0.5
[4]右双马尾 -2.6
[5]右双马尾 -4.5
[6]右双马尾 -4.5
[7]右双马尾 7.0
[8]右双马尾 15.0
Live2D 部件显示
0:00
0:05
0:10
0:15
0:20
0:25
1:00
1:05
1:10
1:15
1:20
1:25
2:00

第8章 制作游戏用的动画

8.1 准备插画并构思动作

在第8章中，我们将按照游戏战斗场景的构思，制作敌方角色的动态。在战斗场景中，通常需要做出比自然状态更华丽的动作，下面基于此前提准备插画。

01 思考需要的角色插画

和对话场景不同，在游戏的战斗场景中，经常需要在特定时机做出特定姿势。因为游戏中经常有怪物和机械等并非人类的角色登场，插画风格也是各种各样的。

这次我们准备了一张厚涂的飞龙插画。

02 思考角色需要的动态

在游戏的战斗场景中，角色会做出“攻击”“防御”等多种动作，我们需要制作相应的动态。考虑好需要的动作后，再准备插画。

这次制作“待机”“攻击”“受伤”3种动态。

03 准备插画

构思好角色需要的插画和动态后，就可以绘制插画了。这次我们为“待机”“攻击”“受伤”分别准备了插画，其中“脸”和“翅膀”需要使用差分部件，因此要在准备插画的时候分开制作。

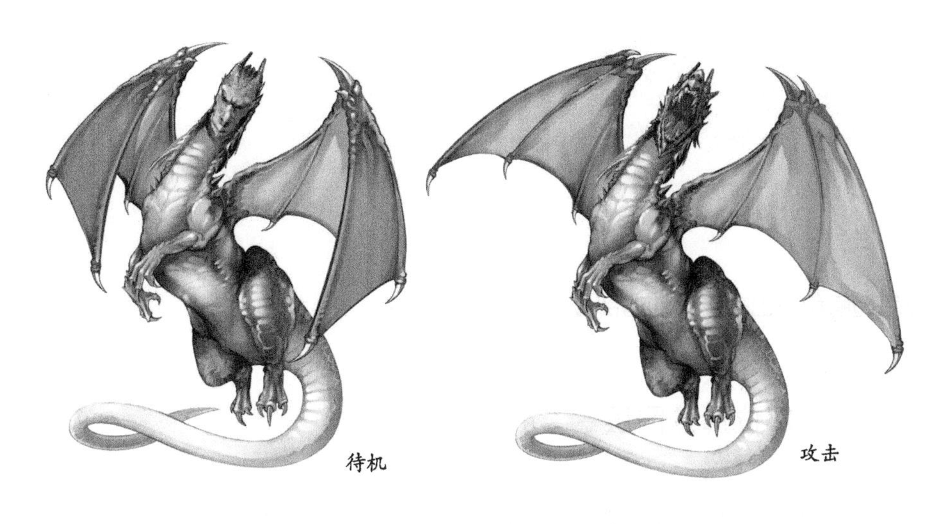

源文件：8-1-01文件夹

飞龙/插画师：卯月

8.2 拆分厚涂的插画素材

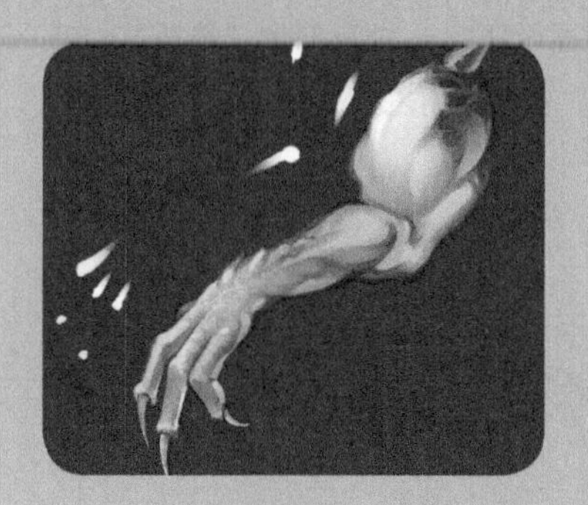

将插画拆分为Live2D Cubism可用的素材。拆分素材的大体流程和之前基本一致，但这次使用的是没有按照部件划分的厚涂插画，所以需要进行补画加工。

设想翅膀和尾巴需要运动的部位并拆分图层。

01 按部位拆分图层

使用图像编辑软件，按照部位拆分图层。对于这次的怪物，我们希望把指尖的细微动作也制作出来，因此需要细致地划分图层。

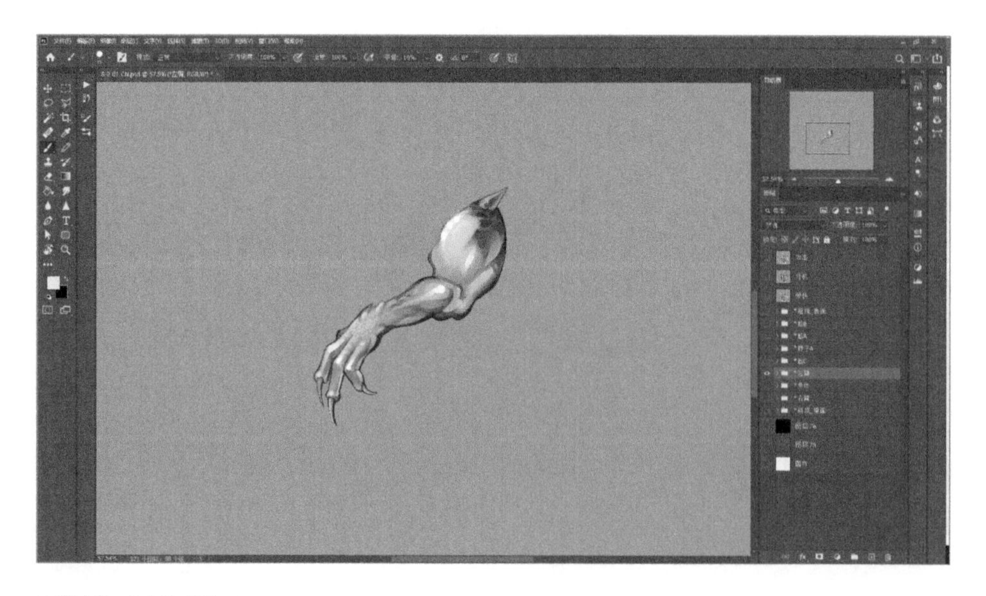

■ 源文件：8-2-01_CN.psd

02 进行补画

这幅插画基本上没有划分图层，所以需要对许多部分进行补画。比如，我们需要补画出“身体”部件和手臂、腿重叠的地方。

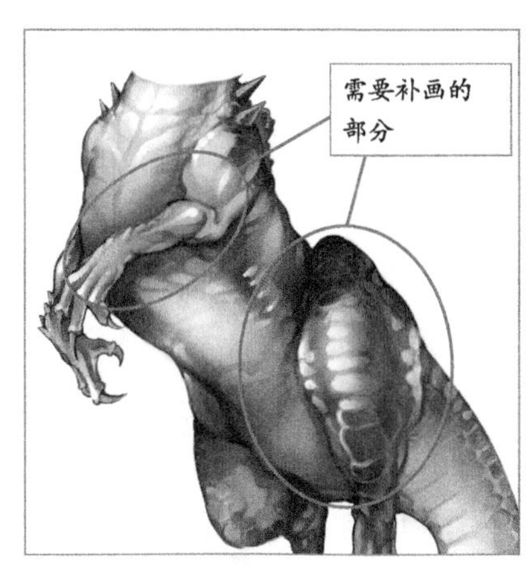

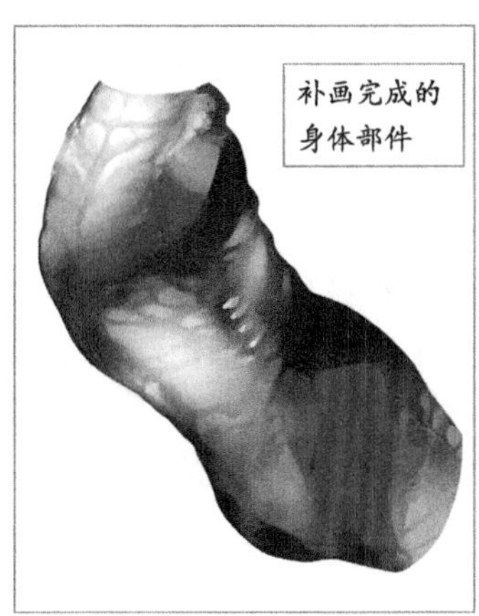

另外，把Live2D模型放在游戏中使用时，超出轮廓的颜色可能导致观感很差。因此需要擦除这些部分并稍微整理轮廓。

轮廓的颜色越深，和背景的边界就越清晰，效果往往也越好。但这次考虑到“插画是厚涂风格”和“尽量保留原画的感觉”，我们只对轮廓部分做了最简单的修改。

修改前

修改后

03 拆分高光部分

将各部位的高光部分（简称高光）拆分为图层，即可更好地呈现立体感。像飞龙角上这种非模糊的高光，发生运动时也不会有不协调的感觉，因此把它们拆分为独立的图层。

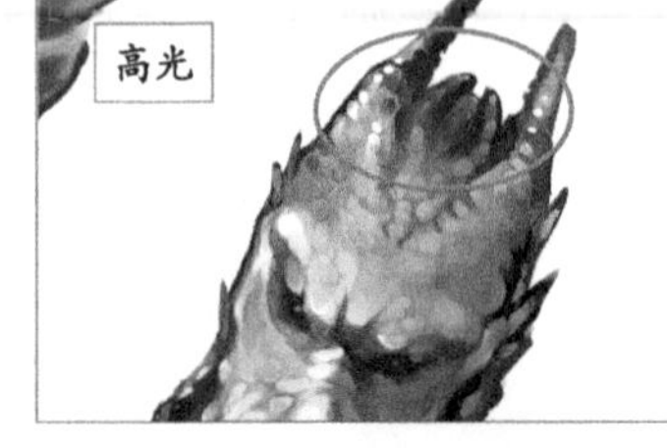

手臂上比较锐利的高光也比较容易移动。大腿上的高光比较模糊，运动起来会比较困难，但为了制作出更好的立体效果，还要将它们拆分为独立的图层。

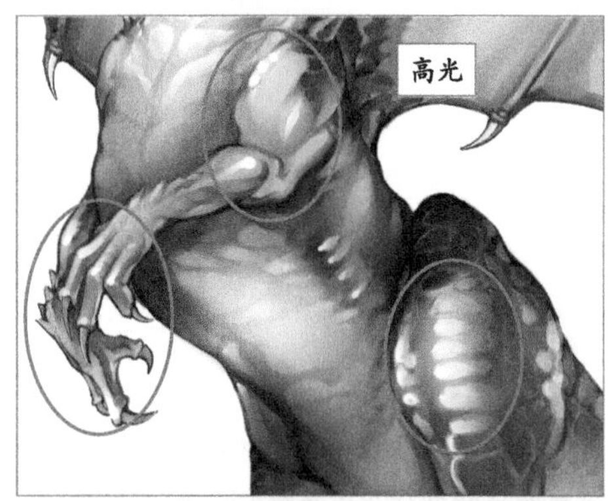

拆分出高光后，将原来的素材补画成高光消失后的样子。

对于其他部分，也同样要把高光拆分为独立的图层。

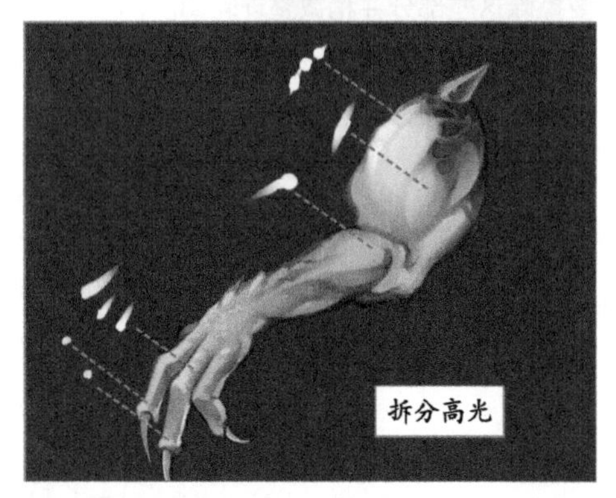

提示 **细致地拆分图层**

在确定高光部分也要运动的时候，绘制插画时将图层分开会更容易制作各部件。

另外，如果原画使用了CLIP STUDIO PAINT的“加亮颜色（发光）”等发光类图层，那么在制作部件的过程中就需要使用“普通”混合模式重新制作。

04 拆分阴影部分

将部分阴影拆分为独立的图层。如果要精细地拆分所有的阴影，就会花费很多时间。因此，保留细小的阴影和几乎无须移动的阴影，只将部分阴影拆分为独立的图层。

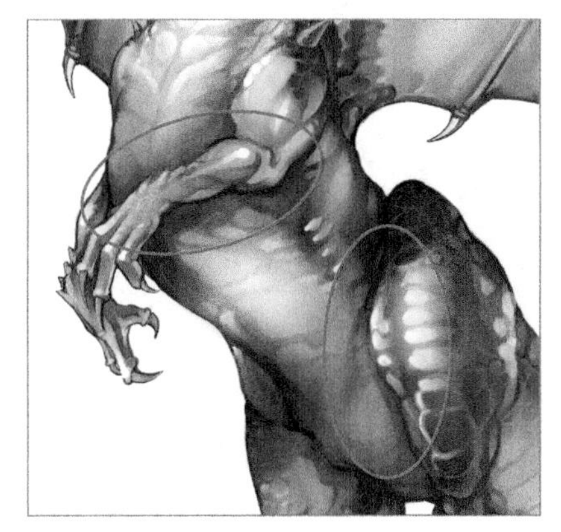

身体上的手臂投影形状不是很清晰，因此保持现状即可。

左大腿的阴影虽然比较清晰，但我们判断它即便不运动，也不会有不协调的感觉，所以也保持现状。

这次只将右翅膀的阴影拆分为独立图层。

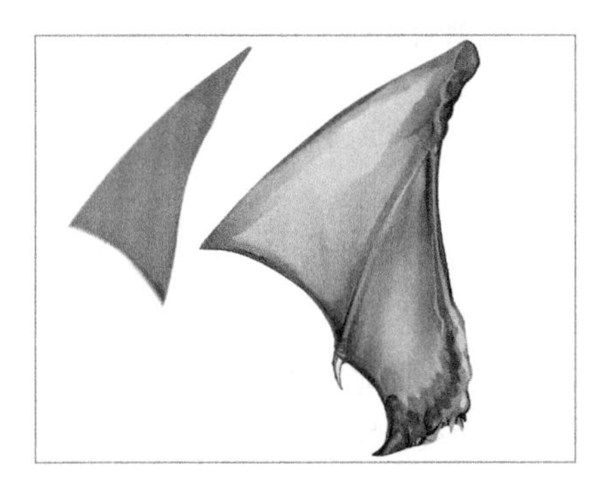

虽然这里的阴影保持现状也不太会出现不协调的感觉，但是在翅膀张开时需要隐藏它，所以要拆分为独立图层。

在右图中，左侧为拆分出的阴影，右侧为原插画素材。和拆分高光时一样，我们需要补画出原本有阴影的部分去掉阴影的样子。

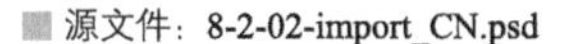

源文件：8-2-02-import_CN.psd

8.3 表现立体效果

将制作好的插画导入Live2D Cubism中进行建模。

这次我们通过制作飞龙，重点讲解如何表现有特点的立体效果，以及如何完成翅膀的切换操作等。

步骤1 建模

设置模型的规格并开始建模工作。

01 设置模型的规格

在设置模型的大致规格时，要考虑到，在游戏的战斗场景中可能会出现多个怪物，因此不能让负载过高。

这次设置为如下规格。

- 多边形（三角形）数：3000个以下
- 弯曲变形器的转换的分裂数量（纵向×横向）：5×5
- 剪贴蒙版：无
- 胶水：有
- 物理模拟：无
- 自动眨眼/口形同步设置：无
- 脸和翅膀的替换：需显示/隐藏部分部件

02 进行建模

按照和此前相同的步骤，为各部位设置变形器并分别绑定参数。对于脸的差分，我们不通过改变参数值切换，而是通过显示/隐藏部件功能进行切换。这样，制作怪物的大体步骤和制作人物模型时就基本相同了。但对于怪物脸部和身体的立体效果，以及需要独特表现方式的翅膀切换等动作，我们会在下面进行讲解。

步骤 2 制作脸部立体效果的方法

下面讲解如何制作出脸部的立体效果。

我们以待机动态中的“脸A”为例，讲解一下参数“角度X”的设置方法。

与人类相比，飞龙的脸部动作起伏更大，因此在运动时更需要关注其形状的立体效果。观察一下受伤状态下的“脸C”，就能看出脸的前端向前突出了许多。制作运动时参考这张图会更简单。另外，在制作脸的运动状态之前，像下图中的“脸A”这样，用面和线等简单的图形来把握脸的起伏，会更容易找到感觉。

按下方右侧图中提示的角度进行制作即可。脸的前端在鼻子处有一个转角，所以要意识到“眉心到鼻头”和“鼻头到上颚”这两条线之间有一个夹角，这样设置角度会更容易。对于脸的上半部分，制作动作时，要注意图中黄色和绿色两条线的比例，以及眼窝处的高度差。

脸A

脸C

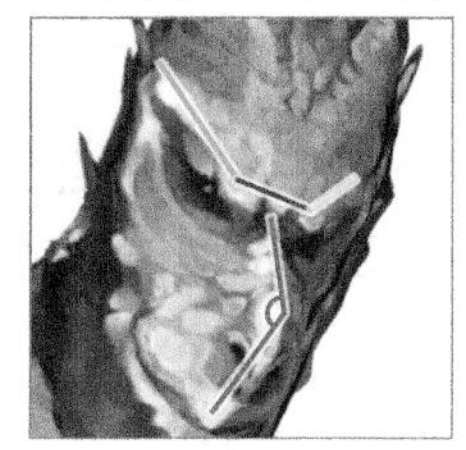

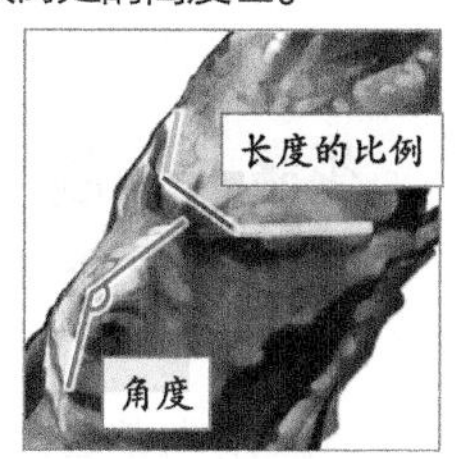

提示 变形笔刷

使用变形笔刷工具，可以直观地对物体（图形网格、图形路径、弯曲变形器）进行变形。

在工具栏中首先单击“变形笔刷工具”图标，然后单击想要变形的物体，即可进入选中状态。如果想选中多个物体，则可以拖曳鼠标进行框选。最后即可通过拖曳鼠标对选中的物体进行变形。另外，可以在“工具细节”面板中对变形笔刷工具进行设置。

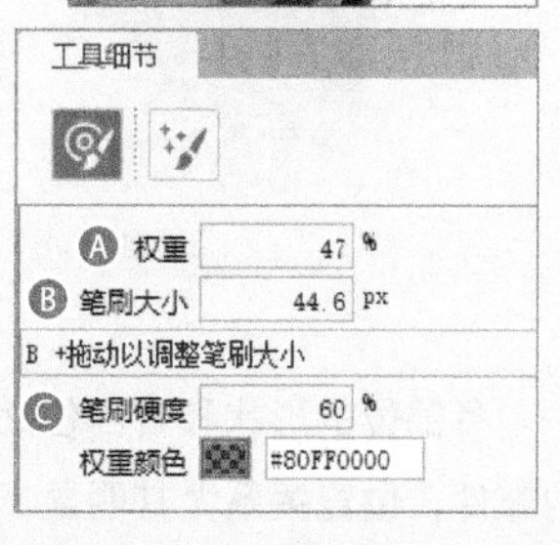

Ⓐ权重	可以调整变形的影响程度。数值越大，可变形的幅度越大
Ⓑ笔刷大小	可以设置变形的影响范围
Ⓒ笔刷硬度	可以设置距离笔刷的中心多远时，变形权重开始衰减。数值越小，衰减的位置就越接近笔刷中心。数值为100时，权重不会衰减，因此会对笔刷范围内的内容施加相同权重的影响

虽然从图片上看不出变化，但我们也移动了高光。通常来说，让“高光的父级部件”和“高光”产生错位，看起来就会很有立体感。

在参数“角度X”对应转向左侧时将高光的位置右移，在参数“角度X”对应转向右侧时将高光的位置左移。像这样制作出高光的动作，就能让高光和父级部件之间产生错位，请记住这一点。

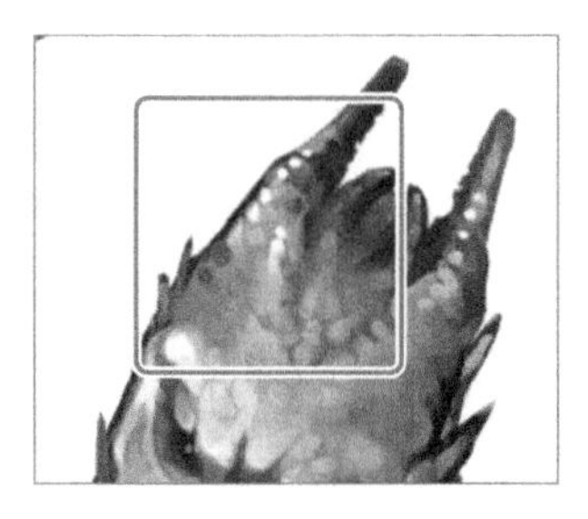

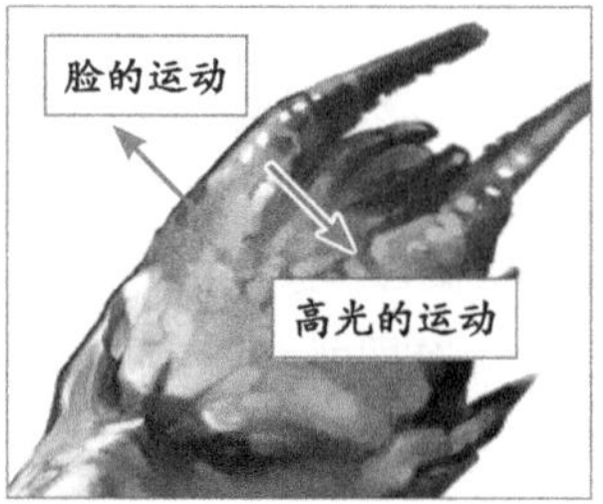

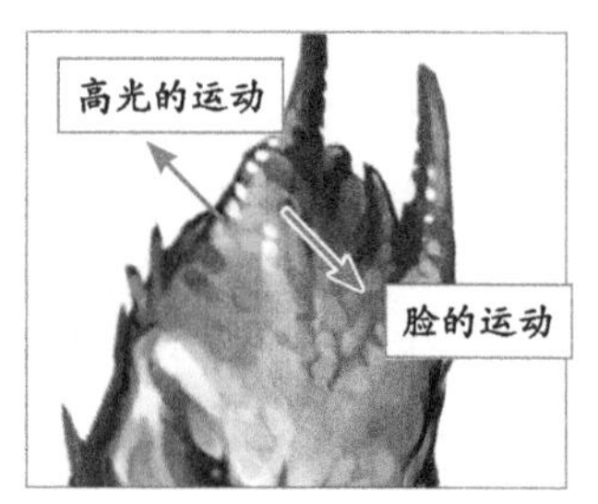

步骤 3 制作身体立体效果的方法

下面讲解如何制作身体的立体效果。

和制作脸部起伏时一样，在制作身体动作时要注意形状的凹凸。通过有意识地改变手臂、腿、翅膀等各部件的位置关系，可以制作出更有立体感的效果。

如下图所示，随着身体方向的变化，“两条手臂的间距”“两条腿的间距”“两扇翅膀的间距”都应该发生宽窄变化。

各部位的形状和各部位之间的距离都应跟随身体的运动方向发生变化。对于左右对称的部件，位置关系尤其明显，因此要有意识地移动它们。对于前后重叠的部件和拥有表里两面的部件，其运动方式应各不相同，这样看起来会更有立体感。

举例来说，需要考虑到左侧翅膀表里两面的运动。在“身体旋转X”参数对应运动到右侧（10.0）的状态时，因为身体是逆时针旋转的，所以翅膀的表面会向右侧运动，而里面会向左侧运动。想象一下如右图所示的圆，并思考各部件处于圆的什么位置，这样才能更好地把握运动的方向。

对于这次的模型，我们要为翅膀的动作和翅膀的切换等运动创建各自的参数，所以没有在“身体旋转X”参数上绑定上述动作。

对于人类角色的“前发”和“后发”，也按照图中的圆这样进行思考，就能制作出更有立体感的动作。在能看到衣服的表里两面时，思考方式也类似于例子中的翅膀。另外，和脸一样，也要让身体上的高光产生运动。特别是左大腿，因为高光尺寸较大，动起来会很明显。

步骤 4 翅膀的切换

创建参数并让翅膀流畅地切换。

我们不使用部件的显示/隐藏功能，而是通过设置参数让翅膀流畅地切换。创建新参数并按照下述方式制作。

- “翅膀切换”最小值为0.0、默认值为0.0、最大值为1.0

首先，在关键点“0.5”处，制作翅膀的表面切换到里面之前的状态（❶）。因为翅膀的厚度很薄，所以在此状态下可以变形成几乎看不到的感觉。骨骼是棒状（圆柱形）的，在变形过程中应注意不要改变骨头的粗细。

接下来，在关键点“0.6”处，制作翅膀从最大值到最小值收拢的过程中，从里面切换到表面之前的状态（❷）。

■ 源文件：8-3-01_CN.cmo3

做好这些后，在关键点“0.5”～“0.6”之间，因为表面和里面的形状基本一致，所以通过改变不透明度让二者切换即可。虽然在此范围内有时候翅膀看起来是半透明的，但之后在切换的瞬间不会被看到就可以。

这样我们就创建好了切换翅膀用的参数。

8.4 制作循环动态

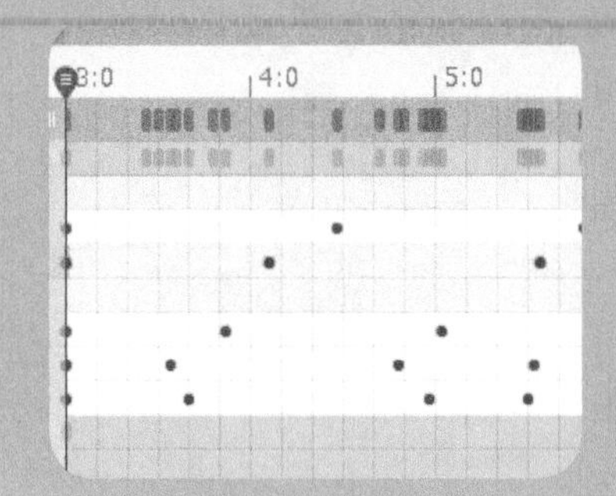

完成模型的制作后，切换到动画工作区制作角色的动态。这里要把待机动态制作成循环动态。

步骤1 关于循环动态

讲解制作循环动态时的注意事项。

01 设置动态的规格

将待机动态制作成循环动态。循环动态指的是，在播放其他动态之前会反复播放的动态。

对于循环动态，我们按照和制作立绘时相同的规格进行制作。动态的时长通常为2~4秒。对于SD※等头身比比较小的角色，时长还可以更短。根据角色的特征和尺寸修改动态的时长。

※译注：SD是“Super Deformed”的简称，指头身比非常夸张的二头身角色。

- 动态的时长：3秒
- 帧率：30fps
- 目标版本：SDK（Unity）

02 起始帧和结束帧

对于循环动态，需要让起始帧和结束帧的姿势相同。为此，在制作动态之前，先决定起始帧和结束帧的姿势是很重要的，即确定起始帧采用的姿势和原画的姿势是否相同。这次我们不用原画的姿势，而是以一个循环时比较容易衔接的姿势开始。

要点 从什么姿势开始？

如果起始帧和原画的姿势相同，各部位的动作就很难错开，表现效果就会受到限制。顺便说一下，对于商业模型，多数情况下起始帧会被指定为原画的姿势。我们应当掌握上面所说的两种制作方式。

03 在循环动态的前后插入相同动态的关键帧

为了更好地实现循环，在动态的前后各插入一个相同动态的关键帧。

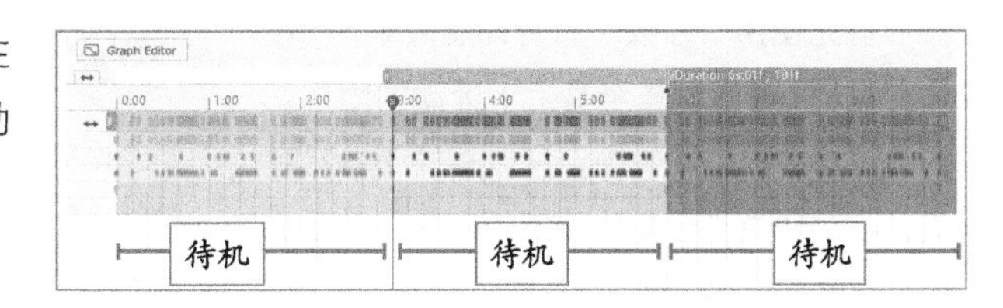

实际运行时播放的是工作区（橙色条）内的部分，但在前后的灰色部分也要通过复制和粘贴的方式插入相同的关键帧。这样，在循环动态衔接的地方就不会有卡顿的感觉，能让动态更流畅地进行衔接。

04 将结束帧设置在工作区的范围外

因为起始帧和结束帧是相同的，所以在动态循环的时候相同的帧会被重复两次。为防止这种情况出现，将结束帧设置在工作区之外，就能让动态更好地衔接。

若想削除最后一帧，将它放置在工作区外即可。

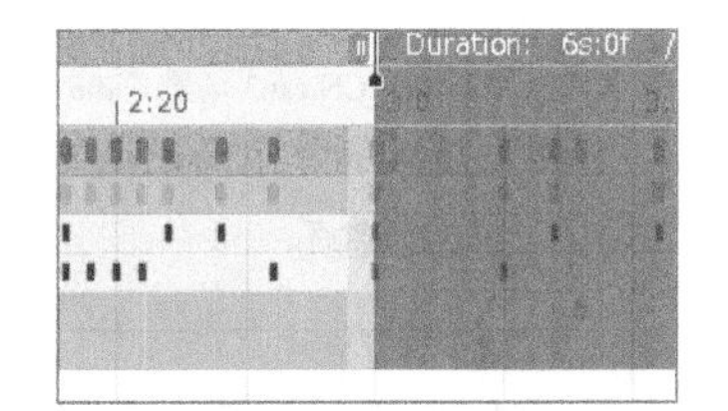

步骤 2

制作待机动作

按照“身体→头→四肢和其他部分”的顺序制作待机动态。

01 制作待机动态前的准备工作

制作待机动态之前，我们首先在“时间线”面板上留出3秒的空白，然后从3:00处的帧开始制作。工作区也要移动到这个位置，这样就可以很方便地在前后追加关键帧。

在第7章中制作立绘的动态时，我们是按照在中间填充关键帧的方式进行的。但这次，我们按照“身体→头→四肢和其他部分”的顺序进行制作。

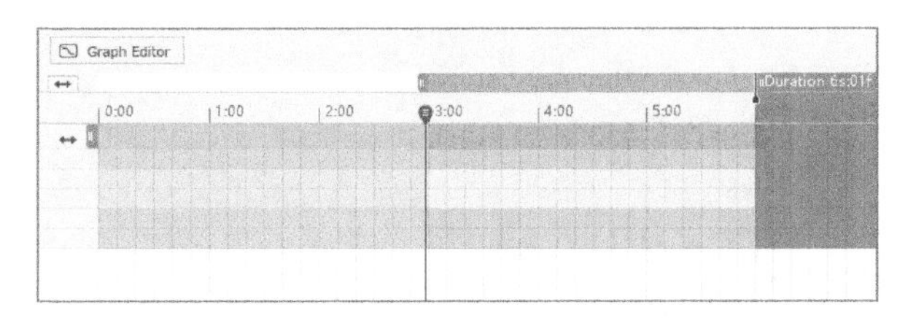

02 制作身体的动作

首先使用“呼吸”“身体旋转Y”“整体移动Y”参数制作全身上下运动的动作。因为要用在战斗场景中，所以相较于自然呼吸，要制作更符合角色特征的动作。下面制作上浮和下沉的动作。

要点 复制前后的关键帧

追加关键帧后，我们要将其复制并粘贴到前后的留白处。在后续制作动作的过程中，我们都要执行这项操作。

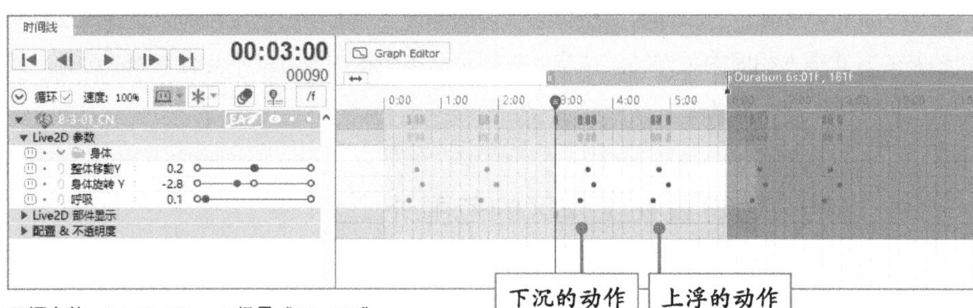

■源文件：8-4-01_CN.can3 场景“idle_001”

然后继续制作全身的动作，为“身体旋转X”“身体旋转Z”“整体旋转”“整体移动X”追加关键帧。

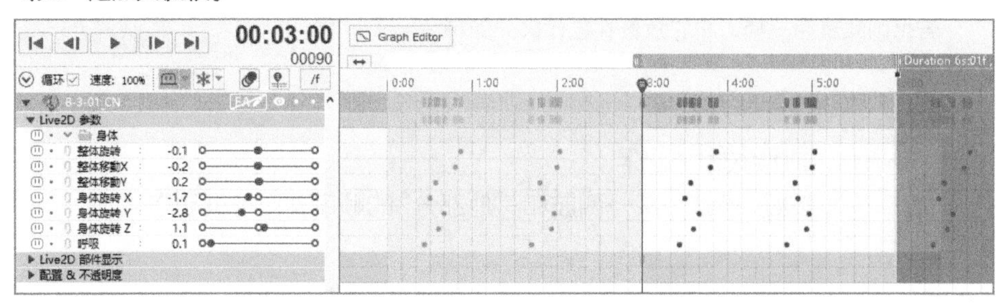

■源文件：8-4-01_CN.can3 场景“idle_002”

虽然“整体旋转”和“整体移动X”参数并不总是必要的，但这里用它们辅助制作动作。配合“呼吸”参数，制作身体的倾斜和轻微的左右转动等。

最后，在起始帧和结束帧处追加关键帧。在这两处要为所有的参数追加关键帧。按住Ctrl键并在参数组或轨道上单击，即可一次性插入关键帧。

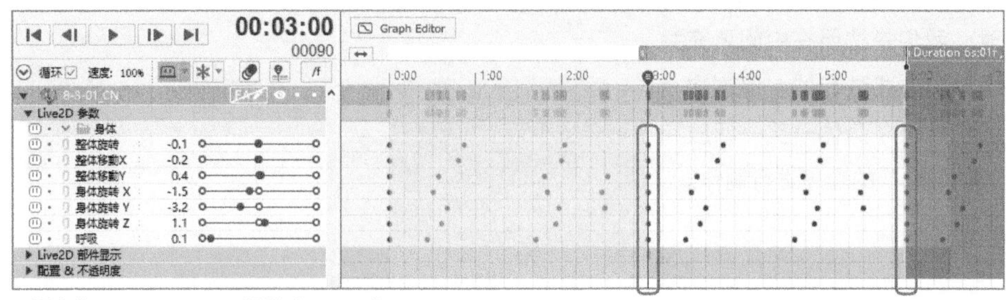

■源文件：8-4-01_CN.can3 场景“idle_003”

为了体现出运动的缓急感，我们为“整体移动Y”“身体旋转X”“身体旋转Y”参数追加了关键帧。如果只是机械地插入关键帧，则可能无法制作出平滑的循环动态，所以要一边查看整体效果，一边调整关键帧的值。

要点　使用隐藏属性功能

当参数的数量较多时，时间线纵向会很长，编辑起来会很麻烦。根据需要使用隐藏属性功能（参见P179），可以更高效地进行制作。

03 制作头部的动作

制作抬头和低头等头部的动作时，配合在02中做好的动作插入关键帧即可。运动是按照“身体→脖子→头”的顺序传递的，所以也要按照相同的顺序插入关键帧。按照02中制作的身体的运动方向，为“脖子”和“头”追加关键帧。

首先制作头和脖子上下（垂直方向）运动的动作。按顺序插入关键帧后，关键帧就会呈阶梯状。

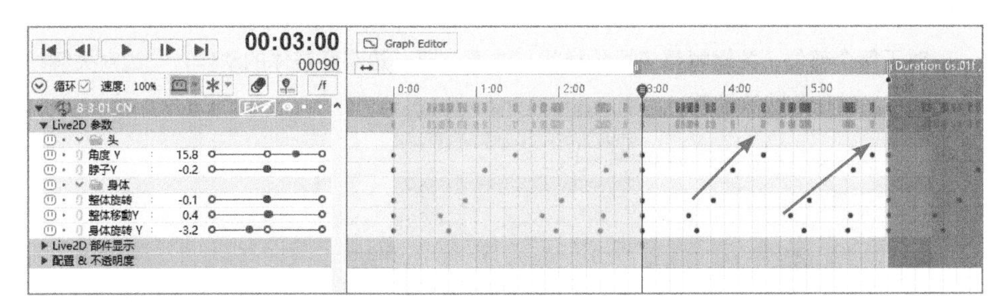

■源文件：8-4-01_CN.can3 场景“idle_004”

制作好头和脖子上下（垂直方向）运动的动作后，按照同样的方式，制作水平方向的动作。

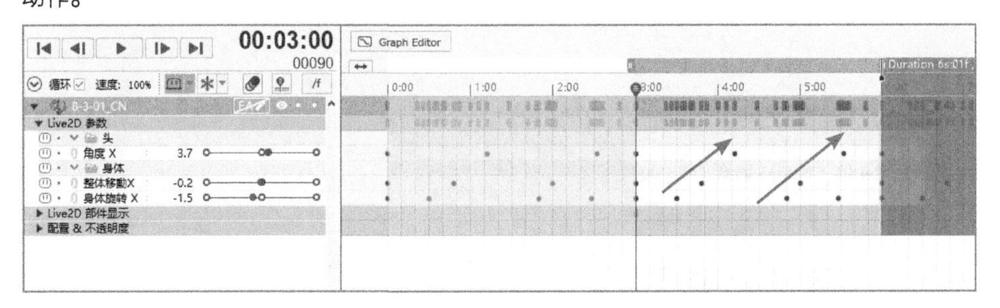

这里的关键帧也会呈阶梯状。像这样针对特定参数追加关键帧，即可做出“身体→脖子→头”这种能感觉到力自然传递的动作。

■源文件：8-4-01_CN.can3 场景“idle_005”

最后为头部追加其他关键帧，制作眨眼和嘴巴开闭的动作。

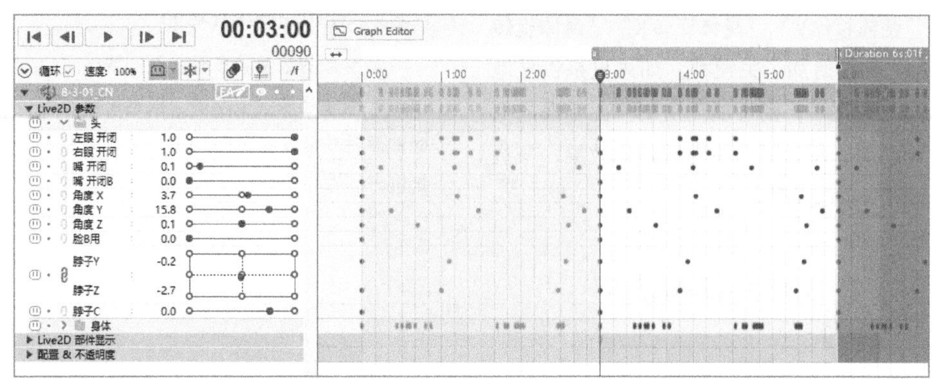

■源文件：8-4-01_CN.can3 场景“idle_006”

04 制作四肢的动作

接下来制作四肢的动作，其步骤和之前相同，基于动作的传递顺序追加关键帧即可。手臂按照“身体→大臂→小臂→手”的顺序制作；腿按照“身体→大腿→小腿→脚”的顺序制作。

对于每个部位，关键帧都应呈阶梯状。注意，要一边观察整体的动作，一边对关键帧进行错位、数值加减等调整。

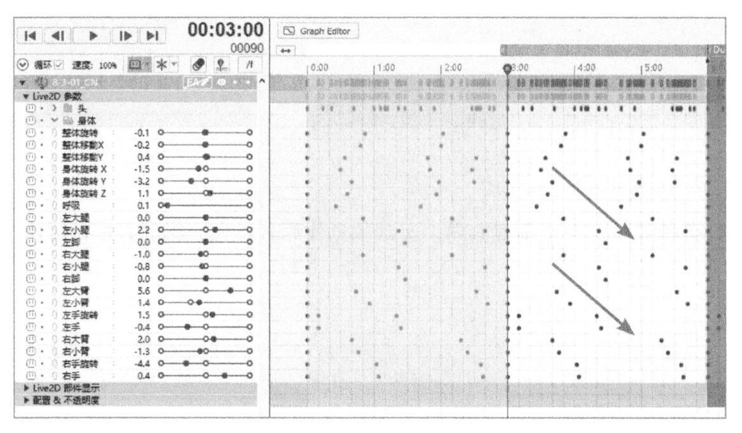

■源文件：8-4-01_CN.can3 场景“idle_007”

提示 注意男女动作的差异

对于四肢，关键帧错开得越多，关节的动作看起来就会越柔软。因此，如果错开得多，动作看起来就会更女性化。要注意根据角色的性别和印象制作。

通常来说，如果想表现男性的动作，其关键帧就要少错开一些。反之，如果想表现女性的动作，其关键帧就要多错开一些。

05 制作尾巴和翅膀的动作

制作剩下的尾巴和翅膀的动作，其步骤和之前相同，基于动作的传递顺序追加关键帧即可。对于翅膀，要按照“身体→翅膀1→翅膀2”的顺序制作；对于尾巴，要按照“身体→尾巴1→尾巴2→尾巴3”的顺序制作。

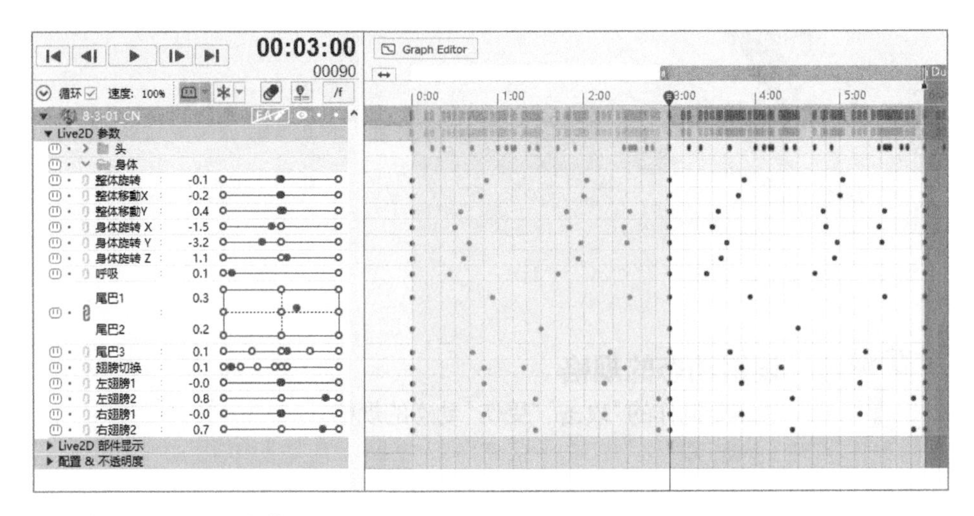

■源文件：8-4-01_CN.can3 场景“idle_008”

06 进行最终检查

经过以上操作后，我们就制作好了待机动态。最后检查一下动态是否能很好地循环。如果不能很好地循环，则可能是因为没能正确地粘贴动作前后的关键帧，也可能是动态本身的问题，需要多次播放并进行调整。

■源文件：8-4-01_CN.can3 场景“idle”

8.5 制作单程动态

将攻击动态和受伤动态制作为单程动态。要点在于让动作表现出较明显的缓急变化。

步骤 1 设置动态的规格

决定要制作的“攻击”“受伤”动态的规格。

单程动态指的是，播放结束后不会返回起点，而是转换到其他动态的动态。通常来说，播放结束后会转换到循环动态。

按照下面的规格制作单程动态。动态规格需要根据游戏的规格和角色的设定进行改变，但多数情况下时长会比待机动态更短。

- 动态的时长：1~2秒
- 帧率：30fps
- 目标版本：SDK（Unity）

攻击动态　　受伤动态

步骤 2 制作攻击动态

按照飞龙咆哮的效果制作攻击状态下的动态。

01 设置起始帧和结束帧

这里要考虑一下起始帧和结束帧是怎样的。为了让待机动态和攻击动态相互转化时的动作尽可能衔接，我们在攻击动态前后追加一个待机动态。这样，待机动态的结束帧就成了攻击动态的起始帧，待机动态的起始帧就成了攻击动态的结束帧。

02 思考全身的运动过程

这次我们要制作下面这些动作。

- 咆哮前的预备动作：身体略微后仰的动作
- 攻击动作：身体略微前倾并咆哮的动作
- 咆哮后：自然回到原姿势的动作

03 制作攻击动态①

下面我们要将头和翅膀替换为“攻击”动态用的部件。首先让身体和头运动到咆哮前的状态。因为需要替换翅膀和头部的部件，所以接下来要制作具有缓急感的动作，让部件按照快速运动的效果进行切换。

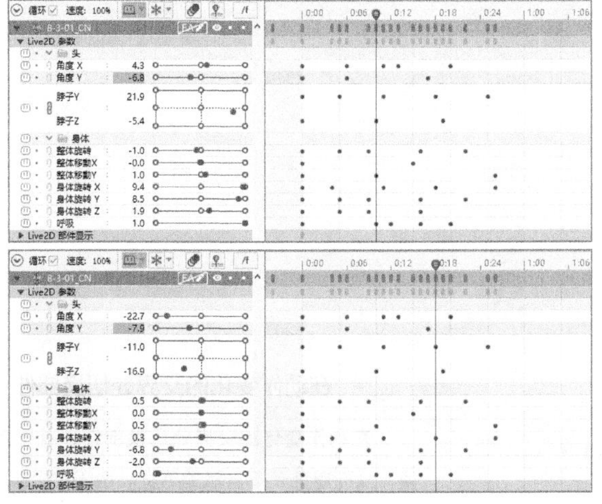

■源文件：8-5-01_CN.can3 场景“attack_001”

在第10~18帧之间，制作身体快速前倾的动作，让翅膀和头部部件配合此动作进行切换。

一边查看动态，一边进行微调，最后选择让脸在第13帧处进行替换。

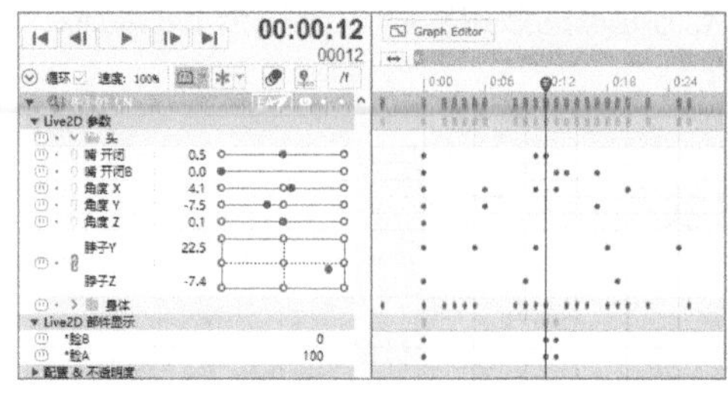

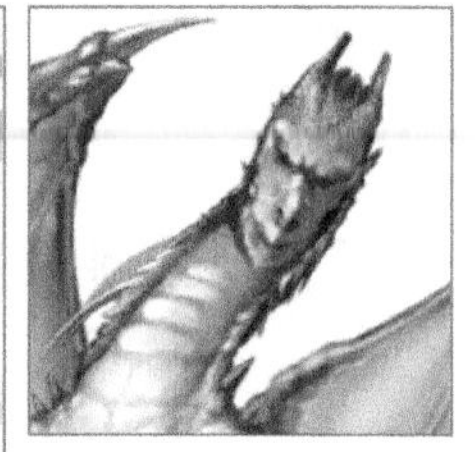

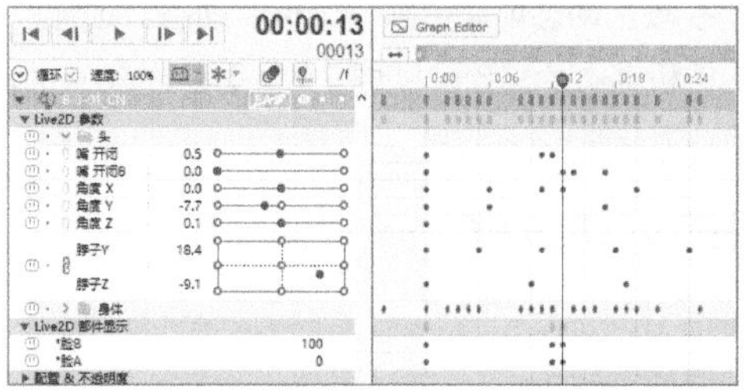

为了让全身的动作具有一致性，我们让翅膀也在几乎同一时间进行切换。

■ 源文件：8-5-01_CN.can3 场景“attack_002”

这样就在第12~18帧之间完成了切换。追加关键帧后，一帧一帧地检查，避免翅膀在这个区间内呈半透明状态。

最后配合身体的运动，为四肢和尾巴制作动作。

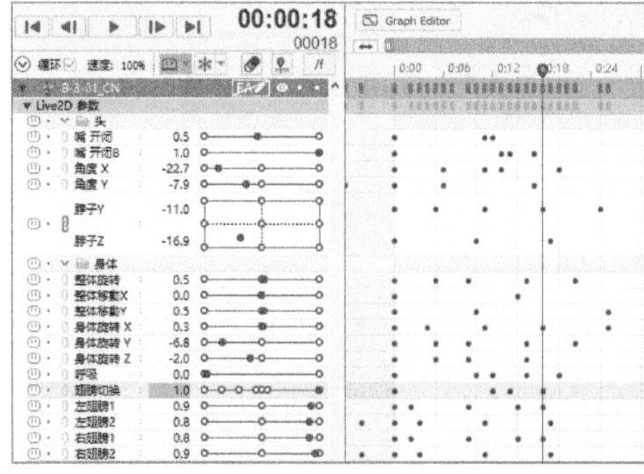

■ 源文件：8-5-01_CN.can3 场景“attack_003”

要点　在动作变化的交界处切换部件

在动作变化的交界处切换部件，就可以平滑地进行切换，从而避免了不自然的感觉。由于在缓慢的运动中自然地切换部件是很难的，所以需要制作缓急变化较大的动作。

04 制作攻击动态②

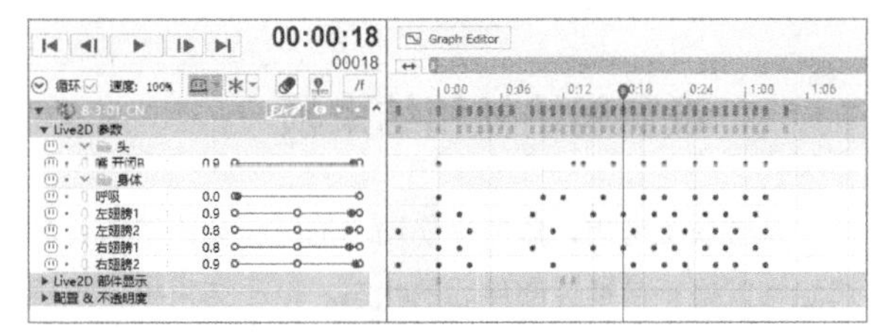

完成上述操作后，模型呈嘴巴张大的状态，此时我们可以为嘴巴和身体的振动追加关键帧，以制作出“咆哮”的动作效果。

在第18~32帧之间创建密集的关键帧即可。在制作“立绘动态”中的“愤怒”效果时也可以这么做，使用“呼吸”参数即可轻松制作身体的动态。另外，因为角色在咆哮过程中要维持姿势，所以也要为其他参数追加关键帧。

■源文件：8-5-01_CN.can3 场景“attack_004”

05 制作攻击动态③

追加关键帧以便角色自然地返回原姿势。虽然很难做出预备动作那么大的缓急效果，但我们仍要尽量在动作变化的交界处切换回原部件。

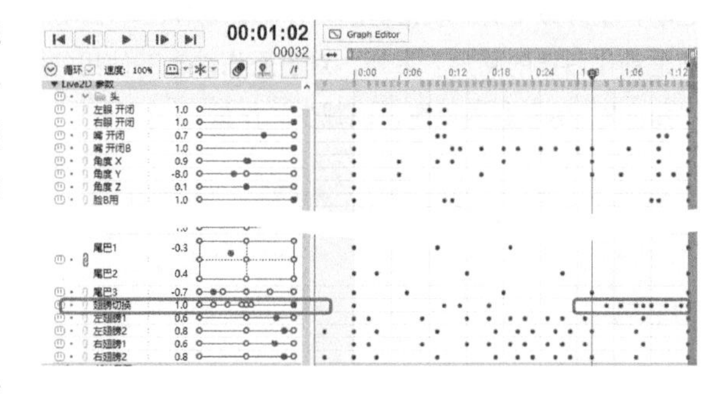

为翅膀参数密集地插入关键帧并进行多次调整，以此制作出更自然的切换效果。

较大幅度地改变“角度Y”参数，以便更自然地切换头部部件。

最后，追加眨眼动作并进行微调，攻击动态就制作完成了。

■源文件：8-5-01_CN.can3 场景“attack”

步骤
3

制作受伤动态

按照角色受到攻击时，其脸部转向外侧的动画效果，制作角色的受伤动态。

01 设置起始帧和结束帧

从性质上考虑，角色受伤动态的时长会比较短，基本不需要预备动作。因此，我们让起始帧就处于替换过部件后的状态。至于结束帧，虽然设置为和待机动态的起始帧相同可以更平滑地转换到待机动态，但这次让角色动态在受伤的姿势下结束。如果必须返回待机动态下的动作，就要注意避免切换部件时出现不自然的感觉。

02 制作角色的受伤动态

因为起始帧已经是受伤状态下的姿势，所以之后只要让身体和头部向（屏幕）右侧运动，就可做出受到攻击时的动作。让动作基本在动态的前半部分完成，动态的后半部分则是动作后摇的感觉。另外，对于受伤动态下使用的脸部差分“脸C”，我们可以省略对“角度X”等参数的设置，以减少工作量。

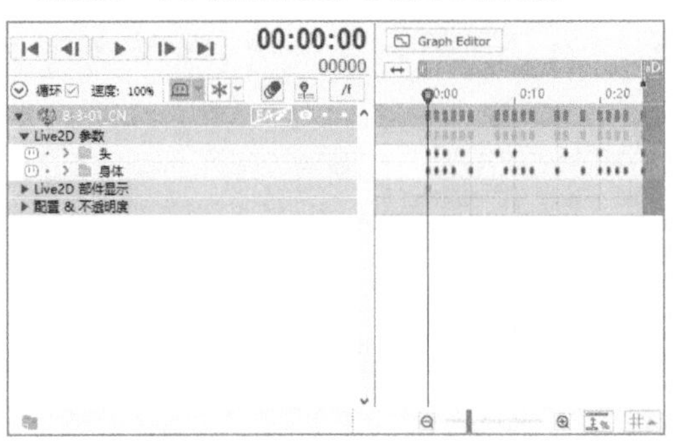

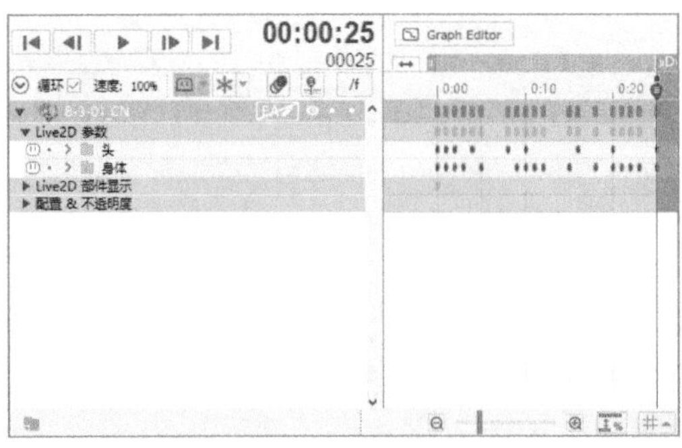

这样我们就制作好了所有的动态。尝试播放每个动态，查看一下角色是否会根据动态呈现出不同的感觉，以及动作是否有出现问题的情况。

■ 源文件：8-5-02-finish_CN.can3 场景“damage”

第9章 制作用于面部捕捉软件的模型

9.1 准备插画并构思动作

在本章中，我们将用Live2D Cubism制作用于面部捕捉软件的模型。
该模型的制作流程和此前基本相同，本节要准备插画素材。

01 准备用于模型的插画

制作用于面部捕捉软件的模型时，最好用朝向正面的上半身插画。除此之外，也可以使用膝盖以上或全身的立绘。

虽然也可以用头或身体转向一侧的插画，但其可动范围和朝向正面的插画会不同。

这里我们使用一幅男性角色的立绘。

若樱 莲/插画师：月森Fuyuka

02 设置需要创建的参数

下面为模型创建一套标准参数。

除了转向动作，我们也想为手指制作动作，因此首先创建“右手1”“右手2”参数。然后基于这些参数拆分插画素材即可。

- 左（右）眼开闭
- 左（右）眉上下
- 嘴开闭、嘴变形
- 角度（X、Y、Z）
- 右手1
- 右手2
- 身体旋转（X、Z）
- 头发摇摆 前
- 头发摇摆 侧
- 头发摇摆 后

03 裁剪插画并调整角度

在面部捕捉软件中，模型大多数时候只会展示胸部以上的部分，很少有机会展示全身。这里为了更简单地制作模型，我们裁剪掉了插画中“膝盖以下的部分”。

另外，由于插画的腿稍微有些角度，所以裁剪后需要调整一下，让人物看起来是直立的。

04 拆分素材并制作导入用的文件

使用与制作立绘的动态相同的方法，拆分素材并制作导入用的文件即可。注意，要一边参考02中决定要使用的参数，一边进行拆分。

■ 源文件：9-1-01_CN.psd、9-1-02-import_CN.psd

提示 什么是面部捕捉软件

简单来说，面部捕捉软件是“借助摄像头将用户自身的动作同步到虚拟形象上”的软件。虚拟主播经常使用面部捕捉软件制作视频或进行直播。

- 面部捕捉软件举例：

  nizima LIVE

  Vtube Studio

  Animaze

以上软件都有免费版和收费版。虽然免费版的功能有限制，但是大家可以先用免费版进行尝试。

9.2 制作模型

在Live2D Cubism中导入插画，并制作用于面部捕捉软件的模型。其做法和以往相同，本节从设计模型开始，设置各个参数。

步骤1 设计模型并设置变形器

从设计模型开始，逐步进行创建图形网格、设置变形器的操作。

设置好目标版本后，开始制作模型※。

如果我们改变了标准参数的设置，那么在面部捕捉软件中，模型就可能无法正确地做出动作。在不清楚所需的参数规格时，最好不要修改参数设置。

设计好模型后，按照和往常一样的方法，创建图形网格并设置变形器即可。

※目标版本要设置成面部捕捉软件支持的版本。有关支持的版本等详细信息，请查看对应面部捕捉软件的用户手册。

- 参数设置：按标准参数进行设置
- 多边形（三角形）数：5000个以下
- 弯曲变形器的转换的分裂数量（纵向×横向）：5×5
- 剪贴蒙版：有
- 胶水：有
- 物理模拟：有
- 自动眨眼/口形同步设置：无

提示 针对用于面部捕捉软件的模型的用途设计负载

面部捕捉软件的运行速度会因系统环境不同。因此，如果多边形数或弯曲变形器的转换的分裂数量增多，就会制作出负载更高的模型，若电脑配置不高，则可能导致无法做出动作的情况。

制作自己使用的模型时，如果系统环境允许，那么制作负载较高的模型也没有问题。但考虑到各种各样的实际运行环境，如果要对外发布模型文件，则建议不要让模型负载太高。

步骤2 设置参数

设置模型的各种参数。

01 设置表情参数

在面部捕捉软件中，会先使用摄像头捕捉动作，再同步到虚拟形象身上。为了让每一个动作都能被面部捕捉软件同步捕捉到，我们要在Live2D Cubism的模型工作区中设置好模型的参数。

● **眼睛的动作**

眼睛的动作会基于“右眼 开闭”“左眼 开闭”“眼珠X”“眼珠Y”参数进行同步。

若希望设置“笑脸”等表情，则还应再给“左（右）眼 变形”参数追加关键点。

● **眉毛的动作**

眉毛的动作会基于“右眉 上下”“左眉 上下”“右眉 角度”“左眉 角度”“右眉 变形”“左眉 变形”参数进行同步。然而人类的眉毛由于无法进行非常精细的运动，即便分别设置了这些参数，也很难进行同步，所以眉毛看起来往往差别不大。

这次我们将眉毛的运动集中在“右眉 上下”“左眉 上下”参数上。在“-1.0”处绑定“生气的眉毛”，在“1.0”处绑定“开心的眉毛”。

要点 **面部捕捉软件无法同步动作怎么办?**

当面部捕捉软件无法同步动作时，检查一下参数的ID是否被更改过。

嘴的动作

嘴的动作会基于“嘴 开闭”“嘴 变形”参数进行同步。

这次我们绑定了“闭嘴平常”“张嘴平常”“闭嘴笑”“张嘴笑”共4种嘴形。

“嘴 变形”参数控制嘴角上下运动。由于人类很难做出嘴角向下运动的动作，所以这次我们没有制作它。

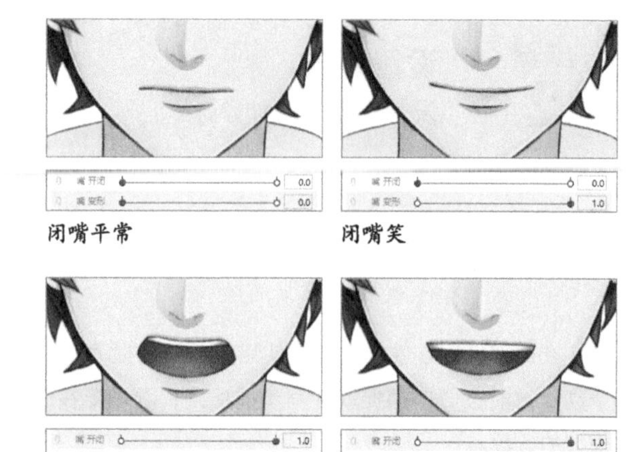
闭嘴平常 闭嘴笑
张嘴平常 张嘴笑

02 设置头部运动参数

设置“角度X”“角度Y”“角度Z”参数。

如果“角度X”“角度Y”的动作幅度太小，那么同步动作后，虚拟形象的这个动作就会很难被看出来。因此，我们要把动作幅度尽量做得大一些。

在此让“角度Z”参数的值为“0.0”时，脖子是伸直的，并让参数变化到“8.0”为止都维持脖子伸直的状态。

03 设置身体运动参数

设置“身体旋转X”“身体旋转Z”“呼吸”参数。

对于“身体旋转X”，在面部捕捉软件中可以设置为根据鼠标光标运动，但无法设置为通过捕捉软件同步的动作。这次我们把制作好的“身体旋转X”参数和“角度X”参数合并，让身体和脸一起运动。

由于面部捕捉软件无法捕捉“身体旋转Y”对应的动作，因此未进行设置。但如果要改变姿势或播放动态，也可以把它做出来。

要点 合并“身体旋转X”参数的时机

对“身体旋转X”的更改要在导出嵌入式文件之前进行。如果最开始就在“角度X”参数上制作身体的动作，之后分离起来就会很困难，并且“选择”功能也不方便使用了，会使工作变得更烦琐。

04 设置右手参数

设置右手运动的参数，可以用于在面部捕捉软件中改变姿势。

- “右手1”最小值为0.0、默认值为0.0、最大值为1.0
- “右手2”最小值为0.0、默认值为0.0、最大值为1.0

在“右手1”的值为“1.0”且“右手2”的值为“0.0”时，设置手握拳的动作；在“右手1”的值为“0.0”且“右手2”的值为“1.0”时，设置手张开的动作。因为在面部捕捉软件中只能设置姿势的“开”和“关”，所以我们分两个参数进行设置。

提示 拆分手部素材的技巧

当手需要进行大幅度的运动时，将手指拆分为细长的素材，会更方便制作动作。在此建议按照下述方式分关节进行拆分。

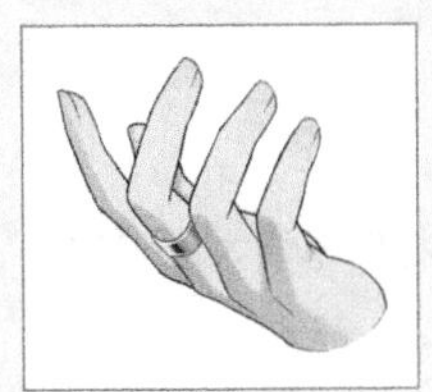
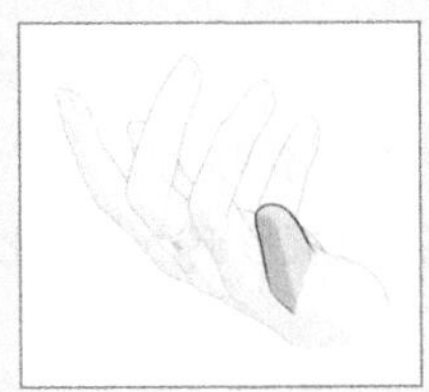
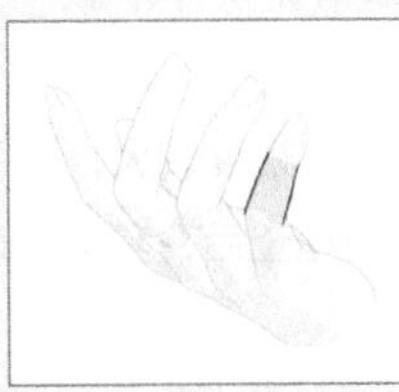
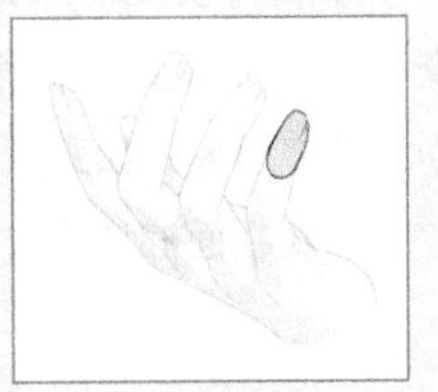

05 设置头发摇摆参数

在“头发摇摆 前”“头发摇摆 侧”“头发摇摆 后”参数上绑定头发的摇摆动作。你也可以自由地添加其他摇摆参数。

06 设置物理模拟

对物理模拟进行设置。创建“前发”“侧发”“后发”物理组，并用和制作立绘的动态相同的方法进行设置即可（参见7.5节）。

在输入设置处，删除“身体旋转X”，并将“角度X”的“影响度（%）”设置为“100%”。至于“倍率”，使用鼠标在模型上拖曳旋转，即可轻松测出最大输出力。

输入	类型	影响度(%)	反转
角度 X	位置X	100	☐
角度 Z	角度	60	☐
身体旋转 Z	角度	40	☐

单击“导出调整（提升）”（❶）后，倍率（❷）会被设置为“1.543”。

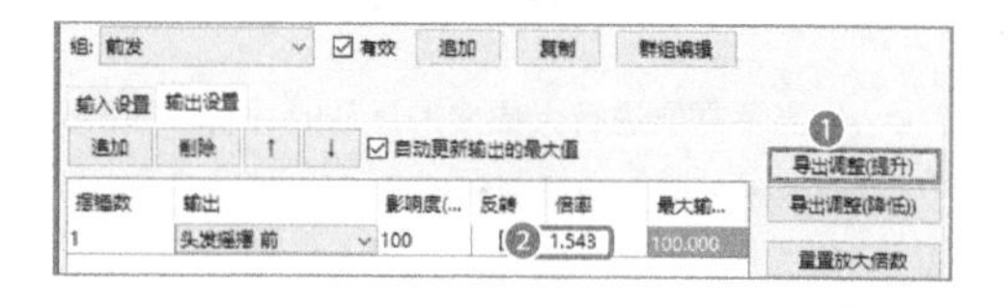

最后将模型导入面部捕捉软件中检查动作，如果觉得摇摆幅度偏小，就手动将倍率增大；如果觉得摇摆幅度偏大，就手动将倍率减小。

这次在面部捕捉软件中检查后，我们发现摇摆幅度偏小，因此将倍率增大到“2.0”。

07 创建纹理集

我们将所有的部件放置在1张尺寸为“2048像素×2048像素”的纹理中（参见6.2节）。脸部部件的倍率设为“100%”，身体部件的倍率设为“70%”即可。

这样我们就完成了模型的制作。

■ 源文件：9-2-01_CN.cmo3

提示　创建纹理集的技巧

改变倍率后，各部位的分辨率就会不同，从而可能产生不协调的感觉。因此，可以按“表情”“脸”“上半身”“下半身”划分，让从属于各个部分的部件拥有相同的分辨率。另外，可以让衣服内衬等几乎看不见的部件的倍率小一些，让比较醒目的部件的倍率大一些。

08 导出文件

导出制作好的模型。在“导出设置”（❶）对话框中按右图进行设置，即可导出“moc3”文件。

导出的文件应命名为由半角英文字母和数字组成的虚拟形象的名称，并保存在以虚拟形象名称命名的文件夹内。这里将会导出下述内容。

- “虚拟形象名.2048”文件夹
- 虚拟形象名.moc3
- 虚拟形象名.model3.json
- 虚拟形象名.physics3.json

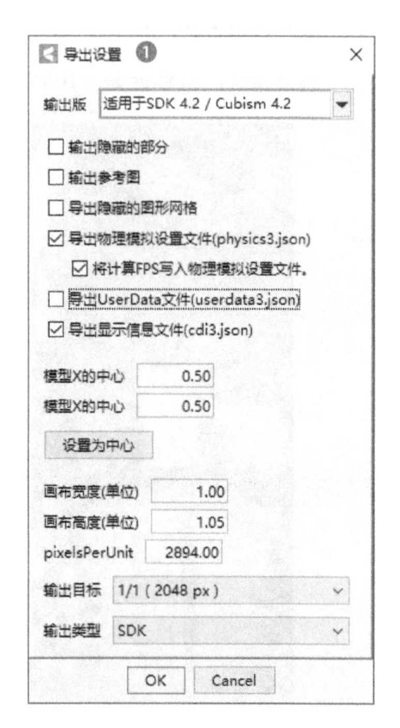

提示 初学者也可以轻松使用的nizima LIVE※

号称“从初学者到专业人士都适用的虚拟主播软件”的“nizima LIVE”是Live2D公司官方的面部捕捉软件。其界面非常简洁，用户可以非常直观地对它进行操作。

使用移动版软件“nizima LIVE TRACKER”，可以利用iPhone的手机摄像头代替电脑摄像头，实现更生动的动作表现。

※译注：软件当前仅支持日文和英文。

第10章 制作动画时可用的便利功能

10.1 制作素材

在Live2D Cubism中加载了一些制作动画时可用的便利功能。
在本章中，我们会使用上一章制作的模型（若樱莲），并利用新功能制作动画。要使用的功能有：图形路径、连序图片轨道、图形动画和跳帧。

步骤 1 设想动作并制作分镜

制作用于视频的动画前，可以先制作分镜以固定设想好的动作。

我们设想的动作是：莲的手上冒出火焰，嘴角上扬微微一笑。此处的分镜中记录了动作的细节。

我们要让侧面的脸转向正面，因此要先绘制好侧面的设定图。

■ 源文件（分镜）：10-1-01_CN.png

■ 源文件（侧脸）：10-1-02.png

分镜	画面	内容	台词	时间
1		莲看向手 ※侧脸 背景为黑色的渐变		1 +
		脸转向正面 手上出现火焰特效		3 +
		眨眼，然后微微歪头 一侧的嘴角上扬 帅气地微笑		2 +

步骤 2

准备模型素材

在第9章用于制作模型的PSD文件中追加图层。

01 追加图形路径用的图层

为了使用图形路径功能，我们需要将线稿和颜色图层分开。这次我们基于第9章制作的原画（9-1-01_CN.psd），将脸复制一份，并将线稿和底色拆分为不同的图层。

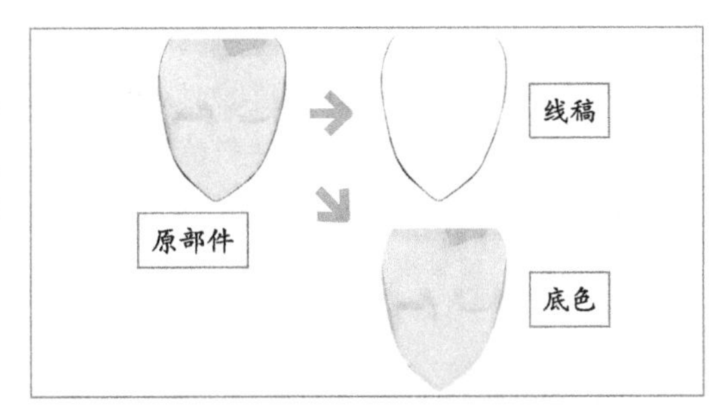

接下来为了制作侧脸，我们新画一张侧脸，并将线稿和底色拆分为不同的图层。

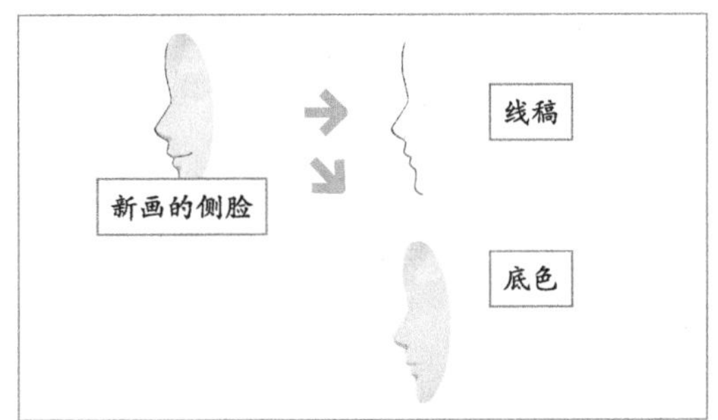

02 追加制作侧脸用的其他图层

下面追加制作侧脸所需的其他图层。因为这些图层无须使用图形路径功能，所以和之前一样，将线稿和底色合并为一个图层即可。

另外，为了制作侧脸，还需要准备侧脸的“表情差分_参考”。

● **追加的图层**

侧脸左耳、侧发_1、侧发_2、发际线2、头发下2、头发侧3、侧脸嘴、侧脸左眼图层组、表情差分_参考（图层组）

■ 源文件：10-1-03-import_CN.psd

步骤 3

替换文件

再次打开第9章中制作的模型文件并导入新的PSD文件。

01 导入新的PSD文件

首先打开第9章中制作的模型文件（9-2-01_CN.cmo3），然后用添加了新图层的PSD文件（10-1-03-import_CN.psd）进行替换。

模型原来使用的PSD文件中不包含的新图层会被放在“10-1-03-import_CN.psd（未找到对应图层）”文件夹中。

02 创建图形网格

因为新增的物体是原模型中没有的，所以还没有创建图形网格。我们可以使用自动网格生成功能为它们创建网格。

03 整理新追加的物体结构

将“未找到对应图层”文件夹中的物体移动到对应的层级，并添加为变形器的子级。

将图形网格“脸_线稿”“脸_底色”“侧脸_线稿”“侧脸嘴”“侧脸_底色”放在和原本的脸的图形网格相同层级处，同样也设为变形器“脸的弯曲”的子级。

由于不再使用原本的脸的图形网格，所以要隐藏它。

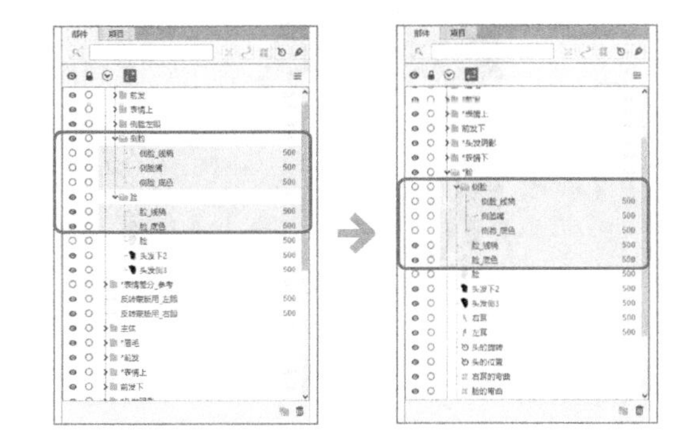

要点 修改剪贴蒙版

隐藏原本的脸的图形网格后，会弹出右图所示的提示，这是因为“右发影”和“左发影”将隐藏的“脸”（图形网格ID：ArtMesh43）作为了剪贴蒙版。

这次我们要用的是“脸_底色”，所以将“右发影”和“左发影”的剪贴蒙版修改为图形网格“脸_底色”的ID，即可消除这个提示。

对于新增的其他物体“反转蒙版用_右眼”“反转蒙版用_左眼”“侧脸左耳”“侧发_1、侧发_2”“发际线2”“侧脸左眼（文件夹）”“头发下2”“头发侧3”“侧脸嘴”“侧脸（表情差分_参考）”，也要像右图这样移动到各个层级。

这样，“10-1-02-import_CN.psd（未找到对应图层）”文件夹中就没有剩余的物体了，将该文件夹删除即可。

源文件：10-1-04_CN.cmo3

10.2 使用图形路径制作侧脸

利用图形路径功能可以创建线条，这次我们用它来制作脸的轮廓。使用这个功能对轮廓进行整体变形，从而制作正脸转向侧脸的动作。这次我们只制作转向（屏幕）左侧的侧脸。

注意，如果不将软件的目标版本设为“不支持SDK”，就无法使用图形路径功能。

步骤1 在“角度X”参数上增加用于制作侧脸动作的点

修改现在的关键点并增加新的关键点。

首先单击参数“角度X”“角度Y”左侧的锁链形图标（❶），解除参数的结合状态。

然后，在参数“角度X”上单击“选择”（❷），选中绑定在参数“角度X”上的图形网格和变形器。

接着单击“调整”（❸），将“更换后值”设为“-20.0”。

最后单击“追加2点”（❹），在参数“角度X”的“-30.0”处插入关键点。

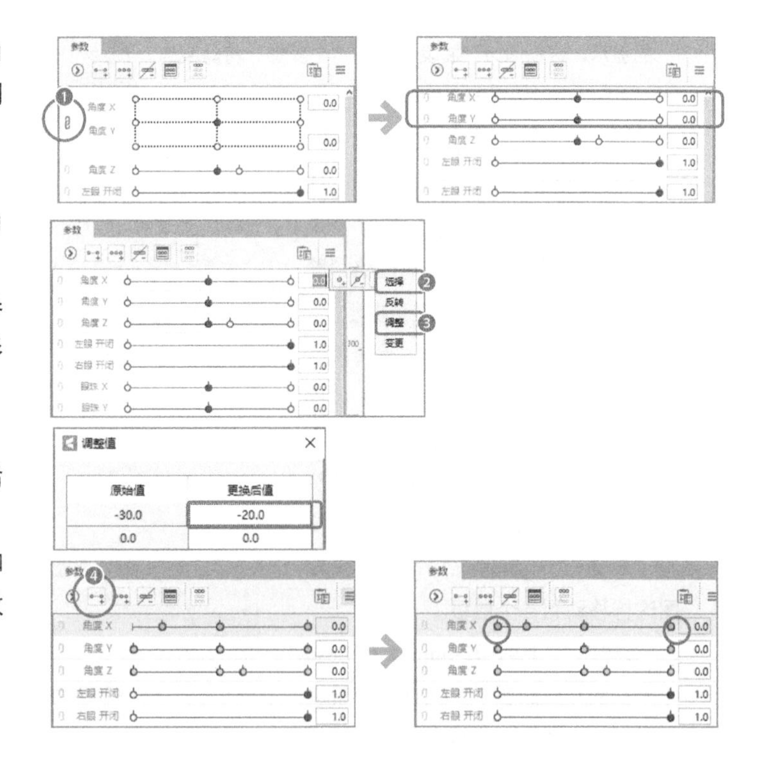

步骤 2

沿脸部轮廓创建图形路径

围绕底色生成图形路径并创建线稿。

01 基于图形网格创建图形路径

首先在“部件”面板中选中“脸_底色”（❶），然后单击“图形路径工具”图标（❷），再单击“打开自动生成图形路径对话框”图标（❸），就会弹出“自动生成图形路径”对话框（❹）。

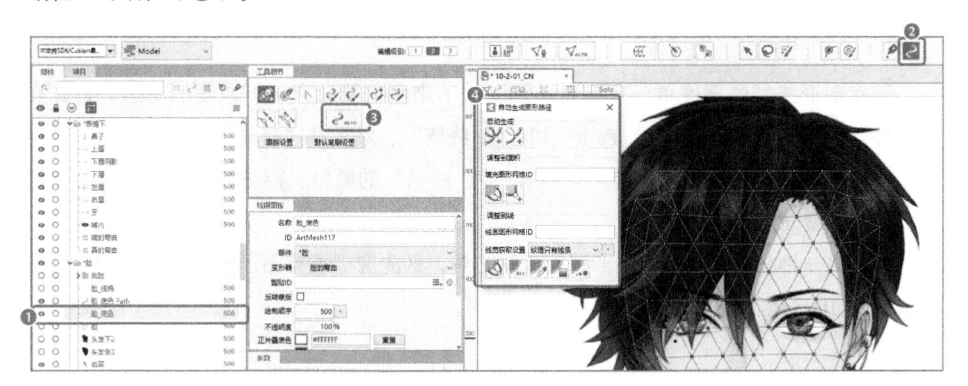

单击“从单个图形网格自动生成”图标（❺），就会生成图形路径“脸_底色 Path”（❻）。先不要使用变形器等功能对现在选中的图形网格进行变形。

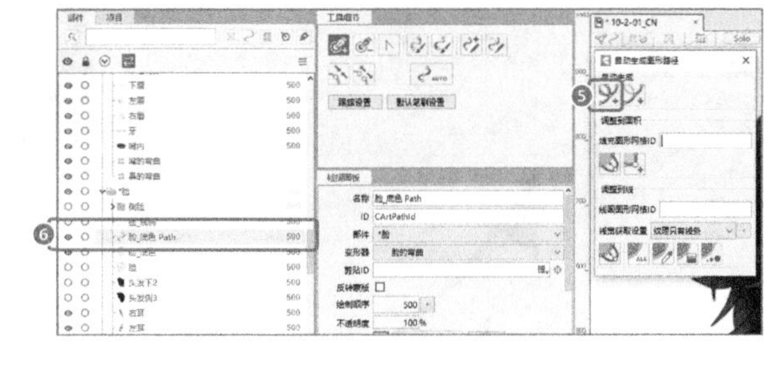

02 让图形网格和原画重合

拖曳控制点（❶），让生成的图形路径“脸_底色 Path”和“脸_线稿”重合。其粗细和颜色在之后再进行调整，这里先让位置重合即可。

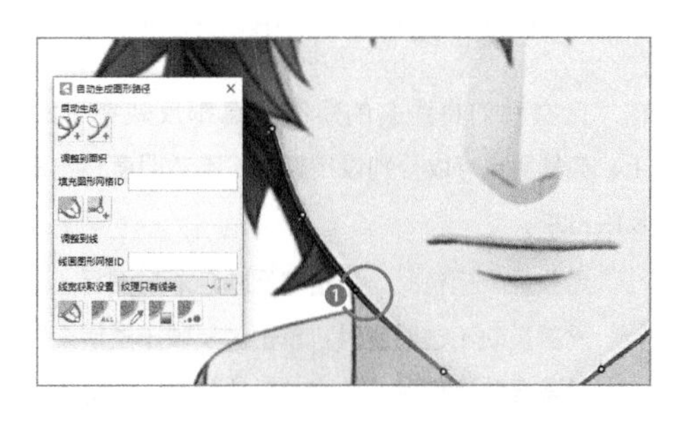

如果现有的控制点不足以让线稿重合，则可以先在“工具细节”面板中单击“追加控制点”图标（❷），再在图形路径上单击，即可追加控制点。

反之，如果因控制点太多导致调整起来很困难，则可以单击“删除控制点”图标（❸），删除图形路径上的控制点。

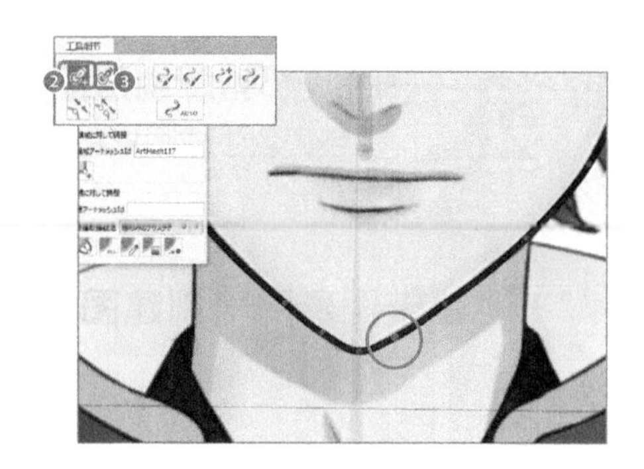

03 让图形路径的粗细和颜色与原画一致

现在图形路径的宽度单一且颜色单调，接下来我们要让它接近原画的笔触。首先在“部件”面板中选中“脸_底色 Path”和“脸_线稿”，然后在“自动生成图形路径”对话框中单击“反映所有”图标（❶）。这样“脸_线稿”的颜色、粗细和不透明度就会被自动反映在“脸_底色 Path”上。

还有另一种将线稿反映在图形路径上的方法，即先在“填充图形网格ID”处输入“脸_线稿”的ID，然后单击“反映所有”图标即可。

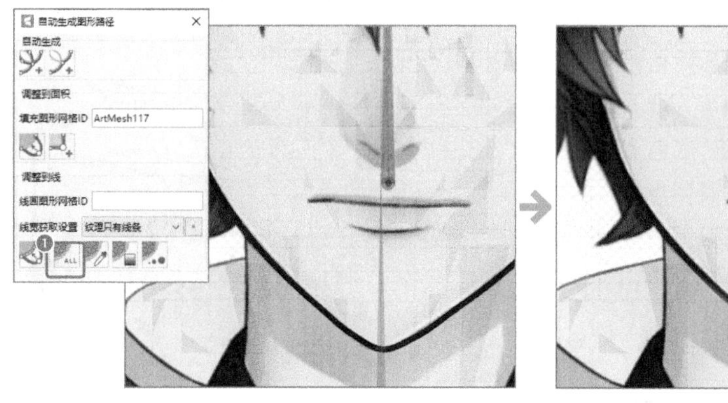

提示 在图形路径上反映图形网格的线条信息

这次我们将线条的所有信息都反映在了图形网格上，但其实也可以分别设定颜色、不透明度和宽度是否被反映出来。

希望反映颜色时：单击“反映色彩”图标（Ⓐ）

希望反映不透明度时：单击“反映不透明度”图标（Ⓑ）

希望反映宽度时：单击“反映线宽”图标（Ⓒ）

手动修正宽度发生变化的地方。

在“工具细节”面板中，首先单击“调节控制点的粗细”图标（❷），然后输入想要追加的宽度（❸）。单击想要加宽的位置的控制点并拖曳鼠标，即可增加附近线条的宽度。推荐每次追加的线条宽度为1px以下，一点一点地调整。另外，按住Alt键并拖曳鼠标，即可减少附近线条的宽度。

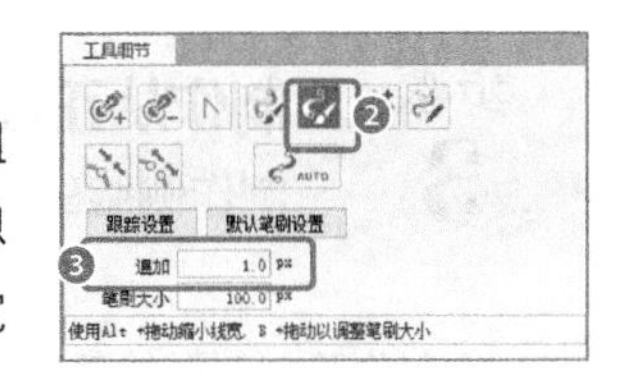

将线条宽度调整到和线稿相同后，“脸_线稿”就不再需要使用了，将其隐藏即可。

源文件：10-2-01_CN.cmo3

提示 改变图形路径的颜色或不透明度

除宽度外，图形路径的颜色和不透明度也可以用笔刷（纹理）来改变。

● 改变不透明度

使用图形路径的“工具细节”面板中的“调节控制点的不透明度”（Ⓐ），即可进行调整。此处和调整宽度时一样，也可以调整不透明度的变化程度和笔刷的大小。

● 改变颜色

选中想要修改的控制点，即可在“检视面板”面板下方“控制点设置”处修改“线条颜色”（Ⓑ）。另外，在“控制点设置”下还可以对“线宽”（Ⓒ）和“不透明度”（Ⓓ）等进行详细设置。

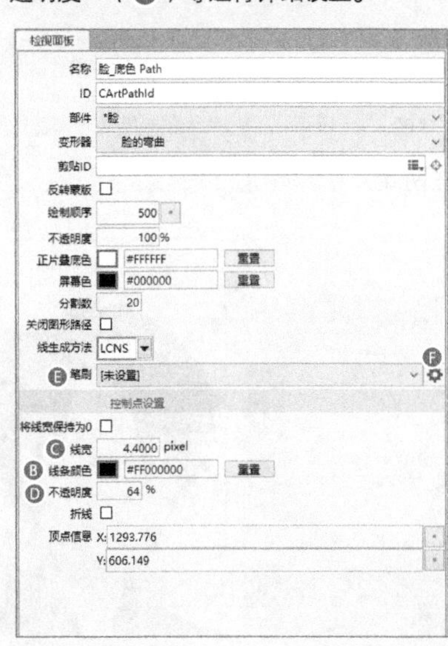

● 改变图形路径的笔刷（材质）

单击选中想要更改的图形路径，即可在“检视面板”面板中更改“笔刷”（Ⓔ）。初始状态下，可以在“水彩”和“铅笔”之间选择。

单击“笔刷”选择菜单右侧的“打开图形路径笔刷设置窗口”（Ⓕ），即可打开“图形路径笔刷设置”对话框，在这里可以详细设置笔刷。另外，你也可以使用自己创建的笔刷材质，以此表现更接近原画的质感。

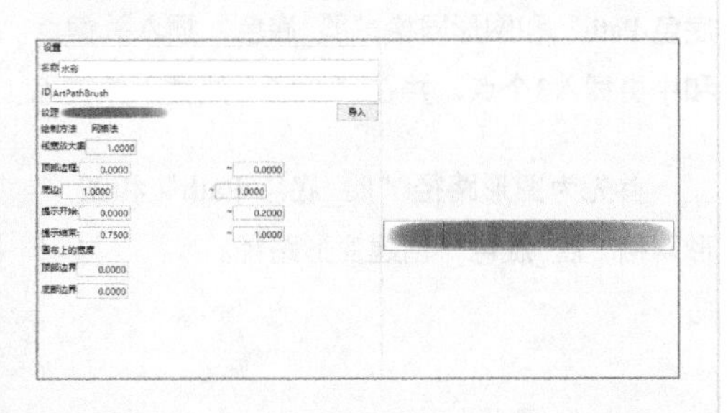

步骤3 制作从正面转向侧面时鼻子轮廓超出脸部轮廓的动作

制作侧脸的动作。

在制作脸向侧面转动的动作时，我们会先使用正脸的素材，然后切换到侧脸的素材。为了让转脸动作显得自然，需要对构成脸部轮廓的图形网格进行变形，并让与脸相关的物体进行移动。在脸转向侧面时，鼻子的侧面轮廓也会渐渐变得可见。在鼻子轮廓超出脸部轮廓的那一刻，让侧面的鼻子显示出来。

01 调整脸部物体位置

调整绑定在参数“角度X”上的变形器和图形网格，将参数“角度X”的“20.0”处的状态调整为“在鼻子轮廓超出脸部轮廓之前”的状态。下面首先移动鼻子的位置，然后以此为基准调整周围物体的位置。

修改前

修改后

02 调整脸部轮廓

在参数“角度X”上，为刚才制作的图形路径“脸_底色 Path”和图形网格“脸_底色”插入关键点。在两端和中央插入3个点，并在“-20.0”处插入关键点。

首先为图形路径“脸_底色 Path”和图形网格“脸_底色”创建变形路径。

然后使用变形路径对脸部轮廓进行变形，并根据需要移动图形路径的控制点进行微调即可。

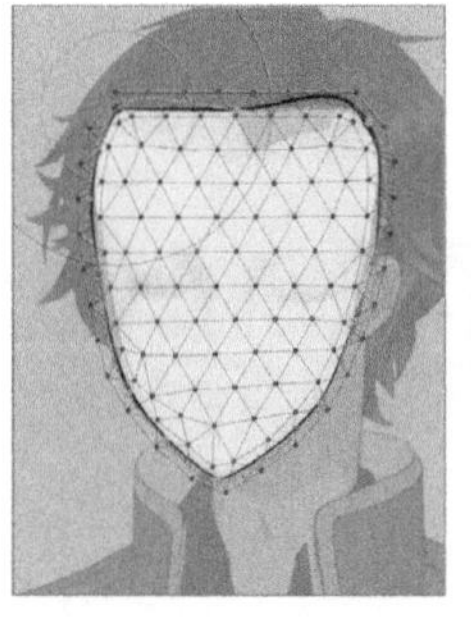

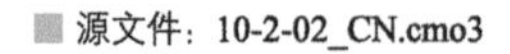
■ 源文件：10-2-02_CN.cmo3

提示 为图形路径和图形网格追加变形路径

同时选中图形路径和图形网格，设置变形路径即可。这样就可以同时对图形路径和图形网格进行变形，非常方便。

同时选中想要追加变形路径的图形路径和图形网格，然后选中“变形路径”工具。

沿着脸部轮廓线追加变形路径（A）。

移动创建好的变形路径，即可同时对图形路径和图形网格进行变形（B）。

另外，也可以自动生成变形路径。同时选中图形路径和图形网格，然后在菜单中选择“建模”→“图形路径”→“从图形路径创建变形路径”，即可自动生成变形路径。

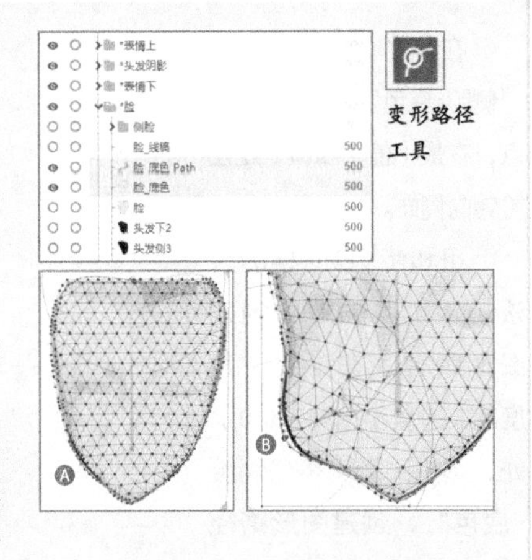

步骤 4 制作鼻子轮廓超出脸部轮廓时转向侧脸的动作

创建侧脸的图形路径以制作侧脸动作。

01 设置侧脸用的部件

因为正脸在当前状态下不可见，所以我们先把相关的物体隐藏。

然后，在“部件”面板中将“表情差分_参考”显示出来，并将不透明度设置为50%。最后根据“侧脸”参考图，对头发的变形器等进行变形以制作侧脸。

显示出侧脸用的物体：侧脸左耳、侧发_1、侧发_2、发际线2，头发下2、头发侧3、侧脸左眼图层组。为物体“头发下2”“头发侧3 ”分别创建父级的弯曲变形器。另外，也要显示出其他的头发、眼睛、嘴、耳朵等，并分别创建变形器。对于“侧脸_线稿”和“侧脸_底色”，由于后面会创建图形路径，所以在此不创建变形器。

在“角度X”的“-30.0”处追加关键点，调整各个变形器以调整侧脸的形状。

■ 源文件：10-2-03_CN.cmo3

02 创建侧脸的图形路径

在参数“角度X”上为“侧脸_底色”追加3个关键点，在最小值（-30.0）处让脸转向侧面。

用和步骤2同样的方法，沿侧脸的轮廓创建图形路径。在参数“角度X”的最小值（-30.0）处，选中图形网格“侧脸_底色”，创建图形路径“侧脸_底色 Path”。

03 调整图形路径

接下来和步骤2的操作一样，调整控制点后，在“自动生成图形路径”对话框中执行“反映所有”，以此调整“侧脸_底色 Path”的轮廓。调整完成后，“侧脸_线稿”就不再需要使用了，将其隐藏即可。

04 制作鼻子的形状切换的分界处

为物体“鼻子”在参数“角度X”的“-20.0”和“-21.0”处插入关键点，并按照右侧的方式设置不透明度。

同样，对于图形路径“侧脸_底色 Path”和物体“侧脸_底色”，在参数“角度X”的“-20.0”和“-21.0”处插入关键点，并按照右侧的方式设置不透明度即可。

关键点：不透明度

0.0：100%

-20.0：100%

-21.0：0

-30.0：0

关键点：不透明度

0.0：100%

-20.0：100%

-21.0：0

-30.0：0

这样，以“-20.0”处的关键点为界，物体鼻子会被替换。眉毛和鬓角的头发也是一样的，通过在关键点上绑定不透明度的方式进行切换。为了让参数“角度X”在“-21.0”处的关键点上的形状和“-20.0”处的尽可能相似，我们要对各变形器进行调整。

为了切换嘴巴和眼睛，我们在“-24.0”和“-25.0”处追加关键点。

调整结束后，通过改变“角度X”的值，检查脸是否能流畅地转向侧面。

■ 源文件：10 2 04_CN.cmo3

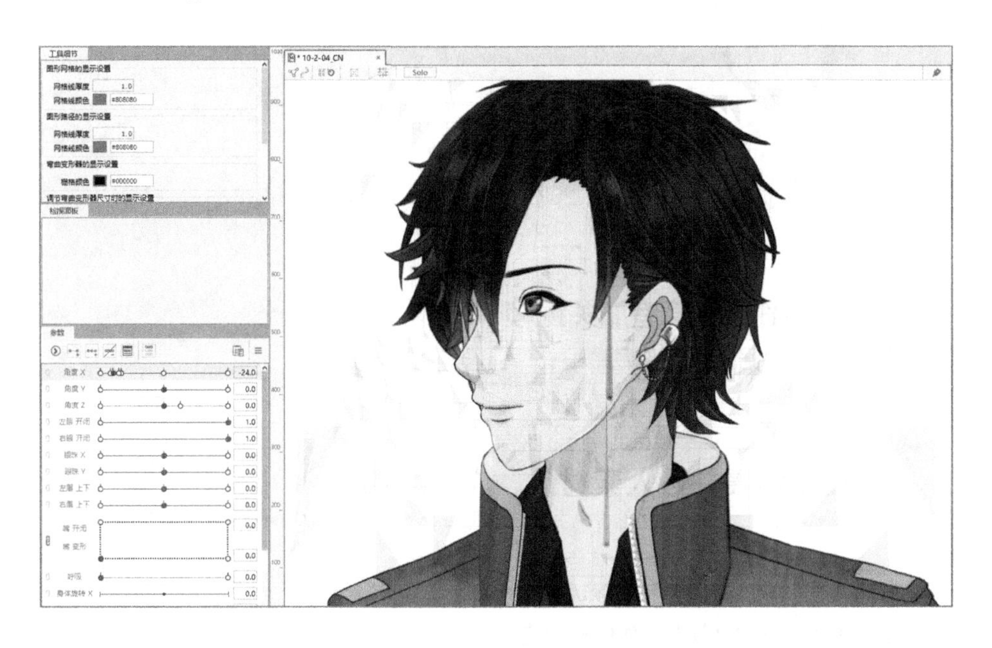

提示 **使用图形路径创建笔触**

利用自由绘制路径工具可以创建图形路径。

首先选中图形路径工具，然后在“工具细节”面板中单击“使用笔触创建图形路径”图标（Ⓐ），此时在画布上拖曳，即可创建图形路径。

在“间隔”设定（Ⓑ）处可以调整顶点的间隔。另外，如果勾选“笔压设置”（Ⓒ）处的“不透明度”和“笔刷大小”，就可将数位板（或数位屏）的笔压反映在图形路径上。

顺便说一下，单击“使用笔触编辑图形路径”图标（Ⓓ），即可通过重新绘制的方式编辑图形路径。

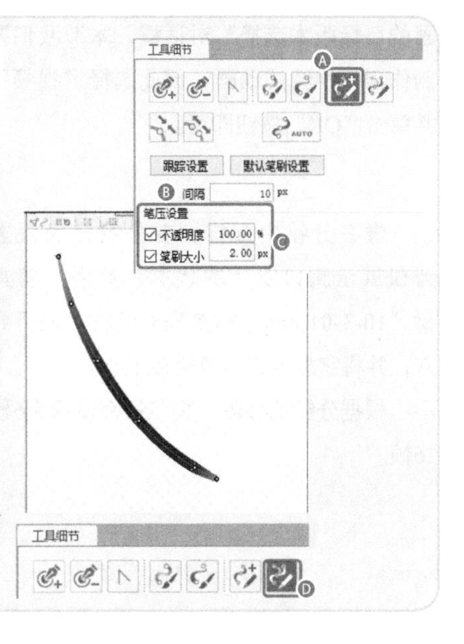

10.3 制作动画

在模型工作区中制作完模型后，切换到动画工作区制作动画。

步骤 1 根据分镜追加关键帧

根据分镜制作动作。

01 设置场景并导入素材

在工具栏中单击“切换”图标，切换到动画工作区，将10.2节中制作的模型拖曳到“时间线”面板中。之后会弹出“动画的目标版本选择”对话框，本节我们要制作用于视频的动画，因此选择“视频”并单击“OK”按钮即可。

场景规格

- 场景名称：cut01
- 场景长度：6秒16帧
- 场景尺寸：宽度为1920像素、高度为1080像素
- 帧率：30fps

像在分镜中那样，首先将角色设置为仅展示胸口以上的状态。然后，将素材“10-3-01.png”拖曳到时间线上进行导入，并将它放置在角色轨道下方。

根据分镜的秒数，将它们都设置为6秒16帧。

02 追加关键帧

下面创建动态。根据分镜，我们首先要让脸从侧面转向正面，然后让角色的手上冒出火焰，最后让角色微笑。除火焰和最后微笑的嘴角外，其他动作都要使用关键帧制作。

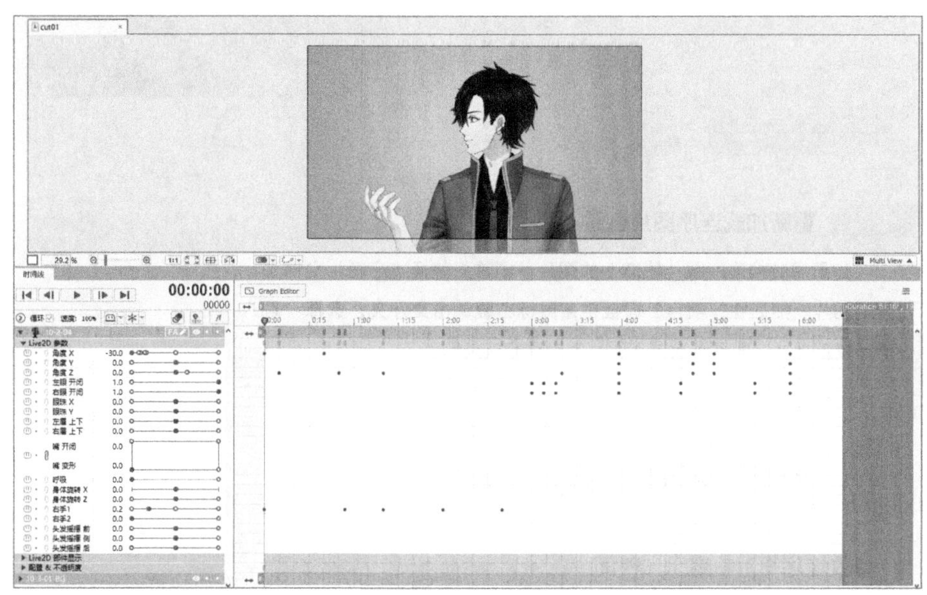

■ 源文件：10-3-01_CN.can3

步骤 2 导入连序图片，创建连序图片轨道

使用新的连序图片轨道功能，将连序图片设置在时间线上。

01 导入连序图片

连序图片轨道是可以将连序的图片导入专用轨道并进行设置的功能。这次，我们要导入一份连序图片※，内容是由其他动画软件生成并导出的火焰特效。

※译注：此处的“连序图片”在After Effects等视频编辑软件中通常被称为“帧序列”。

首先，把要追加的连序图片全都放入一个文件夹（10-3-fire-PNG）中。

■ 源文件：10-3-fire-PNG 文件夹

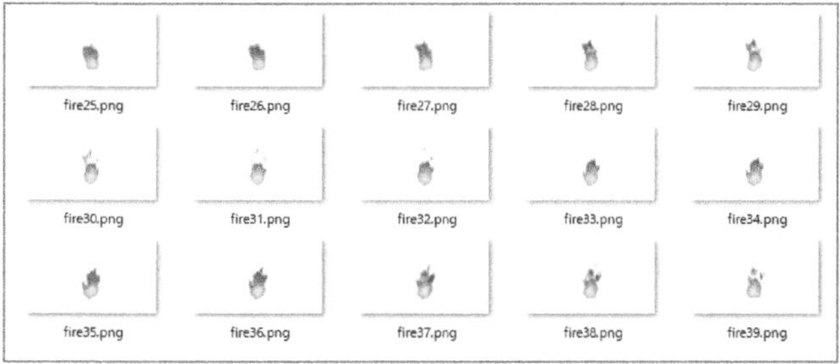

然后将这个文件夹直接拖曳到cut01的时间线上。

这样我们就导入了连序图片，在“时间线”面板上会显示出“连序图片轨道”。单击“播放”按钮，导入的连序图片就会被播放。

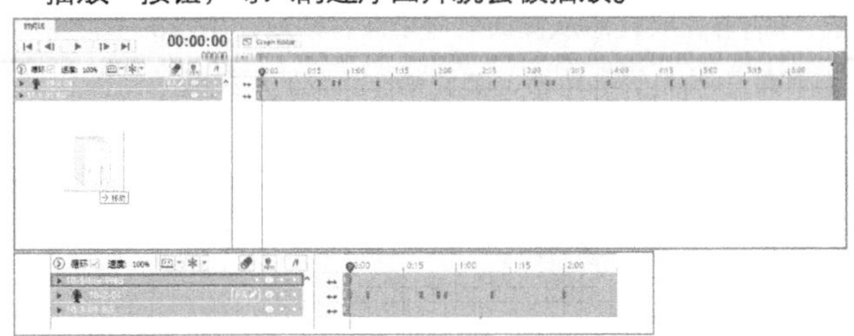

要点 重新加载连序图片轨道

如果想替换连序图片轨道上的图片，则首先替换连序图片文件夹里的图片。然后在“项目”面板中用鼠标右键单击文件夹，选择“重新加载数据”，即可再次导入图片并自动完成更新。

02 改变连序图片的播放位置

修改连序图片轨道上“时间重映射”的关键帧，即可改变其播放的位置。

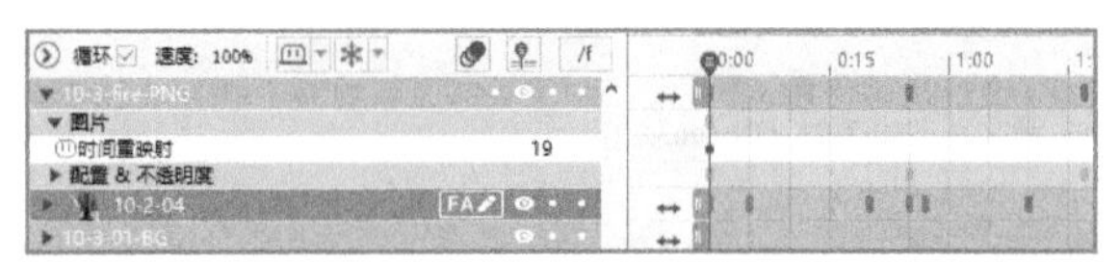

结合这次的动画，我们要改变图片播放的位置，让连序图片轨道在手张开的时候开始播放。修改轨道上紫色条的位置到如图所示的帧，这次我们让火焰在0：01：10（1秒10帧）处播放。另外，我们也要把图片移动到手的上方。追加关键帧，让火焰的位置配合手的动作略微产生变化。

■ 源文件：10-3-02_CN.can3

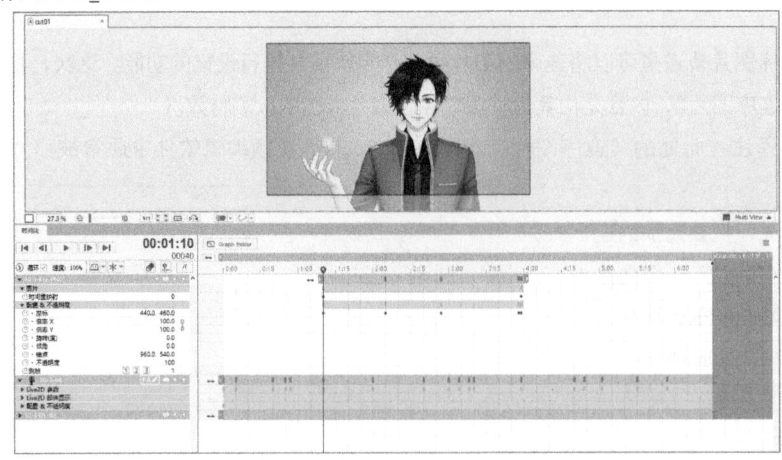

提示 **连序图片轨道的"时间重映射"功能**

使用"时间重映射"功能还可以调整连序图片的播放速度，可以让某部分的播放速度变快或变慢。在"时间线"面板中，首先展开并选中连序图片轨道下的"图片"→"时间重映射"，然后单击"Graph Editor"（图表编辑器）按钮。

此时会显示出控制播放速度的图表，单击"时间线"面板上方的"贝塞尔"图标，即可调整曲线。利用贝塞尔曲线功能调整出想要的播放速度即可。

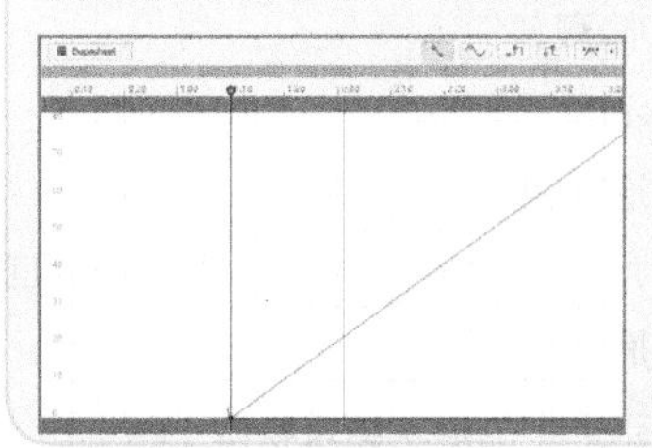

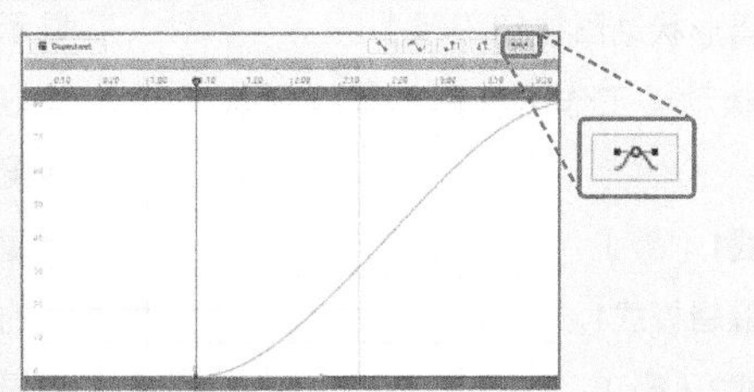

步骤 3 **使用形状动画功能**

使用形状动画功能编辑物体。

01 形状动画工作区的界面结构

使用形状动画功能，可以在时间线上像建模时那样直接编辑物体。注意，这个功能是制作视频专用的，不能导出到SDK中。

形状动画功能位于"形状动画工作区"中，单击"时间线"面板中的"打开形状动画视图"（参见P336）按钮，即可打开它。形状动画工作区界面的结构和各图标的含义如下。

● **形状动画工作区中的图标**

显示/隐藏动画预览（❶）：

单击该图标后，可以像下图这样，显示出动画工作区中设置的画面位置，以此可以查看整体的相对位置设置。

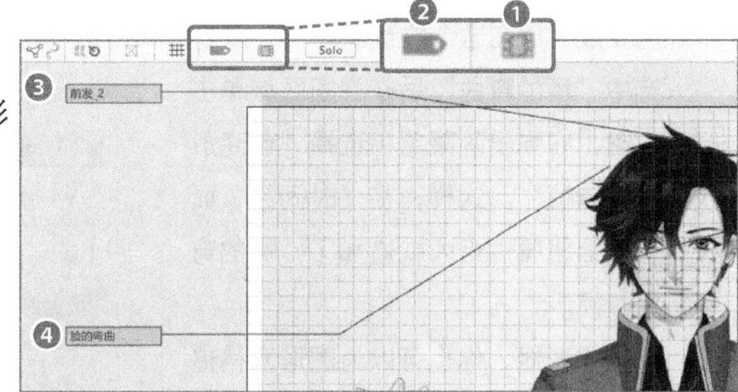

显示/隐藏标签（❷）：

单击该图标可以显示进行过形状编辑的物体。

标签（调整模式1）（❸）：

该图标用于显示在调整模式1下编辑过的物体。

标签（调整模式2）（❹）：

该图标用于显示在调整模式2下编辑过的物体。

● "时间线"面板上的图标

模型轨道上会追加"形状编辑"属性组。在工作区中进行过形状编辑的物体会被自动追加到这里。

开始编辑形状动画按钮（❶）：

打开形状动画工作区，开始编辑形状动画。

编辑模式1（❷）：

切换到编辑模式1。

编辑模式2（❸）：

切换到编辑模式2。

开/关应用形状编辑（❹）：

可以打开/关闭形状动画的效果。

显示/隐藏部件（❺）：

可显示/隐藏部件。

重置形状编辑（❻）：

重置所选关键帧的形状编辑，使其回到原本的形状。

仅显示选定的形状编辑物体（❼）：

除形状编辑属性组内被选中的属性外，隐藏其他所有属性。

02 追加形状编辑关键帧

接下来要追加形状编辑关键帧，也就是在时间线上追加形状动画用的关键帧。在"时间线"面板中，单击"打开形状动画视图"（开始编辑形状动画）按钮，即可打开形状动画工作区。

这次我们要让嘴的一侧变形，制作出参数中没有的微笑表情，所以首先要选中"嘴的弯曲"。然后在0：04：11（4秒11帧）处对嘴进行变形，因此要将指示器（红色竖线）放在这个位置。

选中"嘴的弯曲"后在视图区域单击鼠标右键，在弹出的菜单中选择"创建形状编辑关键帧"。这样，在"时间线"面板的形状编辑属性组内就追加了"嘴的弯曲"关键帧。

除了变形器，你也可以为图形网格追加这样的形状编辑关键帧。

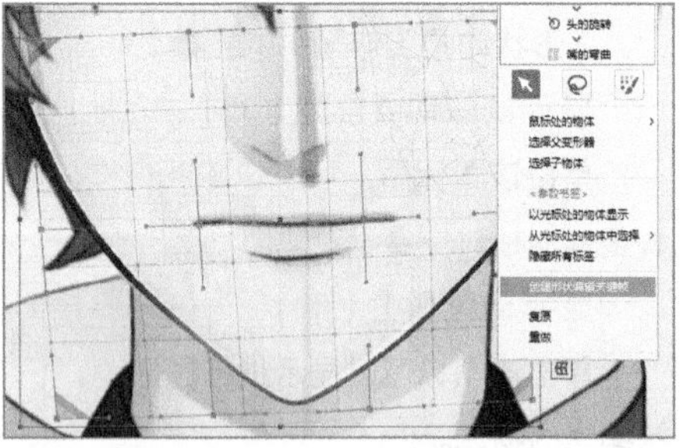

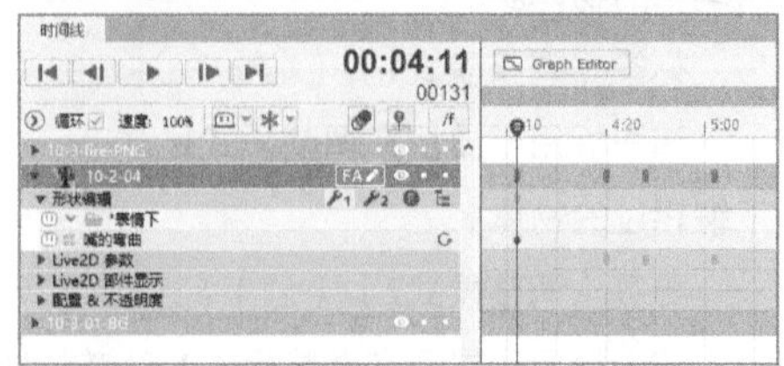

03 在时间线上对物体进行变形

首先将指示器放在想要操作的关键帧上，然后直接在视图中进行变形操作即可。这次我们让嘴角在1秒后开始微笑，因此在0：05：10（5秒10帧）处追加关键帧并进行变形。和建模时参数中的关键点一样，关键帧之间的形状插值会被自动补全。

通过播放查看是否完成了预想中的变形。如果没有问题，关闭形状动画标签页以返回动画工作区，保存即可。

形状动画产生的运动会被保存为动画。另外，对形状动画进行变形并不会影响模型文件。

要点 重置物体的变形

当想对物体进行重置变形时，单击“重置形状编辑”，即可回到变形前的状态。

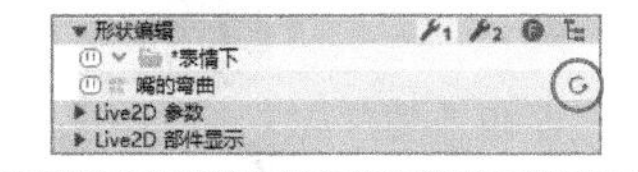

要点 形状编辑的“时间重映射”功能

经过形状编辑的动画也和正常动画一样，可以使用“时间重映射”功能调整播放速度。

源文件：10-3-03_CN.can3

提示 调整物体的不透明度和绘制顺序

在形状动画工作区中，也可以调整物体的不透明度和绘制顺序。

首先在“形状动画工作区”内选中想要更改的物体，然后在“检视面板”面板中修改对应的数值即可。

操作完成后，会在形状编辑属性组中追加关键帧。

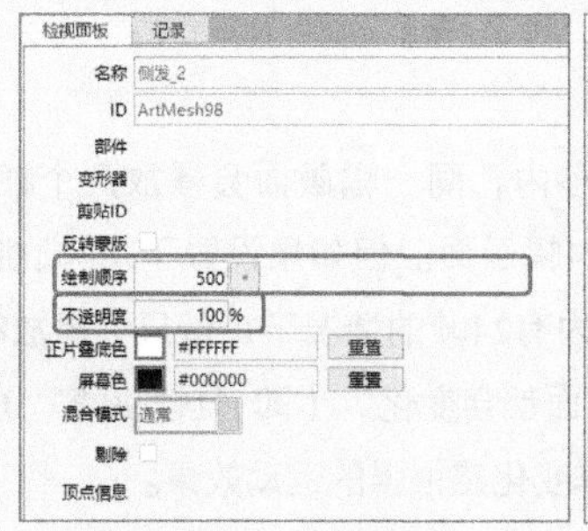

提示 临时变形工具

在“形状动画”（或“建模”）菜单中，选择“临时变形工具”→“临时路径变形”，即可添加临时变形用的控制点。

在路径上单击，即可添加控制点。另外，按住Alt键并单击控制点，即可删除控制点。

拖曳控制点，即可对路径进行变形。

在“形状动画”（或“建模”）菜单中，选择“临时变形工具”→“临时弯曲变形”，即可创建临时变形用的网格状的控制点。

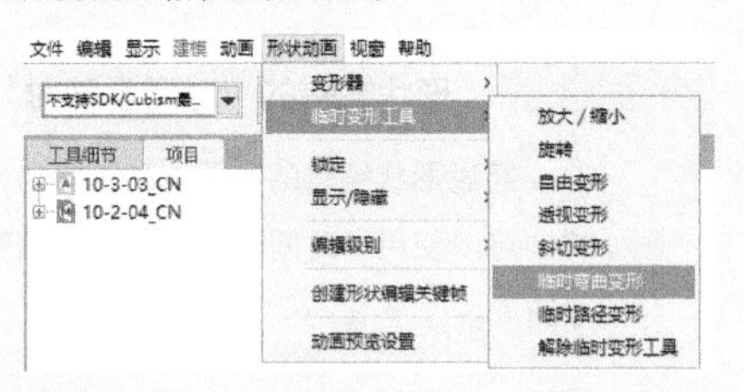

选中物体后，单击红色边界框旁的按钮（Ⓐ），也可以使用临时变形工具。

步骤4 设置跳帧

使用“跳帧”功能可以制作出类似手绘动画的效果。

01 什么是“跳帧”

所谓“跳帧”（抽帧），指的是“在1秒内，同一幅画面会播放几个帧的长度”。举例来说，如果1秒内有24帧，通常会播放24幅画面。但如果设置了“3帧跳帧”，就会在“3帧”内显示同一幅画面。因此，在1秒内有24帧的情况下，就只会播放8幅画面。在Live2D Cubism中，通常来说，“每一帧的画面都会变化”（即“1帧跳帧”），但有目的地设置“跳帧”，可以制作出像手绘动画那样变化感很强的运动效果。

02 设置跳帧

下面对此前制作的动画进行调整。

在“时间线”面板中展开模型的属性组，再展开“配置&不透明度”，即可找到3个“跳帧”设置按钮（❶）。这3个按钮分别代表“1帧跳帧”“2帧跳帧”“3帧跳帧”，你也可以在旁边的文本框内（❷）直接输入需要的跳帧数。

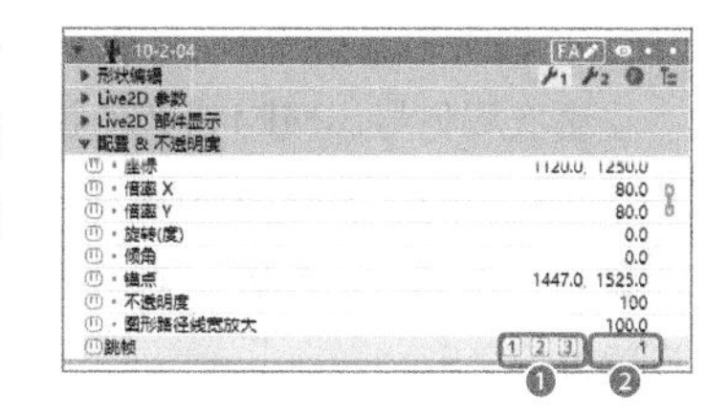

另外，也可以通过添加关键帧来修改各部分的“跳帧”设置。这次，我们为角色模型转头的动作设置两帧跳帧，其他部分设置为3帧跳帧。

首先，在“时间线”面板中将指示器放在第0帧位置，然后单击“跳帧”处的“2”（❸）。这样就打上了跳帧用的关键帧（❹）。

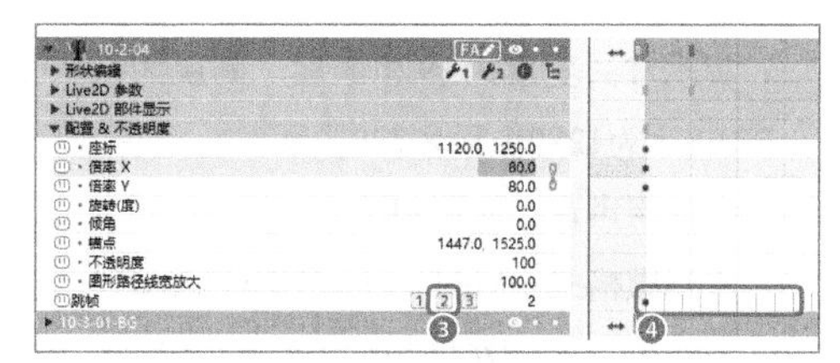

接下来，将指示器放在朝向正面的0：00：20（第20帧）处，单击“跳帧”处的“3”。这样打好关键帧后，在0：00：20（第20帧）之后都会应用“3帧跳帧”。

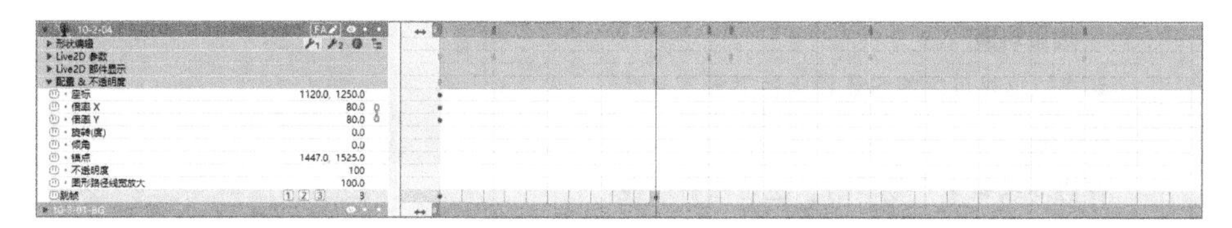

■ 源文件：10-3-04_CN.can3

提示 为特定参数设置“跳帧”

你可以为每个参数组单独设置跳帧。举例来说，你可以只让面部表情应用“3帧跳帧”。

选择想要应用跳帧的表情参数组，单击鼠标右键，选择“追加删除跳帧属性”后，“跳帧”就会被追加到表情参数组的最下方。这样就可以改变跳帧设置了。

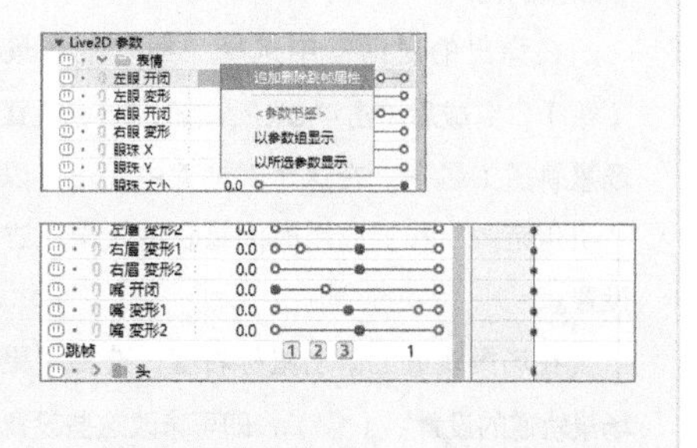

步骤5 导出动画

将制作完成的动画导出为视频。

这次我们导出MP4格式的视频。在菜单中选择“文件”→“导出图像/视频”→“视频”后，会弹出“视频导出设置”对话框。这里按照以下设置进行导出。

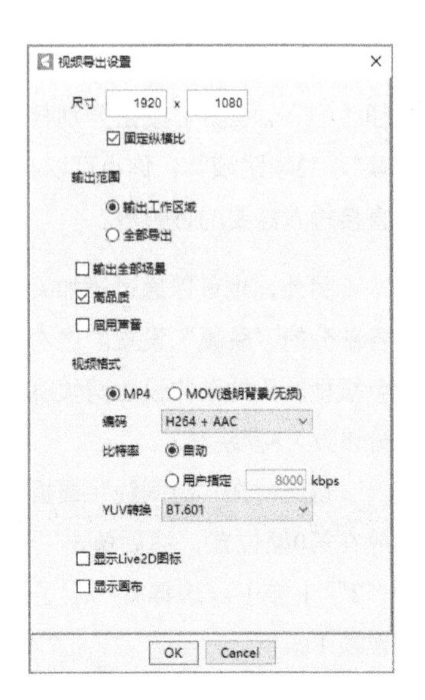

●尺寸：宽度为1920像素、高度为1080像素（FREE版为1280像素×720像素）

●启用声音：取消勾选

●视频格式：MP4（OpenH264+AAC）

※译注：OpenH264在软件中被简写为H264。

■ 源文件：10-3-05.mp4

提示 编辑场景时的便利功能

● 场景轨道

场景轨道是可以将场景作为轨道放入其他场景的功能。

在协同编辑多个场景时，还可以将已经包含场景轨道的场景作为场景轨道，即以轨道“嵌套”的方式使用。

在使用场景轨道时，应先把指示器放在预定位置（Ⓐ），然后单击“场景”面板中的“场景的插入”（Ⓑ）图标。

在弹出的对话框中选择“插入的场景”（Ⓒ），完成后单击“OK”按钮，即可设置好场景轨道（Ⓓ）。在这个对话框中，还可以对“引用范围”和“应用时间重映射效果”进行设置。

在场景轨道上单击鼠标右键，选择“更改场景轨道的设置”（Ⓔ），即可修改这些设置。

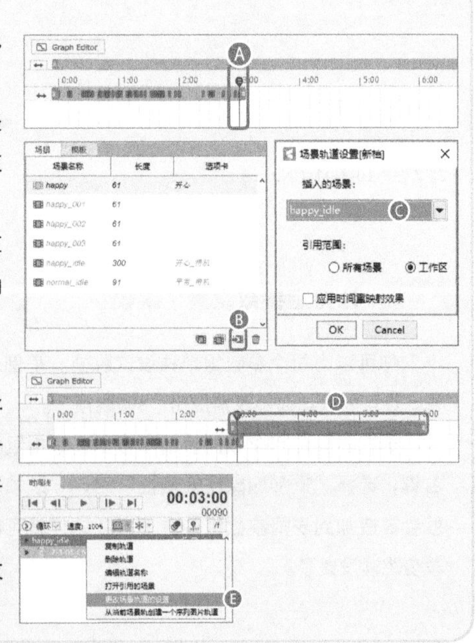

● **导入场景**

导入场景是可以从其他动画文件中导入场景的功能。

导入场景时，将动画文件拖曳到“项目”面板中（F），此时会弹出对话框（G）。

在该对话框中单击“是”按钮，即可打开“场景的导入”对话框，在这里可以选择要导入的场景。勾选“导入的对象场景”列表中的复选框（H），即可一次导入多个场景。

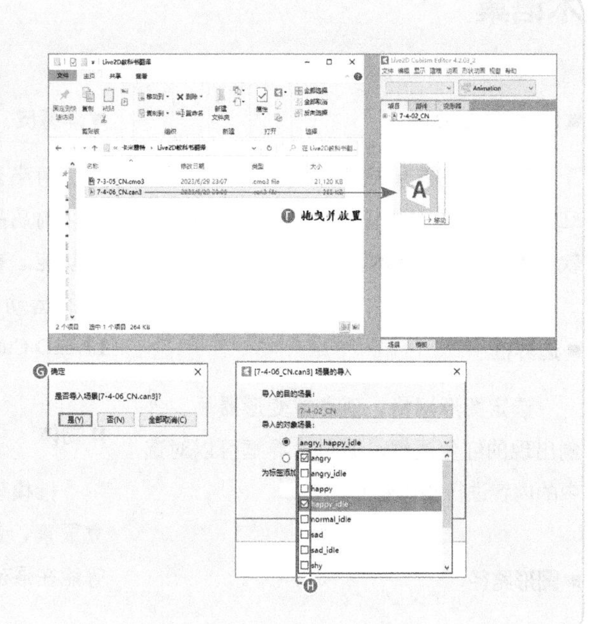

术语集

■ Live2D Cubism

可以用一幅原画实现“用2D插画呈现3D效果”的动画制作软件。2022年6月，该软件更新到了4.2版本。

■ 边界框

选定图形网格、顶点或变形器后，外侧出现的红色边框。通过边界框可以对选中的内容进行整体变形。

■ 图形路径

可以基于控制点和选择的笔刷在模型上绘制线条的功能。可以在保持线条质感的同时，在模型上自由改变形状和颜色。

■ 图形网格

用多边形分割纹理，以对其进行编辑、变形的一种物体类型。每个图形网格都是由用于分割的多边形和多边形覆盖的纹理构成的。

■ 指示器

在时间线上用于标示当前位置的红色竖线。

■ 边

连接顶点的线条。和多边形的“边”的含义相同。

■ 洋葱皮

用半透明图像显示关键帧或关键点变化前后的状态，以便确认动作变化过程的功能。在模型工作区中，还可以预览顶点的运动路径。所需软件的最低版本为Live2D Cubism 4.0。

■ 物体

指模型工作区中视图区域内的任意独立要素，包括图形网格、变形器、参考图等能在画布上被选中的对象。

■ 扩展插值

让关键点间的插值以曲线而不是直线的方式计算的功能。这样，摇摆物等就可以自然地运动，而不会在运动中被缩小。所需的最低版本为Live2D Cubism 4.0。

■ 关键点

指参数的特定点上的形状。如果某个参数上有3个点，分别设置了不同的形状，那就可以说在这个参数上存在3个关键点。

■ 关键帧

指打在时间线上的点。通过设置关键帧上的值，即可控制物体在当前关键帧到下一个关键帧之间的运动。

■ 纹理/纹理文件

将原插画（按图层划分）的各部分拆分开来，再以不重叠的方式排列在同一个平面上所构成的图像。纹理的格式为PNG，形状通常是正方形（边长为2″），尺寸可以是32×32、64×64、128×128、256×256、512×512、1024×1024、2048×2048、4096×4096、8192×8192、16384×16384，单位为像素。

■ 变形器

可以同时控制物体所有顶点的一种物体。其中，可以使用曲面变形的变形器叫作“弯曲变形器”，可以旋转和缩放的变形器叫作“旋转变形器”。

■ 部件

指包含角色构成要素（眼睛、鼻子等）的各个组。

■ 参数

用于将动作数值化。可以在参数上把物体的动作绑定为对应的值。在制作动画时，可以通过参数上绑定的动作直接使人物运动。

■ 形状动画（FA）

既可以在不编辑参数的情况下，直接在视图区域内编辑模型的形状的功能，也可以在不影响模型文件的情况下自由地对物体进行变形。所需软件的最低版本为Live2D Cubism 4.0。

■ 融合变形

可以使设置了融合变形参数的物体的变形相互叠加的功能。在制作表情差分等部件时，可以同时使用多个融合变形参数更自由地建模。

■ 多边形

指构成网格的每个三角形。虽然顶点的连线可以构成多边形，但连接顶点后最终只会剩下三角形。

■ 网格

指多边形的集合。